新装版

アントンの やさしい線型代数

H. アントン　著

山下　純一　訳

現代数学社

Japanese translation rights arranged with
John Wiley & Sons, Inc., New York through
Charles E. Tuttle Co., Inc., Tokyo

はじめに

この本が日本語に翻訳されることを，私は深く光栄に思う．

この本は，大学1，2年生のための，わかりやすい線型代数の入門書として作られている．微積分の知識は仮定しないが，練習問題の中には，いくつか微積分の知識を仮定したものもふくまれている．そのような問題には，♯印がつけられている．

この本を書いた目的は，できる限りわかりやすく線型代数の基本を紹介するということで，「どのようにしてわかってもらうか」ということが重要なテーマである．したがって，「見ためのカッコ良さ」にはこだわらない．可能な限り，基礎的な概念は，具体的な計算例（これは，200以上もある）や幾何学的なイメージを通して理解できるようになっている．

定理の証明もかなり改良した．わかりやすくて，とくに教育的な証明が，はじめて学ぶ人々のために工夫されたスタイルをもちいて，詳しく述べられている．教育的に価値があったとしても，はじめての人々にとっては，わかりにくいと思われる2，3の証明については「自由研究」という注意書きをつけて，各節の最後に紹介するにとどめた．(これに関連する練習問題にも♯をつけた．）定理の使い方にふれただけで，その証明は完全に省略する場合もあるが，その場合には，結果が直感的に了解できるように，2次元または3次元の場合にはどうなるかといった解説などをつけておいた．

私の経験によると，$\sum$記号を利用して略記すると，慣れない人々にはかえってわかりにくくなってしまう．だから，この本では$\sum$記号はなるべく使わないで，具体的に書き表わすことにした．

教育上の公理，それは「教師は，学生が慣れているものから始めて，未知のものへ，また，具体的で理解しやすいものから，抽象的なものへと話を進めること」である．章の順序を考えるうえで，私はこの公理を守った．

第1章では，連立1次方程式があつかわれる．それはどうして解けばよいか，とか，いくつかの性質について論じられている．またこれとの関連で，行列についてわかりやすい方法で紹介し，その和や積といった性質も述べられている．

第2章では，行列式があつかわれる．古典的な置換をもちいた方法で行列式を定義する．この方法だと，多重線型交代型式をもちいるやり方よりも抽象性が少ないし，帰納的なやり方よりもすぐれた直感的理解を読者に与えることができると思われる．

第3章では，平面および空間のベクトルを，「やじるし」として導入し，空間内の直線や平面の方程式についてのべる．すでにこの章の内容に詳しい読者は，省略してもよく，学習上さしつかえることはない．(「先生方へ」を参照されたい.)

第4,第5章では，有限次元の実線型空間と1次変換について述べられている．私は，まずn次元ユークリッド空間$\boldsymbol{R}^n$に関する簡単な紹介から始めて，しだいに一般的なベクトルやそれらが作る線型空間へと話を進めるように努めた．

第6章のテーマは，固有値問題と行列の対角化である．

第7章では，近似問題,連立微分方程式,フーリエ級数,2次曲線および2次曲面への線型代数の応用についてのべられている．さらに，経済学,経営学,生物学,工学,物理科学などへの応用については，別に一冊(「応用編」)をもうけて論じられている.(Anton–Rorres;*Applications of Linear Algebra,* John Wiley & Sons)「応用編」の内容は，経験的なデータにぴったり合う曲線を決定する理論（曲線のあてはめ理論),人口解析,マルコフ過程,最適問題,レオンチェフ•モデル,そして工学方面への応用などからなっている．

第8章では，線型代数に関する数値計算についてのべられている．一般には，大きなコンピュータがすぐに利用できるとは限らないので，練習問題などもふくめて，ポケット電卓や手計算で十分可能なものになっている．この章を読めば，線型代数のいくつかの問題がどのようにして具体的に解かれているのかについて，およそのところがわかってもらえるはずである．この章はまた，コンピュータ•プログラミングの練習の場として活用することもできる.

全般的に，非常にたくさんの練習問題がおさめられている．各節ごとにつけられている練習問題は，単純な「くり返し練習」から始まって，しだいに理論的な問題へと向うように並べられている．しかも，計算問題については完全な解答がついている.

この本に盛られている内容は，半年のコースのテキストとしては，ちょっと量が多い．したがって，これを利用される先生ごとで章を自由に選択していただいてよい．すぐ後にある注意書き（「先生方へ」）も参考にしてほしい.

先　生　方　へ

学生達がすでに平面のベクトルや（３次元）空間のベクトルに関する知識を持っている場合には，第３章を省略できます．この場合，全体の連続性には，影響しないようになっています．講義時間数や学生に応じて，「基礎となる話題」（つまり，第１,第２,第４,第５,第６章）のほかに，第３章の一部または全部を追加されるのも良いでしょう.

これは，自由に考えて頂いて良いことですが，授業の進み具合に応じて，「自由研究」という注意書きのついた部分を，学生への課題とされるのも良いでしょう．また，「基礎となる話題」を中心にして，それ以外の内容（つまり，第３,第７,第８章）のうちから自由に選んで講義のうちに加えられるのも良いでしょう.

応用および数値計算法についても講義される先生方へ.

5.3, 5.4節は上述の「基礎となる話題」のうちから省くことができます．その場合には，6.1節の「自由研究」，6.2節のはじめの問題Ⅰ,Ⅱと例９の部分も省いて頂くことが必要です.

感謝のことば

私は，次の方々からの貴重な御意見，御指導を心から感謝します．

ウエスタン・ミシガン大学のバックリー教授

キングスバロー・コミュニティ大学のエンゲルソーン教授

ミシガン大学のクーグラー教授

リオ・ホンド短期大学のニーガス教授

ブリッガム・ヤング大学のムーア教授

マイン大学のブラウン教授

ローズ・ハルマン工業大学のグリマルディ教授

本書の原稿に眼を通して下さり，このテキストの内容やスタイルが決定する上で，非常におせわになったドゥレクセル大学のトレンチ教授にも，感謝の言葉を申し述べたい．ガーシュニ嬢，マッケイブ嬢にも，お礼の言葉を送りたい．彼女らは，原稿をきれいにタイプして下さった．更に，本書の執筆を始めた頃に私を励まし勇気づけて下さったリック教授，問題の解答作成をお手伝い下さったヒギンス教授　そして，本書の初版を出版するにあたって何かとおほねおり頂いたジョーン・ワイリー出版社のコーリー氏にも 感謝の言葉を 忘れることはできない．

また，この第2版を完成するために，ジョーン・ワイリー出版社のスタッフの皆様，とくにアステット氏，には終始お世話になった．ここに深く謝意を表したい．

H. アントン

目　　次

4

線型空間

5

1次変換

6

固有値，固有ベクトル

7

応用

学習プログラム

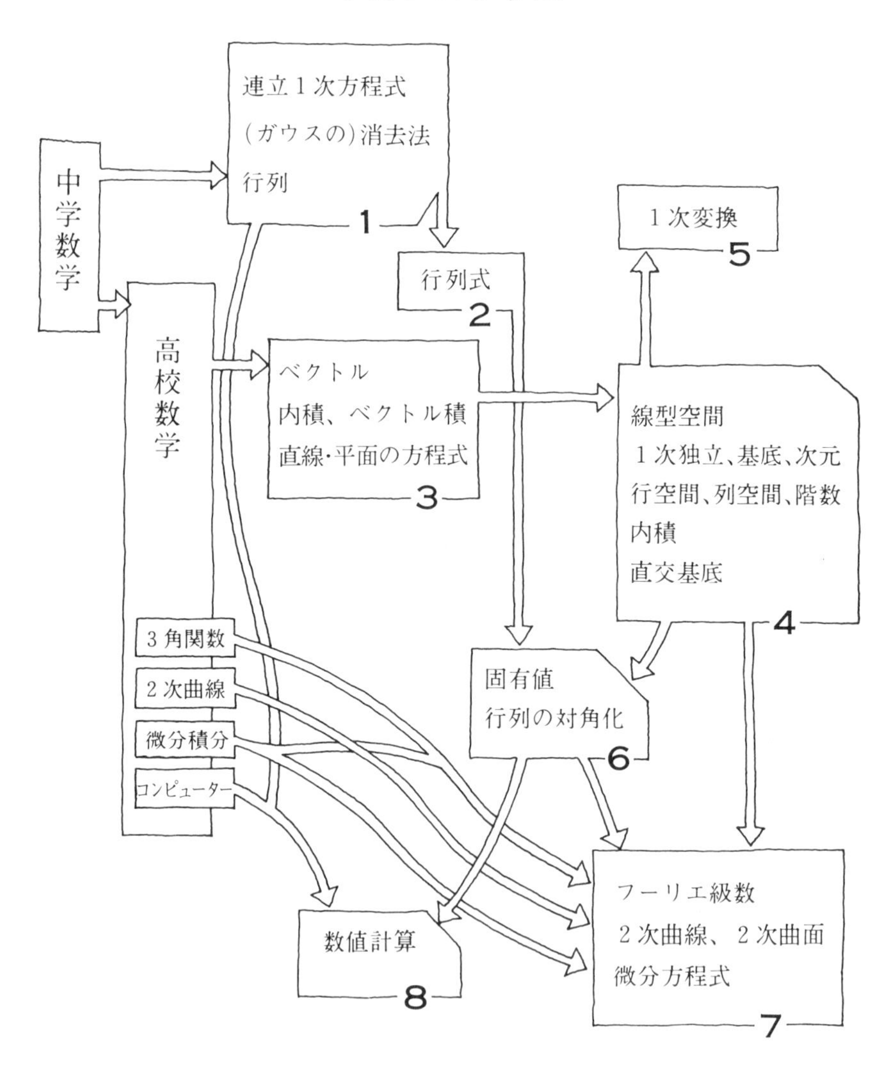

連立１次方程式
（ガウスの）消去法
行列
1
中学数学
行列式
2
1次変換
5
高校数学
ベクトル
内積、ベクトル積
直線・平面の方程式
3
線型空間
１次独立、基底、次元
行空間、列空間、階数
内積
直交基底
4
3角関数
2次曲線
微分積分
コンピューター
固有値
行列の対角化
6
フーリエ級数
２次曲線、２次曲面
微分方程式
7
数値計算
8

1.　連立1次方程式と行列

1.1　連立1次方程式

まず，連立1次方程式の解法について述べておこう．

xy 平面上で　直線は

$$a_1x+a_2y=b$$

という方程式で代数的に表わすことができる．こういう形の方程式を，変数 x とyについての**1次方程式**という．もっと一般的に，定数 $a_1, a_2, \cdots, a_n, b$ をもちいて

$$a_1x_1+a_2x_2+\cdots+a_nx_n=b$$

と表わされる方程式を，n 個の変数 $x_1, x_2, \cdots, x_n$ についての1次方程式（または，線型方程式）という．

≪例1≫

$$x+3y=7, \qquad x_1-2x_2-3x_3+x_4=7$$

$$y=\frac{1}{2}x+3z+1, \quad x_1+x_2+\cdots+x_n=1$$

これらはすべて，1次方程式である．変数どうしの積や変数を根号内にふくむようなものは1次方程式の例とはならないことに注意してほしい．つまり，すべての変数は1次式の形でしかあらわれないし，3角関数，対数関数，あるいは，指数関数などの変数としてもふくまないような方程式を1次方程式とよぶのである．したがって，

$$x+3y^2=7, \quad 3x+2y-z+xz=4$$

$$y-\sin x=0, \quad \sqrt{x_1}+2x_2+x_3=1$$

などは，1次方程式とはよべない．

1次方程式 $a_1x_1+a_2x_2+\cdots+a_nx_n=b$ において，$x_1=s_1$，$x_2=s_2$，……，$x_n=s_n$ とおいて，この方程式が成立するとき，n 個の数の組 $s_1, s_2, \cdots, s_n$ をもとの1次方程式の**解**とよび，解全体の集合を，もとの1次方程式の**解集合**とよぶ．

≪例2≫

次の1次方程式の解集合を求めよ．

(i)　$4x-2y=1$　　　(ii)　$x_1-4x_2+7x_3=5$

まず(i)について．x または y に勝手な値をとらせておいて，残りの変数のとる値を決定することにしよう．x に勝手な値 t をとらせたとすると，

$$x=t, \qquad y=2t-\frac{1}{2}$$

をうる．この式が，(i)の解集合をパラメーター t をもちいて表わしたものになっている．例えば，$t=3$ とすると $x=3$，$y=11/2$ また $t=-1/2$ とすれば $x=-1/2$，$y=-3/2$ というように，t に特殊な値を与えることによって解の全体（つまり解集合）がえられるわけである．

$y=t$ とおいても同様のことができる．この場合には

$$x=\frac{1}{2}t+\frac{1}{4}, \qquad y=t$$

が求める解集合を与えてくれる．みかけの上では，先の形とことなっているが，これらによって表わされる解の全体としては一致することに注意してほしい．（例えば，$t=11/2$ とおけば，先の式で $t=3$ とおいてえられた解 $x=3$，$y=11/2$ がえられる．）

つぎに，(ii)について，今度は x_1, x_2, x_3 のうちのどれか2変数について，任意に与えることができる．たとえば x_2, x_3 をそれぞれ s，t としてみれば，求める解集合

$$x_1=5+4s-7t, \qquad x_2=s, \qquad x_3=t$$

がえられる．

一般に，n 個の変数 $x_1, x_2, \cdots, x_n$ についての1次方程式の有限個の集合を**連立1次方程式**（または，1次方程式系）とよぶ．数の組 $s_1, s_2, \cdots, s_n$ について，$x_1=s_1$，$x_2=s_2$，……，$x_n=s_n$ とおいたときに，ある連立1次方程式のすべての1次方程式の解となっているとき，$s_1, s_2, \cdots, s_n$ をその連立1次方程式の解とよぶ．例えば，3変数 x_1, x_2, x_3 についての連立1次方程式

$$\begin{cases} 4x_1 - x_2 + 3x_3 = -1 \\ 3x_1 + x_2 + 9x_3 = -4 \end{cases}$$

に関して，$x_1=1$，$x_2=2$，$x_3=-1$ はその解（の1つ）になっている．しかし，$x_1=1$，$x_2=8$，$x_3=1$ などは下の方程式を満足しないので，解ではない．

解を持たない連立1次方程式も存在する．例えば

$$\begin{cases} x + \ y = 4 \\ 2x + 2y = 6 \end{cases} \qquad \begin{cases} x + y = 4 \\ x + y = 3 \end{cases}$$

などは，明らかに解を持ちえない．

解を持たない連立1次方程式は，**不能**であるという．もし与えられた連立1次方程式が2変数 x，y に関するもので，

$$\begin{cases} a_1x + b_1y = c_1 & (a_1, b_1 \text{ は同時に } 0 \text{ ではない}) \\ a_2x + b_2y = c_2 & (a_2, b_2 \text{ は同時に } 0 \text{ ではない}) \end{cases}$$

という形をしていれば，この連立方程式が解を持つかどうかの判定は次のようにして行なうことができる．これら2方程式のグラフ(つまり解集合)はともに

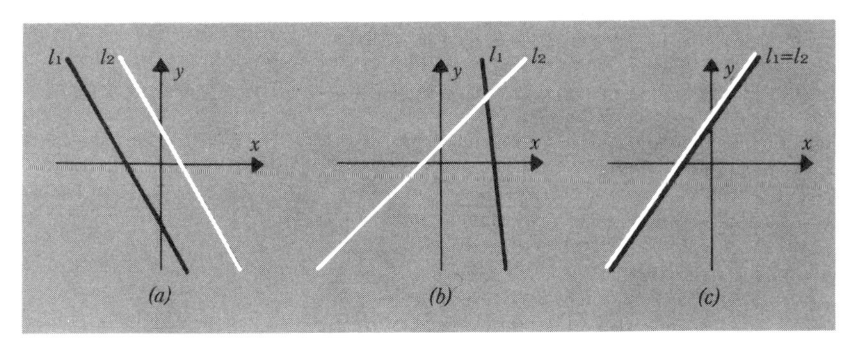

(a) 解なし（不能）　(b) ただ1つの解を持つ　(c) 無限個の解を持つ（不定）

図 1.1

直線と考えられるので，それを l_1，l_2 とする．点 (x, y) が l_1 または l_2 上に存在することと，(x, y) が $a_1x+b_1y=c_1$ または $a_2x+b_2y=c_2$ をみたすこととは同値なので，求める解集合は l_1 と l_2 の共通部分ということになる．したがって次の3つの可能性があることになる．（図1.1参照）

(a)　l_1 と l_2 が平行．この場合解はない．

(b)　l_1 と l_2 が1点で交わる．この場合ちょうど1個の解を持つ．

(c)　l_1 と l_2 が一致する．この場合，解は無限に存在する．

ここでは，2変数の場合に限って述べたが，実は同じことが任意の連立1次方程式についてもいえる．つまり，どのような連立1次方程式も，解をもたないか，解をちょうど1個もつか，または解を無限個もつか のいずれかである．

n 変数の1次方程式 m 個からなる連立1次方程式は

$$\begin{cases} a_{11}x_1 + a_{12}x_2 + \cdots + a_{1n}x_n = b_1 \\ a_{21}x_1 + a_{22}x_2 + \cdots + a_{2n}x_n = b_2 \\ \quad\vdots \qquad\quad \vdots \qquad\qquad\quad \vdots \qquad\ \ \vdots \\ a_{m1}x_1 + a_{m2}x_2 + \cdots + a_{mn}x_n = b_m \end{cases}$$

の形に表わすことができる．（ここで a_{ij} や b_i は定数とする．）例えば，4変数で3個の方程式からなる連立1次方程式は

$$\begin{cases} a_{11}x_1 + a_{12}x_2 + a_{13}x_3 + a_{14}x_4 = b_1 \\ a_{21}x_1 + a_{22}x_2 + a_{23}x_3 + a_{24}x_4 = b_2 \\ a_{31}x_1 + a_{32}x_2 + a_{33}x_3 + a_{34}x_4 = b_3 \end{cases}$$

と書ける．係数を表わすために2重添数（ダブル・インデックス）a_{ij} を利用すると，どの方程式のどの変数の係数かがすぐにわかって便利である．上から i 番目の方程式の x_j の係数が a_{ij} ということになっている．このように，a_{ij} と b_i を与えれば連立1次方程式を決定することができるので ＋記号，＝記号 さらに x_j などを省略して

$$\begin{bmatrix} a_{11} & a_{12} & \cdots & a_{1n} & b_1 \\ a_{21} & a_{22} & \cdots & a_{2n} & b_2 \\ \vdots & \vdots & & \vdots & \vdots \\ a_{m1} & a_{m2} & \cdots & a_{mn} & b_m \end{bmatrix}$$

という数が作る「長方形」として，連立1次方程式を象徴的に表わすことができる．これをもとの連立1次方程式の**拡大係数行列**とよぶ．（数が「長方形」状に並んだものを，一般に数学では 行列 とよぶ．これについては後の章で詳しく論じられる．）例えば

$$\begin{cases} x_1 + x_2 + 2x_3 = 9 \\ 2x_1 + 4x_2 - 3x_3 = 1 \\ 3x_1 + 6x_2 - 5x_3 = 0 \end{cases}$$

の拡大係数行列は

$$\begin{bmatrix} 1 & 1 & 2 & 9 \\ 2 & 4 & -3 & 1 \\ 3 & 6 & -5 & 0 \end{bmatrix}$$

である．

注意 拡大係数行列を作るときには，各方程式で各変数の並ぶ順序を一定にしておかねばならない．

連立方程式を解く上で，基本になる考え方は，各1次方程式を「同値変形」して解きやすい形に書きなおすことである．これは，整理すれば，次のような作業を組み合わせて，未知数（変数）を順に消去して行く作業になる．つまり，

1. 1次方程式を何倍かする（0倍することはのぞく）
2. 2つの方程式を交換する．
3. ある方程式に，別の方程式を何倍かして加える．

これを，係数行列の言葉になおせば，次のようになる．

1. ある行（つまり同一水平線上の数）に0でない定数をかける．
2. 2つの行を交換する．
3. ある行に，別の行を何倍かして加える．

これらの作業を**行の基本変形**という．次にあげた例をみれば，これが，連立方程式の解法とどうむすびついているかがよくわかるだろう．連立方程式の解

法については，後にもっと体系的な形で述べるので，ここでは単に，このむすびつきについて，注意してもらうだけで十分である．

≪例3≫

左には，連立方程式を変形して行くようすを，また右には，その各段階ごとの拡大係数行列の変形のようすを書く．

$$\begin{cases} x+\ \ y+2z=9 \\ 2x+4y-3z=1 \\ 3x+6y-5z=0 \end{cases} \qquad \begin{bmatrix} 1 & 1 & 2 & 9 \\ 2 & 4 & -3 & 1 \\ 3 & 6 & -5 & 0 \end{bmatrix}$$

第1の方程式を (-2) 倍して第2の方程式に加える　　　第1行を (-2) 倍して第2行に加える

$$\begin{cases} x+\ \ y+2z=9 \\ \qquad 2y-7z=-17 \\ 3x+6y-5z=0 \end{cases} \qquad \begin{bmatrix} 1 & 1 & 2 & 9 \\ 0 & 2 & -7 & -17 \\ 3 & 6 & -5 & 0 \end{bmatrix}$$

第1の方程式を (-3) 倍して第3の方程式に加える　　　第1行を (-3) 倍して第3行に加える

$$\begin{cases} x+\ \ y+\ \ 2z=9 \\ \qquad 2y-\ \ 7z=-17 \\ \qquad 3y-11z=-27 \end{cases} \qquad \begin{bmatrix} 1 & 1 & 2 & 9 \\ 0 & 2 & -7 & -17 \\ 0 & 3 & -11 & -27 \end{bmatrix}$$

第2の方程式を 1/2 倍する　　　第2行を 1/2 倍する

$$\begin{cases} x+y+\ \ 2z=9 \\ \qquad y-\dfrac{7}{2}z=-\dfrac{17}{2} \\ \qquad 3y-11z=-27 \end{cases} \qquad \begin{bmatrix} 1 & 1 & 2 & 9 \\ 0 & 1 & -\dfrac{7}{2} & -\dfrac{17}{2} \\ 0 & 3 & -11 & -27 \end{bmatrix}$$

第2の方程式を (-3) 倍して第3の方程式に加える　　　第2行を (-3) 倍して第3行に加える

$$\begin{cases} x+y+\ \ 2z=9 \\ \qquad y-\dfrac{7}{2}z=-\dfrac{17}{2} \\ \qquad -\dfrac{1}{2}z=-\dfrac{3}{2} \end{cases} \qquad \begin{bmatrix} 1 & 1 & 2 & 9 \\ 0 & 1 & -\dfrac{2}{7} & -\dfrac{17}{2} \\ 0 & 0 & -\dfrac{1}{2} & -\dfrac{3}{2} \end{bmatrix}$$

第3の方程式を (-2) 倍する　　　第3行を (-2) 倍する

$$\begin{cases} x+y+\ 2z=9 \\ \quad y-\dfrac{7}{2}z=-\dfrac{17}{2} \\ \qquad z=3 \end{cases} \qquad \begin{bmatrix} 1 & 1 & 2 & 9 \\ 0 & 1 & -\dfrac{7}{2} & -\dfrac{17}{2} \\ 0 & 0 & 1 & 3 \end{bmatrix}$$

第2の方程式を(−1)倍して第1の方程式に加える　　　第2行を(−1)倍して第1行に加える

$$\begin{cases} x \qquad +\dfrac{11}{2}z=\dfrac{35}{2} \\ \quad y-\dfrac{7}{2}z=-\dfrac{17}{2} \\ \qquad z=3 \end{cases} \qquad \begin{bmatrix} 1 & 0 & \dfrac{11}{2} & \dfrac{35}{2} \\ 0 & 1 & -\dfrac{7}{2} & -\dfrac{17}{2} \\ 0 & 0 & 1 & 3 \end{bmatrix}$$

第3の方程式を$\left(-\dfrac{11}{2}\right)$倍して第1の方程式に加える　　　第3行を$\left(-\dfrac{11}{2}\right)$倍して第1行に加える

$$\begin{cases} x \qquad\qquad =1 \\ \quad y-\dfrac{7}{2}z=-\dfrac{17}{2} \\ \qquad z=3 \end{cases} \qquad \begin{bmatrix} 1 & 0 & 0 & 1 \\ 0 & 1 & -\dfrac{7}{2} & -\dfrac{17}{2} \\ 0 & 0 & 1 & 3 \end{bmatrix}$$

第3の方程式を$\dfrac{7}{2}$倍して第2の方程式に加える　　　第3行を$\dfrac{7}{2}$倍して第2行に加える

$$\begin{cases} x \qquad =1 \\ \quad y \qquad =2 \\ \qquad z=3 \end{cases} \qquad \begin{bmatrix} 1 & 0 & 0 & 1 \\ 0 & 1 & 0 & 2 \\ 0 & 0 & 1 & 3 \end{bmatrix}$$

かくして，解 $x=1$，$y=2$，$z=3$ をうる．

練習問題 1.1

1. 次のうちから，x_1, x_2, x_3 に関する1次方程式を選べ．

(a) $x_1+2x_1x_2+x_3=2$　　(b) $x_1+x_2+x_3=\sin k$（k は定数）

(c) $x_1-3x_2+2\sqrt{x_3}=4$　　(d) $x_1=\sqrt{2}x_3-x_2+7$

(e) $x_1+x_2^{-1}-3x_3=5$　　(f) $x_1=x_3$

2. 次の1次方程式の解集合を求めよ．

(a) $6x-7y=3$　　(b) $2x_1+4x_2-7x_3=8$

(c) $-3x_1+4x_2-7x_3+8x_4=5$　　(d) $2v-w+3x+y-4z=0$

3. 次の連立1次方程式の拡大係数行列を求めよ．

(a) $\begin{cases} x_1-2x_2=0 \\ 3x_1+4x_2=-1 \\ 2x_1-x_2=3 \end{cases}$　　(b) $\begin{cases} x_1 \qquad\quad +x_3=1 \\ -x_1+2x_2-x_3=3 \end{cases}$

(c) $\begin{cases} x_1 \quad +x_3 \qquad\qquad =1 \\ \quad 2x_2-x_3 \qquad +x_5=2 \\ \qquad\quad 2x_3+x_4 \qquad =3 \end{cases}$　　(d) $\begin{cases} x_1 \quad =1 \\ \quad x_2=2 \end{cases}$

4. 次の行列を拡大係数行列とする連立1次方程式を求めよ.

(a) $\begin{bmatrix} 1 & 0 & -1 & 2 \\ 2 & 1 & 1 & 3 \\ 0 & -1 & 2 & 4 \end{bmatrix}$　　(b) $\begin{bmatrix} 1 & 0 & 0 \\ 0 & 1 & 0 \\ 1 & -1 & 1 \end{bmatrix}$

(c) $\begin{bmatrix} 1 & 2 & 3 & 4 & 5 \\ 5 & 4 & 3 & 2 & 1 \end{bmatrix}$　　(d) $\begin{bmatrix} 1 & 0 & 0 & 0 & 1 \\ 0 & 1 & 0 & 0 & 2 \\ 0 & 0 & 1 & 0 & 3 \\ 0 & 0 & 0 & 1 & 4 \end{bmatrix}$

5. 次の連立1次方程式の解集合は，定数 k の変化によってどう変化するか.

$$\begin{cases} x-\ y=3 \\ 2x-2y=k \end{cases}$$

6. 連立1次方程式　$\begin{cases} ax+by=k \\ cx+dy=l \\ ex+fy=m \end{cases}$

について，次の場合に，3直線 $ax+by=k$，$cx+dy=l$，$ex+fy=m$ の相対的位置関係がどうなっているかを論ぜよ.

(a) 連立方程式が解をもたないとき.

(b) 連立方程式がただ1つの解をもつとき.

(c) 連立方程式が無限個の解をもつとき.

7. 問題6で (b) または (c) の場合，つまり問題6の連立1次方程式が解をもつときには，もとの方程式系から少なくとも1つの方程式をのぞいて，解集合の一致する連立方程式がえられることを示せ.

8. 問題6で，$k=l=m=0$ とする．このとき与えられた連立1次方程式は少なくとも1つの解をもつことを示せ.

もし，連立1次方程式がただ1つの解をもてば,「3直線」はどういう位置関係にあるといえるか.

9. 連立1次方程式

$$\begin{cases} x+y+2z=a \\ x \qquad +\ z=b \\ 2x+y+3z=c \end{cases}$$

が解をもつための必要かつ十分な条件は，a,b,c の間に $a+b=c$ が成り立つことである．これを証明せよ．

10. 2つの1次方程式 $x_1+kx_2=c$ および $x_1+lx_2=d$ の解集合が一致すれば，$k=l$, $c=d$ が成立する，つまり2つの方程式が一致することを示せ．

1.2 ガウスの消去法

ここでは，連立1次方程式の解法について，前節よりももう少し体系的に述べる．ここでもちいるアイデアは，拡大係数行列を，すでに述べた基本変形のくり返しによって，ひと目で，解がみつかる形にもち込むことである．前節の例3の場合，最終段階で

$$\begin{bmatrix} 1 & 0 & 0 & 1 \\ 0 & 1 & 0 & 2 \\ 0 & 0 & 1 & 3 \end{bmatrix} \tag{1.1}$$

という拡大係数行列がえられたが，これは「ひと目」みれば解のわかる形である．

行列 (1.1) のような形の行列を一般に，**既約ガウス行列**とよぶ．これは，次のような行列として，正確に定義される．

《既約ガウス行列》

1. もし，ある行が0以外の数をふくめば，最初の0でない数は1である．（これを**先頭の1**とよぶ）
2. もし，すべての数が0であるような行がふくまれていれば，それらの行は下の方によせ集められている．
3. すべてが0でない2つの行について，上の行の先頭の1は下の行の先頭の1よりも前に存在する．
4. 先頭の1をふくむ列（つまり行列中の縦の1列）の他の数はすべて0である．

上の性質中，1,2,3のみを満たす行列は単に**ガウス行列**とよばれる．

≪例4≫

次の行列はすべて，既約ガウス行列である．

$$\begin{bmatrix}1&0&0&4\\0&1&0&7\\0&0&1&-1\end{bmatrix}\quad\begin{bmatrix}1&0&0\\0&1&0\\0&0&1\end{bmatrix}\quad\begin{bmatrix}0&1&-2&0&1\\0&0&0&1&3\\0&0&0&0&0\\0&0&0&0&0\end{bmatrix}\quad\begin{bmatrix}0&0\\0&0\end{bmatrix}$$

次の行列はすべて，ガウス行列である．

$$\begin{bmatrix}1&4&3&7\\0&1&6&2\\0&0&1&5\end{bmatrix}\quad\begin{bmatrix}1&1&0\\0&1&0\\0&0&0\end{bmatrix}\quad\begin{bmatrix}0&1&2&6&0\\0&0&1&-1&0\\0&0&0&0&1\end{bmatrix}$$

（読者は，このことを確認してほしい．）

注意　任意のガウス行列において，先頭の1より下の数はすべて0であることはすぐにわかる．（例4参照）したがって**先頭の1より上の数はすべて0であるようなガウス行列が既約ガウス行列**であるということができる．

基本変形によって，ある連立1次方程式の拡大係数行列をガウス行列の形にもち込めば，もとの連立方程式の解は「ひと目」でわかるようになるというわけである．場合によっては「ただちに」とはいかなくても，次の例を見ればわかるようにとにかく「ひと目」で解がえられるのである．

≪例5≫

与えられた連立1次方程式の拡大係数行列を基本変形して，次のような既約ガウス行列がえられたとする．このとき，もとの連立1次方程式を解いてみよう．

(a) $\begin{bmatrix}1&0&0&5\\0&1&0&-2\\0&0&1&4\end{bmatrix}$　　(b) $\begin{bmatrix}1&0&0&4&-1\\0&1&0&2&6\\0&0&1&3&2\end{bmatrix}$

(c) $\begin{bmatrix}1&6&0&0&4&-2\\0&0&1&0&3&1\\0&0&0&1&5&2\\0&0&0&0&0&0\end{bmatrix}$　　(d) $\begin{bmatrix}1&0&0&0\\0&1&2&0\\0&0&0&1\end{bmatrix}$

(a) の場合．この既約ガウス行列に対応する連立方程式は，

$$\begin{cases}x_1 \qquad\quad =5\\ \quad x_2 \quad =-2\\ \qquad\quad x_3=4\end{cases}$$

となるので，「ひと目」で（「直ちに」），解が $x_1=5$，$x_2=-2$，$x_3=4$ であることがわかる．

(b) の場合．対応する連立方程式は，

$$\begin{cases} x_1 \qquad +4x_4=-1 \\ \quad x_2 \quad +2x_4=6 \\ \qquad x_3+3x_4=2 \end{cases}$$

この場合，x_1, x_2, x_3 が拡大係数行列の先頭の 1 に対応するので，**先頭の変数**とよぶことがある．先頭の変数を x_4 によって表わせば，

$$\begin{cases} x_1=-1-4x_4 \\ x_2=\quad 6-2x_4 \\ x_3=\quad 2-3x_4 \end{cases}$$

となる．ここで x_4 が任意の値をとりうることに注意し，これを t とおけば，求める解集合（もちろん，無限個の元からなる）

$$x_1=-1-4t, \quad x_2=6-2t, \quad x_3=2-3t, \quad x_4=t$$

をうる．

(c) の場合．対応する連立方程式は，

$$\begin{cases} x_1+6x_2 \qquad +4x_5=-2 \\ \qquad\quad x_3 \quad +3x_5=1 \\ \qquad\qquad x_4+5x_5=2 \end{cases}$$

となる．ここで先頭の変数は x_1, x_3, x_4 である．これらを残りの変数をもちいて表わすと

$$\begin{cases} x_1=-2-4x_5-6x_2 \\ x_3=\quad 1-3x_5 \\ x_4=\quad 2-5x_5 \end{cases}$$

となり，x_2, x_5 は任意の値をとりうるので，その値を s，t とおけば，求める解集合は

$$x_1=-2-4t-6s, \quad x_2=s, \quad x_3=1-3t, \quad x_4=2-5t, \quad x_5=t$$

となることがわかる．

(d) の場合．対応する連立方程式の最後の方程式は，

$$0x_1+0x_2+0x_3=1$$

となり，これは解をもちえない（つまり不能である）ので，もとの連立方程式も，解がないことになる.

ひとたび拡大係数行列が既約ガウス行列にまで変形されてしまえば，非常に簡単に連立1次方程式が解けることは，上に見た通りである．次に，任意に与えられた行列を（基本変形によって）既約ガウス行列に変形する方法，**ガウス・ジョルダンの消去法***といわれる機械的方法について述べよう.

わかりやすくするために，各ステップごとに，行列

$$\begin{bmatrix} 0 & 0 & -2 & 0 & 7 & 12 \\ 2 & 4 & -10 & 6 & 12 & 28 \\ 2 & 4 & -5 & 6 & -5 & -1 \end{bmatrix}$$

を例にとって，その変形のようすを述べておこう.

ステップ1. すべての数が0ではない列（縦にならんだ数）のうち最も左の列に注目する.

$$\begin{bmatrix} \mathbf{0} & 0 & -2 & 0 & 7 & 12 \\ \mathbf{2} & 4 & -10 & 6 & 12 & 28 \\ \mathbf{2} & 4 & -5 & 6 & -5 & -1 \end{bmatrix}$$

↑――最も左のすべての数が0ではない列

ステップ2. ステップ1で注目した列の最も上の数が0のときは，0でない数をふくむ行（横にならんだ数）と最も上の行とを入れかえる.

---

* C. F. ガウス（1777-1855）　“数学のプリンス”とよばれることがある．ガウスは，数論，関数論，確率論，それに統計学上で重要な業績をあげた．彼はまた，小惑星の軌道計算法を発見し，電磁気学においても基本的な発見をし，さらに電信機をウェーバーと共に発明した.

C. ジョルダン（1838-1922）　ジョルダンはパリのエコール・ポリテクニクの教授であった．彼は行列論をふくむ多くの数学分野でパイオニア的な仕事をした．彼はまた，「単純な閉曲線（円や長方形のような曲線）は平面を，互いに交わらない2つの領域に分割する.」という定理，つまりジョルダン曲線定理によってよく知られている.

$$\begin{bmatrix} 2 & 4 & -10 & 6 & 12 & 28 \\ 0 & 0 & -2 & 0 & 7 & 12 \\ 2 & 4 & -5 & 6 & -5 & -1 \end{bmatrix}$$

第1行と第2行を交換した

ステップ3. ステップ1で注目した列の最も上の数を a とするとき（ステップ2によって $a \neq 0$）「先頭の1」を作るために第1行を $1/a$ 倍する．

$$\begin{bmatrix} 1 & 2 & -5 & 3 & 6 & 14 \\ 0 & 0 & -2 & 0 & 7 & 12 \\ 2 & 4 & -5 & 6 & -5 & -1 \end{bmatrix}$$

第1行を $\frac{1}{2}$ 倍した

ステップ4. 第1行に適当な数をかけて，「先頭の1」より下にある0でない数をふくむ行に加え，「先頭の1」より下の数をすべて0にする．

$$\begin{bmatrix} 1 & 2 & -5 & 3 & 6 & 14 \\ 0 & 0 & -2 & 0 & 7 & 12 \\ 0 & 0 & 5 & 0 & -17 & -29 \end{bmatrix}$$

第1行を (−2) 倍して，第3行に加えた

ステップ5. 第1行を忘れて，残った行列について，ステップ1にもどる．これを全体が既約ガウス行列になるまで続ける．

$$\begin{bmatrix} 1 & 2 & -5 & 3 & 6 & 14 \\ \mathbf{0} & \mathbf{0} & \mathbf{-2} & \mathbf{0} & \mathbf{7} & \mathbf{12} \\ \mathbf{0} & \mathbf{0} & \mathbf{5} & \mathbf{0} & \mathbf{-17} & \mathbf{-29} \end{bmatrix}$$

↑ 残った行列中，すべてが0ではない最も左の列

$$\begin{bmatrix} 1 & 2 & -5 & 3 & 6 & 14 \\ \mathbf{0} & \mathbf{0} & \mathbf{1} & \mathbf{0} & -\frac{\mathbf{7}}{\mathbf{2}} & \mathbf{-6} \\ \mathbf{0} & \mathbf{0} & \mathbf{5} & \mathbf{0} & \mathbf{-17} & \mathbf{-29} \end{bmatrix}$$

残りの行列で，第1行を (−1/2) 倍して「先頭の1」を作った

$$\begin{bmatrix} 1 & 2 & -5 & 3 & 6 & 14 \\ \mathbf{0} & \mathbf{0} & \mathbf{1} & \mathbf{0} & -\frac{\mathbf{7}}{\mathbf{2}} & \mathbf{-6} \\ \mathbf{0} & \mathbf{0} & \mathbf{0} & \mathbf{0} & \frac{\mathbf{1}}{\mathbf{2}} & \mathbf{1} \end{bmatrix}$$

残りの行列で，第1行を(−5)倍して第2行に加え，「先頭の1」より下の数を0にした

$$\begin{bmatrix} 1 & 2 & -5 & 3 & 6 & 14 \\ 0 & 0 & 1 & 0 & -\frac{7}{2} & -6 \\ \mathbf{0} & \mathbf{0} & \mathbf{0} & \mathbf{0} & \frac{\mathbf{1}}{\mathbf{2}} & \mathbf{1} \end{bmatrix}$$

残りの行列で，第1行を忘れ，ステップ1にもどる

↑残った行列中，すべてが0ではない最も左の列

$$\begin{bmatrix} 1 & 2 & -5 & 3 & 6 & 14 \\ 0 & 0 & 1 & 0 & -\frac{7}{2} & -6 \\ \mathbf{0} & \mathbf{0} & \mathbf{0} & \mathbf{0} & \mathbf{1} & \mathbf{2} \end{bmatrix}$$

「先頭の1」を作るために，第1行を2倍した

これで行列全体がガウス行列になった．これからさらに既約ガウス行列をうるためには次のステップが必要になる．

ステップ6. 「先頭の1」より上がすべて0になるように，「先頭の1」をふくむ行に適当な数をかけて，それよりも上の行に加える．

$$\begin{bmatrix} 1 & 2 & -5 & 3 & 6 & 14 \\ 0 & 0 & 1 & 0 & 0 & 1 \\ 0 & 0 & 0 & 0 & 1 & 2 \end{bmatrix}$$

第3行を7/2倍して，第2行に加えた

$$\begin{bmatrix} 1 & 2 & -5 & 3 & 0 & 2 \\ 0 & 0 & 1 & 0 & 0 & 1 \\ 0 & 0 & 0 & 0 & 1 & 2 \end{bmatrix}$$

第3行を(−6)倍して，第1行に加えた

$$\begin{bmatrix} 1 & 2 & 0 & 3 & 0 & 7 \\ 0 & 0 & 1 & 0 & 0 & 1 \\ 0 & 0 & 0 & 0 & 1 & 2 \end{bmatrix}$$

第2行を5倍して，第1行に加えた

これで，既約ガウス行列がえられた．

≪例 6≫

次の連立方程式をガウス・ジョルダンの消去法によって解いてみよう．

$$\begin{cases} x_1+3x_2-2x_3 \qquad\quad +2x_5 \qquad\quad =0 \\ 2x_1+6x_2-5x_3-2x_4+4x_5-3x_6=-1 \\ \qquad\qquad 5x_3+10x_4 \qquad +15x_6=5 \\ 2x_1+6x_2 \qquad\; +8x_4+4x_5+18x_6=6 \end{cases}$$

まず，拡大係数行列を求めると，

$$\begin{bmatrix} 1 & 3 & -2 & 0 & 2 & 0 & 0 \\ 2 & 6 & -5 & -2 & 4 & -3 & -1 \\ 0 & 0 & 5 & 10 & 0 & 15 & 5 \\ 2 & 6 & 0 & 8 & 4 & 18 & 6 \end{bmatrix}$$

第 1 行を (-2) 倍して，第 2 行及び第 4 行に加えて，

$$\begin{bmatrix} 1 & 3 & -2 & 0 & 2 & 0 & 0 \\ 0 & 0 & -1 & -2 & 0 & -3 & -1 \\ 0 & 0 & 5 & 10 & 0 & 15 & 5 \\ 0 & 0 & 4 & 8 & 0 & 18 & 6 \end{bmatrix}$$

第 2 行を (-1)倍してから， それを (-5)倍, (-4)倍してそれぞれ第 3 行および第 4 行に加えて，

$$\begin{bmatrix} 1 & 3 & -2 & 0 & 2 & 0 & 0 \\ 0 & 0 & 1 & 2 & 0 & 3 & 1 \\ 0 & 0 & 0 & 0 & 0 & 0 & 0 \\ 0 & 0 & 0 & 0 & 0 & 6 & 2 \end{bmatrix}$$

第 3 行と第 4 行を入れかえ，新しい第 3 行を$\dfrac{1}{6}$倍すれば，

$$\begin{bmatrix} 1 & 3 & -2 & 0 & 2 & 0 & 0 \\ 0 & 0 & 1 & 2 & 0 & 3 & 1 \\ 0 & 0 & 0 & 0 & 0 & 1 & \dfrac{1}{3} \\ 0 & 0 & 0 & 0 & 0 & 0 & 0 \end{bmatrix}$$

というガウス行列がえられる．これからさらに既約ガウス行列を作るために，第 3 行を (-3) 倍して第 2 行に加え，新しい第 2 行を 2 倍して第 1 行に加えると，

$$\begin{bmatrix} 1 & 3 & 0 & 4 & 2 & 0 & 0 \\ 0 & 0 & 1 & 2 & 0 & 0 & 0 \\ 0 & 0 & 0 & 0 & 0 & 1 & \frac{1}{3} \\ 0 & 0 & 0 & 0 & 0 & 0 & 0 \end{bmatrix}$$

これに対応する連立方程式は，

$$\begin{bmatrix} x_1+3x_2 \quad +4x_4+2x_5 \quad =0 \\ x_3+2x_4 \qquad =0 \\ x_6=\frac{1}{3} \end{bmatrix}$$

となる．(第4行からえられる1次方程式，$0x_1+0x_2+0x_3+0x_4+0x_5+0x_6=0$ は，どのような数の組も解になるので，あってもなくても同じことなので省略した．)「先頭の変数」について解くと，

$$\begin{cases} x_1=-3x_2-4x_4-2x_5 \\ x_3=-2x_4 \\ x_6=\dfrac{1}{3} \end{cases}$$

をうるが，x_2, x_4, x_5 は任意の値をとりうるのでそれらを r, s, t と書くことにすると，求める解集合として

$$x_1=-3r-4s-2t, \quad x_2=r, \quad x_3=-2s, \ x_4=s, \quad x_5=t, \quad x_6=\frac{1}{3}$$

をうる．

≪**例7**≫

次に，拡大係数行列をガウス行列に変形するだけで，解集合を決定する方法について述べよう．このテクニックは**後部代入法**（または後進代入法）などとよばれることがある．わかりやすくするために，例6のガウス行列を例にとって，具体的にながめておくことにする．

例6で求めたガウス行列は

$$\begin{bmatrix} 1 & 3 & -2 & 0 & 2 & 0 & 0 \\ 0 & 0 & 1 & 2 & 0 & 3 & 1 \\ 0 & 0 & 0 & 0 & 0 & 1 & \frac{1}{3} \\ 0 & 0 & 0 & 0 & 0 & 0 & 0 \end{bmatrix}$$

であった．したがって次の連立方程式を解けばいい．

$$\begin{cases} x_1+3x_2-2x_3 \qquad +2x_5 \qquad =0 \\ \qquad\qquad x_3+2x_4 \qquad +3x_6=1 \\ \qquad\qquad\qquad\qquad\qquad x_6=\dfrac{1}{3} \end{cases}$$

ここで，次のようなステップに分けて作業を行なう．

ステップ 1. 「先頭の変数」を，他の変数で表わす．

$$\begin{cases} x_1=-3x_2+2x_3-2x_5 \\ x_3=1-2x_4-3x_6 \\ x_6=\dfrac{1}{3} \end{cases}$$

ステップ 2. 下にある変数から順に，上に同変数がふくまれていればそれらを代入によって消去する作業を行なう．

$x_6=\dfrac{1}{3}$ を第 2 式に代入して，

$$\begin{cases} x_1=-3x_2+2x_3-2x_5 \\ x_3=-2x_4 \\ x_6=\dfrac{1}{3} \end{cases}$$

次に，$x_3=-2x_4$ を第 1 式に代入して

$$\begin{cases} x_1=-3x_2-4x_4-2x_5 \\ x_3=-2x_4 \\ x_6=\dfrac{1}{3} \end{cases}$$

ステップ 3. 「先頭の変数」以外の変数に任意の値をとらせる．

x_2, x_4, x_5 をそれぞれ r, s, t とすれば，求める解集合は，

$$x_1=-3r-4s-2t, \quad x_2=r, \quad x_3=-2s, \quad x_4=s, \quad x_5=t, \quad x_6=\frac{1}{3}$$

となり，例 6 で求めたものと一致する．

拡大係数行列をガウス行列に変形するだけで，上のようにして解集合を求める方法は，**ガウスの消去法**とよばれる．

注意　上で述べた連立1次方程式の解き方は，いずれも機械的に整備されているので，コンピュータをもちいて，連立1次方程式を解かせるときのプログラムとしても利用することができる．ただし，上のやり方のままでは途中のステップで分数が出現して，コンピュータでは少し工夫を加えないと近似計算に終わってしまう．読者は，練習問題として，分数が現われないですむように，上のやり方をコンピュータのプログラム用に作りかえてみてほしい．（練習問題1.2の13を参照のこと．）また，ここではその証明は省略したが，基本変形のやり方，順序をどう変化させても，同じ拡大係数行列から出発する限り，同一の既約ガウス行列がえられることが（既約ガウス行列の一意性を示すことによって）わかる．ただし，ガウス行列については，一意性が成り立たないので，基本変形のやり方に応じて異なる行列がえられることがある．（これについては，練習問題1.2の14を参照のこと．）

練習問題 1.2

1.　次の(a)〜(f)から既約ガウス行列を選べ．

(a) $\begin{bmatrix} 1 & 0 & 0 \\ 0 & 0 & 0 \\ 0 & 0 & 1 \end{bmatrix}$　(b) $\begin{bmatrix} 0 & 1 & 0 \\ 1 & 0 & 0 \\ 0 & 0 & 0 \end{bmatrix}$　(c) $\begin{bmatrix} 1 & 1 & 0 \\ 0 & 1 & 0 \\ 0 & 0 & 0 \end{bmatrix}$

(d) $\begin{bmatrix} 1 & 2 & 0 & 3 & 0 \\ 0 & 0 & 1 & 1 & 0 \\ 0 & 0 & 0 & 0 & 1 \\ 0 & 0 & 0 & 0 & 0 \end{bmatrix}$　(e) $\begin{bmatrix} 1 & 0 & 0 & 5 \\ 0 & 0 & 1 & 3 \\ 0 & 1 & 0 & 4 \end{bmatrix}$　(f) $\begin{bmatrix} 1 & 0 & 3 & 1 \\ 0 & 1 & 2 & 4 \end{bmatrix}$

2.　次の(a)〜(f)からガウス行列を選べ．

(a) $\begin{bmatrix} 1 & 2 & 3 \\ 0 & 0 & 0 \\ 0 & 0 & 1 \end{bmatrix}$　(b) $\begin{bmatrix} 1 & -7 & 5 & 5 \\ 0 & 1 & 3 & 2 \end{bmatrix}$　(c) $\begin{bmatrix} 1 & 1 & 0 \\ 0 & 1 & 0 \\ 0 & 0 & 0 \end{bmatrix}$

(d) $\begin{bmatrix} 1 & 3 & 0 & 2 & 0 \\ 1 & 0 & 2 & 2 & 0 \\ 0 & 0 & 0 & 0 & 1 \\ 0 & 0 & 0 & 0 & 0 \end{bmatrix}$　(e) $\begin{bmatrix} 2 & 3 & 4 \\ 0 & 1 & 2 \\ 0 & 0 & 3 \end{bmatrix}$　(f) $\begin{bmatrix} 0 & 0 & 0 \\ 0 & 0 & 0 \\ 0 & 0 & 0 \end{bmatrix}$

3.　拡大係数行列を変形して，次の既約ガウス行列がえられたとして，もとの連立1次方程式の解集合を決定せよ．

(a) $\begin{bmatrix} 1 & 0 & 0 & 4 \\ 0 & 1 & 0 & 3 \\ 0 & 0 & 1 & 2 \end{bmatrix}$　(b) $\begin{bmatrix} 1 & 0 & 0 & 3 & 2 \\ 0 & 1 & 0 & -1 & 4 \\ 0 & 0 & 1 & 1 & 2 \end{bmatrix}$

(c) $\begin{bmatrix} 1 & 5 & 0 & 0 & 5 & -1 \\ 0 & 0 & 1 & 0 & 3 & 1 \\ 0 & 0 & 0 & 1 & 4 & 2 \\ 0 & 0 & 0 & 0 & 0 & 0 \end{bmatrix}$　(d) $\begin{bmatrix} 1 & 2 & 0 & 0 \\ 0 & 0 & 1 & 0 \\ 0 & 0 & 0 & 1 \end{bmatrix}$

4.　拡大係数行列を変形して，次のガウス行列がえられたとして，もとの連立1次方程式の解集合を決定せよ．

(a) $\begin{bmatrix} 1 & 2 & -4 & 2 \\ 0 & 1 & -2 & -1 \\ 0 & 0 & 1 & 2 \end{bmatrix}$　(b) $\begin{bmatrix} 1 & 0 & 4 & 7 & 10 \\ 0 & 1 & -3 & -4 & -2 \\ 0 & 0 & 1 & 1 & 2 \end{bmatrix}$

(c) $\begin{bmatrix} 1 & 5 & -4 & 0 & -7 & -5 \\ 0 & 0 & 1 & 1 & 7 & 3 \\ 0 & 0 & 0 & 1 & 4 & 2 \\ 0 & 0 & 0 & 0 & 0 & 0 \end{bmatrix}$　(d) $\begin{bmatrix} 1 & 2 & 2 & 2 \\ 0 & 1 & 3 & 3 \\ 0 & 0 & 0 & 1 \end{bmatrix}$

5.　次の連立1次方程式をガウス・ジョルダンの消去法によって解け．

(a) $\begin{cases} 2x_1+x_2+x_3=8 \\ 3x_1-2x_2-x_3=1 \\ 4x_1-7x_2+3x_3=10 \end{cases}$　(b) $\begin{cases} x_1+x_2+x_3=0 \\ -2x_1+5x_2+2x_3=0 \\ -7x_1+7x_2+x_3=0 \end{cases}$

(c) $\begin{cases} x_1+x_2-2x_3+x_4+3x_5=1 \\ 3x_1+2x_2-4x_3-3x_4-9x_5=3 \\ 2x_1-x_2+2x_3+2x_4+6x_5=2 \\ 6x_1+2x_2-4x_3=6 \\ 2x_2-4x_3-6x_4-18x_5=0 \end{cases}$

6.　問題5を，ガウスの消去法によって解け．

7.　次の連立1次方程式を，ガウス・ジョルダンの消去法によって解け．

(a) $\begin{cases} 2x_1-3x_2=-2 \\ 2x_1+x_2=1 \\ 3x_1+2x_2=1 \end{cases}$　(b) $\begin{cases} 3x_1+2x_2-x_3=-15 \\ 5x_1+3x_2+2x_3=0 \\ 3x_1+x_2+3x_3=11 \\ 11x_1+7x_2=-30 \end{cases}$

(c) $\begin{cases} 4x_1-8x_2=12 \\ 3x_1-6x_2=9 \\ -2x_1+4x_2=-6 \end{cases}$

8.　問題7を，ガウスの消去法によって解け．

9.　次の連立1次方程式を，ガウス・ジョルダンの消去法によって解け．

(a) $\begin{cases} 5x_1+2x_2+6x_3=0 \\ -2x_1+x_2+3x_3=0 \end{cases}$　(b) $\begin{cases} x_1-2x_2+x_3-4x_4=1 \\ x_1+3x_2+7x_3+2x_4=2 \\ x_1-12x_2-11x_3-16x_4=5 \end{cases}$

10. 問題9を，ガウスの消去法によって解け．

11. 次の連立1次方程式を解け．ただし a, b, c は定数とする．

(a) $\begin{cases} 2x + y = a \\ 3x + 6y = b \end{cases}$　　(b) $\begin{cases} x_1 + x_2 + x_3 = a \\ 2x_1 \qquad + 2x_3 = b \\ \qquad 3x_2 + 3x_3 = c \end{cases}$

12. 次の連立1次方程式の解集合は，a の値によってどう変化するか調べよ．

$$\begin{cases} x + 2y - \qquad 3z = 4 \\ 3x - y + \qquad 5z = 2 \\ 4x + y + (a^2 - 14)z = a + 2 \end{cases}$$

13. 次の行列を，途中の段階で分数が出現しないように工夫して，既約ガウス行列に変形せよ．

$$\begin{bmatrix} 2 & 1 & 3 \\ 0 & -2 & 7 \\ 3 & 4 & 5 \end{bmatrix}$$

14. 次の行列を，2種類の異なるガウス行列に変形せよ．

$$\begin{bmatrix} 1 & 3 \\ 2 & 7 \end{bmatrix}$$

15. 次の非線型の方程式を未知数 α, β, γ について解け．ただし $0 \leqq \alpha \leqq 2\pi$, $0 \leqq \beta \leqq 2\pi$, $0 \leqq \gamma < \pi$ とする．

$$\begin{cases} 2\sin\alpha - \cos\beta + 3\tan\gamma = 3 \\ 4\sin\alpha + 2\cos\beta - 2\tan\gamma = 2 \\ 6\sin\alpha - 3\cos\beta + \tan\gamma = 9 \end{cases}$$

16. 次の形の既約ガウス行列をすべて求めよ．

$$\begin{bmatrix} a & b & c \\ d & e & f \\ g & h & i \end{bmatrix}$$

17. $ad - bc \neq 0$ とすれば，行列

$$\begin{bmatrix} a & b \\ c & d \end{bmatrix}$$

は基本変形によって，

$$\begin{bmatrix} 1 & 0 \\ 0 & 1 \end{bmatrix}$$

とできることを示せ．

18. 問題17を利用して，もし $ad - bc \neq 0$ なら，連立1次方程式

$$\begin{cases} ax + by = k \\ cx + dy = l \end{cases}$$

はただ1つの解をもつことを示せ．

1.3　連立1次同次方程式

すでに述べたように，どんな連立1次方程式でも，ちょうど1個の解をもつか，無限個の解をもつか，または解をもたないか，のいずれかである．ここでは，与えられた連立1次方程式の解の具体的な形の決定はさておいて，その連立1次方程式がどれだけの解をもつかを決める方法について述べよう．とりあえず「見ただけ」ですぐに解の数がわかるようなものについて調べることにする．

連立1次方程式の定数項がすべて0であるようなものを**連立1次同次方程式**という．つまり，次の形のものを連立1次同次方程式とよぶのである．

$$\begin{cases} a_{11}x_1+a_{12}x_2+\cdots\cdots+a_{1n}x_n=0 \\ a_{21}x_1+a_{22}x_2+\cdots\cdots+a_{2n}x_n=0 \\ \quad\vdots \qquad\quad \vdots \qquad\qquad\qquad \vdots \\ a_{m1}x_1+a_{m2}x_2+\cdots\cdots+a_{mn}x_n=0 \end{cases}$$

任意の連立1次同次方程式は，少なくとも1個の解をもつ．それは，$x_1=0$，$x_2=0$，……，$x_n=0$ が常に解になっていることがわかるからである．この解を**自明な解**とよび，これ以外の解が存在するときにはそれを**自明でない解**とよぶことにする．連立1次同次方程式は不能ということはないので，必ずただ1つの解をもつか，または，無限個の解をもつことになる．ところが，解のうちの1つは自明な解のはずであるから，結局次のことがいえることになる．

> 連立1次同次方程式について，次のいずれかが必ず成立する．
>
> **1.**　自明な解　以外に解をもたない．
>
> **2.**　自明な解　以外に無限個の解をもつ．

未知数の個数が，方程式の個数よりも多い場合には，その連立1次同次方程式は自明な解以外に解をもつことがすぐにわかる．次に，5個の未知数，4個の方程式からなる連立1次同次方程式を例にとってこれを確認しておこう．

≪例8≫

次の連立1次同次方程式を，ガウス・ジョルダンの消去法によって解く場合を考えよう．

$$\begin{cases} 2x_1+2x_2-\ x_3 \qquad\quad +x_5=0 \\ -x_1-\ x_2+2x_3-3x_4+x_5=0 \\ \ \ x_1+\ x_2-2x_3 \qquad\quad -x_5=0 \\ \qquad\qquad\qquad x_3+\ x_4+x_5=0 \end{cases} \tag{1.2}$$

この連立方程式の拡大係数行列は，

$$\begin{bmatrix} 2 & 2 & -1 & 0 & 1 & 0 \\ -1 & -1 & 2 & -3 & 1 & 0 \\ 1 & 1 & -2 & 0 & -1 & 0 \\ 0 & 0 & 1 & 1 & 1 & 0 \end{bmatrix}$$

これを，既約ガウス行列に変形して，

$$\begin{bmatrix} 1 & 1 & 0 & 0 & 1 & 0 \\ 0 & 0 & 1 & 0 & 1 & 0 \\ 0 & 0 & 0 & 1 & 0 & 0 \\ 0 & 0 & 0 & 0 & 0 & 0 \end{bmatrix}$$

これに対応する連立方程式は，

$$\begin{cases} x_1+x_2 \qquad +x_5=0 \\ \qquad\quad x_3 \quad +x_5=0 \\ \qquad\qquad x_4 \qquad =0 \end{cases} \tag{1.3}$$

先頭の変数について解くと，

$$\begin{cases} x_1=-x_2-x_5 \\ x_3=-x_5 \\ x_4=0 \end{cases}$$

これから，求める解集合は，

$$x_1=-s-t, \quad x_2=s, \quad x_3=-t, \quad x_4=0, \quad x_5=t$$

とわかる．ここで $s=t=0$ とおけば自明な解がえられる．

上の例8は，連立1次同次方程式の解法に関する2つの重要なことがらを浮き彫りにしてくれている．まず第1には，基本変形によって，拡大係数行列中の最も右の列がすべて0であるということに変わりがなく，したがって最後でえられる既約ガウス行列に対応する連立1次方程式は，ちゃんと同次になっているということ.(例8の(1.3)を見よ.) 第2には，係数行列の既約ガウス行列が0のみからなる行をどれだけもっているかによって，既約ガウス行列に対応する連立方程式中の方程式が，もとの連立方程式中の方程式の個数より少なくできるかどうかがきまるということに注意してほしい.(例8の(1.2)と(1.3)を比較せよ.)

したがって，与えられた連立方程式が m 個の1次同次方程式と，n 個の未知数をもつ場合 ($m<n$ とする)，その拡大係数行列からえられる既約ガウス行列の0以外の数をもつ行の個数を r とすると，この既約ガウス行列に対応する連立1次同次方程式は，

$$\begin{cases} x_{k_1} \qquad\qquad + \sum(\quad) = 0 \\ \quad x_{k_2} \qquad\quad + \sum(\quad) = 0 \\ \qquad \cdots\cdots \\ \qquad\quad \ddots \\ \qquad\qquad x_{k_r} + \sum(\quad) = 0 \end{cases} \tag{1.4}$$

という形をしていることになる.(ここで，$x_{k_1}, x_{k_2}, \cdots, x_{k_r}$ は各方程式の先頭の変数を表わし，記号 $\sum(\quad)$ は，それら以外の残りの $n-r$ 個の変数をふくむ項を表わすものとする.) これから，先頭の変数についての式

$$\begin{cases} x_{k_1} = -\sum(\quad) \\ x_{k_2} = -\sum(\quad) \\ \vdots \\ x_{k_r} = -\sum(\quad) \end{cases}$$

がえられる. 例8で見たように，この式の右辺については任意な値をとらせることができるので，もとの連立方程式の解が無限個あることを知る. これらをまとめて，次の大切な定理がえられる.

定理1

方程式の個数よりも多くの未知数をもつ連立1次同次方程式は，常に無限個の解をもつ.

練習問題 1.3

1. じっとながめるだけで，(a)〜(d) の中から，自明でない解をもつものを選べ.

(a) $\begin{cases} x_1+3x_2+5x_3+x_4=0 \\ 4x_1-7x_2-3x_3-x_4=0 \\ 3x_1+2x_2+7x_3+8x_4=0 \end{cases}$

(b) $\begin{cases} x_1+2x_2+3x_3=0 \\ x_2+4x_3=0 \\ 5x_3=0 \end{cases}$

(c) $\begin{cases} a_{11}x_1+a_{12}x_2+a_{13}x_3=0 \\ a_{21}x_1+a_{22}x_2+a_{23}x_3=0 \end{cases}$

(d) $\begin{cases} x_1+x_2=0 \\ 2x_1+2x_2=0 \end{cases}$

次の**2.**～**5.**の連立1次同次方程式を解け.

2. $\begin{cases} 2x_1+x_2+3x_3=0 \\ x_1+2x_2=0 \\ x_2+x_3=0 \end{cases}$

3. $\begin{cases} 3x_1+x_2+x_3+x_4=0 \\ 5x_1-x_2+x_3-x_4=0 \end{cases}$

4. $\begin{cases} 2x_1-4x_2+x_3+x_4=0 \\ x_1-5x_2+2x_3=0 \\ -2x_2-2x_3-x_4=0 \\ x_1+3x_2+x_4=0 \\ x_1-2x_2-x_3+x_4=0 \end{cases}$

5. $\begin{cases} x+6y-2z=0 \\ 2x-4y+z=0 \end{cases}$

6. λがどういう値であれば, 次の連立1次同次方程式が自明でない解をもつか.

$$\begin{cases} (\lambda-3)x+y=0 \\ x+(\lambda-3)y=0 \end{cases}$$

7. 次の連立1次同次方程式について(a), (b)それぞれの場合に3直線 $ax+by=0$, $cx+dy=0$, $ex+fy=0$ の相対的な位置関係がどうなっているかを決定せよ.

$$\begin{cases} ax+by=0 \\ cx+dy=0 \\ ex+fy=0 \end{cases}$$

(a) 自明な解しかもたない場合.

(b) 自明な解以外にも解をもつ場合.

8. 下の連立1次同次方程式について, (a), (b)の各問に答えよ.

$$\begin{cases} ax+by=0 \\ cx+dy=0 \end{cases}$$

(a) $x=x_0$, $y=y_0$ を解とすれば, 任意の k に対して, $x=kx_0$, $y=ky_0$ もまた解であることを示せ.

(b) $x=x_0$, $y=y_0$ および $x=x_1$, $y=y_1$ が解であれば, $x=x_0+x_1$, $y=y_0+y_1$ もまた解であることを示せ.

9. 次の連立1次方程式(I), (II)について, 下の問(a), (b)に答えよ.

(I) $\begin{cases} ax+by=k \\ cx+dy=l \end{cases}$　　(II) $\begin{cases} ax+by=0 \\ cx+dy=0 \end{cases}$

(a) もし, $x=x_1$, $y=y_1$ および $x=x_2$, $y=y_2$ が(I)の解であれば, $x=x_1-x_2$, $y=y_1-y_2$ は(II)の解になる.

(b) もし, $x=x_1$, $y=y_1$ が(I)の解で, $x=x_0$, $y=y_0$ が(II)の解であれば, $x=x_1+x_0$,

$y=y_1+y_0$ は(I)の解になる.

10. (a) 連立1次同次方程式(1.4)において, 先頭の変数を $x_1, x_2, \cdots, x_r$ とせず, $x_{k1}, x_{k2}, \cdots, x_{kr}$ としたが, こうした方がよりよい理由は何か?

(b) (1.4)の特別の場合(1.3)について, この場合 r の値, $x_{k1}, x_{k2}, \cdots, x_{kr}$ および(1.4)で $\sum(\ )$ と書いた式の部分が何にあたるかを考えよ.

1.4 行列と行列演算

すでに, 利用した拡大係数行列の概念を抽象化して, 後の章での応用を考えに入れたうえで, 実数が長方形状に並んだものについて述べよう.

定義 数を長方形状に並べたものを**行列**(マトリックス)とよび, それぞれの数をその行列の**成分**とよぶ.

≪例9≫

次のものは行列の例である.

$$\begin{bmatrix} 1 & 2 \\ 3 & 0 \\ -1 & 4 \end{bmatrix} \quad [2 \quad 1 \quad 0 \quad -3] \quad \begin{bmatrix} -\sqrt{2} & \pi & e \\ 3 & \frac{1}{2} & 0 \\ 0 & 0 & 0 \end{bmatrix} \quad \begin{bmatrix} 1 \\ 3 \end{bmatrix} \quad [4]$$

これらの例でもわかるように, 行列にはいろいろなサイズが存在する. 行列の**サイズ**は, **行**(つまり, 同一水平線上の成分全体)の個数と**列**(つまり, 同一鉛直線上の成分全体)の個数によって測ることができる. 例9でいえば, 第1の行列の場合, 行の個数が3で列の個数が2だから, 3行2列の行列ということになり 3×2 行列というように表わされる. 今後こう書けば, 前の数が行数, 後の数が列数を意味するものと約束しておく. 例9の場合でいえば, 2番目の例の場合は 1×4, 以下それぞれ 3×3, 2×1, 1×1 の行列ということになる.

行列を示すためにはアルファベットの大文字を, 行列の成分を示すためには小文字を利用する. したがって例えば

$$A=\begin{bmatrix} 2 & 1 & 7 \\ 3 & 4 & 2 \end{bmatrix} \quad とか \quad C=\begin{bmatrix} a & b & c \\ d & e & f \end{bmatrix}$$

などと書き表わすことになる. また, 行列について論じるときは, その成分は

常にスカラーであると仮定し，さらに**すべてのスカラーは，実数であると仮定しておくことにする.**

A を行列とするとき，その成分を a_{ij} と表わすことがある．その場合，a_{ij} は A の第 i 行第 j 列の成分（これを (i,j)-成分などと書くこともある）を表わしているとする．例えば，一般の 3×4 行列は

$$A=\begin{bmatrix} a_{11} & a_{12} & a_{13} & a_{14} \\ a_{21} & a_{22} & a_{23} & a_{24} \\ a_{31} & a_{32} & a_{33} & a_{34} \end{bmatrix}$$

と書ける．同様にして，一般の $m\times n$ 行列であれば，例えば，

$$B=\begin{bmatrix} b_{11} & b_{12} & \cdots & b_{1n} \\ b_{21} & b_{22} & \cdots & b_{2n} \\ \vdots & \vdots & & \vdots \\ b_{m1} & b_{m2} & \cdots & b_{mn} \end{bmatrix}$$

と書くわけである.

行列 A が n 行 n 列であるとき，これを特に **n 次の正方行列** とよび，その「対角線」上の成分，$a_{11}, a_{22}, \cdots, a_{nn}$ を A の主対角線上の成分，または単に**対角成分**とよぶ．（図1.2参照）

$$\begin{bmatrix} a_{11} & a_{12} & \cdots & a_{1n} \\ a_{21} & a_{22} & & a_{2n} \\ \vdots & & \ddots & \vdots \\ a_{n1} & a_{n2} & \cdots & a_{nn} \end{bmatrix}$$

図 1.2　対角成分

連立1次方程式を解くために行列を利用する，ということからは離れて，後に紹介する他の応用も考え，以下において，いわば〝行列の算術〟ともいうべきものについて述べてみたい．この節の残りの部分においては，この〝行列の算術〟を問題にする.

2つの**行列が一致する**（**相等**ともよぶ）というのは，そのサイズが同じで，かつどの成分も一致することであるとしよう.

≪例10≫

$$A=\begin{bmatrix} 2 & 1 \\ 3 & 4 \end{bmatrix} \quad B=\begin{bmatrix} 2 & 1 \\ 3 & 5 \end{bmatrix} \quad C=\begin{bmatrix} 2 & 1 & 0 \\ 3 & 4 & 0 \end{bmatrix}$$

についていえば，A と C とはサイズが異なっているので一致しない，つまり $A \neq C$，同様の理由で $B \neq C$，また A と B とは $(2,2)$ 成分が一致しないので $A \neq B$ ということになる．

定義 A, B をサイズの等しい行列とするとき，A, B それぞれの対応する成分ごとに和をとってえられる新しい行列を $A+B$ と書き，A と B の**和**とよぶ．サイズの異なる行列どうしは，加えることはできないとする．

≪例11≫

$$A=\begin{bmatrix} 2 & 1 & 0 & 3 \\ -1 & 0 & 2 & 4 \\ 4 & -2 & 7 & 0 \end{bmatrix} \quad B=\begin{bmatrix} -4 & 3 & 5 & 1 \\ 2 & 2 & 0 & -1 \\ 3 & 2 & -4 & 5 \end{bmatrix} \quad C=\begin{bmatrix} 1 & 1 \\ 2 & 2 \end{bmatrix}$$

とする．このとき

$$A+B=\begin{bmatrix} -2 & 4 & 5 & 4 \\ 1 & 2 & 2 & 3 \\ 7 & 0 & 3 & 5 \end{bmatrix}$$

となる．しかし A と C，B と C はサイズが異なるので加えることはできない．

定義 A を行列，c をスカラー（つまりここでは実数）とするとき，**積** cA は A の各成分を c 倍してできる行列を表わす．

≪例12≫

$$A=\begin{bmatrix} 4 & 2 \\ 1 & 3 \\ -1 & 0 \end{bmatrix}$$

とするとき，

$$2A=\begin{bmatrix} 8 & 4 \\ 2 & 6 \\ -2 & 0 \end{bmatrix} \qquad (-1)A=\begin{bmatrix} -4 & -2 \\ -1 & -3 \\ 1 & 0 \end{bmatrix}$$

一般に行列 B について，$(-1)B$ を単に $-B$ と書くことにする．A, B を同一サイズの行列とするとき $A-B$ と書けばそれは $A+(-B)=A+(-1)B$ を示しているとする．

≪**例13**≫

$$A=\begin{bmatrix}2&3&4\\1&2&1\end{bmatrix}\qquad B=\begin{bmatrix}0&2&7\\1&-3&5\end{bmatrix}$$

とすれば，

$$-B=\begin{bmatrix}0&-2&-7\\-1&3&-5\end{bmatrix}$$

また，

$$A-B=\begin{bmatrix}2&3&4\\1&2&1\end{bmatrix}+\begin{bmatrix}0&-2&-7\\-1&3&-5\end{bmatrix}=\begin{bmatrix}2&1&-3\\0&5&-4\end{bmatrix}$$

となる．

定義から明らかなように，$A-B$ の成分は A,B それぞれの対応する成分の差になっていることはいうまでもない．

行列のスカラー倍（実数倍）については，すでに定義したが，行列どうしの積はどのように定められるべきだろうか？　素朴に考えれば，対応する各成分ごとの積として（タイプの等しい）行列の間に積を定義しようということになるが，この定義はあまり実際的なものではない．つまり応用例にとぼしい．行列どうしの積については，数学者達の長い経験から次のようにするのが，直観的には了解しにくいが，実際的かつ有用であることが，知られている．

定義　A を $m\times r$ 行列，B を $r\times n$ 行列とする．このとき A と B の**積** AB は成分が次に述べるようにしてきまる $m\times n$ 行列であるとする．つまり AB の (i,j) 成分は，A の第 i 行とBの第 j 列のそれぞれの成分を並んでいる順にそれぞれ積をとり，それらを合計したものとして定める．

この定義だけでは，わかりにくいので，少し例をあげて具体的に述べてみよう．

≪**例14**≫

$$A=\begin{bmatrix}1&2&4\\2&6&0\end{bmatrix}\qquad B=\begin{bmatrix}4&1&4&3\\0&-1&3&1\\2&7&5&2\end{bmatrix}$$

という2つの行列についてみれば，A が 2×3，B が 3×4 なので AB のサイズは 2×4 となる．そして，AB の，例えば $(2,3)$ 成分は A の第2行と B の第3列とから，次のようにして定められる．

$$\begin{bmatrix} 1 & 2 & 4 \\ 2 & 6 & 0 \end{bmatrix} \begin{bmatrix} 4 & 1 & 4 & 3 \\ 0 & -1 & 3 & 1 \\ 2 & 7 & 5 & 2 \end{bmatrix} = \begin{bmatrix} \square & \square & \square & \square \\ \square & \square & \boxed{26} & \square \end{bmatrix}$$

$$2\times4+6\times3+0\times5=26$$

また，例えば $(1,4)$ 成分は次のようにして定められる．

$$\begin{bmatrix} 1 & 2 & 4 \\ 2 & 6 & 0 \end{bmatrix} \begin{bmatrix} 4 & 1 & 4 & 3 \\ 0 & -1 & 3 & 1 \\ 2 & 7 & 5 & 2 \end{bmatrix} = \begin{bmatrix} \square & \square & \square & \boxed{13} \\ \square & \square & \boxed{26} & \square \end{bmatrix}$$

$$1\times3+2\times1+4\times2=13$$

残りの成分をそれぞれ計算すれば次のようになる．

$$1\times4+2\times0+4\times2=12$$

$$1\times1-2\times1+4\times7=27$$

$$1\times4+2\times3+4\times5=30$$

$$2\times4+6\times0+0\times2=8$$

$$2\times1-6\times1+0\times7=-4$$

$$2\times3\times6\times1+0\times2=12$$

$$AB=\begin{bmatrix} 12 & 27 & 30 & 13 \\ 8 & -4 & 26 & 12 \end{bmatrix}$$

行列どうしの積については，その定義から，A の列の個数と B の行の個数とが一致しないと積 AB を定義することができない．2つの行列が与えられたとき，その積が定義できるか，できないかを判定する簡単な方法は，最初の行列の「横の長さ」と後の行列の「縦の長さ」が一致するかどうかを見ることである．これが異なれば積は考えられない．図1.3に示したように「内側の数」がひとしいときにのみ積が定義される．

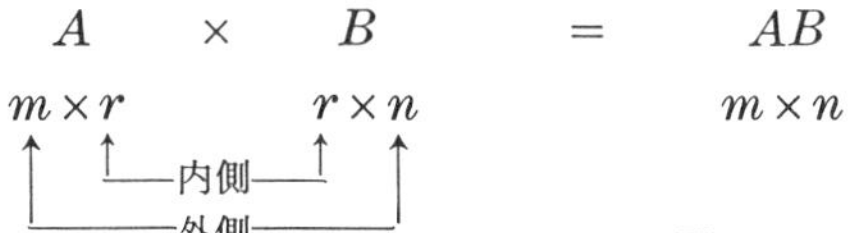

$$A \quad \times \quad B \quad = \quad AB$$

$$m\times r \qquad r\times n \qquad m\times n$$

内側

外側

図 1.3

そして「外側の数」が，積のサイズを与えることになる．

≪例15≫

A を 3×4 行列，B を 4×7 行列，C を 7×3 行列とする．このとき AB，CA，BC は定義されてそれぞれ 3×7，7×4，4×3 行列となる．しかし，AC，CB，BA は定義不能である．

≪例16≫

A を一般の $m\times r$ 行列，B を一般の $r\times n$ 行列とする．このとき AB は定義できて，その (i,j) 成分は，A の第 i 行，B の第 j 列から下のようにして定められるわけである．

$$a_{i1}b_{1j}+a_{i2}b_{2j}+a_{i3}b_{3j}+\cdots+a_{ir}b_{rj}$$

$$AB=\begin{bmatrix} a_{11} & a_{12} & \cdots & a_{1r} \\ a_{21} & a_{22} & \cdots & a_{2r} \\ \vdots & \vdots & & \vdots \\ a_{i1} & a_{i2} & \cdots & a_{ir} \\ \vdots & \vdots & & \vdots \\ a_{m1} & a_{m2} & \cdots & a_{mr} \end{bmatrix} \begin{bmatrix} b_{11} & b_{12} & \cdots & b_{1j} & \cdots & b_{1n} \\ b_{21} & b_{22} & \cdots & b_{2j} & \cdots & b_{2n} \\ \vdots & \vdots & & \vdots & & \vdots \\ b_{r1} & b_{r2} & \cdots & b_{rj} & \cdots & b_{rn} \end{bmatrix}$$

上に述べた行列の積の定義は，連立1次方程式に対しても極めて有用である．いま，m 個の1次方程式からなる．未知数が n 個の連立1次方程式

$$\begin{cases} a_{11}x_1+a_{12}x_2+\cdots+a_{1n}x_n=b_1 \\ a_{21}x_1+a_{22}x_2+\cdots+a_{2n}x_n=b_2 \\ \quad\vdots \qquad\quad \vdots \qquad\qquad\quad \vdots \qquad\ \vdots \\ a_{m1}x_1+a_{m2}x_2+\cdots+a_{mn}x_n=b_m \end{cases}$$

を考えよう．行列が一致するのは，対応する成分が一致することと同値なので，この方程式は次のように表わすこともできる．

$$\begin{bmatrix} a_{11}x_1+a_{12}x_2+\cdots+a_{1n}x_n \\ a_{21}x_1+a_{22}x_2+\cdots+a_{2n}x_n \\ \vdots \\ a_{m1}x_1+a_{m2}x_2+\cdots+a_{mn}x_n \end{bmatrix}=\begin{bmatrix} b_1 \\ b_2 \\ \vdots \\ b_m \end{bmatrix}$$

さらに，左辺の $m\times1$ 行列を，次のような行列の積として表わせば，

$$\begin{bmatrix} a_{11} & a_{12} & \cdots & a_{1n} \\ a_{21} & a_{22} & \cdots & a_{2n} \\ \vdots & \vdots & & \vdots \\ a_{m1} & a_{m2} & \cdots & a_{mn} \end{bmatrix} \begin{bmatrix} x_1 \\ x_2 \\ \vdots \\ x_n \end{bmatrix} = \begin{bmatrix} b_1 \\ b_2 \\ \vdots \\ b_m \end{bmatrix}$$

となる．ここに出現した行列を左から順に A，X，B とかくことにすれば，もとの連立1次方程式は，

$$AX=B \tag{1.5}$$

という1つの「行列方程式」として表わしうることがわかる．この行列を利用する方法をさらに発展させることによって，連立1次方程式を解くための新しい方法を確立することができる．ここに出現した行列 A は，もとの連立1次方程式の**係数行列**とよばれる．(**注意**　「拡大係数行列」との区別をはっきりさせること.)

≪例17≫

2つの行列，A, B が与えられて，その積 AB の，例えば第 j 列のみが知りたいというような場合に，別に AB 全体を求める必要のないことは言うまでもない．その場合には B の第 j 列だけがわかれば十分である．例14での行 A，B を例にとって，AB の第2列のみを知りたい場合の計算法について念のためにそのやり方を説明しておこう．この場合には次の計算をすればよい．

$$\underset{\uparrow \atop A}{\begin{bmatrix} 1 & 2 & 4 \\ 2 & 6 & 0 \end{bmatrix}} \underset{\uparrow \atop B\text{の第2列}}{\begin{bmatrix} 1 \\ -1 \\ 7 \end{bmatrix}} = \underset{\uparrow \atop AB\text{の第2列}}{\begin{bmatrix} 27 \\ -4 \end{bmatrix}}$$

つまり，一般に B の第 j 列からなる行列を B_j とかけば，AB の第 j 列，$(AB)_j$ は

$$(AB)_j=A \cdot B_j$$

によって与えられるというわけである．まったく同様に，A の第 i 行からなる行列を ${}_iA$ とかけば，AB の第 i 行 ${}_i(AB)$ は

$${}_i(AB)={}_iA \cdot B$$

によってきまることがわかる．例14の A,B を例にとって AB の第1行を計算する場合の方法を示せば次のようである．

$$\to[1\quad 2\quad 4]\begin{bmatrix}4 & 1 & 4 & 3\\ 0 & -1 & 3 & 1\\ 2 & 7 & 5 & 2\end{bmatrix}=[12\quad 27\quad 30\quad 13]\leftarrow$$

A の第1行　　$\uparrow B$　　AB の第1行

練習問題 1.4

1. A,B,C,D,E を各々 4×5, 4×5, 5×2, 4×2, 5×4 のサイズの行列とする．次のうちから，計算可能なものを選び，それらについて計算結果がどういうサイズの行列になるか求めよ．

(a) BA　　(b) $AC+D$　　(c) $AE+B$

(d) $AB+B$　　(e) $E(A+B)$　　(f) $E(AC)$

2. (a) もし，AB,BA 共に定義可能であれば，AB,BA 共正方行列となることを示せ．

(b) もし，A が $m\times n$ 行列で，$A(BA)$ が定義可能だとすれば B は $n\times m$ 行列でなければならないことを示せ．

3. 次の等式が成り立つように，a,b,c,d を定めよ．

$$\begin{bmatrix}a-b & b+c\\ c+3d & 2a-4d\end{bmatrix}=\begin{bmatrix}8 & 1\\ 7 & 6\end{bmatrix}$$

4. 下の行列に対して，(a)～(f) を求めよ．

$$A=\begin{bmatrix}3 & 0\\ -1 & 2\\ 1 & 1\end{bmatrix}\qquad B=\begin{bmatrix}4 & -1\\ 0 & 2\end{bmatrix}\qquad C=\begin{bmatrix}1 & 4 & 2\\ 3 & 1 & 5\end{bmatrix}$$

$$D=\begin{bmatrix}1 & 5 & 2\\ -1 & 0 & 1\\ 3 & 2 & 4\end{bmatrix}\qquad E=\begin{bmatrix}6 & 1 & 3\\ -1 & 1 & 2\\ 4 & 1 & 3\end{bmatrix}$$

(a) AB　　(b) $D+E$　　(c) $D-E$

(d) DE　　(e) ED　　(f) $-7B$

5. 問題4の行列について，下の(a)～(f)のうち定義可能なものについてそれを求めよ．

(a) $3C-D$　　(b) $(3E)D$　　(c) $(AB)C$

(d) $A(BC)$　　(e) $(4B)C+2B$　　(f) $D+E^2$ （ここで $E^2=EE$）

6.
$$A=\begin{bmatrix}3 & -2 & 7\\ 6 & 5 & 4\\ 0 & 4 & 9\end{bmatrix}\qquad B=\begin{bmatrix}6 & -2 & 4\\ 0 & 1 & 3\\ 7 & 7 & 5\end{bmatrix}$$

とするとき，例17の方法によって次のものを求めよ．

(a) AB の第1行　　(b) AB の第3行
(c) AB の第2列　　(d) BA の第1列
(e) A^2 の第3行　　(f) A^2 の第3列 （ここで $A^2=AA$）

7. C, D, E を問題4で与えられた行列として，できるだけ計算回数を減らすやり方で，$C(DE)$ の $(2,3)$ 成分（つまり第2行,第3列の成分）を求めよ．

8. (a) A が0のみからなる行をもてば，AB が計算可能な任意の行列 B に対して AB は，0のみからなる行をもつことを示せ．
(b) 0のみからなる列をもつ場合にも(a)と同様の考察をせよ．

9. A を $m\times n$ 行列，O をすべての成分が0の $m\times n$ 行列とする．このときもし $kA=O$ が成り立てば，$k=0$ または $A=O$ が成り立つことを示せ．

10. I は $n\times n$ 行列で，その (i, j) 成分が，$i=j$ なら 1，$i\neq j$ なら0,が成立しているとする．このとき，任意の $n\times n$ 行列 A に対して $AI=IA=A$ が成り立つことを示せ．

11. 対角線上以外の成分がすべて0である行列を **対角行列** とよぶ．対角行列どうしの積はまた対角行列となることを示せ．一般に対角行列2つの積の計算規則について述べよ．

12. 例17の記号のもとで次のことを示せ．
(a) $(AB)_j=A\cdot B_j$　　(b) ${}_i(AB)={}_iA\cdot B$

1.5 行列計算の諸法則

実数に関する(通常の代数的な)計算法則の多くは，行列についても同様に成立することがいえる．とはいえ，いくつかの例外が存在している．最も重要な例外は，積に関するものである．実数については，$ab=ba$ が常に成り立っている．つまり，**実数は積に関して可換であるが**，行列に対しては $AB=BA$ ということが一般には成り立たない．もちろん，AB または BA が定義されないという場合（例えば A が 2×3 行列，B が 3×4 行列の場合など AB は定義できるが，BA は定義不能である)，AB，BA 共に定義可能な場合であっても，そのサイズが異なる場合（例えば A が 2×3 行列，B が 3×2 行列の場合など，AB は 2×2 行列，BA は 3×3 行列となる）などもあるが，たとえ，AB, BA が共に定義可能でかつそのサイズが一致している場合でも，$AB\neq BA$ となることが起きる．次にその例をあげておこう．

≪例18≫

2つの行列

$$A=\begin{bmatrix}-1 & 0\\ 2 & 3\end{bmatrix} \qquad B=\begin{bmatrix}1 & 2\\ 3 & 0\end{bmatrix}$$

について，

$$AB=\begin{bmatrix}-1 & -2\\ 11 & 4\end{bmatrix} \qquad BA=\begin{bmatrix}3 & 6\\ -3 & 0\end{bmatrix}$$

したがって $AB \neq BA$ となっている．

このように，行列の積については，交換法則は一般に成立しない（つまり非可換である）が，その他の計算法則の多くは，そのまま成立する．次にその法則の主なものについて述べておこう．

定理2

定義できない場合はのぞいて，一般に行列の計算法則として次のような等式が成り立つ．

(a) $A+B=B+A$　（加法についての交換法則）

(b) $A+(B+C)=(A+B)+C$　（加法についての結合法則）

(c) $A(BC)=(AB)C$　（乗法についての結合法則）

(d) $A(B+C)=AB+AC$　（分配法則）

(e) $(B+C)A=BA+CA$　（分配法則）

(f) $A(B-C)=AB-AC$

(g) $(B-C)A=BA-CA$

(h) $a(B+C)=aB+aC$

(i) $a(B-C)=aB-aC$

(j) $(a+b)C=aC+bC$

(k) $(a-b)C=aC-bC$

(l) $(ab)C=a(bC)$

(m) $a(BC)=(aB)C=B(aC)$

これらの等式を証明するには，まず左辺と右辺のサイズが等しくなることを

示す必要がある．そして，それぞれの対応する成分ごとに等しくなっていることを見ればいい．ここでは，(h)の証明だけを例としてあげておく．他の等式の証明については，練習問題にしておく．

(h)の証明．左辺は $B+C$ という演算をふくんでいるので，B と C のサイズは等しくなければならない，このサイズを $m\times n$ としておこう．そのとき，$a(B+C)$ と $aB+aC$ は共に $m\times n$ 行列となるので，両辺のサイズは等しいことがいえる．左辺の (i,j) 成分を l_{ij}，右辺の (i,j) 成分を r_{ij} とする．$l_{ij}=r_{ij}$ が任意の i,j に対して成立することを示せばよい．これを示すために B,C の (i,j) 成分を各々 b_{ij}，c_{ij} とする．このとき，行列の積の定義から，

$$l_{ij}=a(b_{ij}+c_{ij}),\qquad r_{ij}=ab_{ij}+ac_{ij}$$

となっていることになる．ところで $a(b_{ij}+c_{ij})=ab_{ij}+ac_{ij}$ が成り立つことはいうまでもないので，結局 $l_{ij}=r_{ij}$ をうる．■

行列の和と積については，上の 定理2 (b),(c)，つまり結合法則が成り立つので，和,積の順序を問題にする必要はない．つまり，$A+B+C$ とか ABC とかの表示が意味をもつわけである．同様に考えて，4個またはそれ以上の（有限個の）行列の和または積に関しても，その計算順序によらずに一定の答がえられることがわかる．つまり，**行列の和または積に関しては，その計算順序にかかわらず，結果は一致する**ということになる．

≪**例19**≫

積に関する結合法則を確かめるために次の「実験」をしてみる．

$$A=\begin{bmatrix}1&2\\3&4\\0&1\end{bmatrix}\qquad B=\begin{bmatrix}4&3\\2&1\end{bmatrix}\qquad C=\begin{bmatrix}1&0\\2&3\end{bmatrix}$$

このとき，

$$AB=\begin{bmatrix}1&2\\3&4\\0&1\end{bmatrix}\begin{bmatrix}4&3\\2&1\end{bmatrix}=\begin{bmatrix}8&5\\20&13\\2&1\end{bmatrix}$$

$$(AB)C=\begin{bmatrix}8 & 5\\ 20 & 13\\ 2 & 1\end{bmatrix}\begin{bmatrix}1 & 0\\ 2 & 3\end{bmatrix}=\begin{bmatrix}18 & 15\\ 46 & 39\\ 4 & 3\end{bmatrix}$$

また，

$$BC=\begin{bmatrix}4 & 3\\ 2 & 1\end{bmatrix}\begin{bmatrix}1 & 0\\ 2 & 3\end{bmatrix}=\begin{bmatrix}10 & 9\\ 4 & 3\end{bmatrix}$$

$$A(BC)=\begin{bmatrix}1 & 2\\ 3 & 4\\ 0 & 1\end{bmatrix}\begin{bmatrix}10 & 9\\ 4 & 3\end{bmatrix}=\begin{bmatrix}18 & 15\\ 46 & 39\\ 4 & 3\end{bmatrix}$$

したがって，この場合 $(AB)C=A(BC)$，つまり 定理2 (c) が成立していることがわかる．

成分のすべてが0の行列，例えば，

$$\begin{bmatrix}0 & 0\\ 0 & 0\end{bmatrix}\quad\begin{bmatrix}0 & 0 & 0\\ 0 & 0 & 0\\ 0 & 0 & 0\end{bmatrix}\quad\begin{bmatrix}0 & 0 & 0 & 0\\ 0 & 0 & 0 & 0\end{bmatrix},\quad\begin{bmatrix}0\\ 0\\ 0\\ 0\end{bmatrix}\quad[0]$$

などを**ゼロ行列**とよぶ．ゼロ行列は通常単に O と書く．もしそのサイズを示す必要のあるときには（もしそれが $m\times n$ なら）$O_{m\times n}$ と書く．

A を行列，O を A と同じサイズのゼロ行列とすると明らかに $A+O=A$ が成立する．つまりゼロ行列 O は，実数の場合の0と同じ役割をはたす行列だということになる．

すでに，行列どうしの計算については，実数の場合に成立したことでも，成立しなくなることがあるということが，積について明らかになっているわけだから，実数の計算に関して成立することがすぐに行列の場合にもあてはまると考えるのは向うみずなことである．例えば，次の(i),(ii)のような（実数については当然成立する）主張をとりあげてみよう．

(i)　$ab=ac$ かつ $a\neq 0$ ならば $b=c$ （キャンセル法則）

(ii)　$ad=0$ ならば　$a=0$ または　$d=0$

次の例を見れば，このことが，行列については必ずしも成立しないことがわかる．

≪例20≫

$$A=\begin{bmatrix}0 & 1\\0 & 2\end{bmatrix}\quad B=\begin{bmatrix}1 & 1\\3 & 4\end{bmatrix}\quad C=\begin{bmatrix}2 & 5\\3 & 4\end{bmatrix}\quad D=\begin{bmatrix}3 & 7\\0 & 0\end{bmatrix}$$

とするとき，

$$AB=AC=\begin{bmatrix}3 & 4\\6 & 8\end{bmatrix}$$

が成立していて，かつ $A\fallingdotseq O$ であるが，$B=C$ ではない．つまり一般に $AB=AC$ かつ $A\fallingdotseq O$ でも $B=C$ とはいえないことになる．（行列については，キャンセル法則は成立しない．）

また，$AD=O$ であるが $A=O$ でも $D=O$ でもない．つまり上の (ii) も成立しないことがわかる．

以上の否定的な例とは対照的に，ゼロ行列については実数の0の場合と同様のことが成り立つことがわかる．次の定理がそれである．証明は読者にまかせる．

定理 3

計算が可能である限り，次の等式が常に成立する．

(a) $A+O=O+A=A$

(b) $A-A=O$

(c) $O-A=-A$

(d) $AO=O,\quad OA=O$

すでに述べた行列についての計算法則を応用すれば，すでに問題にしたことのある，次の定理を簡単に証明することができる．

定理 4

どんな連立1次方程式でも，まったく解をもたないか，ただ1つの解をもつか，または，無限個の解をもつ．

証明　$AX=B$ を与えられた連立1次方程式（の行列表示）とする．このとき，次のいずれかが成り立つことは自明である：(a) 解をもたない．(b) ただ1つの解をもつ．(c) 少なくとも2個の解をもつ．上の定理を証明するには，(c)が成り立つと仮定して，その場合には必然的に無限個の解をもつようになることを示せば十分である．

いま，X_1, X_2 を $AX=B$ の異なる2つの解とする．つまり $AX_1=B, AX_2=B$ が成り立っていると仮定する．このとき $AX_1-AX_2=A(X_1-X_2)=O$ となる．ここで $X_0=X_1-X_2$ とおき，k を任意の実数とすると，($X_0 \neq O$ であり)

$$\begin{aligned} A(X_1+kX_0) &= AX_1+A(kX_0) \\ &= AX_1+kAX_0 \\ &= B+kO \\ &= B+O \\ &= B \end{aligned}$$

つまり，任意の k に対して X_1+kX_0 もまた連立1次方程式 $AX=B$ の解となる．したがって，kのとり方が無限個あり，$k \neq k'$ ならば $X_1+kX_0 \neq X_1+k'X_0$ であることから，解が無限個存在することになる．■

対角線上のみに1がならび，他の成分はすべて0であるような正方行列も，重要である．例をあげれば，

$$\begin{bmatrix} 1 & 0 \\ 0 & 1 \end{bmatrix} \quad \begin{bmatrix} 1 & 0 & 0 \\ 0 & 1 & 0 \\ 0 & 0 & 1 \end{bmatrix} \quad \begin{bmatrix} 1 & 0 & 0 & 0 \\ 0 & 1 & 0 & 0 \\ 0 & 0 & 1 & 0 \\ 0 & 0 & 0 & 1 \end{bmatrix} \quad \text{etc.}$$

などで，これらは，**単位行列**とよばれる．単位行列を I で示し，とくに，そのサイズを示す必要のあるときには I_n または $I_{n\times n}$ と書くことにする．

A を $m\times n$ 行列とするとき（次の例で実験してみるが），$AI_n=A$，$I_mA=A$ が成立する．つまり，単位行列 I は，実数の場合の（乗法単位元）1の役割をはたす．($1a=a1=a$ が任意の実数 a について成り立つ.)

≪例21≫

$$A=\begin{bmatrix} a_{11} & a_{12} & a_{13} \\ a_{21} & a_{22} & a_{23} \end{bmatrix}$$

に対して，

$$I_2A=\begin{bmatrix} 1 & 0 \\ 0 & 1 \end{bmatrix}\begin{bmatrix} a_{11} & a_{12} & a_{13} \\ a_{21} & a_{22} & a_{23} \end{bmatrix}=\begin{bmatrix} a_{11} & a_{12} & a_{13} \\ a_{21} & a_{22} & a_{23} \end{bmatrix}=A$$

また

$$AI_3=\begin{bmatrix} a_{11} & a_{12} & a_{13} \\ a_{21} & a_{22} & a_{23} \end{bmatrix}\begin{bmatrix} 1 & 0 & 0 \\ 0 & 1 & 0 \\ 0 & 0 & 1 \end{bmatrix}=\begin{bmatrix} a_{11} & a_{12} & a_{13} \\ a_{21} & a_{22} & a_{23} \end{bmatrix}=A$$

正方行列 A について，$AB=BA=I$ を満たす正方行列 B が存在するとき，A は**可逆**である（または**可逆行列**である）といい，B を A の**逆行列**という．

≪例22≫

$$A=\begin{bmatrix} 2 & -5 \\ -1 & 3 \end{bmatrix}, \qquad B=\begin{bmatrix} 3 & 5 \\ 1 & 2 \end{bmatrix}$$

とすれば B が A の逆行列であることが，次の計算からわかる．

$$AB=\begin{bmatrix} 2 & -5 \\ -1 & 3 \end{bmatrix}\begin{bmatrix} 3 & 5 \\ 1 & 2 \end{bmatrix}=\begin{bmatrix} 1 & 0 \\ 0 & 1 \end{bmatrix}=I$$

$$BA=\begin{bmatrix} 3 & 5 \\ 1 & 2 \end{bmatrix}\begin{bmatrix} 2 & -5 \\ -1 & 3 \end{bmatrix}=\begin{bmatrix} 1 & 0 \\ 0 & 1 \end{bmatrix}=I$$

≪例23≫

$$A=\begin{bmatrix} 1 & 4 & 0 \\ 2 & 5 & 0 \\ 3 & 6 & 0 \end{bmatrix}$$

は，可逆ではない．どうしてかというと，任意の 3×3 行列

$$B=\begin{bmatrix} b_{11} & b_{12} & b_{13} \\ b_{21} & b_{22} & b_{23} \\ b_{31} & b_{32} & b_{33} \end{bmatrix}$$

に対して，BA の第3列が，

$$\begin{bmatrix} b_{11} & b_{12} & b_{13} \\ b_{21} & b_{22} & b_{23} \\ b_{31} & b_{32} & b_{33} \end{bmatrix} \begin{bmatrix} 0 \\ 0 \\ 0 \end{bmatrix} = \begin{bmatrix} 0 \\ 0 \\ 0 \end{bmatrix}$$

となるので，明らかに $BA \neq I$ が成り立つからである．

逆行列が存在する場合，それが1つしか存在しないかどうかを考えるのは自然なことだろう．これについて，次の定理がある．

定理5

B, C が A の逆行列なら，$B=C$ が成り立つ

証明　B が A の逆行列であることから，$BA=I$．この両辺に右側から C をかけると，$(BA)C=IC=C$．ところで $(BA)C=B(AC)=BI=B$．
したがって $B=C$ をうる．■

かくして，逆行列の一意性がいえた．つまり，可逆行列 A の逆行列はただ1つしか存在しないことがわかった．これを $\boldsymbol{A}^{-1}$ と書く．このとき，明らかに，

$$\boldsymbol{AA^{-1}=I}, \qquad \boldsymbol{A^{-1}A=I}.$$

A の逆行列という概念は，実数の場合の逆数（a に対する a^{-1}）と同様の性質をもっていることがわかる．（$aa^{-1}=1$，$a^{-1}a=1$ に注意）

≪例24≫

2×2 行列

$$A=\begin{bmatrix} a & b \\ c & d \end{bmatrix}$$

において，$ad-bc \neq 0$ と仮定すると，

$$A^{-1}=\frac{1}{ad-bc}\begin{bmatrix} d & -b \\ -c & a \end{bmatrix}=\begin{bmatrix} \dfrac{d}{ad-bc} & -\dfrac{b}{ad-bc} \\ -\dfrac{c}{ad-bc} & \dfrac{a}{ad-bc} \end{bmatrix}$$

であることがわかる．（$AA^{-1}=I$，$A^{-1}A=I$ の成立を確認せよ．）以下の節に

おいては，可逆な$n \times n$正方行列の逆行列の計算法について論じる．

定理 6

A, Bをサイズの等しい可逆行列とするとき，次のことが成り立つ．

(a) ABは可逆

(b) $(AB)^{-1}=B^{-1}A^{-1}$

証明 $(AB)(B^{-1}A^{-1})=(B^{-1}A^{-1})(AB)=I$を示せば，$AB$が可逆で，その逆行列$(AB)^{-1}$が$B^{-1}A^{-1}$で与えられることがわかる．ところで，
$(AB)(B^{-1}A^{-1})=A(BB^{-1})A^{-1}=AIA^{-1}=I$，同様に$(B^{-1}A^{-1})(AB)=I$． ▨

ここでは，その証明は省略するが，さらに一般に次のことが証明できる．

可逆行列の有限個の積は常に可逆で，その逆行列は，もとの行列の逆行列を逆の順序でかけあわせたものに等しい．

≪例25≫

$$A=\begin{bmatrix}1 & 2\\ 1 & 3\end{bmatrix} \quad B=\begin{bmatrix}3 & 2\\ 2 & 2\end{bmatrix} \quad AB=\begin{bmatrix}7 & 6\\ 9 & 8\end{bmatrix}$$

について，例24の公式より，

$$A^{-1}=\begin{bmatrix}3 & -2\\ -1 & 1\end{bmatrix} \quad B^{-1}=\begin{bmatrix}1 & -1\\ -1 & \frac{3}{2}\end{bmatrix} \quad (AB)^{-1}=\begin{bmatrix}4 & -3\\ -\frac{9}{2} & \frac{7}{2}\end{bmatrix}$$

となるが，

$$B^{-1}A^{-1}=\begin{bmatrix}1 & -1\\ -1 & \frac{3}{2}\end{bmatrix}\begin{bmatrix}3 & -2\\ -1 & 1\end{bmatrix}=\begin{bmatrix}4 & -3\\ -\frac{9}{2} & \frac{7}{2}\end{bmatrix}$$

となるので，$(AB)^{-1}=B^{-1}A^{-1}$が成立していることが確められる．

Aを正方行列，nを正整数とするとき，

$$A^n=\underbrace{AA\cdots A}_{n\text{ 個}}$$

$$A^0 = I$$

と定義する．

さらに，もしAが可逆であれば，

$$A^{-n} = \underbrace{A^{-1}A^{-1}\cdots A^{-1}}_{n\text{個}}$$

と定義する．

定理7

A を可逆な行列とするとき，

(a) A^{-1} は可逆で，$(A^{-1})^{-1} = A$

(b) $\boldsymbol{A^n}$ は可逆で，$(A^n)^{-1} = (A^{-1})^n$　　（ここで，$n = 0, 1, 2, \cdots$）

(c) kA は可逆で，$(kA)^{-1} = \dfrac{1}{k}A^{-1}$　　（ただし，$k \neq 0$）

証明

(a) $AA^{-1} = A^{-1}A = I$ および逆行列の一意性からただちに $(A^{-1})^{-1} = A$．

(b) これは，練習問題にしておこう．

(c) 定理2 $(l), (m)$ より

$$(kA)\left(\frac{1}{k}A^{-1}\right) = \frac{1}{k}(kA)A^{-1} = \left(\frac{1}{k}k\right)AA^{-1} = 1I = I.$$

同様に　$\left(\dfrac{1}{k}A^{-1}\right)(kA) = I.$

したがって，kA は可逆で，その逆行列 $(kA)^{-1} = \dfrac{1}{k}A^{-1}$ となる．■

A を正方行列，r, s を整数とするとき，次の「指数法則」が成り立つことも証明できる．（読者自身で確かめてほしい．）

$$A^rA^s = A^{r+s}, \qquad (A^r)^s = A^{rs}$$

練習問題 1.5

1. $A = \begin{bmatrix} 3 & 2 \\ -1 & 3 \end{bmatrix}$　$B = \begin{bmatrix} 4 & 0 \\ 1 & 5 \end{bmatrix}$　$C = \begin{bmatrix} 0 & -1 \\ 4 & 6 \end{bmatrix}$　$a = -3$　$b = 2$

とするとき，次のことを確かめよ．

(a) $A+(B+C)=(A+B)+C$　　(b) $(AB)C=A(BC)$

(c) $(a+b)C=aC+bC$　　(d) $a(B-C)=aB-aC$

2. 上と同じ行列をもちいて，次のことを確かめよ．

(a) $a(BC)=(aB)C=B(aC)$　　(b) $A(B-C)=AB-AC$

3. 例24の公式を利用して次の行列の逆行列を求めよ．

$$A=\begin{bmatrix} 3 & 1 \\ 5 & 2 \end{bmatrix} \quad B=\begin{bmatrix} 2 & -3 \\ 4 & 4 \end{bmatrix} \quad C=\begin{bmatrix} 2 & 0 \\ 0 & 3 \end{bmatrix}$$

4. 問題3の行列 A,B をもちいて，

$$(AB)^{-1}=B^{-1}A^{-1}$$

が成立していることを確認せよ．

5. A,B をサイズの等しい正方行列とするとき，一般に

$$(AB)^2=A^2B^2$$

が成立するかどうか調べよ．

6. A は可逆行列で

$$A^{-1}=\begin{bmatrix} 3 & 4 \\ 5 & 6 \end{bmatrix}$$

である．A を求めよ．

7. A は可逆行列で

$$(7A)^{-1}=\begin{bmatrix} -1 & 2 \\ 4 & -7 \end{bmatrix}$$

である．A を求めよ．

8.
$$A=\begin{bmatrix} 1 & 0 \\ 2 & 3 \end{bmatrix}$$

とするとき A^3, A^{-3}, A^2-2A+I を求めよ．

9.
$$A=\begin{bmatrix} 1 & 1 & 0 \\ 0 & 1 & 1 \\ 1 & 0 & 1 \end{bmatrix}$$

とするとき，A が可逆であれば，その逆行列を求めよ．（**ヒント** $AX=I$ をみたす 3×3 行列 X を求め，$XA=I$ となっていることを確かめればよい．）

10. $\begin{bmatrix} \cos\theta & \sin\theta \\ -\sin\theta & \cos\theta \end{bmatrix}$ の逆行列を求めよ．

11. (a) $(A+B)^2 \neq A^2+2AB+B^2$ となる 2×2 行列 A,B の例を作れ．

(b) 正方行列 A,B が $AB=BA$ を満たせば $(A+B)^2=A^2+2AB+B^2$ が成立することを示せ．

(c) 任意の正方行列 A,B に対して成立するように，$(A+B)^2$ の展開式を作れ．（ただし，A,B のサイズは等しいとする．）

12.
$$A=\begin{bmatrix} a_{11} & 0 & 0 & \cdots\cdots & 0 \\ 0 & a_{22} & 0 & \cdots\cdots & 0 \\ \vdots & \vdots & \vdots & & \vdots \\ 0 & 0 & 0 & \cdots\cdots & a_{nn} \end{bmatrix}$$
を対角行列とし，かつ $a_{11}a_{22}\cdots a_{nn}\neq 0$ とする．このとき，A は可逆であることを示し，その逆行列を求めよ．

13. A は正方行列で，
$$A^2-3A+I=O$$
を満たしているとする．このとき，A は可逆で $A^{-1}=3I-A$ となることを示せ．

14. (a) 0だけからなる行を少なくとも1つもつ行列は可逆ではありえないことを示せ．

(b) 0だけからなる列を少なくとも1つもつ行列は可逆ではありえないことを示せ．

15. 可逆行列の和は必ずしも可逆とはいえないことを示せ．

16. A,B は正方行列で $AB=O$ とする．このとき，もし $B=O$ でなければ A は可逆ではありえないことを示せ．

17. 定理3(b)の表現で，$AO=OA=O$ としない方が一般的である．その理由を述べよ．

18. $a^2=1$ をみたす a はちょうど2個しか存在しない．ところで，$A^2=I_3$ をみたす 3×3 行列 A を少なくとも8個発見せよ．（**ヒント**　対角行列の場合について考えてみよ．）

19. 連立1次方程式 $AX=B$ の1個の解を X_1 とすれば，任意の解は，$AX=O$ の解 X_0 をもちいて，X_1+X_0 の形に書けることを示せ．

20. 定理2(d),(m)を利用して，定理(f)を示せ．

21. 定理2(b)を証明せよ．

22. 定理2(c)を証明せよ．

23. 定理3を証明せよ．

24. 定理7(b)を証明せよ．

25. 行列に関する「指数法則」$A^rA^s=A^{r+s}$，$(A^r)^s=A^{rs}$ について，

(a) 負でない整数 r,s に対して，これらを証明せよ．

(b) A が可逆であるとき，任意の整数に対して，これらを証明せよ．

26. A が可逆な正方行列，$k\neq 0$ とすれば，任意の整数 n について，
$$(kA)^n=k^nA^n$$
が成立することを証明せよ．

27. (a) A が可逆なら，$AB=AC$ から $B=C$ が結論できる．つまり「キャンセル法則」が成り立つことを示せ．

(b) 上の事実が，例20に矛盾しないことを確認せよ．

1.6　基本行列と A^{-1} の求め方

この節では，可逆行列の逆行列を求めるための，アルゴリズム（機械的計算法）について述べる．

定義　I_n（n 次の単位行列）から，ただ 1 回の行の基本変形によってえられる $n\times n$ 行列を，**基本行列**とよぶ．

≪例26≫

基本行列の例をあげておこう．

(i) $\begin{bmatrix}1 & 0\\0 & -3\end{bmatrix}$　I_2 の第 2 行を (-3)倍した

(ii) $\begin{bmatrix}1 & 0 & 0 & 0\\0 & 0 & 0 & 1\\0 & 0 & 1 & 0\\0 & 1 & 0 & 0\end{bmatrix}$　I_4 の第 2 行と第 4 行を交換した

(iii) $\begin{bmatrix}1 & 0 & 3\\0 & 1 & 0\\0 & 0 & 1\end{bmatrix}$　I_3 の第 3 行を 3 倍して第 1 行に加えた

(iv) $\begin{bmatrix}1 & 0 & 0\\0 & 1 & 0\\0 & 0 & 1\end{bmatrix}$　I_3 の第 1 行を 1 倍した

行列 A に**左から**，基本行列 E をかけることと，A を 1 回だけ基本変形することとは次の意味で同値である．

定理 8

I_m から，ある行の基本変形によってえられた基本行列を E とし，A を $m\times n$ 行列とする．このとき，EA は A に（E を作ったのと）同じ基本変形をほどこすことによってえられる $m\times n$ 行列に一致する．

この定理の証明は省略するが，次の例から，そのアイデアをえてほしい．

≪例27≫

$$A=\begin{bmatrix}1 & 0 & 2 & 3\\2 & -1 & 3 & 6\\1 & 4 & 4 & 0\end{bmatrix}$$

に対して，基本行列（I_3 の第 1 行を 3 倍して第 3 行に加えたもの），

$$E=\begin{bmatrix}1 & 0 & 0\\0 & 1 & 0\\3 & 0 & 1\end{bmatrix}$$

を考える.

$$EA=\begin{bmatrix} 1 & 0 & 2 & 3 \\ 2 & -1 & 3 & 6 \\ 4 & 4 & 10 & 9 \end{bmatrix}$$

となるが，この行列は，確かに，A の第1行を3倍して第3行に加えたものになっている.

注意　定理8は，連立1次方程式および行列についての理論を展開する上で興味深い定理である.「行の基本変形」という操作を「左から基本行列をかける」という操作におきかえることによって，基本変形をいわば，目に見えるものにしたことにもなっている.

I を基本変形して，基本行列 E がえられたとすると，逆に E を I にもどす基本変形が存在することはすぐにわかる. 例えば，E が I の第 i 行を $c\neq 0$ 倍してえられるとすれば，E の第 i 行を $1/c$ 倍すれば I がえられる. 図1.4はこの意味での逆の変形について，まとめたものである.

I から E を作る	E から I にもどす
第 i 行を $c\neq 0$ 倍する	第 i 行を $1/c$ 倍する
第 i 行と第 j 行を交換する	第 i 行と第 j 行を交換する
第 i 行を c 倍して第 j 行に加える	第 i 行を $(-c)$ 倍して第 j 行に加える

図 1.4

図1.4の右側の変形をそれぞれ左側の変形の**逆変形**とよぶことにする。

≪例28≫

図1.4の結果から，例26で作った(i),(ii),(iii)の行列を，単位行列にもどす変形について述べれば次のようになる. (i)については，第2行を$\left(-\dfrac{1}{3}\right)$倍すればよい. (ii)については第2行と第4行を交換すればよい. (iii)については，第3行を(-3)倍して，第1行に加えればよい.

次の定理は，基本行列についての重要な性質を示すものである.

定理 9

基本行列は可逆で，その逆行列もまた基本行列である.

証明 E を基本行列とすると，すでに見たように，E に基本変形を1回ほどこして，I を作ることができる．つまり，基本行列 E_0 が存在して

$$E_0E=I \tag{1.6}$$

とできることがわかる．（定理8参照）したがって，

$$EE_0=I$$

を示せば証明が完了する.

E_0 は基本行列なので，基本行列 E_1 が存在して

$$E_1E_0=I \tag{1.7}$$

とできることがわかる.（定理8参照）(1.6) の両辺に E_1 を左からかけると，

$$E_1E_0E=E_1$$

したがって，(1.7) をもちいて，$E=E_1$ つまり（もう1度 (1.7) に代入して）

$$EE_0=I$$

が示せたことになる. ■

行列 A に基本変形を有限回くりかえして，行列 B がえられるとすると，逆に行列 B に，同じ基本変形の逆変形を逆の順序でくりかえして行列 A をうることができる．行の基本変形を有限回くりかえして互いに移りあえる行列は**行同値**であるという.

次の定理は，$n\times n$ 行列と n 変数で n 個の1次方程式からなる 連立1次方程式との間の，ある種の基礎的な関係を述べたものである．この定理は，以下の節においてもしばしば登場するように，非常に大切である.

定理 10

A が $n\times n$ 行列であるとき，次の主張はたがいに同値である．（つまり，すべてが同時に正しいか誤っているかが成り立つ.）

(a) A は可逆.

(b) $AX=O$ が自明な解以外を持たない.

(c) A と I_n は行同値.

証明　同値性を示すためには，「(a) ならば (b)」，「(b) ならば (c)」，「(c) ならば (a)」なること（つまり，(a)⇒(b)⇒(c)⇒(a)）を順に証明すれば十分である．

(a)⇒(b) について．　A を可逆行列，X_0 を $AX=O$ の解とすると，$AX_0=O$ が成立していることになるが，この式の両辺に左から A^{-1} をかければ，$A^{-1}A=I$ であることから，$IX_0=O$ つまり $X_0=O$ をうる．つまり $AX=O$ は自明な解以外はもたない．

(b)⇒(c) について．　$AX=O$ を連立方程式の形で表わし，

$$\begin{cases} a_{11}x_1+a_{12}x_2+\cdots+a_{1n}x_n=0 \\ a_{21}x_1+a_{22}x_2+\cdots+a_{2n}x_n=0 \\ \quad\vdots \qquad\quad \vdots \qquad\qquad\quad \vdots \qquad \vdots \\ a_{n1}x_1+a_{n2}x_2+\cdots+a_{nn}x_n=0 \end{cases} \tag{1.8}$$

とし，これが自明な解以外は持たないと仮定する．この連立1次方程式をガウス・ジョルダンの消去法で解いたとするとその拡大係数行列から導かれる既約ガウス行列に対応する連立1次方程式は（自明な解しか持たないというのであるから）

$$\begin{cases} x_1 \qquad\qquad =0 \\ \quad x_2 \qquad\quad =0 \\ \qquad \ddots \qquad\ \ \vdots \\ \qquad\qquad x_n=0 \end{cases} \tag{1.9}$$

となるはずである．つまり (1.8) に対応する行列

$$\begin{bmatrix} a_{11} & a_{12} & \cdots & a_{1n} & 0 \\ a_{21} & a_{22} & \cdots & a_{2n} & 0 \\ \vdots & \vdots & & \vdots & \vdots \\ a_{n1} & a_{n2} & \cdots & a_{nn} & 0 \end{bmatrix}$$

が行の基本変形をくり返すことで，(1.9) に対応する行列

$$\begin{bmatrix} 1 & 0 & 0 & \cdots & 0 & 0 \\ 0 & 1 & 0 & \cdots & 0 & 0 \\ 0 & 0 & 1 & \cdots & 0 & 0 \\ \vdots & \vdots & \vdots & & \vdots & \vdots \\ 0 & 0 & 0 & \cdots & 1 & 0 \end{bmatrix}$$

に変形できることを示している．以上2個の行列で最右列を無視すれば，A が

行の基本変形をくり返すことで，I_n に変形できる，つまり A と I_n とが行同値であることを示していることにもなっている．

(c)⇒(a) について，　A と I_n が行同値であれば，I_n に有限回の行の基本変形をほどこすことによって，A に変形できることになるが，このことは，（定理 8 によって）有限個の基本行列 $E_1, E_2, \cdots, E_k$ が存在して，

$$E_k \cdots E_2 E_1 I_n = A \tag{1.10}$$

となることを示している．これはとりもなおさず，A が可逆行列の積で書けることを意味しているわけだから，結局 A 自身，可逆だということになる． ■

注意　I_n が既約ガウス行列であることから，定理 10 (c) の主張は，（既約ガウス行列の一意性から）「A の既約ガウス行列は I_n である」といっても同じであることがわかる．

この定理 10 の応用として，まず，（可逆行列の）逆行列を求める方法を導き出すことにしよう．

(1.10) は $A = E_k \cdots E_2 E_1$ を意味しているが，これからただちに

$$\begin{aligned} A^{-1} &= E_1{}^{-1} E_2{}^{-1} \cdots E_k{}^{-1} \\ &= E_1{}^{-1} E_2{}^{-1} \cdots E_k{}^{-1} I_n \end{aligned} \tag{1.11}$$

をうるが，これは A^{-1} を I_n からどのような基本変形のくり返しによって作ればいいかを示している．一方，(1.10) の両辺に左から $E_1{}^{-1} E_2{}^{-1} \cdots E_k{}^{-1}$ をかけて，

$$I_n = E_1{}^{-1} E_2{}^{-1} \cdots E_k{}^{-1} A \tag{1.12}$$

(1.11) および (1.12) は，**A から I_n をうるための有限個の基本変形を，そっくりそのまま I_n にほどこせば，A^{-1} がえられる**ということを示している．したがって，A の逆行列を求めるためには，まず A を行の基本変形によって I_n に変換し，それと同じ操作を同じ順序で I_n にもほどこしてやれば自動的に A^{-1} がえられることになる．これを能率よく実行するために，次の例で示すような方法をもちいることにする．

≪例29≫

$$A = \begin{bmatrix} 1 & 2 & 3 \\ 2 & 5 & 3 \\ 1 & 0 & 8 \end{bmatrix}$$

の逆行列を求めてみよう．上で言ったことを実行するために，まず，AとI_3とを横に並べて書き，3×6 行列を作る．この行列の左半分（つまり A）をI_3に行の基本変形によって変換する操作を右半分に対しても同時に実行してやれば，最終的には，I_3に対して，AをI_3に変換したのと同じ行の基本変形を行ったことになる．つまり，この操作で左半分にI_3がえられたとき，同時に，右半分にA^{-1}がえられることになる．計算の過程を具体的に書き表わしてみよう．

$$\left[\begin{array}{ccc:ccc} 1 & 2 & 3 & 1 & 0 & 0 \\ 2 & 5 & 3 & 0 & 1 & 0 \\ 1 & 0 & 8 & 0 & 0 & 1 \end{array}\right]$$

$$\left[\begin{array}{ccc:ccc} 1 & 2 & 3 & 1 & 0 & 0 \\ 0 & 1 & -3 & -2 & 1 & 0 \\ 0 & -2 & 5 & -1 & 0 & 1 \end{array}\right]$$

第1行を(−2)倍して第2行に加え，かつ，第1行を(−1)倍して第3行に加えた

$$\left[\begin{array}{ccc:ccc} 1 & 2 & 3 & 1 & 0 & 0 \\ 0 & 1 & -3 & -2 & 1 & 0 \\ 0 & 0 & -1 & -5 & 2 & 1 \end{array}\right]$$

第2行を2倍して第3行に加えた

$$\left[\begin{array}{ccc:ccc} 1 & 2 & 3 & 1 & 0 & 0 \\ 0 & 1 & -3 & -2 & 1 & 0 \\ 0 & 0 & 1 & 5 & -2 & -1 \end{array}\right]$$

第3行を(−1)倍した

$$\left[\begin{array}{ccc:ccc} 1 & 2 & 0 & -14 & 6 & 3 \\ 0 & 1 & 0 & 13 & -5 & -3 \\ 0 & 0 & 1 & 5 & -2 & -1 \end{array}\right]$$

第3行を3倍して第2行に加え，かつ，第3行を(−3)倍して，第1行に加えた

$$\left[\begin{array}{ccc:ccc} 1 & 0 & 0 & -40 & 16 & 9 \\ 0 & 1 & 0 & 13 & -5 & -3 \\ 0 & 0 & 1 & 5 & -2 & -1 \end{array}\right]$$

第2行を(−2)倍して第1行に加えた

以上によって，

$$A^{-1}=\begin{bmatrix} -40 & 16 & 9 \\ 13 & -5 & -3 \\ 5 & -2 & -1 \end{bmatrix}$$

をうる．

与えられた行列が可逆かどうかわからない場合については，定理 10 (a), (c)からもし与えられた行列が可逆でなければ， その 行列は I_n には（行の基本変形によっては）変換できないことになる．つまり，始めに与えられた行列が可逆かどうかわからなくても，とにかく上で述べた方法を実行してみればよい．そして，もし途中で左半分が可逆でないことがはっきりすれば，そこで作業をストップしてしまえばいいことになる．

≪例30≫

$$A=\begin{bmatrix} 1 & 6 & 4 \\ 2 & 4 & -1 \\ -1 & 2 & 5 \end{bmatrix}$$

について，例 29 と同様の作業を実行してみよう．

$$\left[\begin{array}{rrr:rrr} 1 & 6 & 4 & 1 & 0 & 0 \\ 2 & 4 & -1 & 0 & 1 & 0 \\ -1 & 2 & 5 & 0 & 0 & 1 \end{array}\right]$$

$$\left[\begin{array}{rrr:rrr} 1 & 6 & 4 & 1 & 0 & 0 \\ 0 & -8 & -9 & -2 & 1 & 0 \\ 0 & 8 & 9 & 1 & 0 & 1 \end{array}\right]$$

第 1 行を (−2)倍して， 第 2 行に加え，かつ，第 1 行を第 3 行に加えた

$$\left[\begin{array}{rrr:rrr} 1 & 6 & 4 & 1 & 0 & 0 \\ 0 & -8 & -9 & -2 & 1 & 0 \\ 0 & 0 & 0 & -1 & 1 & 1 \end{array}\right]$$

第 2 行を第 3 行に加えた

ここで左半分をみると，第 3 行は 0 のみからなっているので，可逆ではない．したがってもとの A も可逆ではないことがわかる．

≪例31≫

例 29 において，

$$A=\begin{bmatrix} 1 & 2 & 3 \\ 2 & 5 & 3 \\ 1 & 0 & 8 \end{bmatrix}$$

が可逆であることを確認した．したがって定理 10 から，連立 1 次方程式，

$$
\begin{cases}
x_1+2x_2+3x_3=0\\
2x_1+5x_2+3x_3=0\\
x_1 \qquad\quad +8x_3=0
\end{cases}
$$

は，自明な解以外の解はもたないことがわかる．

練習問題 1.6

1．次のうちから基本行列を選べ．

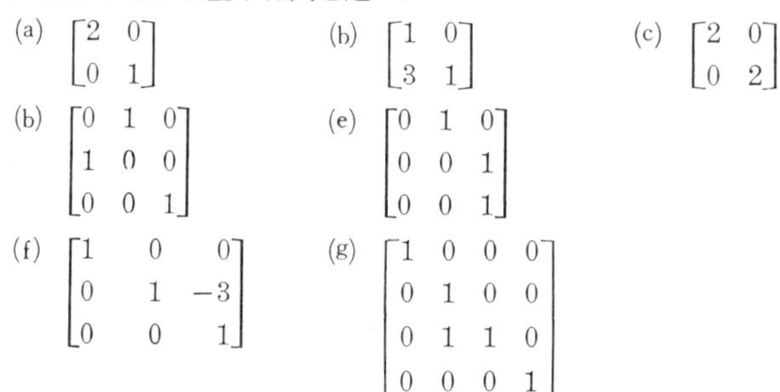

(a) $\begin{bmatrix}2&0\\0&1\end{bmatrix}$　(b) $\begin{bmatrix}1&0\\3&1\end{bmatrix}$　(c) $\begin{bmatrix}2&0\\0&2\end{bmatrix}$

(b) $\begin{bmatrix}0&1&0\\1&0&0\\0&0&1\end{bmatrix}$　(e) $\begin{bmatrix}0&1&0\\0&0&1\\0&0&1\end{bmatrix}$

(f) $\begin{bmatrix}1&0&0\\0&1&-3\\0&0&1\end{bmatrix}$　(g) $\begin{bmatrix}1&0&0&0\\0&1&0&0\\0&1&1&0\\0&0&0&1\end{bmatrix}$

2．次の基本行列を単位行列にもどす行の基本変形を求めよ．

(a) $\begin{bmatrix}1&0\\5&1\end{bmatrix}$　(b) $\begin{bmatrix}0&0&1\\0&1&0\\1&0&0\end{bmatrix}$　(c) $\begin{bmatrix}1&0&0&0\\0&8&0&0\\0&0&1&0\\0&0&0&1\end{bmatrix}$

3．$A=\begin{bmatrix}1&2&3\\4&5&6\\7&8&9\end{bmatrix}$　$B=\begin{bmatrix}7&8&9\\4&5&6\\1&2&3\end{bmatrix}$　$C=\begin{bmatrix}1&2&3\\4&5&6\\9&12&15\end{bmatrix}$

について，次の等式を満足する基本行列 E_1, E_2, E_3, E_4 を求めよ．

(a) $E_1A=B$　(b) $E_2B=A$　(c) $E_3A=C$　(d) $E_4C=A$

4．上と同じ B, C に対して $EB=C$ を満足する基本行列 E が存在するかどうか論ぜよ．

次の5.～7.について，例29，例30で示した方法をもちいて，もし可逆であれば，その逆行列を求めよ．

5．(a) $\begin{bmatrix}1&2\\3&5\end{bmatrix}$　(b) $\begin{bmatrix}-2&3\\3&-5\end{bmatrix}$　(c) $\begin{bmatrix}8&-6\\-4&3\end{bmatrix}$

6．(a) $\begin{bmatrix}3&4&-1\\1&0&3\\2&5&-4\end{bmatrix}$　(b) $\begin{bmatrix}3&1&5\\2&4&1\\-4&2&-9\end{bmatrix}$　(c) $\begin{bmatrix}1&0&1\\0&1&1\\1&1&0\end{bmatrix}$

(d) $\begin{bmatrix} 2 & 6 & 6 \\ 2 & 7 & 6 \\ 2 & 7 & 7 \end{bmatrix}$ (e) $\begin{bmatrix} 1 & 0 & 1 \\ -1 & 1 & 1 \\ 0 & 1 & 0 \end{bmatrix}$ (f) $\begin{bmatrix} \frac{1}{5} & \frac{1}{5} & \frac{1}{5} \\ \frac{1}{5} & \frac{1}{5} & -\frac{4}{5} \\ -\frac{2}{5} & \frac{1}{10} & \frac{1}{10} \end{bmatrix}$

7. (a) $\begin{bmatrix} \frac{1}{\sqrt{2}} & \frac{1}{\sqrt{2}} & 0 \\ -\frac{1}{\sqrt{2}} & \frac{1}{\sqrt{2}} & 0 \\ 0 & 0 & 1 \end{bmatrix}$ (b) $\begin{bmatrix} 1 & 0 & 0 & 0 \\ 1 & 2 & 0 & 0 \\ 1 & 2 & 4 & 0 \\ 1 & 2 & 4 & 8 \end{bmatrix}$ (c) $\begin{bmatrix} 5 & 11 & 7 & 3 \\ 2 & 1 & 4 & -5 \\ 3 & -2 & 8 & 7 \\ 0 & 0 & 0 & 0 \end{bmatrix}$

8. 次の行列 A は θ にかかわらず可逆であることを示し，A^{-1} を求めよ．

$$A=\begin{bmatrix} \cos\theta & \sin\theta & 0 \\ -\sin\theta & \cos\theta & 0 \\ 0 & 0 & 1 \end{bmatrix}$$

9.
$$A=\begin{bmatrix} 1 & 0 \\ 3 & 4 \end{bmatrix}$$

について

(a) $E_2E_1A=I$ を満たす基本行列 E_1, E_2 を求めよ．

(b) A^{-1} を2個の基本行列の積の形で表わせ．

(c) A を2個の基本行列の積の形で表わせ．

10.
$$A=\begin{bmatrix} 3 & 1 & 0 \\ -2 & 1 & 4 \\ 3 & 5 & 5 \end{bmatrix}$$

に対して，左から A に作用させたとき，次の変換が行なわれるような，基本行列を求めよ．また，A を実際そのように変形してみよ．

(a) 第1行と第3行を交換する．

(b) 第2行を $\frac{1}{3}$ 倍する．

(c) 第2行の2倍を第1行に加える．

11.
$$A=\begin{bmatrix} 1 & 3 & 3 & 8 \\ -2 & -5 & 1 & -8 \\ 0 & 1 & 7 & 8 \end{bmatrix}$$

を，2個の基本行列 E, F，およびガウス行列 G をもちいて，

$$A=EFG$$

の形で表わせ．

12.
$$A=\begin{bmatrix} 1 & 0 & 0 \\ 0 & 1 & 0 \\ a & b & c \end{bmatrix}$$

が基本行列だとすれば，$abc=0$ であることを示せ．

13. 次の4×4行列の逆行列を求めよ．(ただし $k_1, k_2, k_3, k_4, k \neq 0$)

(a) $\begin{bmatrix} k_1 & 0 & 0 & 0 \\ 0 & k_2 & 0 & 0 \\ 0 & 0 & k_3 & 0 \\ 0 & 0 & 0 & k_4 \end{bmatrix}$　(b) $\begin{bmatrix} 0 & 0 & 0 & k_1 \\ 0 & 0 & k_2 & 0 \\ 0 & k_3 & 0 & 0 \\ k_4 & 0 & 0 & 0 \end{bmatrix}$　(c) $\begin{bmatrix} k & 0 & 0 & 0 \\ 1 & k & 0 & 0 \\ 0 & 1 & k & 0 \\ 0 & 0 & 1 & k \end{bmatrix}$

14. 任意の $m\times n$ 行列 A に対して，CA が既約ガウス行列となるような，可逆行列 C が存在することを示せ．

15. 可逆行列 A に行同値な行列 B は可逆であることを示せ．

1.7 連立1次方程式と可逆性

この節では，連立1次方程式と行列の可逆性に関して，さらに追求する．その結果，ガウスの消去法よりも，もっと有効な，連立1次方程式の解法に到達できる．

定理 11

A が可逆な $n\times n$ 行列，B が任意の $n\times 1$ 行列であれば，「連立方程式」

$$AX=B$$

は，ただ1つの解を持つ，つまり $X=A^{-1}B$ 以外に解は存在しない．

証明　$X=A^{-1}B$ が $AX=B$ の解であることは，$A(A^{-1}B)=(AA^{-1})B=B$ からわかる．一方，X_0 も解であるとすると，$AX_0=B$ が成立していなければならないが，このとき左から A^{-1} を作用させると $X_0=A^{-1}B$ をうる．■

≪例32≫　連立1次方程式

$$\begin{cases} x_1+2x_2+3x_3=5 \\ 2x_1+5x_2+3x_3=3 \\ x_1 \qquad\quad +8x_3=17 \end{cases}$$

は，

$$A=\begin{bmatrix} 1 & 2 & 3 \\ 2 & 5 & 3 \\ 1 & 0 & 8 \end{bmatrix} \qquad X=\begin{bmatrix} x_1 \\ x_2 \\ x_3 \end{bmatrix} \qquad B=\begin{bmatrix} 5 \\ 3 \\ 17 \end{bmatrix}$$

とおけば，$AX=B$ の形で表わされる．ところで，例29で見たように A は可逆で，

$$A^{-1}=\begin{bmatrix} -40 & 16 & 9 \\ 13 & -5 & -3 \\ 5 & -2 & -1 \end{bmatrix}$$

であるから，定理11によって，もとの連立1次方程式の解はただ1個で，

$$X=A^{-1}B=\begin{bmatrix} -40 & 16 & 9 \\ 13 & -5 & -3 \\ 5 & -2 & -1 \end{bmatrix}\begin{bmatrix} 5 \\ 3 \\ 17 \end{bmatrix}=\begin{bmatrix} 1 \\ -1 \\ 2 \end{bmatrix}$$

つまり，$x_1=1$，$x_2=-1$，$x_3=2$ となることがわかる．

この例で示した方法では，係数行列 A が正方行列，つまり未知数の個数と，1次方程式の個数の等しい連立1次方程式の場合に限って，適用できるにすぎない．しかし，科学•技術の分野で出現する方程式は，この条件を満たしていることが多い．この方法は連立1次方程式系，つまり，

$$AX=B_1,\quad AX=B_2,\quad \cdots\cdots,\quad AX=B_k$$

を解きたいというときにはとりわけ有効である．この場合，解は，

$$X=A^{-1}B_1,\quad X=A^{-1}B_2,\quad \cdots\cdots,\quad X=A^{-1}B_k$$

というように，A^{-1} さえ求めれば，あとは積の計算だけで解がすべて求められる．もし，こんな場合に，それぞれをガウスの消去法で解いていたのでは，無駄が多すぎるというわけである．

ここで，少し横路にそれるが，応用分野において，どういう形でこの情況が出現してくるのかについてふれておきたい．ある種の応用分野においては，1つのシステムをいわば一種の**ブラック•ボックス**としてとらえることがある．ブラック•ボックスというのは，システムそのものというよりも，システムの機能のみを象徴的に表現した概念である．自動販売機なども，コインを入れれば目的物が出てくるという機能に注目すれば，一種のブラック•ボックスであると考えることができる．つまり，あるインプット（入力）に対して，あるアウトプット（出力）がえられるようなものをブラック•ボックスとよぶのであ

る．ブラックという理由は黒くて中が見えない．つまり，どういう作用が内部でおこなわれているのかは問題にしない，という所からきている．応用分野で出現するブラック•ボックスは，インプットとアウトプットが $n\times1$ 行列（つまり，列が1個しかない行列）の形で与えられることが少なくない．こういう場合には，インプット行列 C と，アウトプット行列 B とが，$n\times n$ 行列 A をもちいて，

$$AC=B$$

という関係式で結ばれていると仮定して議論を進めるとうまく行く場合がかなりある．A の成分の数値が，そのシステムによって定まる量的なパラメーターに対応していると考えるのである．この種のシステムは，**線型システム**とよばれている．

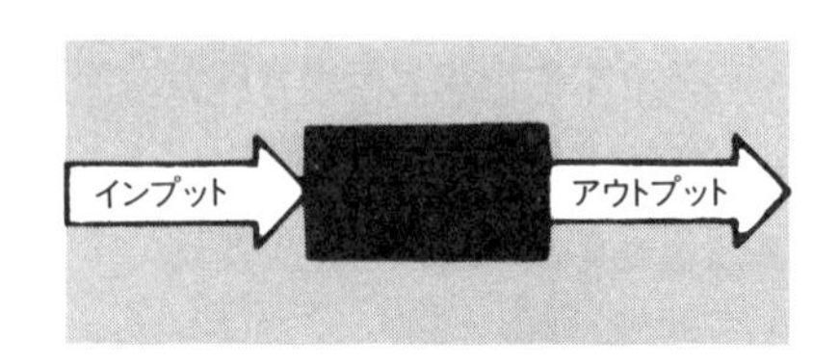

図 1.5 ブラック・ボックス

このシステムの考えが利用される場合には，何か必要なアウトプットをうるためには，どういうインプットが必要になるか，という形で応用されることが多い．したがって，この場合には，すでに議論した $AX=B$ という形の方程式の問題に還元されることになる．多くのアウトプット行列 $B_1, B_2, \cdots, B_k$ について考察しようというときには，k 個の連立1次方程式

$$AX=B_1, \quad AX=B_2, \quad \cdots\cdots, \quad AX=B_k$$

を解く必要がでてくる．

次に述べる定理は，行列の可逆性を判定する上で有用である．いままでは，$n\times n$ 行列 A が可逆であることを示すためには，

$$AB=I, \quad BA=I$$

をみたす $n\times n$ 行列 B を求める必要があった．しかし，実は2つの等式のう

ちの一方のみが成立すれば十分で，他方は自動的に成立することを示すのが次の定理である．

定理 12

A を正方行列とするとき

(a)　正方行列 B が，$BA=I$ をみたせば，$B=A^{-1}$

(b)　正方行列 B が，$AB=I$ をみたせば，$B=A^{-1}$

証明　ここでは，(a) のみの証明を述べ，(b) は練習問題として残しておく．

(a) の証明：　$BA=I$ とする．A が可逆であることを示せば，$BA=I$ の両辺に右から A^{-1} を作用させて $B=A^{-1}$ をうることができるので，十分である．ところで，A が可逆であることを言うには，（定理 10 から）連立1次方程式 $AX=O$ が自明な解以外は持たない，ということを示せばよい．いま，$AX=O$ の両辺に左から B をかければ（$BA=I$ だから），$X=O$ をうる．つまり $X=O$ 以外に $AX=O$ の解がないことがわかる．　■

かくして，定理 10 の中にあった 3 個の命題以外に，第 4 の命題を追加することが可能となった．次にこれを定理の形にまとめなおしておこう．

定理 13

A を $n\times n$ 行列とするとき，次は同値である．

(a)　A は可逆．

(b)　$AX=O$ が自明な解以外を持たない．

(c)　A と I_n は行同値．

(d)　任意の $n\times 1$ 行列 B に対して，$AX=B$ の解が存在する．

証明　定理 10 で (a), (b), (c) の同値性は証明ずみなので，「(a) ならば (d)」，「(d) ならば (a)」のみ示せばいい．

(a)⇒(d)：　A が可逆なら，$AX=B$ の左から A^{-1} をかけて，$X=A^{-1}B$ をうる．

(d)⇒(a)：　任意の $n\times 1$ 行列 B について $AX=B$ が解をもつというのだか

ら，とくに，

$$AX=\begin{bmatrix}1\\0\\0\\\vdots\\0\end{bmatrix},\quad AX=\begin{bmatrix}0\\1\\0\\\vdots\\0\end{bmatrix},\quad AX=\begin{bmatrix}0\\0\\1\\\vdots\\0\end{bmatrix},\quad \cdots\cdots,\quad AX=\begin{bmatrix}0\\0\\0\\\vdots\\1\end{bmatrix}$$

のそれぞれは解をもつことになる．この解をそれぞれ $X_1, X_2, \cdots, X_n$ とし，これらの列を順に並べて $n\times n$ 行列 C を作る．つまり

$$C=[X_1 \mid X_2 \mid \cdots \mid X_n]$$

とする．このとき，AC の列はそれぞれ，

$$AX_1, AX_2, \cdots, AX_n$$

となる．(例17参照)

したがって，

$$AC=[AX_1 \mid AX_2 \mid \cdots \mid AX_n]=\begin{bmatrix}1&0&0&\cdots&0\\0&1&0&\cdots&0\\0&0&1&\cdots&0\\\vdots&\vdots&\vdots&&\vdots\\0&0&0&\cdots&1\end{bmatrix}=I$$

をうる．ゆえに，定理12(b)より，$C=A^{-1}$，つまりAが可逆となる．　■

この本のあとの部分で，次の**基本的な問題**が，いろいろな形で，たびたび出現するだろう．

基本的な問題

> A を $m\times n$ 行列とする．このとき，$AX=B$ が解を持つような $m\times 1$ 行列 B をすべて求めよ．

A が可逆な場合には，定理11によって，この問題は完全に解決されたことになる．その答は「**任意**の $m\times 1$ 行列 B に対して $AX=B$ はただ1個の解 $X=A^{-1}B$ を持つ」ということになる．A が正方行列でない場合や，正方行列であっても，可逆でない場合には，定理11は応用することができない．そのような場合についても，$AX=B$ が解を持つような B が存在する条件を求め

てみたい．次にあげる例は，この要求に，ガウスの消去法が役に立つことを示している．

≪例33≫

連立１次方程式

$$\begin{cases} x_1+x_2+2x_3=b_1 \\ x_1 \qquad + \ x_3=b_2 \\ 2x_1+x_2+3x_3=b_3 \end{cases}$$

が解を持つためには，b_1, b_2, b_3 がどういう条件を満足すればよいか？

解答：　拡大係数行列

$$\begin{bmatrix} 1 & 1 & 2 & b_1 \\ 1 & 0 & 1 & b_2 \\ 2 & 1 & 3 & b_3 \end{bmatrix}$$

を行の基本変形によって，ガウス行列に変形して行く．

$$\begin{bmatrix} 1 & 1 & 2 & b_1 \\ 0 & -1 & -1 & b_2-b_1 \\ 0 & -1 & -1 & b_3-2b_1 \end{bmatrix}$$

第１行を(−1)倍して第２行に加え，かつ，第１行を(−2)倍して第３行に加えた

$$\begin{bmatrix} 1 & 1 & 2 & b_1 \\ 0 & 1 & 1 & b_1-b_2 \\ 0 & -1 & -1 & b_3-2b_1 \end{bmatrix}$$

第２行を(−1)倍した

$$\begin{bmatrix} 1 & 1 & 2 & b_1 \\ 0 & 1 & 1 & b_1-b_2 \\ 0 & 0 & 0 & b_3-b_2-b_1 \end{bmatrix}$$

第２行を第３行に加えた

この行列の第３行目をみれば，もとの連立１次方程式が解けるための必要かつ十分な条件は，$b_3-b_2-b_1=0$ つまり $b_3=b_1+b_2$ が成り立つことであるとわかる．このことを言いかえれば，「$AX=B$ が解けるための必要かつ十分な条件は，定数項の作る行列が，

$$B=\begin{bmatrix} b_1 \\ b_2 \\ b_1+b_2 \end{bmatrix}$$

の形をしていることである」となる．ただし，

$$A=\begin{bmatrix}1&1&2\\1&0&1\\2&1&3\end{bmatrix}$$

かつ，b_1, b_2 は任意である．

練習問題 1.7

例32の方法をもちいて，次の1.～6.の連立1次方程式を解け．

1. $\begin{cases}x_1+2x_2=7\\2x_1+5x_2=-3\end{cases}$

2. $\begin{cases}3x_1-6x_2=8\\2x_1+5x_2=1\end{cases}$

3. $\begin{cases}x_1+2x_2+2x_3=-1\\x_1+3x_2+x_3=4\\x_1+3x_2+2x_3=3\end{cases}$

4. $\begin{cases}2x_1+x_2+x_3=7\\3x_1+2x_2+x_3=-3\\x_2+x_3=5\end{cases}$

5. $\begin{cases}\frac{1}{5}x+\frac{1}{5}y+\frac{1}{5}z=1\\\frac{1}{5}x+\frac{1}{5}y-\frac{4}{5}z=2\\-\frac{2}{5}x+\frac{1}{10}y+\frac{1}{10}z=0\end{cases}$

6. $\begin{cases}3w+x+7y+9z=4\\w+x+4y+4z=7\\-w\quad -2y-3z=0\\-2w-x-4y-6z=6\end{cases}$

7. 次の連立1次方程式を下の(a)～(d)のそれぞれの場合について解け．

$$\begin{cases}x_1+2x_2+x_3=b_1\\x_1-x_2+x_3=b_2\\x_1+x_2\quad=b_3\end{cases}$$

(a) $b_1=-1$，$b_2=3$，$b_3=4$　　(b) $b_1=5$，$b_2=0$，$b_3=0$

(c) $b_1=-1$，$b_2=-1$，$b_3=3$　　(d) $b_1=\frac{1}{2}$，$b_2=3$，$b_3=\frac{1}{7}$

8. 次の連立1次方程式が解を持つための b_1, b_2, b_3, b_4 についての条件を求めよ．

(a) $\begin{cases}x_1-x_2+3x_3=b_1\\3x_1-3x_2+9x_3=b_2\\-2x_1+2x_2-6x_3=b_3\end{cases}$

(b) $\begin{cases}2x_1+3x_2-x_3+x_4=b_1\\x_1+5x_2+x_3-2x_4=b_2\\-x_1+2x_2+2x_3-3x_4=b_3\\3x_1+x_2-3x_3+4x_4=b_4\end{cases}$

9. $A=\begin{bmatrix}2&2&3\\1&2&1\\2&-2&1\end{bmatrix}\quad X=\begin{bmatrix}x_1\\x_2\\x_3\end{bmatrix}$ として，

(a) $AX=X$ が $(A-I)X=O$ とも書けることを示し，これをもちいて，$AX=X$ を解け．

(b) $AX=4X$ を解け．

10. 「じっと見る」だけで次の行列が可逆かどうか判定せよ．

(a) $\begin{bmatrix} 2 & 1 & -3 & 1 \\ 0 & 5 & 4 & 3 \\ 0 & 0 & 1 & 2 \\ 0 & 0 & 0 & 3 \end{bmatrix}$　　(b) $\begin{bmatrix} 5 & 1 & 4 & 1 \\ 0 & 0 & 2 & -1 \\ 0 & 0 & 1 & 1 \\ 0 & 0 & 0 & 7 \end{bmatrix}$

ヒント：　次の連立1次方程式を考えよ．

$$\begin{cases} 2x_1+x_2-3x_3+x_4=0 \\ 5x_2+4x_3+3x_4=0 \\ x_3+2x_4=0 \\ 3x_4=0 \end{cases} \qquad \begin{cases} 5x_1+x_2+4x_3+x_4=0 \\ 2x_3-x_4=0 \\ x_3+x_4=0 \\ 7x_4=0 \end{cases}$$

11．　$AX=O$ が n 変数で n 個の1次方程式からなる連立1次同次方程式で，自明な解以外は持たないとする．このとき，任意の正整数 k に対して，$A^kX=O$ もまた自明な解以外は持たないことを示せ．

12．　$AX=O$ が n 変数で n 個の1次方程式からなる連立1次同次方程式とする．このとき任意の可逆な $n\times n$ 行列 Q に対して，$(QA)X=O$ が自明な解以外は持たないことと，$AX=O$ がそうであることが同値であることを示せ．

13．　$n\times n$ 行列 A が可逆であることと，A が基本行列の積で書けることとは同値であることを示せ．

14．　定理12の(a)を利用して，(b)を証明せよ．

2. 行　列　式

2.1 行　列　式

実変数 x に対して，実数 $f(x)$ を対応させる関数，$f(x)=\sin x$ や $f(x)=x^2$ などについては，すでに学んだことがあると思う．このように，x も $f(x)$ も実数値以外をとらないような関数は，実1変数実数値関数とよばれる．この節では，行列変数の実数値関数，つまり，行列 X に対して，ある実数 $f(X)$ を対応させる関数に関連する話題をとりあげてみたい．まず，この種の関数のうちでも特に大切な行列式関数とよばれるものについて述べよう．行列式関数に関する諸結果は，連立1次方程式の理論に対して有用であり，また，逆行列の計算公式を作る上でも役に立つ．

行列式関数の定義を述べるための準備から始める．

定義　自然数の集合 $\{1, 2, \cdots, n\}$ の**順列**とは，この集合の元（つまり自然数 $1, 2, \cdots, n$）をくり返しも重複もなく，並べたもののことである．

≪例1≫

自然数の集合 $\{1, 2, 3\}$ には次の6種類の順列が存在する．

$$(1, 2, 3) \quad (2, 1, 3) \quad (3, 1, 2)$$
$$(1, 3, 2) \quad (2, 3, 1) \quad (3, 2, 1)$$

与えられた集合のすべての順列を数えあげる方法としてよく利用されるのは，次の例にあるような，いわゆる**順列樹木**を作る方法である．

≪例2≫

自然数の集合 $\{1,2,3,4\}$ の順序をすべて求めよ．

解：図2.1をみてほしい．この図の頂上にある4数は，順列の第1番目に来

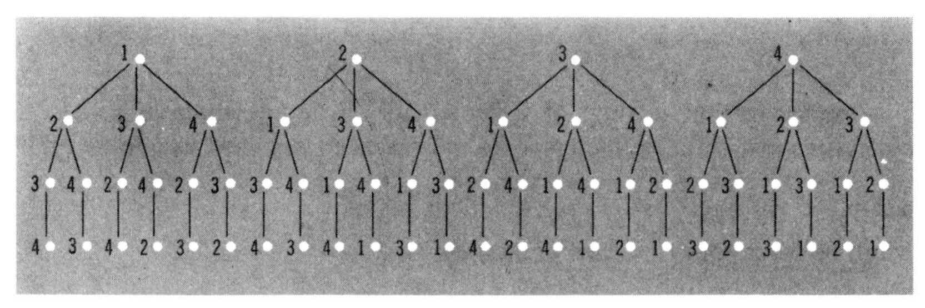

図2.1

ることのできる数字を表わしている．それぞれの頂点からは，3本の枝が出ていて，その下に順列の第1番目がその上の数字であるような場合の第2番目に来ることのできる数字が書き込まれている．またその下についても，それぞれ第3番目，第4番目に来ることのできる数字が書き込まれている．例えば，トップに2が来る場合，つまり $(2,\square,\square,\square)$ について見ると，第2番目としては，1, 3, 4 のいずれかが入りうることがわかる．いま，第2番目として3を選んだとする，つまり $(2,3,\square,\square)$ という形にしたとすると，第3番目に入りうる数は1または4であり，もし4を選んだとすると残りは1ということになって結局 $(2,3,4,1)$ という順序がえられるわけである．つまり，順列樹木中，頂上から下に向うそれぞれの枝がすべての順列に対応しているというわけである．（樹木とよぶ以上，上向きに広がっていてほしいが，かといって根とよんだのでは枝にあたる用語がポピュラーではなく，説明が困難になる！）かくして，このやり方によって次の解答をうる．

$(1,2,3,4)$　$(2,1,3,4)$　$(3,1,2,4)$　$(4,1,2,3)$

$(1,2,4,3)$　$(2,1,4,3)$　$(3,1,4,2)$　$(4,1,3,2)$

$(1,3,2,4)$　$(2,3,1,4)$　$(3,2,1,4)$　$(4,2,1,3)$

$(1,3,4,2)$　$(2,3,4,1)$　$(3,2,4,1)$　$(4,2,3,1)$

$(1,4,2,3)$　$(2,4,1,3)$　$(3,4,1,2)$　$(4,3,1,2)$

$(1,4,3,2)\quad(2,4,3,1)\quad(3,4,2,1)\quad(4,3,2,1)$

この表から，$\{1,2,3,4\}$ には合計24の順列が存在することがわかる．もちろん，24という合計数だけを知りたければ，次のようにして計算できる．まず，第1番目の数字として選べる場合の数は4，そのおのおのについて3通りの（第2番目を選ぶ）選び方があり，さらにそれぞれについて（残りは2数なので）2通りの（第3番目を選ぶ）選び方がある．最後の数字は残りのものとして必然的に決まってしまうので合計 $4\times3\times2\times1=24$ 通りとなることがわかる．一般に，集合 $\{1,2,\cdots,n\}$ は $n(n-1)(n-2)\cdots2\cdot1=n!$ 個の順列を持つことがわかる．

集合 $\{1,2,\cdots,n\}$ の順列を一般的に示すために，$(j_1,j_2,\cdots,j_n)$ という記号を利用する．順列 $(j_1,j_2,\cdots,j_n)$ において，ある自然数が，それよりも小さな自然数よりも先に出現しているとき，**追い越し**が起きているという．追い越しの発生している合計数を，**追い越し数**とよぶことにする．追い越し数を計算するには，次のようにするのが便利である．(1) まず，j_1 よりも小さな自然数の個数を求める．(2) 次に，$j_3,j_4,\cdots,j_n$ の中から j_2 よりも小さな自然数の個数を求める．以下これをくり返して個数の合計をとればよい．

≪例3≫

次の順列の追い越し数を求めよ．

(i)　$(6,1,3,4,5,2)$　　(ii)　$(2,4,1,3)$　　(iii)　$(1,2,3,4)$

(i)　追い越し数は，$5+0+1+1+1=8$

(ii)　追い越し数は，$1+2+0=3$

(iii)　追い越し無し．つまり，追い越し数は0

定義　追い越し数が偶数の順列を**偶順列**，奇数の順列を**奇順列**とよぶ．

≪例4≫

$\{1,2,3\}$ の順列を例にとって，その偶奇を求めてみよう．

順　列	追い越し数	分類
(1,2,3)	0	偶
(1,3,2)	1	奇
(2,1,3)	1	奇
(2,3,1)	2	偶
(3,1,2)	2	偶
(3,2,1)	3	奇

$n\times n$ 行列

$$A=\begin{bmatrix} a_{11} & a_{12}\cdots\cdots a_{1n} \\ a_{21} & a_{22}\cdots\cdots a_{2n} \\ \vdots & \vdots \qquad\quad \vdots \\ a_{n1} & a_{n2}\cdots\cdots a_{nn} \end{bmatrix}$$

について，どの行，どの列からもきっちり1つずつ選んだ A の成分 n 個の積を，Aの**基本積**とよぶ．

≪例5≫

次の行列の基本積をすべて求めてみよう．

$$\text{(i)}\ \begin{bmatrix} a_{11} & a_{12} \\ a_{21} & a_{22} \end{bmatrix} \qquad \text{(ii)}\ \begin{bmatrix} a_{11} & a_{12} & a_{13} \\ a_{21} & a_{22} & a_{23} \\ a_{31} & a_{32} & a_{33} \end{bmatrix}$$

(i)　基本積は2個の成分の積で，しかもどの行からも1個の成分しか選べないので，$a_{1*}a_{2*}$ の形をしていなければならないことになる．(ここで＊は成分の列番号を省略した記号としてもちいた.) しかも，どの列からも1個しか成分は選べないというのであるから，$a_{*1}a_{*2}$ の形でなければならない．(ここで＊は成分の行番号を省略した記号としてもちいた.) 以上のことから，$a_{11}a_{22}$ および $a_{12}a_{21}$ が求める基本積のすべてであることがわかる．

(ii)　基本積は3個の成分の積で，どの行からも1個の成分しか選べないので，$a_{1*}a_{2*}a_{3*}$ の形をしていなければならない．しかも，どの列からも1個の成分しか選べないというのであるから，＊中に入る列番号に重複は許されない．つまり，$\{1,2,3\}$ の順列と同じだけの選び方があることがわかる．したがって求める基本積は，$3!=6$ 個あって，

$$a_{11}a_{22}a_{33} \quad a_{12}a_{21}a_{33} \quad a_{13}a_{21}a_{32}$$
$$a_{11}a_{23}a_{32} \quad a_{12}a_{23}a_{31} \quad a_{13}a_{22}a_{31}$$

がそれらであることがわかる.

この例から推定できるように，$n\times n$ 行列は一般に $n!$ 個の基本積を持つことがわかる．それらは $a_{1j_1}a_{2j_2}\cdots a_{nj_n}$ という形の積すべてである．ここで，$(j_1, j_2, \cdots, j_n)$ は $\{1, 2, \cdots, n\}$ の順列すべてを動くとする．基本積 $a_{1j_1}a_{2j_2}\cdots a_{nj_n}$ に＋または－の符号を付けたものを，A の**符号付基本積**という．ただし，この符号は，$(j_1, j_2, \cdots, j_n)$ が偶順列のときは＋，奇順列のときは－を付けるものと約束しておく．（ただし＋符号は省略することが多い．）

≪例 6 ≫

次の行列の符号付基本積をすべて求めよ．

(i) $\begin{bmatrix} a_{11} & a_{12} \\ a_{21} & a_{22} \end{bmatrix}$　(ii) $\begin{bmatrix} a_{11} & a_{12} & a_{13} \\ a_{21} & a_{22} & a_{23} \\ a_{31} & a_{32} & a_{33} \end{bmatrix}$

	基本積	列番号の順列	偶奇	符号付基本積
(i)	$a_{11}a_{22}$	(1,2)	偶	$a_{11}a_{22}$
	$a_{12}a_{21}$	(2,1)	奇	$-a_{12}a_{21}$
(ii)	$a_{11}a_{22}a_{33}$	(1,2,3)	偶	$a_{11}a_{22}a_{33}$
	$a_{11}a_{23}a_{32}$	(1,3,2)	奇	$-a_{11}a_{23}a_{32}$
	$a_{12}a_{21}a_{33}$	(2,1,3)	奇	$-a_{12}a_{21}a_{33}$
	$a_{12}a_{23}a_{31}$	(2,3,1)	偶	$a_{12}a_{23}a_{31}$
	$a_{13}a_{21}a_{32}$	(3,1,2)	偶	$a_{13}a_{21}a_{32}$
	$a_{13}a_{22}a_{31}$	(3,2,1)	奇	$-a_{13}a_{22}a_{31}$

これでようやく，目的の行列式が定義できる地点にたどりついた．

定義　A を正方行列とするとき，A のすべての符号付基本積の和を，A の**行列式**といい $\det(A)$ と書く．det は**行列式関数**とよばれる．

≪例 7≫

前の例 6 の結果から，

(i)　$\det\left(\begin{bmatrix} a_{11} & a_{12} \\ a_{21} & a_{22} \end{bmatrix}\right) = a_{11}a_{22} - a_{12}a_{21}$

(ii)　$$\det\left(\begin{bmatrix} a_{11} & a_{12} & a_{13} \\ a_{21} & a_{22} & a_{23} \\ a_{31} & a_{32} & a_{33} \end{bmatrix}\right) = a_{11}a_{22}a_{33} + a_{12}a_{23}a_{31} + a_{13}a_{21}a_{32} - a_{13}a_{22}a_{31} - a_{12}a_{21}a_{33} - a_{11}a_{23}a_{32}$$

これら 2 つの例を記憶しておくと，便利なことが多い．とはいえ，これらをこの形のままで暗記しようというのでは困難が多い．そこで，昔から利用されている記憶法を紹介しておこう．

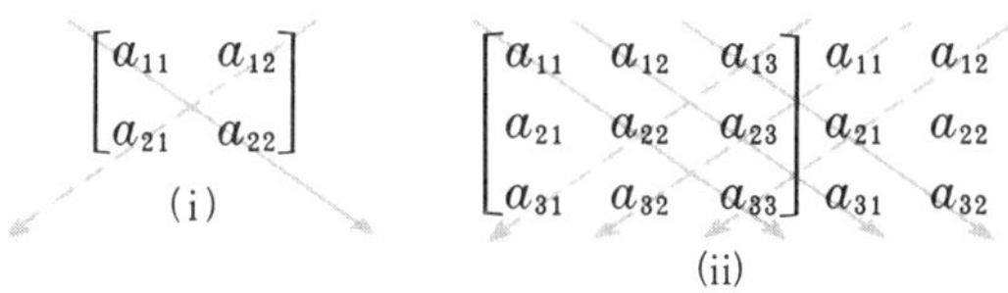

$$\begin{bmatrix} a_{11} & a_{12} \\ a_{21} & a_{22} \end{bmatrix}$$

(i)

$$\begin{bmatrix} a_{11} & a_{12} & a_{13} \\ a_{21} & a_{22} & a_{23} \\ a_{31} & a_{32} & a_{33} \end{bmatrix} \begin{matrix} a_{11} & a_{12} \\ a_{21} & a_{22} \\ a_{31} & a_{32} \end{matrix}$$

(ii)

図 2.2

まず図 2.2 を見てほしい．(i) については，実線の矢印と点線の矢印をそれぞれ図のように引き，実線，点線各々の上にある成分をかけ合わせ，実線上の成分の積については＋，点線上の成分の積については－の符号を付けて加え合わせればいい．（この場合はやさしいので，こうももってまわった覚え方をする必要はないだろうが (ii) との関連であげておいた．）次に (ii) については，もとの行列のすぐ右に第 1 列，第 2 列を追加して並べ，(i) と同様に実線，点線の矢印を図のようにそれぞれ 3 本ずつ引く．そうして，(i) と同様に，実線上の成分の積については＋，点線上の成分の積については－の符号をつければ，合計 6 個の符号付基本積ができるので，これらを合計すれば求める行列式がえられることになる．

≪例 8≫

次の行列の行列式を求めてみよう．（図 2.2 の方法をもちいる．）

$$A=\begin{bmatrix}3 & 1\\ 4 & -2\end{bmatrix} \qquad B=\begin{bmatrix}1 & 2 & 3\\ -4 & 5 & 6\\ 7 & -8 & 9\end{bmatrix}$$

$$\det(A)=3\times(-2)-1\times4=-10$$

$$\begin{aligned}\det(B)&=1\times5\times9+2\times6\times7+3\times(-4)\times(-8)-3\times5\times7\\&\quad-2\times(-4)\times9-1\times6\times(-8)\\&=45+84+96-105+72+48=240\end{aligned}$$

$$\begin{bmatrix}1 & 2 & 3\\ -4 & 5 & 6\\ 7 & -8 & 9\end{bmatrix}\begin{matrix}1 & 2\\ -4 & 5\\ 7 & -8\end{matrix}$$

危険　上で説明した記憶法を，4×4 行列，あるいは，それ以上のサイズの行列に対して同様にもちいることはできない！

定義から直接行列式を計算する作業は，一般には非常にメンドウな事になる．実際，4×4 行列の場合ですら，4!＝24 (個)の基本積とその符号の決定が必要になる．これが 10×10 行列ともなると 10!＝3628800 (個)にもなる．かりに，最新式の大型高性能計算機をもちいたとしても，25×25 行列あたりになると直接的にその行列式を，実用的な時間内で計算させることは不可能である．そこで，残りの節で，行列式の計算がなるべく簡単に行なえるようにするために，行列式関数の性質について調べる．

この節で，述べたことを象徴的な形で表わせば，A という正方行列に対して，

$$\det(A)=\sum\pm a_{1j_1}a_{2j_2}\cdots a_{nj_n}$$

という式でAの行列式というものが定義されるということである．ここで和はすべての順列 $(j_1, j_2, \cdots, j_n)$ に渡るとし，±と書いたのは，この順列が偶順列のときは＋を，奇順列のときは－を取ることを示しているとする．A の行列式を表わす場合，$\det(A)$ と書く以外に $|A|$ と書くこともある．例えば，

$$\det\left(\begin{bmatrix}3 & 1\\ 4 & -2\end{bmatrix}\right)$$

と書くかわりに

$$\begin{vmatrix} 3 & 1 \\ 4 & -2 \end{vmatrix}$$

と書くこともある.

練習問題 2.1

1. $\{1,2,3,4,5\}$ の順列 (a)～(f) についてその追い越し数を求めよ.

(a) $(3,4,1,5,2)$　(b) $(4,2,5,3,1)$　(c) $(5,4,3,2,1)$

(d) $(1,2,3,4,5)$　(e) $(1,3,5,4,2)$　(f) $(2,3,5,4,1)$

2. 上のそれぞれの順列について，偶順列か奇順列かを述べよ.

次の 3. ～10. の行列式を計算せよ.

3. $\begin{vmatrix} 1 & 2 \\ -1 & 3 \end{vmatrix}$　4. $\begin{vmatrix} 6 & 4 \\ 3 & 2 \end{vmatrix}$　5. $\begin{vmatrix} -1 & 7 \\ -8 & -3 \end{vmatrix}$　6. $\begin{vmatrix} k-1 & 2 \\ 4 & k-3 \end{vmatrix}$

7. $\begin{vmatrix} 1 & -2 & 7 \\ 3 & 5 & 1 \\ 4 & 3 & 8 \end{vmatrix}$　8. $\begin{vmatrix} 8 & 2 & -1 \\ -3 & 4 & -6 \\ 1 & 7 & 2 \end{vmatrix}$　9. $\begin{vmatrix} 1 & 0 & 3 \\ 4 & 0 & -1 \\ 2 & 8 & 6 \end{vmatrix}$　10. $\begin{vmatrix} k & -3 & 9 \\ 2 & 4 & k+1 \\ 1 & k^2 & 3 \end{vmatrix}$

11. 次の行列 A について $\det(A)=0$ となるような λ を求めよ.

(a) $A=\begin{bmatrix} \lambda-1 & -2 \\ 1 & \lambda-4 \end{bmatrix}$　(b) $A=\begin{bmatrix} \lambda-6 & 0 & 0 \\ 0 & \lambda & -1 \\ 0 & 4 & \lambda-4 \end{bmatrix}$

12. $\{1,2,3,4\}$ の順列すべてを偶奇分類せよ.

13. 上の結果をもちいて，4×4 行列の行列式を公式として与えよ.

14. 上の公式をもちいて

$$\begin{vmatrix} 1 & 4 & -3 & 1 \\ 2 & 0 & 6 & 3 \\ 4 & -1 & 2 & 5 \\ 1 & 0 & -2 & 4 \end{vmatrix}$$

の値を求めよ.

15. 行列式の定義から直接，次の行列式の値を求めよ.

(a) $\begin{vmatrix} 0 & 0 & 0 & 0 & 1 \\ 0 & 0 & 0 & 2 & 0 \\ 0 & 0 & 3 & 0 & 0 \\ 0 & 4 & 0 & 0 & 0 \\ 5 & 0 & 0 & 0 & 0 \end{vmatrix}$　(b) $\begin{vmatrix} 0 & 4 & 0 & 0 & 0 \\ 0 & 0 & 0 & 2 & 0 \\ 0 & 0 & 3 & 0 & 0 \\ 0 & 0 & 0 & 0 & 1 \\ 5 & 0 & 0 & 0 & 0 \end{vmatrix}$

16. もし，正方行列 A が，0 のみからなる列をもてば，$\det(A)=0$ となることを証明せよ.

2.2 基本変形を利用する行列式の計算法

この節では，行列の行の基本変形によって，ガウス行列に変形することを利用して，もとの行列の行列式を計算する方法について述べる．この方法をもちいることによって，行列式をその定義にもどって計算する場合の苦労をかなり減らすことができる．

まず，その行列式の値を非常に簡単に求めることのできる，2種類の特殊な形をした行列について述べる．

定理 1

正方行列 A が，0のみからなる行をもっていれば，$\det(A)=0$

証明　A から作られるどの基本積も必ずそれぞれの行から1個ずつ成分が選ばれている．したがって，もし A が0のみからなる行をもてば，どの基本積も0を因子としてふくむことになりそれ自身0になる．ところで A の行列式というのは，基本積に符号＋または－を付けたものの総和であったから，結局0ということになる． ■

対角線（正確には主対角線）より下の成分がすべて0であるような正方行列を，**上3角行列**とよぶ．同様に対角線より上の成分がすべて0の正方行列を，**下3角行列**とよぶ．さらに，対角線より上または下の成分がすべて0の正方行列を，単に**3角行列**とよぶ．

≪例 9≫

4×4 上3角行列は次の形をしている．

$$\begin{bmatrix} a_{11} & a_{12} & a_{13} & a_{14} \\ 0 & a_{22} & a_{23} & a_{24} \\ 0 & 0 & a_{33} & a_{34} \\ 0 & 0 & 0 & a_{44} \end{bmatrix}$$

また，4×4 下3角行列は次の形をしている．

$$\begin{bmatrix} a_{11} & 0 & 0 & 0 \\ a_{21} & a_{22} & 0 & 0 \\ a_{31} & a_{32} & a_{33} & 0 \\ a_{41} & a_{42} & a_{43} & a_{44} \end{bmatrix}$$

≪例10≫

$$A=\begin{bmatrix} a_{11} & 0 & 0 & 0 \\ a_{21} & a_{22} & 0 & 0 \\ a_{31} & a_{32} & a_{33} & 0 \\ a_{41} & a_{42} & a_{43} & a_{44} \end{bmatrix}$$

について $\det(A)$ を求めよう．

この場合 A の基本積のうちで，0にならずに残るものは $a_{11}a_{22}a_{33}a_{44}$ のみである．その理由は，基本積は必ず第1行の成分を1個ふくんでいるが，第1行は a_{11} 以外は0なので，第1行からは a_{11} のみがふくまれる場合だけを考えればいい．このとき，第2行からは a_{12} をふくむことはできない（すでに第1列の a_{11} が入っているので，同じ第1列の a_{12} はふくめない）．ところが第2行の残りの成分は a_{22} 以外は0なので，第2行からは a_{22} をふくむ場合のみを考えればいい．同様の考察によって，0にならない基本積は結局，$a_{11}a_{22}a_{33}a_{44}$ に限ることがわかる．この符号が＋であることは順列 $(1, 2, 3, 4)$ が偶順列であることからわかる．したがって，

$$\det(A)=a_{11}a_{22}a_{33}a_{44}$$

をうる．

上で述べたのとまったく同様の議論によって，サイズが $n\times n$ の3角行列について次の定理が成立することがわかる．（証明は，読者にまかせる．）

定理 2

A が n 次の3角行列であれば，その行列式 $\det(A)$ は，A の対角線上の成分（対角成分）の積に等しい．つまり $\det(A)=a_{11}a_{22}\cdots a_{nn}$

≪例11≫

$$\begin{vmatrix} 2 & 7 & -3 & 8 & 3 \\ 0 & -3 & 7 & 5 & 1 \\ 0 & 0 & 6 & 7 & 6 \\ 0 & 0 & 0 & 9 & 8 \\ 0 & 0 & 0 & 0 & 4 \end{vmatrix} = 2\times(-3)\times 6\times 9\times 4 = -1296$$

次の定理は，行列に対する行の基本変形が，その行列式の値をどう変化させるかを述べたものである．

定理 3

A を $n\times n$ 行列とするとき，

(a) A のある行を k 倍して A' を作ったとすると，$\det(A')=k\det(A)$

(b) A の2個の行を交換して A' を作ったとすると，$\det(A')=-\det(A)$

(c) A のある行を何倍かして別の行に加えて A' を作ったとすると

$$\det(A')=\det(A)$$

これについてもまた，証明は省略するが，読者は，練習問題2.2の15を参考にして，その証明を考えてほしい．

≪例12≫

$$A=\begin{bmatrix} 1 & 2 & 3 \\ 0 & 1 & 4 \\ 1 & 2 & 1 \end{bmatrix} \quad A_1=\begin{bmatrix} 4 & 8 & 12 \\ 0 & 1 & 4 \\ 1 & 2 & 1 \end{bmatrix} \quad A_2=\begin{bmatrix} 0 & 1 & 4 \\ 1 & 2 & 3 \\ 1 & 2 & 1 \end{bmatrix} \quad A_3=\begin{bmatrix} 1 & 2 & 3 \\ -2 & -3 & 2 \\ 1 & 2 & 1 \end{bmatrix}$$

以上の行列について，それぞれの行列式の値を（例8の方法で）求めると，

$$\det(A)=-2,\ \det(A_1)=-8,\ \det(A_2)=2,\ \det(A_3)=-2$$

であることがわかる．ところで，A_1 は A の第1行を 4倍したものであり，A_2 は A の第1行と第2行とを交換したものであり，A_3 は A の第3行を (-2) 倍して第2行に加えたものである．定理3の主張は，この場合，

$$\det(A_1)=4\det(A),\qquad \det(A_2)=-\det(A),\qquad \det(A_3)=\det(A)$$

であるから，確かに成立していることがわかる．

≪例13≫

定理3(a)は次のような形で書く方が，覚えやすいかもしれない．これは，行列の同じ行内の成分が「共通因子」を持つときに，それを行列の「外」に「ひっぱり出す」ような操作が可能であることを示している．つまり，

$$A=\begin{bmatrix} a_{11} & a_{12} & a_{13} \\ a_{21} & a_{22} & a_{23} \\ a_{31} & a_{32} & a_{33} \end{bmatrix} \qquad A'=\begin{bmatrix} a_{11} & a_{12} & a_{13} \\ ka_{21} & ka_{22} & ka_{23} \\ a_{31} & a_{32} & a_{33} \end{bmatrix}$$

のときを例にとれば，定理3(a)は $\det(A')=k\det(A)$ を主張する．つまり

$$\begin{vmatrix} a_{11} & a_{12} & a_{13} \\ ka_{21} & ka_{22} & ka_{23} \\ a_{31} & a_{32} & a_{33} \end{vmatrix}=k\begin{vmatrix} a_{11} & a_{12} & a_{13} \\ a_{21} & a_{22} & a_{23} \\ a_{31} & a_{32} & a_{33} \end{vmatrix}$$

を主張していることになる．

これを利用すると，行列式の計算を簡単に行なう工夫として次のような方法が考えられる．この方法の基本的なアイデアは，与えられた行列 A を行の基本変形によってガウス行列 B に変形し，正方行列のガウス行列は上3角行列である（練習問題2.2の14）という事実を利用して，$\det(B)$ の値から $\det(A)$ を計算しようというところにある．$\det(B)$ の値から $\det(A)$ が容易に求まる理由は，各基本変形による各行列式の値の変化の法則が定理3によって与えられているからである．次の例によって，この方法を具体的にながめてみよう．

≪例14≫

$$A=\begin{bmatrix} 0 & 1 & 5 \\ 3 & -6 & 9 \\ 2 & 6 & 1 \end{bmatrix}$$

について，$\det(A)$ を計算せよ．

解：A を基本変形しつつ，順次その行列式の値の変化を（定理3を利用しつつ）追って行く．

$$\det(A)=\begin{vmatrix}0 & 1 & 5\\ 3 & -6 & 9\\ 2 & 6 & 1\end{vmatrix}$$

$$=-\begin{vmatrix}3 & -6 & 9\\ 0 & 1 & 5\\ 2 & 6 & 1\end{vmatrix}$$

第1行と第2行を交換した

$$=-3\begin{vmatrix}1 & -2 & 3\\ 0 & 1 & 5\\ 2 & 6 & 1\end{vmatrix}$$

第1行の「共通因子」3を「外」にひっぱり出した

$$=-3\begin{vmatrix}1 & -2 & 3\\ 0 & 1 & 5\\ 0 & 10 & -5\end{vmatrix}$$

第1行の(−2)倍を第3行に加えた

$$=-3\begin{vmatrix}1 & -2 & 3\\ 0 & 1 & 5\\ 0 & 0 & -55\end{vmatrix}$$

第2行の（−10）倍を第3行に加えた

$$=(-3)\times(-55)\begin{vmatrix}1 & -2 & 3\\ 0 & 1 & 5\\ 0 & 0 & 1\end{vmatrix}$$

第3行の「共通因子」(−55)を「外」にひっぱり出した

$$=(-3)\times(-55)\times 1=165$$

≪例15≫

$$\begin{vmatrix}1 & 3 & -2 & 4\\ 2 & 6 & -4 & 8\\ 3 & 9 & 1 & 5\\ 1 & 1 & 4 & 8\end{vmatrix}$$

$$=\begin{vmatrix}1 & 3 & -2 & 4\\ 0 & 0 & 0 & 0\\ 3 & 9 & 1 & 5\\ 1 & 1 & 4 & 8\end{vmatrix}$$

第1行を(−2)倍して，第2行に加えた

$=0$　（定理1より）

このように，基本変形の途中で，行列式の値が求められることもある．

上の例でもわかるように，もし正方行列 A のある行が別の行の何倍かになっていれば，すべての成分が 0 となる行を構成することができるので，A の行列式の値は 0 であることがわかる．つまり，**正方行列が比例する 2 行を持てば，その行列式は 0 に等しい**．

≪例16≫

次の行列は，どれも比例する 2 つの行を持っているので，行列式は0になる．

$$\begin{bmatrix} -1 & 4 \\ -2 & 8 \end{bmatrix} \quad \begin{bmatrix} 2 & 7 & 8 \\ 3 & 2 & 4 \\ 2 & 7 & 8 \end{bmatrix} \quad \begin{bmatrix} 3 & -1 & 4 & -5 \\ 6 & -2 & 5 & 2 \\ 5 & 8 & 1 & 4 \\ -9 & 3 & -12 & 15 \end{bmatrix}$$

練習問題 2.2

1. 次の行列式の値を求めよ．

(a) $\begin{vmatrix} 2 & -40 & 17 \\ 0 & 1 & 11 \\ 0 & 0 & 3 \end{vmatrix}$　(b) $\begin{vmatrix} 1 & 0 & 0 & 0 \\ -9 & -1 & 0 & 0 \\ 12 & 7 & 8 & 0 \\ 4 & 5 & 7 & 2 \end{vmatrix}$　(c) $\begin{vmatrix} 1 & 2 & 3 \\ 3 & 7 & 6 \\ 1 & 2 & 3 \end{vmatrix}$　(d) $\begin{vmatrix} 3 & -1 & 2 \\ 6 & -2 & 4 \\ 1 & 7 & 3 \end{vmatrix}$

次の 2. ～9. の行列について，それぞれをガウス行列に基本変形する操作をもちいて，行列式の値を求めよ．

2. $\begin{bmatrix} 2 & 3 & 4 \\ 0 & 0 & -3 \\ -1 & 2 & 7 \end{bmatrix}$　**3.** $\begin{bmatrix} 2 & 1 & 1 \\ 4 & 2 & 3 \\ 1 & 3 & 0 \end{bmatrix}$　**4.** $\begin{bmatrix} 6 & 6 & 2 \\ -3 & 3 & 1 \\ 3 & 9 & 2 \end{bmatrix}$

5. $\begin{bmatrix} 3 & 1 & 4 \\ 1 & 7 & 3 \\ 5 & -12 & 5 \end{bmatrix}$　**6.** $\begin{bmatrix} -1 & 2 & 1 & 2 \\ 1 & 2 & 4 & 1 \\ 2 & 0 & -1 & 3 \\ 3 & 2 & -1 & 0 \end{bmatrix}$　**7.** $\begin{bmatrix} 4 & 6 & 8 & -6 \\ 0 & -3 & 0 & -1 \\ 3 & 3 & -4 & -2 \\ -2 & 3 & 4 & 2 \end{bmatrix}$

8. $\begin{bmatrix} \frac{1}{2} & \frac{1}{2} & 1 & \frac{1}{2} \\ -\frac{1}{2} & \frac{1}{2} & 0 & \frac{1}{2} \\ \frac{2}{3} & \frac{1}{3} & \frac{1}{3} & 0 \\ \frac{1}{3} & 1 & \frac{1}{3} & 0 \end{bmatrix}$　**9.** $\begin{bmatrix} 0 & 0 & 2 & 2 & 2 \\ 3 & -3 & 3 & 3 & 3 \\ -4 & 4 & 4 & 4 & 4 \\ 4 & 3 & 1 & 9 & 2 \\ 1 & 2 & 1 & 3 & 1 \end{bmatrix}$

10. $\begin{vmatrix} a & b & c \\ d & e & f \\ g & h & i \end{vmatrix}=5$ として次の行列式の値を求めよ．

(a) $\begin{vmatrix} d & e & f \\ g & h & i \\ a & b & c \end{vmatrix}$ (b) $\begin{vmatrix} -a & -b & -c \\ 2d & 2e & 2f \\ -g & -h & -i \end{vmatrix}$ (c) $\begin{vmatrix} a+d & b+e & c+f \\ d & e & f \\ g & h & i \end{vmatrix}$

(d) $\begin{vmatrix} a & b & c \\ d-3a & e-3b & f-3c \\ 2g & 2h & 2i \end{vmatrix}$

11. 次の等式を示せ．

$$\begin{vmatrix} 1 & 1 & 1 \\ a & b & c \\ a^2 & b^2 & c^2 \end{vmatrix}=(b-a)(c-a)(c-b)$$

12. 例10の方法と同様にして，次のことを示せ．

(a) $\begin{vmatrix} 0 & 0 & a_{13} \\ 0 & a_{22} & a_{23} \\ a_{31} & a_{32} & a_{33} \end{vmatrix}=-a_{13}a_{22}a_{31}$ (b) $\begin{vmatrix} 0 & 0 & 0 & a_{14} \\ 0 & 0 & a_{23} & a_{24} \\ 0 & a_{32} & a_{33} & a_{34} \\ a_{41} & a_{42} & a_{43} & a_{44} \end{vmatrix}=a_{14}a_{23}a_{32}a_{41}$

13. 定理1は「行」を「列」に直しても成立することを示せ．

14. 正方行列のガウス行列は，上3角行列であることを示せ，

15. 定理3の特別な場合(a),(b),(c)を証明せよ．

(a) $\begin{vmatrix} ka_{11} & ka_{12} & ka_{13} \\ a_{21} & a_{22} & a_{23} \\ a_{31} & a_{32} & a_{33} \end{vmatrix}=k\begin{vmatrix} a_{11} & a_{12} & a_{13} \\ a_{21} & a_{22} & a_{23} \\ a_{31} & a_{32} & a_{33} \end{vmatrix}$

(b) $\begin{vmatrix} a_{21} & a_{22} & a_{23} \\ a_{11} & a_{12} & a_{13} \\ a_{31} & a_{32} & a_{33} \end{vmatrix}=-\begin{vmatrix} a_{11} & a_{12} & a_{13} \\ a_{21} & a_{22} & a_{23} \\ a_{31} & a_{32} & a_{33} \end{vmatrix}$

(c) $\begin{vmatrix} a_{11}+ka_{21} & a_{12}+ka_{22} & a_{13}+ka_{23} \\ a_{21} & a_{22} & a_{23} \\ a_{31} & a_{32} & a_{33} \end{vmatrix}=\begin{vmatrix} a_{11} & a_{12} & a_{13} \\ a_{21} & a_{22} & a_{23} \\ a_{31} & a_{32} & a_{33} \end{vmatrix}$

2.3 行列式関数の性質

この節では，行列式関数の持っている重要な性質のうちの，前節では述べなかったものについて取り扱う．この節の結果を利用することによって，行列とその行列式との間の関係についての新しい結果がえられる．そのうちの1つは，行列の可逆性の判定に，その行列式の値が本質的にかかわってくることを

示す大切なものである．

$m\times n$ 行列 A が与えられたとき，A の (i,j) 成分，（つまり 第 i 行，第 j 列の成分）を (j,i) 成分，（つまり 第 j 行，第 i 列の成分）とみなしてえられる $n\times m$ 行列を A^t と書き，A の**転置行列**とよぶ．つまり，A^t の第1行は A の第1列に一致し，A^t の第2行は A の第2列に一致し，……というようになっているわけである．

≪例17≫

$$A=\begin{bmatrix} a_{11} & a_{12} & a_{13} & a_{14} \\ a_{21} & a_{22} & a_{23} & a_{24} \\ a_{31} & a_{32} & a_{33} & a_{34} \end{bmatrix} \quad B=\begin{bmatrix} 2 & 3 \\ 1 & 4 \\ 5 & 6 \end{bmatrix} \quad C=\begin{bmatrix} 3 & 5 & -2 \\ 5 & 4 & 1 \\ -2 & 1 & 7 \end{bmatrix} \quad D=\begin{bmatrix} 1 & 3 & 5 \end{bmatrix}$$

とすれば，

$$A^t=\begin{bmatrix} a_{11} & a_{21} & a_{31} \\ a_{12} & a_{22} & a_{32} \\ a_{13} & a_{23} & a_{33} \\ a_{14} & a_{24} & a_{34} \end{bmatrix} \quad B^t=\begin{bmatrix} 2 & 1 & 5 \\ 3 & 4 & 6 \end{bmatrix} \quad C^t=\begin{bmatrix} 3 & 5 & -2 \\ 5 & 4 & 1 \\ -2 & 1 & 7 \end{bmatrix} \quad D^t=\begin{bmatrix} 1 \\ 3 \\ 5 \end{bmatrix}$$

ある行列に対して，その転置行列を対応させる作用を転置作用とよぶことにすると，転置作用は次のような性質を持っていることがただちにわかる．（練習問題2.3の13参照）

転置作用の性質

(i)　$(A^t)^t=A$

(ii)　$(A+B)^t=A^t+B^t$

(iii)　$(kA)^t=kA^t$　　（k は実数）

(iv)　$(AB)^t=B^tA^t$

$n\times n$ 行列 A の行列式が，A から作られる符号付基本積の総和として定義されていたことを思い出そう．しかも，それぞれの基本積は，A の各行，各列から1個ずつ選んでかけ合わせたものとして定義されていた．したがって A の行と列とを転置した A^t の基本積の全体と，A 自身の基本積の全体とは，一致することがわかる．また，ここでは詳しくは述べないが，それぞれの基本積に付けられる＋または－の符号が A と A^t の場合で一致することもわかる．つまり，A の行列式と A^t の行列式は一致する．これを定理としてまとめておこう．

定理 4

任意の正方行列 A について，$\det(A)=\det(A^t)$

このことから，行列式に関する主張は，もとの行列の行と列の役割を交換しても，同様に成立するということがわかる．つまり，行列式についての議論をする場合，その行に関して何かを証明したいときには，もとの行列の転置行列を考えて，その行列式の行について，同様のことを証明しさえすればいいということになる．例えば，正方行列 A の 2 列を交換して A' という正方行列を作ったとする．このとき $\det(A')=-\det(A)$，つまり A の 2 列を交換すればその行列式はその符号だけが変化することを示すには，次のようにすればいい．A の第 r 列と第 s 列とが交換されて A' になったとすると，A^t の第 r 行と第 s 行を交換すれば $(A')^t$ になることは転置作用の定義から明らかである．したがって，

$$\begin{aligned}\det(A')&=\det(A')^t && \text{（定理 4 より）}\\ &=-\det(A^t) && \text{（定理 3 (b) より）}\\ &=-\det(A) && \text{（定理 4 より）}\end{aligned}$$

これは求める結果である．

行列の列の性質が，その行列式にどう関係しているかについては，次の具体例を参考にしてほしい．

≪例18≫

行列 $\begin{bmatrix} 1 & -2 & 7 \\ -4 & 8 & 5 \\ 2 & -4 & 3 \end{bmatrix}$

の行列式が 0 となることは，第 1 列と第 2 列とが比例していることからわかる．

≪例19≫

$$A=\begin{bmatrix}1 & 0 & 0 & 3\\ 2 & 7 & 0 & 6\\ 0 & 6 & 3 & 0\\ 7 & 3 & 1 & -5\end{bmatrix}$$

の行列式を求めよう．A の第1列を (-3) 倍して第3列に加えれば，下3角行列 B がえられる．これは A^t で考えれば第1行を (-3) 倍して第4行に加えて，上3角行列 B^t を作ったことに対応している．したがって

$$\det(A)=\det(A^t)=\det(B^t)=\det(B)$$

$$=\begin{vmatrix}1 & 0 & 0 & 0\\ 2 & 7 & 0 & 0\\ 0 & 6 & 3 & 0\\ 7 & 3 & 1 & -26\end{vmatrix}=1\times7\times3\times(-26)=-546$$

をうる．

この例から，行列式を計算しようとするときには，その行についてのみならず列についても，単純化する方法はないかと考えてみることが，より「かしこい」やり方であることがわかる．

A,B を $n\times n$ 行列，k を実数とする．このとき，$\det(A)$，$\det(B)$ と

$$\det(kA),\quad \det(A+B),\quad \det(AB)$$

との関係について考えてみよう．

行の「共通因子」は「外」に引っぱり出すことができたが，kA の各行は，k を「共通因子」として持っており，kA の行数が n であることに注意すれば，ただちに，

$$\det(kA)=k^n\det(A) \tag{2.1}$$

がえられる．

≪例20≫

$$A=\begin{bmatrix}3 & 1\\ 2 & 2\end{bmatrix}\qquad 5A=\begin{bmatrix}15 & 5\\ 10 & 10\end{bmatrix}$$

とするとき，$\det(A)=4$，$\det(5A)=100$．つまり (2.1) の関係式 $\det(5A)$

$=5^2\det(A)$ は確かに成り立っている.

残念なことに, $\det(A+B)$ と $\det(A)$ 及び $\det(B)$ の間には一般的なうまい関係式を作ることができない. ただ, 一般に $\det(A+B)\neq\det(A)+\det(B)$ ということは言える. 次の例を見てほしい.

≪例21≫

$$A=\begin{bmatrix}1 & 2\\ 2 & 5\end{bmatrix}\quad B=\begin{bmatrix}3 & 1\\ 1 & 3\end{bmatrix}\quad A+B=\begin{bmatrix}4 & 3\\ 3 & 8\end{bmatrix}$$

とするとき, $\det(A)=1$, $\det(B)=8$, $\det(A+B)=23$. つまり,
$\det(A+B)\neq\det(A)+\det(B)$.

こういう否定的な結果があるとはいえ, 次のような場合にはどうにか, 関係式を作ることができる. 第2行のみがことなる2つの 2×2 行列

$$A=\begin{bmatrix}a_{11} & a_{12}\\ a_{21} & a_{22}\end{bmatrix}\qquad A'=\begin{bmatrix}a_{11} & a_{12}\\ a'_{21} & a'_{22}\end{bmatrix}$$

を考える. このとき (例7の公式から),

$$\begin{aligned}\det(A)+\det(A')&=(a_{11}a_{22}-a_{12}a_{21})+(a_{11}a'_{22}-a_{12}a'_{21})\\ &=a_{11}(a_{22}+a'_{22})-a_{12}(a_{21}+a'_{21})\\ &=\det\left[\begin{pmatrix}a_{11} & a_{12}\\ a_{21}+a'_{21} & a_{22}+a'_{22}\end{pmatrix}\right]\end{aligned}$$

をうる. つまり,

$$\begin{vmatrix}a_{11} & a_{12}\\ a_{21} & a_{22}\end{vmatrix}+\begin{vmatrix}a_{11} & a_{12}\\ a'_{21} & a'_{22}\end{vmatrix}=\begin{vmatrix}a_{11} & a_{12}\\ a_{21}+a'_{21} & a_{22}+a'_{22}\end{vmatrix}$$

が成り立つことがわかった.

この例を一般化して, 次の結果がえられる.

> $n\times n$ 行列 A, A', A'' は, どれか1個の行以外では一致しているとし, しかもその行を第 r 行だとして, A の第 r 行と A' の第 r 行との和が A'' の第 r 行に等しいとすれば,
>
> $$\det(A'')=\det(A)+\det(A')$$
>
> が成り立つ.

同様の結果が，列についても成り立つことは，いうまでもない．

≪例22≫

行列式を実際に計算することによって，次の等式を確認せよ．

$$\begin{vmatrix} 1 & 7 & 5 \\ 2 & 0 & 3 \\ 1+0 & 4+1 & 7+(-1) \end{vmatrix} = \begin{vmatrix} 1 & 7 & 5 \\ 2 & 0 & 3 \\ 1 & 4 & 7 \end{vmatrix} + \begin{vmatrix} 1 & 7 & 5 \\ 2 & 0 & 3 \\ 0 & 1 & -1 \end{vmatrix}$$

定理 5

A, B をサイズの等しい正方行列とするとき，$\det(AB)=\det(A)\det(B)$

行列どうしの積の定義や，行列式の定義が複雑なものであったことにくらべて，この定理は実に単純で，かつエレガントである．この定理によって，行列の積や行列式の定義が，新鮮でおどろくべきものに見えてくるにちがいない．非常に長くなるので，その証明はここでは省略するが，2×2 行列の場合の証明だけを次に示しておこう．

$A=\begin{bmatrix} a_{11} & a_{12} \\ a_{21} & a_{22} \end{bmatrix}$　$B=\begin{bmatrix} b_{11} & b_{12} \\ b_{21} & b_{22} \end{bmatrix}$　とすれば

$$AB=\begin{bmatrix} a_{11}b_{11}+a_{12}b_{21} & a_{11}b_{12}+a_{12}b_{22} \\ a_{21}b_{11}+a_{22}b_{21} & a_{21}b_{12}+a_{22}b_{22} \end{bmatrix}$$

であり，このとき，次のようにして定理5が確認できる．

$$\begin{aligned}
\det(AB)&=\begin{vmatrix} a_{11}b_{11}+a_{12}b_{21} & a_{11}b_{12}+a_{12}b_{22} \\ a_{21}b_{11}+a_{22}b_{21} & a_{21}b_{12}+a_{22}b_{22} \end{vmatrix} \\
&=(a_{11}b_{11}+a_{12}b_{21})(a_{21}b_{12}+a_{22}b_{22})-(a_{11}b_{12}+a_{12}b_{22})(a_{21}b_{11}+a_{22}b_{21}) \\
&=a_{11}a_{21}b_{11}b_{12}+a_{11}a_{22}b_{11}b_{22}+a_{12}a_{21}b_{12}b_{21}+a_{12}a_{22}b_{21}b_{22} \\
&\quad -a_{11}a_{21}b_{11}b_{12}-a_{11}a_{22}b_{12}b_{21}-a_{12}a_{21}b_{11}b_{22}-a_{12}a_{22}b_{21}b_{22} \\
&=a_{11}a_{22}(b_{11}b_{22}-b_{12}b_{21})-a_{12}a_{21}(b_{11}b_{22}-b_{12}b_{21}) \\
&=(a_{11}a_{22}-a_{12}a_{21})(b_{11}b_{22}-b_{12}b_{21}) \\
&=\det(A)\det(B)
\end{aligned}$$

≪例23≫

$$A=\begin{bmatrix}3 & 1\\ 2 & 1\end{bmatrix} \qquad B=\begin{bmatrix}-1 & 3\\ 5 & 8\end{bmatrix} \qquad AB=\begin{bmatrix}2 & 17\\ 3 & 14\end{bmatrix}$$

とすると，$\det(A)\det(B)=1\times(-23)=-23=\det(AB)$ をうる．

第1章の定理13で，正方行列の可逆性の判定法のリストを作った．次の例は，行列式を利用した判定法が，このリストに追加できることを示している．

≪例24≫

この例で説明したいことは，もしある正方行列の既約ガウス行列 G が0のみからなる行をふくまなければ，G は単位行列にほかならないということである．3×3 行列

$$G=\begin{bmatrix}g_{11} & g_{12} & g_{13}\\ g_{21} & g_{22} & g_{23}\\ g_{31} & g_{32} & g_{33}\end{bmatrix}$$

が既約ガウス行列だとする．このとき，G の第3行の成分は，すべて0かそうでないかのいずれかである．G の第3行が0でない成分をふくむとすると，第3行より上の行，つまり第1行，第2行とも先頭の1をもたなければならなくなる．ところが，先頭の1は左上から右下に向って「分布」していなければならないので，結局，対角成分（主対角線上の成分）がすべて1でなければならないことになる．しかも，ガウス行列の先頭の1をふくむ列の他の成分はすべて0であるから，$G=I$ をうる．まとめると，「G は0のみからなる行をふくむかまたは $G=I$」が示せたことになる．

定理6

正方行列 A が可逆であることと，$\det(A)\neq 0$ であることとは同値である．

証明　A が可逆なら，$I=AA^{-1}$．ここで両辺の行列式をとると，
$1=\det(I)=\det(A)\det(A^{-1})$．つまり $\det(A)\neq 0$．
逆に，もし $\det(A)\neq 0$ なら，A を基本変形してえられる既約ガウス行列 G

の行列式 $\det(G)\neq 0$ がえられる．（各基本変形に対応する基本行列を $E_1, E_2, \cdots, E_r$ とすると $G=E_r\cdots E_2E_1A$ より $E_1^{-1}E_2^{-1}\cdots E_r^{-1}G=A$ となり，この両辺の行列式をとって，$\det(E_1^{-1})\det(E_2^{-1})\cdots\det(E_r^{-1})\det(G)=\det(A)\neq 0$ から $\det(G)\neq 0$ をうる.）もし G が 0 のみからなる行をふくめば $\det(G)=0$ となるので上の例 24 で注意したことから，結局 $G=I$ であることがわかり，A の可逆性が出る．（第 1 章の定理 13 (c) 参照.）■

系

A が可逆なとき，$\det(A^{-1})=\dfrac{1}{\det(A)}$

証明　$AA^{-1}=I$ より，$\det(A)\det(A^{-1})=\det(I)=1$．つまり

$$\det(A^{-1})=\frac{1}{\det(A)}$$ ■

≪例25≫

$$A=\begin{bmatrix}1 & 2 & 3\\ 1 & 0 & 1\\ 2 & 4 & 6\end{bmatrix}$$

とすると，A の第 1 行と第 3 行は比例しているので，$\det(A)=0$．したがって，A は可逆でないことがわかる．

練習問題 2.3

1.　次の行列の転置行列を求めよ．

(a) $\begin{bmatrix}2 & 1\\ -3 & 1\\ 0 & 2\end{bmatrix}$　(b) $\begin{bmatrix}6 & 1 & 1\\ -8 & 4 & 3\\ 0 & 1 & 3\end{bmatrix}$　(c) $\begin{bmatrix}7 & 0 & 2\end{bmatrix}$　(d) $\begin{bmatrix}a_{11} & a_{12} & a_{13}\\ a_{21} & a_{22} & a_{23}\end{bmatrix}$

2.　$A=\begin{bmatrix}1 & 2 & 7\\ -1 & 0 & 6\\ 3 & 2 & 8\end{bmatrix}$

について，$\det(A)=\det(A^t)$ を確かめよ．

3.　$A=\begin{bmatrix}2 & 1 & 0\\ 3 & 4 & 0\\ 0 & 0 & 2\end{bmatrix}$　$B=\begin{bmatrix}1 & -1 & 3\\ 7 & 1 & 2\\ 5 & 0 & 1\end{bmatrix}$

について，$\det(AB)=\det(A)\det(B)$ を確かめよ．

4. 定理6を利用して，次の行列から可逆なものを選べ．

(a) $\begin{bmatrix} 1 & 0 & 0 \\ 3 & 6 & 7 \\ 0 & 8 & -1 \end{bmatrix}$ (b) $\begin{bmatrix} -2 & 1 & -4 \\ 1 & 1 & 2 \\ 3 & 1 & 6 \end{bmatrix}$ (c) $\begin{bmatrix} 7 & 2 & 1 \\ 7 & 2 & 1 \\ 3 & 6 & 6 \end{bmatrix}$ (d) $\begin{bmatrix} 0 & 7 & 5 \\ 0 & 1 & -1 \\ 0 & 3 & 2 \end{bmatrix}$

5. $$A=\begin{bmatrix} a & b & c \\ d & e & f \\ g & h & i \end{bmatrix} \text{ かつ } \det(A)=5$$

とするとき，次の行列式の値を求めよ．

(a) $\det(3A)$ (b) $\det(2A^{-1})$ (c) $\det((2A)^{-1})$ (d) $\det\left(\begin{bmatrix} a & g & d \\ b & h & e \\ c & i & f \end{bmatrix}\right)$

6. 直接的な計算をしないで，$x=0$，$x=2$ が

$$\begin{vmatrix} x^2 & x & 2 \\ 2 & 1 & 1 \\ 0 & 0 & -5 \end{vmatrix}=0$$

を満足することを確かめよ．

7. 直接的な計算をしないで，

$$\begin{vmatrix} b+c & c+a & b+a \\ a & b & c \\ 1 & 1 & 1 \end{vmatrix}=0$$

を確かめよ．

8. A が可逆にならないような k を求めよ．

(a) $A=\begin{bmatrix} k-3 & -2 \\ -2 & k-2 \end{bmatrix}$ (b) $A=\begin{bmatrix} 1 & 2 & 4 \\ 3 & 1 & 6 \\ k & 3 & 2 \end{bmatrix}$

9. A,B を $n\times n$ 行列とし，A は可逆であるとする．このとき，

$$\det(B)=\det(A^{-1}BA)$$

が成り立つことを示せ．

10. (a) $A=A^t$ をみたす 3×3 行列 A の例を作れ．

(b) $A=-A^t$ をみたす 3×3 行列 A の例を作れ．

11. A の (i,j) 成分，つまり第 i 行，第 j 列の成分，を a_{ij} と書くとき，同じ a_{ij} は A^t の第何行，第何列の成分か？

12. $AX=O$ なる n 変数の n 個の1次方程式からなる連立1次方程式について，この連立方程式が自明でない解を持つことと $\det(A)=0$ とは同値であることを示せ．

13. $$A=\begin{bmatrix} a_{11} & a_{12} & a_{13} \\ a_{21} & a_{22} & a_{23} \\ a_{31} & a_{32} & a_{33} \end{bmatrix} \qquad B=\begin{bmatrix} b_{11} & b_{12} & b_{13} \\ b_{21} & b_{22} & b_{23} \\ b_{31} & b_{32} & b_{33} \end{bmatrix}$$

について，次のことを確かめよ．

(a)　$(A^t)^t=A$　　(b)　$(A+B)^t=A^t+B^t$　　(c)　$(AB)^t=B^tA^t$　　(c)　$(kA)^t=kA^t$

14.　$(A^tB^t)^t=BA$ を示せ．

15.　正方行列 A は，$A^t=A$ を満たすとき，**対称行列**とよばれ，$A^t=-A$ を満たすとき，**反対称行列**とよばれる．正方行列 B について，次のことを示せ．

(a)　BB^t，$B+B^t$ は対称行列．　(b)　$B-B^t$ は反対称行列．

2.4　余因子展開；クラメルの公式

この節では，行列式の計算を行なうための，ある便利な方法について述べる．そして，この方法の応用として，逆行列を計算するための公式や，行列式の言葉で連立1次方程式の解を表現する公式を導く．

定義　正方行列 A の第 i 行および第 j 列をとりのぞいてできる行列の行列式を M_{ij} と書き，A の (i,j) 成分 $a_{i,j}$ の**小行列式**とよぶ．さらに $C_{ij}=(-1)^{i+j}M_{ij}$を a_{ij} の**余因子**とよぶ．

≪例26≫

$$A=\begin{bmatrix} 3 & 1 & -4 \\ 2 & 5 & 6 \\ 1 & 4 & 8 \end{bmatrix}$$

とするとき，(1, 1) 成分の小行列式は，

$$M_{11}=\begin{vmatrix} 3 & 1 & -4 \\ 2 & 5 & 6 \\ 1 & 4 & 8 \end{vmatrix}=\begin{vmatrix} 5 & 6 \\ 4 & 8 \end{vmatrix}=16$$

また，(1, 1) 成分の余因子は，

$$C_{11}=(-1)^{1+1}M_{11}=M_{11}=16$$

同様に，

$$M_{32}=\begin{vmatrix} 3 & 1 & -4 \\ 2 & 5 & 6 \\ 1 & 4 & 8 \end{vmatrix}=\begin{vmatrix} 3 & -4 \\ 2 & 6 \end{vmatrix}=26$$

$$C_{32}=(-1)^{3+2}M_{32}=-M_{32}=-26$$

などがえられる．

定義をみればわかるように，(i,j) 成分の小行列式 M_{ij} と余因子 C_{ij} は，符号が異なっているにすぎない．つまり，$C_{ij}=+M_{ij}$ または $-M_{ij}$ となるのであるが，この符号が＋であるか－であるかは，

$$\begin{bmatrix} + & - & + & - & + & \cdots \\ - & + & - & + & - & \cdots \\ + & - & + & - & + & \cdots \\ - & + & - & + & - & \cdots \\ \vdots & \vdots & \vdots & \vdots & \vdots & \ddots \end{bmatrix}$$

において (i,j) 成分の位置にある符号が＋ならば＋，－ならば－というようになっていると覚えるのが便利である．例えば，$C_{11}=M_{11}$，$C_{21}=-M_{21}$，$C_{22}=M_{22}$ などが確かめられる．

次の 3×3 行列を考えよう．

$$A=\begin{bmatrix} a_{11} & a_{12} & a_{13} \\ a_{21} & a_{22} & a_{23} \\ a_{31} & a_{32} & a_{33} \end{bmatrix}$$

例 7 で，

$$\det(A)=a_{11}a_{22}a_{33}+a_{12}a_{23}a_{31}+a_{13}a_{21}a_{32} \\ -a_{13}a_{22}a_{31}-a_{12}a_{21}a_{33}-a_{11}a_{23}a_{32} \tag{2.2}$$

であることを知ったが，これはまた，

$$\det(A)=a_{11}(a_{22}a_{33}-a_{23}a_{32})+a_{21}(a_{13}a_{32}-a_{12}a_{33})+a_{31}(a_{12}a_{23}-a_{13}a_{22})$$

と表わすこともできる．この式の右辺のカッコの中がそれぞれ余因子 C_{11}, C_{21}, C_{31} に等しいことに注意すれば，

$$\det(A)=a_{11}C_{11}+a_{21}C_{21}+a_{31}C_{31} \tag{2.3}$$

と書けることがわかる．この (2.3) 式は，A の行列式の計算法として，A の第 1 列の成分と，その成分の余因子をかけ合わせたものを合計する方法が考えられるということを示している，この方法で $\det(A)$ を表示することを，A の第 1 列による**余因子展開**とよぶ．

≪例27≫

$$A=\begin{bmatrix} 3 & 1 & 0 \\ -2 & -4 & 3 \\ 5 & 4 & -2 \end{bmatrix}$$

とするとき，A の第1列による余因子展開をもちいて $\det(A)$ を計算せよ．

解：(2.3) より，

$$\det(A)=3\begin{vmatrix} -4 & 3 \\ 4 & -2 \end{vmatrix}-(-2)\begin{vmatrix} 1 & 0 \\ 4 & -2 \end{vmatrix}+5\begin{vmatrix} 1 & 0 \\ -4 & 3 \end{vmatrix}$$
$$=3\times(-4)-(-2)\times(-2)+5\times3=-1$$

ここで，(2.2) を整理する方法はいろいろ考えられる．整理の方法に応じて (2.3) と同様な，別の公式を作ることができる．次にこれらを示そう．

$$\begin{aligned}\det(A)&=a_{11}C_{11}+a_{12}C_{12}+a_{13}C_{13}\\&=a_{11}C_{11}+a_{21}C_{21}+a_{31}C_{31}\\&=a_{21}C_{21}+a_{22}C_{22}+a_{23}C_{23}\\&=a_{12}C_{12}+a_{22}C_{22}+a_{32}C_{32}\\&=a_{31}C_{31}+a_{32}C_{32}+a_{33}C_{33}\\&=a_{13}C_{13}+a_{23}C_{23}+a_{33}C_{33}\end{aligned} \tag{2.4}$$

(2.4) 式を証明することは容易である．(練習問題23をみよ．) どの公式も成分と余因子の行および列番号の等しいものどうしがかけ合わされているところに注意してほしい．これらの公式はいずれも，$\det(A)$ の**余因子展開**とよばれる．

実は，一般の $n\times n$ 行列についても，次の事実が成立することがわかる．(証明は省略する．)

定理7

$n\times n$ 行列 A の行列式は，どれか1つの行（または列）の成分と，その成分についての余因子とをかけ合わせて，合計 n 個を加えたものに等しい．すなわち，任意の $1\leqslant i\leqslant n$，$1\leqslant j\leqslant n$ について，

$$\det(A)=a_{1j}C_{1j}+a_{2j}C_{2j}+\cdots+a_{nj}C_{nj}$$

（第 j 列による余因子展開）

および

$$\det(A)=a_{i1}C_{i1}+a_{i2}C_{i2}+\cdots+a_{in}C_{in}$$

（第 i 行による余因子展開）

が成り立つ.

≪例28≫

$$A=\begin{bmatrix} 3 & 1 & 0 \\ -2 & -4 & 3 \\ 5 & 4 & -2 \end{bmatrix}$$

とするとき，A の第１行による余因子展開をもちいて $\det(A)$ を計算せよ.

解：

$$\det(A)=\begin{vmatrix} 3 & 1 & 0 \\ -2 & -4 & 3 \\ 5 & 4 & -2 \end{vmatrix}=3\begin{vmatrix} -4 & 3 \\ 4 & -2 \end{vmatrix}-1\begin{vmatrix} -2 & 3 \\ 5 & -2 \end{vmatrix}+0\begin{vmatrix} -2 & -4 \\ 5 & 4 \end{vmatrix}$$

$$=3\times(-4)-1\times(-11)=-1$$

この値が例 27 と一致していることはいうまでもない.（もとの行列が同じであることに注意.）

注意 上の例でもわかるように，展開しつつある行（または列）の成分が 0 であれば，その余因子は計算する必要はない．したがって，なるべく 0 を多くふくんでいる行または列について余因子展開するのが，行列式計算法のコツである！

行列式の計算を実行するときに，余因子展開だけで事を運ぶよりも，行の基本変形をもちいた 3 角行列への変形法を合わせてもちいる方が有効な場合もある．それぞれの場合に応じたテクニックを開発することが，計算をサボるコツだといえる．次の例など，そのいい例になっている.

≪例29≫

$$A=\begin{bmatrix} 3 & 5 & -2 & 6 \\ 1 & 2 & -1 & 1 \\ 2 & 4 & 1 & 5 \\ 3 & 7 & 5 & 3 \end{bmatrix}$$

について，$\det(A)$ を計算せよ.

解：まず，A の第2行を (-2) 倍して第3行に加え，同じく第2行を (-3) 倍して第1行，第4行に加える．このとき，

$$\det(A)=\begin{vmatrix}0 & -1 & 1 & 3\\ 1 & 2 & -1 & 1\\ 0 & 0 & 3 & 3\\ 0 & 1 & 8 & 0\end{vmatrix}$$

$$=-\begin{vmatrix}-1 & 1 & 3\\ 0 & 3 & 3\\ 1 & 8 & 0\end{vmatrix}$$ 第1列について余因子展開した

$$=-\begin{vmatrix}-1 & 1 & 3\\ 0 & 3 & 3\\ 0 & 9 & 3\end{vmatrix}$$ 第1行を第3行に加えた

$$=-(-1)\begin{vmatrix}3 & 3\\ 9 & 3\end{vmatrix}$$ 第1列について余因子展開した

$$=-18$$

余因子展開を行なうときに，ある1つの行（または列）の成分ごとにその余因子をかけ合わせ，それらを合計した．ところで，もしある1つの行（または列）の成分に，それとは異なる行（または列）の成分ごとに作った余因子をかけ合わせて，それらを合計するとどうなるだろう．実はその答は常に0となることがわかる．一般的にこれを証明することは省略するが，次の例を参考にしてほしい．

≪例30≫

$$A=\begin{bmatrix}a_{11} & a_{12} & a_{13}\\ a_{21} & a_{22} & a_{23}\\ a_{31} & a_{32} & a_{33}\end{bmatrix}$$

において，A の第1行の成分と，第3行の成分の余因子をかけ合わせ，それらを合計すると，

$$a_{11}C_{31}+a_{12}C_{32}+a_{13}C_{33}$$

となる．これが，0であることを見るために，次のトリックを利用する．まず，

A の第3行を第1行と同じものでおきかえて，

$$A'=\begin{bmatrix} a_{11} & a_{12} & a_{13} \\ a_{21} & a_{22} & a_{23} \\ a_{11} & a_{12} & a_{13} \end{bmatrix}$$

という行列を作るこの行列の第3行の成分の余因子が上の C_{31}, C_{32}, C_{33} と一致していることは，A と A' が第3行以外では一致していることから明らかである．したがって，この A' の第3行についての余因子展開を行なうことによって，

$$\det(A')=a_{11}C_{31}+a_{12}C_{32}+a_{13}C_{33} \tag{2.5}$$

をうる．ところで，A' は2個の比例する（実は等しい）行を持っているので，その行列式は0にひとしい．つまり，

$$\det(A')=0 \tag{2.6}$$

(2.5), (2.6) より，

$$a_{11}C_{31}+a_{12}C_{32}+a_{13}C_{33}=0$$

がいえたことになる．

定義 A を $n\times n$ 行列，C_{ij} を A の (i, j) 成分の余因子とするとき，行列

$$\begin{bmatrix} C_{11} & C_{12} & \cdots & C_{1n} \\ C_{21} & C_{22} & \cdots & C_{2n} \\ \vdots & \vdots & & \vdots \\ C_{n1} & C_{n2} & \cdots & C_{nn} \end{bmatrix}$$

を A の**余因子行列**とよぶ．また，この行列の転置行列を A の**転置余因子行列**とよび $\tilde{A}$ と書く．

≪例31≫

$$A=\begin{bmatrix} 3 & 2 & -1 \\ 1 & 6 & 3 \\ 2 & -4 & 0 \end{bmatrix}$$

の各成分の余因子は，

$$C_{11}=12 \qquad C_{12}=6 \qquad C_{13}=-16$$

$$C_{21}=4 \qquad C_{22}=2 \qquad C_{23}=16$$

$$C_{31}=12 \qquad C_{32}=-10 \qquad C_{33}=16$$

したがって，A の余因子行列は，

$$\begin{bmatrix} 12 & 6 & -16 \\ 4 & 2 & 16 \\ 12 & -10 & 16 \end{bmatrix}$$

また，A の転置余因子行列は，

$$\tilde{A}=\begin{bmatrix} 12 & 4 & 12 \\ 6 & 2 & -10 \\ -16 & 16 & 16 \end{bmatrix}$$

となる．

以上の準備の下で，可逆行列の逆行列を与える公式について述べよう．

定理 8

A が可逆行列なら，

$$A^{-1}=\frac{1}{\det(A)}\tilde{A}$$

証明　まず $A\tilde{A}=\det(A)I$ を示そう．そのために，次の積を考える．

$$A\tilde{A}=\begin{bmatrix} a_{11} & a_{12} & \cdots & a_{1n} \\ a_{21} & a_{22} & \cdots & a_{2n} \\ \vdots & \vdots & & \vdots \\ a_{i1} & a_{i2} & \cdots & a_{in} \\ \vdots & \vdots & & \vdots \\ a_{n1} & a_{n2} & \cdots & a_{nn} \end{bmatrix} \begin{bmatrix} C_{11} & C_{21} & \cdots & C_{j1} & \cdots & C_{n1} \\ C_{12} & C_{22} & \cdots & C_{j2} & \cdots & C_{n2} \\ \vdots & \vdots & & \vdots & & \vdots \\ C_{1n} & C_{2n} & \cdots & C_{jn} & \cdots & C_{nn} \end{bmatrix}$$

これから，ただちに，行列 $A\tilde{A}$ の (i,j) 成分が

$$a_{i1}C_{j1}+a_{i2}C_{j2}+\cdots\cdots+a_{in}C_{jn} \tag{2.7}$$

で与えられることがわかる．

まず，$i=j$ の場合には，(2.7) は A の第 i 行による（$\det(A)$ の）余因子展開となっているので，その値は $\det(A)$ となる．また，$i\neq j$ の場合には，A の第 i 行の成分と，それとは異なる第 j 行の成分の余因子の積を合計したものになっているので，(2.7) の値は 0 となる．したがって，

$$A\tilde{A}=\begin{bmatrix} \det(A) & 0 & \cdots & 0 \\ 0 & \det(A) & \cdots & 0 \\ \vdots & \vdots & & \vdots \\ 0 & 0 & \cdots & \det(A) \end{bmatrix}=\det(A)I \tag{2.8}$$

をうる．

A は可逆なので，$\det(A)\neq 0$．したがって，(2.8) を $\det(A)$ で割って，

$$\frac{1}{\det(A)}(A\tilde{A})=I$$

つまり，

$$A\left(\frac{1}{\det(A)}\tilde{A}\right)=I$$

この両辺に左から A^{-1} をかけて，

$$\frac{1}{\det(A)}\tilde{A}=A^{-1}$$

■

≪例32≫

公式 $A^{-1}=\dfrac{1}{\det(A)}\tilde{A}$ をもちいて例31の行列 A の逆行列を求めよ．

解：（読者は，$\det(A)=64$ となることをチェックしてほしい．）

$$A^{-1}=\frac{1}{\det(A)}\tilde{A}=\frac{1}{64}\begin{bmatrix} 12 & 4 & 12 \\ 6 & 2 & -10 \\ -16 & 16 & 16 \end{bmatrix}$$

$$=\begin{bmatrix} \frac{12}{64} & \frac{4}{64} & \frac{12}{64} \\ \frac{6}{64} & \frac{2}{64} & -\frac{10}{64} \\ -\frac{16}{64} & \frac{16}{64} & \frac{16}{64} \end{bmatrix}=\begin{bmatrix} \frac{3}{16} & \frac{1}{16} & \frac{3}{16} \\ \frac{3}{32} & \frac{1}{32} & -\frac{5}{32} \\ -\frac{1}{4} & \frac{1}{4} & \frac{1}{4} \end{bmatrix}$$

3×3 行列以下ならともかく，それよりも大きなサイズの行列について，その逆行列を上の公式で求めようというのは，1.6 節で述べた方法に比べて，非常に困難が多い．とはいっても，1.6 節の方法は，あくまで A^{-1} の計算のアルゴリズム（進め方）を示しているにすぎず，A^{-1} そのものの性質を調べようというような場合には，あまり有効なものではない．

実際に A^{-1} を計算するとき，というよりはむしろ，A^{-1} の性質などを探り出そうというときに都合がよいのが，上の定理8の公式である．（練習問題2.4 の 20 参照）

まったく同じような理由で，連立１次方程式の解の公式などを作っておくと，実際の計算についてはともかく，解の性質を探る場合に有効なことがある．次に，n 変数の n 個の１次方程式からなる連立１次方程式に関する，そのような公式について述べよう．この公式は，クラメルの公式とよばれている．

定理 9（クラメルの公式）

$AX=B$ を n 変数の n 個の１次方程式からなる連立１次方程式とする．もし $\det(A)\neq 0$ であれば，この連立１次方程式はただ１個の解，

$$x_1=\frac{\det(A_1)}{\det(A)},\quad x_2=\frac{\det(A_2)}{\det(A)},\quad \cdots,\quad x_n=\frac{\det(A_n)}{\det(A)}$$

を持つ．ここで，A_j は A の第 j 列を

$$B=\begin{bmatrix} b_1 \\ b_2 \\ \vdots \\ b_n \end{bmatrix}$$

の列で置き換えた行列を示しているとする．

証明　$\det(A)\neq 0$ であるから，A は可逆．故に1.7節の定理11により，$X=A^{-1}B$ が $AX=B$ のただ１つの解であることがわかる．ここで定理８をもちいて，

$$X=A^{-1}B=\frac{1}{\det(A)}\tilde{A}B=\frac{1}{\det(A)}\begin{bmatrix} C_{11} & C_{21} & \cdots & C_{n1} \\ C_{12} & C_{22} & \cdots & C_{n2} \\ \vdots & \vdots & & \vdots \\ C_{1n} & C_{2n} & \cdots & C_{nn} \end{bmatrix}\begin{bmatrix} b_1 \\ b_2 \\ \vdots \\ b_n \end{bmatrix}$$

$$=\frac{1}{\det(A)}\begin{bmatrix} b_1C_{11}+b_2C_{21}+ & \cdots & +b_nC_{n1} \\ b_1C_{12}+b_2C_{22}+ & \cdots & +b_nC_{n2} \\ \vdots & & \vdots \\ b_1C_{1n}+b_2C_{2n}+ & \cdots & +b_nC_{nn} \end{bmatrix}$$

したがって，X の第 j 列，つまり x_j は

$$x_j=\frac{b_1C_{1j}+b_2C_{2j}+\cdots+b_nC_{nj}}{\det(A)} \tag{2.9}$$

となる．ところで，（A_j の定義から）

$$A_j=\begin{bmatrix} a_{11} & a_{12} & \cdots & a_{1j-1} & b_1 & a_{1j+1} & \cdots & a_{1n} \\ a_{21} & a_{22} & \cdots & a_{2j-1} & b_2 & a_{2j+1} & \cdots & a_{2n} \\ \vdots & \vdots & & \vdots & \vdots & \vdots & & \vdots \\ a_{n1} & a_{n2} & \cdots & a_{nj-1} & b_n & a_{nj+1} & \cdots & a_{nn} \end{bmatrix}$$

であるが，これは第 j 列以外は A と一致しているので，A_j の第 j 列の成分の余因子は A の第 j 列の成分の余因子と一致する．つまり，$\det(A_j)$ を第 j 列に関して余因子展開すると，

$$\det(A_j)=b_1C_{1j}+b_2C_{2j}+\ \cdots\ +b_nC_{nj}$$

をうる．この結果を (2.9) に代入して，

$$x_j=\frac{\det(A_j)}{\det(A)}$$

■

≪例33≫

クラメルの公式をもちいて，次の連立1次方程式を解け．

$$\begin{cases} x_1 \qquad +2x_3=6 \\ -3x_1+4x_2+6x_3=30 \\ -x_1-2x_2+3x_3=8 \end{cases}$$

解：

$$A=\begin{bmatrix} 1 & 0 & 2 \\ -3 & 4 & 6 \\ -1 & -2 & 3 \end{bmatrix} \quad A_1=\begin{bmatrix} 6 & 0 & 2 \\ 30 & 4 & 6 \\ 8 & -2 & 3 \end{bmatrix}$$

$$A_2=\begin{bmatrix} 1 & 6 & 2 \\ -3 & 30 & 6 \\ -1 & 8 & 3 \end{bmatrix} \quad A_3=\begin{bmatrix} 1 & 0 & 6 \\ -3 & 4 & 30 \\ -1 & -2 & 8 \end{bmatrix}$$

となるので，

$$x_1=\frac{\det(A_1)}{\det(A)}=\frac{-40}{44}=-\frac{10}{11}$$

$$x_2=\frac{\det(A_2)}{\det(A)}=\frac{72}{44}=\frac{18}{11}$$

$$x_3=\frac{\det(A_3)}{\det(A)}=\frac{152}{44}=\frac{38}{11}$$

n 変数の n 個の1次方程式からなる 連立1次方程式を クラメルの 公式によって解こうとすると，$n\times n$ 行列の 行列式を $(n+1)$ 個も計算する 必要があるので，n が3より大きい場合には，とても実用的だとはいえない．そういう場合には，ガウスの消去法をもちいるのが便利であることは言うまでもない．く

り返すことになるが，クラメルの公式は，連立1次方程式の解を直接，しかも一般的に与えてくれている点がすぐれているにすぎない．

練習問題 2.4

1.
$$A=\begin{bmatrix} 1 & 6 & -3 \\ -2 & 7 & 1 \\ 3 & -1 & 4 \end{bmatrix}$$
について，

(a) 小行列式をすべて求めよ．

(b) 余因子をすべて求めよ．

2.
$$A=\begin{bmatrix} 4 & 0 & 4 & 4 \\ -1 & 0 & 1 & 1 \\ 1 & -3 & 0 & 3 \\ 6 & 3 & 14 & 2 \end{bmatrix}$$
について，次のものを求めよ．

(a) M_{13} と C_{13}　(b) M_{23} と C_{23}　(c) M_{22} と C_{22}　(d) M_{21} と C_{21}

3. 問題1で与えた行列 A について，次の行または列に関する $\det(A)$ の余因子展開をもちいて，その値を求めよ．

(a) 第1行　(b) 第1列　(c) 第2行

(d) 第2列　(e) 第3行　(f) 第3列

4. 問題1で与えた行列 A について，(a), (b) を求めよ．

(a) $\tilde{A}$　(b) A^{-1}　（ただし，例32の方法をもちいること）

次の **5.** ～**10.** の行列の行列式の値を，適当な行または列に関する余因子展開を利用して，求めよ．

5. $\begin{bmatrix} 0 & 6 & 0 \\ 8 & 6 & 8 \\ 3 & 2 & 2 \end{bmatrix}$　**6.** $\begin{bmatrix} 1 & 3 & 7 \\ 2 & 0 & -8 \\ -1 & -3 & 4 \end{bmatrix}$　**7.** $\begin{bmatrix} 1 & 1 & 1 \\ k & k & k \\ k^2 & k^2 & k^2 \end{bmatrix}$

8. $\begin{bmatrix} k-1 & 2 & 3 \\ 2 & k-3 & 4 \\ 3 & 4 & k-4 \end{bmatrix}$　**9.** $\begin{bmatrix} 4 & 4 & 0 & 4 \\ 1 & 1 & 0 & -1 \\ 3 & 0 & -3 & 1 \\ 6 & 14 & 3 & 6 \end{bmatrix}$　**10.** $\begin{bmatrix} 4 & 3 & 1 & 9 & 2 \\ 0 & 3 & 2 & 4 & 2 \\ 0 & 3 & 4 & 6 & 4 \\ 1 & -1 & 2 & 2 & 2 \\ 0 & 0 & 3 & 3 & 3 \end{bmatrix}$

11.
$$A=\begin{bmatrix} 1 & 3 & 1 & 1 \\ 2 & 5 & 2 & 2 \\ 1 & 3 & 8 & 9 \\ 1 & 3 & 2 & 2 \end{bmatrix}$$

について，

(a)　例 32 の方法で，A^{-1} を求めよ．

(b)　1.6 節の例 29 の方法で A^{-1} を求めよ．

(c)　計算回数の少ないのは (a), (b) のいずれか？

次の 12〜17 の連立 1 次方程式を，クラメルの公式をもちいて解け．

12. $\begin{cases} 3x_1 - 4x_2 = -5 \\ 2x_1 + x_2 = 4 \end{cases}$

13. $\begin{cases} 4x + 5y = 2 \\ 11x + y + 2z = 3 \\ x + 5y + 2z = 1 \end{cases}$

14. $\begin{cases} x + y - 2z = 1 \\ 2x - y + z = 2 \\ x - 2y - 4z = -4 \end{cases}$

15. $\begin{cases} x_1 - 3x_2 + x_3 = 4 \\ 2x_1 - x_2 = -2 \\ 4x_1 - 3x_3 = 0 \end{cases}$

16. $\begin{cases} 2x_1 - x_2 + x_3 - 4x_4 = -32 \\ 7x_1 + 2x_2 + 9x_3 - x_4 = 14 \\ 3x_1 - x_2 + x_3 + x_4 = 11 \\ x_1 + x_2 - 4x_3 - 2x_4 = -4 \end{cases}$

17. $\begin{cases} 2x_1 - x_2 + x_3 = 8 \\ 4x_1 + 3x_2 + x_3 = 7 \\ 6x_1 + 2x_2 + 2x_3 = 15 \end{cases}$

18.　クラメルの公式を用いて，次の連立 1 次方程式の解のうち z だけを求めよ．

$$\begin{cases} 4x + y + z + w = 6 \\ 3x + 7y - z + w = 1 \\ 7x + 3y - 5z + 8w = -3 \\ x + y + z + 2w = 3 \end{cases}$$

19.　問題 18 の方程式について，

(a)　クラメルの公式によって解け．

(b)　ガウス・ジョルダンの消去法によって解け．

(c)　(a), (b) どちらが計算回数が少なくて楽か？

20.　すべての成分が整数からなる正方行列 A が，$\det(A)=1$ を満たしていれば，A^{-1} の成分もすべて整数となることを証明せよ．

21.　n 変数の n 個の 1 次方程式からなる連立 1 次方程式 $AX=B$ のどの係数も整数で，定数項もすべて整数であり，しかも，A の行列式が 1 であれば，解 X の成分もすべて整数となることを証明せよ．

22.　A が可逆な上 3 角行列であれば，A^{-1} もまた上 3 角行列となることを証明せよ．

23.　式 (2.4) の最初と最後の余因子展開を確かめよ．

24.　xy 平面において，異なる 2 点 (a_1, b_1)，(a_2, b_2) を通る直線の方程式は，

$$\begin{vmatrix} x & y & 1 \\ a_1 & b_1 & 1 \\ a_2 & b_2 & 1 \end{vmatrix} = 0$$

と書けることを示せ．

25.　上の問題の結果をもちいて，3 点 (x_1, y_1)，(x_2, y_2)，(x_3, y_3) が同一直線上にある

ための必要十分条件は

$$\begin{vmatrix} x_1 & y_1 & 1 \\ x_2 & y_2 & 1 \\ x_3 & y_3 & 1 \end{vmatrix} = 0$$

であることを証明せよ.

26. xyz 空間において，同一直線上にない 3 点 (a_1, b_1, c_1)，(a_2, b_2, c_2)，(a_3, b_3, c_3) を通る平面の方程式は，

$$\begin{vmatrix} x & y & z & 1 \\ a_1 & b_1 & c_1 & 1 \\ a_2 & b_2 & c_2 & 1 \\ a_3 & b_3 & c_3 & 1 \end{vmatrix} = 0$$

と書けることを示せ.

3. 平面のベクトル，空間のベクトル

この章で説明する事柄について，すでに十分に慣れている読者は，
この章をとばしてもさしつかえない．

3.1 幾何学的ベクトル入門

この節では，平面および空間のベクトルについて幾何学的な形で紹介し，ベクトルに関する簡単な演算とこれらの演算の持っている基礎的な性質について述べる．

面積とか長さとか重さといった量については，その量の大小を実数をもちいて表現することができる．ところが，もう１つ物理学などでも重要な役割を持った**ベクトル**とよばれるものは，その大きさだけではなく，その方向まで指定しなければ完全には表現することができない．「力」とか「変位」とか「速度」などはいずれも大切なベクトルの例となっている．

ベクトルは，幾何学的には，ある長さの線分や「矢印」によって表わされる．「矢印」によって，そのベクトルの方向を指定し，その長さによって大きさ（または強さ）を表わすのである．この場合，「矢印」の出発点（つまり「矢印」の尾）は，ベクトルの**始点**とよばれ，「矢印」の先端は**終点**とよばれる．ここではベクトルを表わす記号として，$\mathbf{a}, \mathbf{k}, \mathbf{v}, \mathbf{w}, \mathbf{x}$ などのような小文字のアルファベットをもちいることにする．ベクトルに関する議論に関連して出現する実数は，特に**スカラー**とよぶことにする．そしてスカラーは，ベクトルと区別して，単に a, k, v, w, x などの普通の小文字のアルファベットをもちいて表わす．

例えば図3.1(a)のような場合，つまりベクトル $\mathbf{v}$ の始点が A で終点が B で

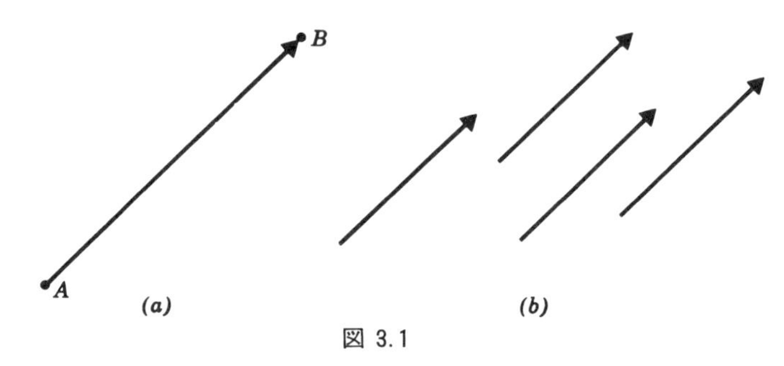

図 3.1

あるような場合，

$$\mathbf{v}=\overrightarrow{AB}$$

というような書き方をする．もしベクトルが図3.1(b)のように，同じ方向と同じ長さを持つようなときには，それらは**同値**であるということにする．ベクトルという用語を，ただ大きさと方向を持つものとしてのみ使いたいので，その始点がどこにあるかは問題にしないことにする．つまり，同値なベクトルはすべて**同一視**する．2つのベクトル $\mathbf{v}$ と $\mathbf{w}$ が同値なとき

$$\mathbf{v}=\mathbf{w}$$

と書き表わすことにする．

定義　2つのベクトル $\mathbf{v}$, $\mathbf{w}$ について，$\mathbf{v}$ の終点を $\mathbf{w}$ の始点と一致させたときの $\mathbf{v}$ の始点と $\mathbf{w}$ の終点とによって決まるベクトルを $\mathbf{v}+\mathbf{w}$ と書き，$\mathbf{v}$ と $\mathbf{w}$ の**和**とよぶ．(図3.2(a))

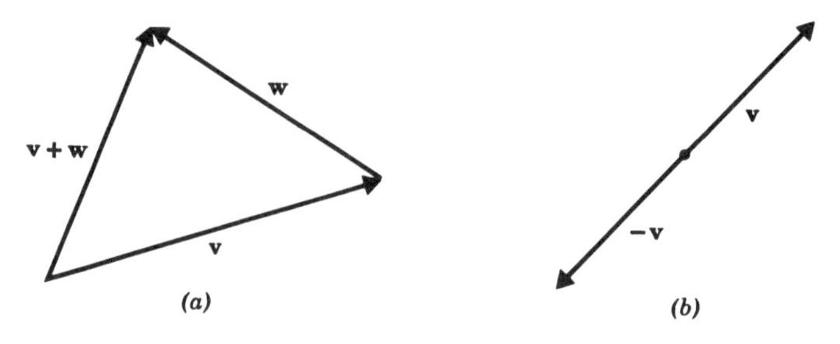

図 3.2

図3.3をみればわかるように，2種類の和 $\mathbf{v}+\mathbf{w}$ と $\mathbf{w}+\mathbf{v}$ とは一致する，つまり

$$\mathbf{v}+\mathbf{w}=\mathbf{w}+\mathbf{v}$$

であることがわかる．つまり，$\mathbf{v}$ と $\mathbf{w}$ との和を，$\mathbf{v}$ と $\mathbf{w}$ が作る平行4辺形の対角線として定めてもよいことがわかる．ただし，平行4辺形には対角線が2本あるので，正しくは，$\mathbf{v}$ と $\mathbf{w}$ の始点を一致させたときにその始点をふくむ対角線という必要がある．

長さが0のベクトルを，**ゼロ・ベクトル**とよび $\mathbf{0}$ と書くことにする．さらに，任意のベクトル $\mathbf{v}$ に対して，

$$\mathbf{0}+\mathbf{v}=\mathbf{v}+\mathbf{0}=\mathbf{v}$$

が成り立つと仮定しておこう．ゼロ・ベクトルには自然な「方向」を定めることができないが，以下の議論で都合がよいので，任意の方向にむかっていると考えておくことにする．ゼロでない任意のベクトルに $\mathbf{v}$ について，

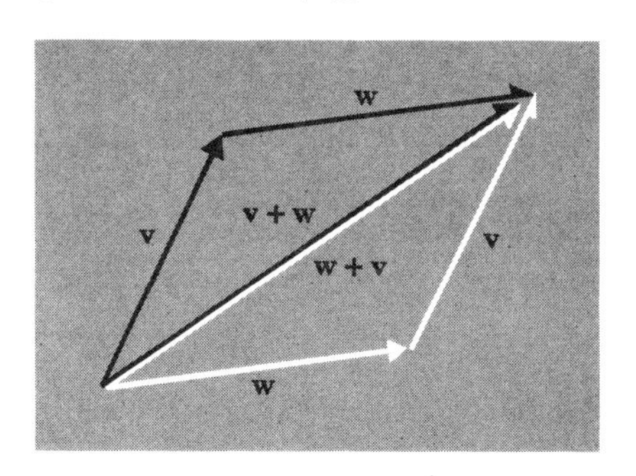

図 3.3

$\mathbf{v}+\mathbf{w}=\mathbf{0}$ を満たす $\mathbf{w}$ がただ1つ存在することは明らかである．つまり，$\mathbf{v}$ の始点と終点を交換して，その向きを逆にしたベクトルを考えればよい．このベクトルを $\mathbf{v}$ の**逆ベクトル**とよび，

$$\mathbf{w}=-\mathbf{v}$$

と書く．さらに

$$-\mathbf{0}=\mathbf{0}$$

と約束しておく．

定義　任意の2個のベクトル $\mathbf{v}$，$\mathbf{w}$ に対して，その**差**を，

$$\mathbf{v}-\mathbf{w}=\mathbf{v}+(-\mathbf{w})$$

によって定める．（図3.4(a)）

$\mathbf{v}-\mathbf{w}$ を図示する場合，まず $-\mathbf{w}$ を作って，$\mathbf{v}$ と加えるということをしなくても，$\mathbf{w}$ の終点から $\mathbf{v}$ の終点に向うベクトルが $\mathbf{v}-\mathbf{w}$ を表わしていることに注意してほしい．（図3.4(b)）

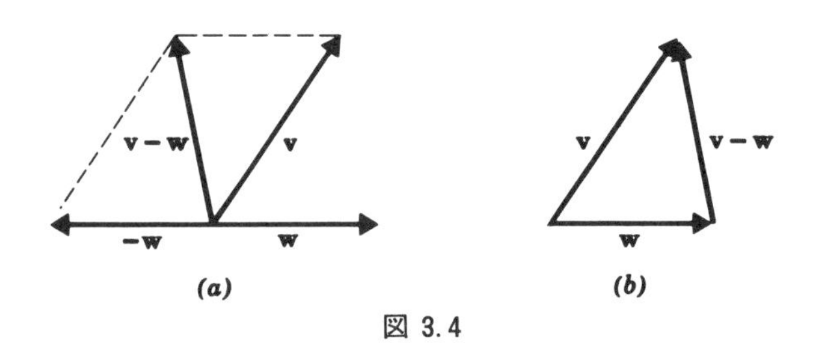

図 3.4

定義　$\mathbf{v}$ をベクトル，k を実数（スカラー）とするとき $\mathbf{v}$ の長さを $|k|$ 倍したベクトルを $k\mathbf{v}$ と書く．ただし，$k>0$ のときは $\mathbf{v}$ の向きは変えず，$k<0$ のときは $\mathbf{v}$ の向きを逆にし，$k=0$ のときは $0\mathbf{v}=\mathbf{0}$ と約束する．

図3.5は，ベクトル $\mathbf{v}$ と $\frac{1}{2}\mathbf{v}$，$(-1)\mathbf{v}$，$2\mathbf{v}$，$(-3)\mathbf{v}$ との関係を示している．

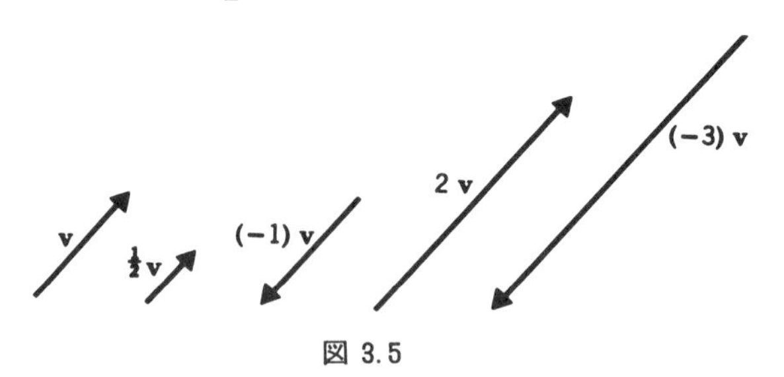

図 3.5

定義から明らかなように，$(-1)\mathbf{v}$ というベクトルは，$\mathbf{v}$ と同じ長さで，方向だけが逆になっているわけだから，$\mathbf{v}$ の逆ベクトルに一致する．つまり，

$$(-1)\mathbf{v}=-\mathbf{v}$$

ベクトルを数量的にとらえるためには，直交座標系を導入すると便利なことが少なくない．まず，平面上のベクトルの場合について考えてみよう．$\mathbf{v}$を平面上のベクトルとするとき，これを表示するために，図3.6のように，平面上に固定した直交座標系の原点を始点とするように置く．そして，$\mathbf{v}$ の終点の座標 (v_1, v_2) を $\mathbf{v}$ の**成分**とよび，

$$\mathbf{v}=(v_1, v_2)$$

と書くことにする．

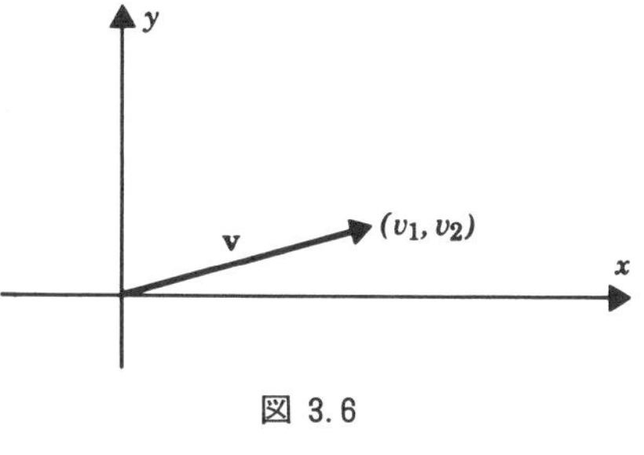

図 3.6

もし，同値なベクトル $\mathbf{v}$ と $\mathbf{w}$ とを，その始点が原点となるようにしてやれば，その終点が一致することはいうまでもない．したがって，同値なベクトルの成分は等しい．また，逆に，成分の等しい 2 個のベクトルは（その方向も，長さも等しくなるので），同値である．つまり，2 個のベクトル

$$\mathbf{v}=(v_1, v_2) \quad と \quad \mathbf{w}=(w_1, w_2)$$

が同値であるためには，

$$v_1=w_1 \quad かつ \quad v_2=w_2$$

となることが必要かつ十分な条件である．

ベクトルどうしの和やベクトルのスカラー倍といったベクトルの演算を，そ

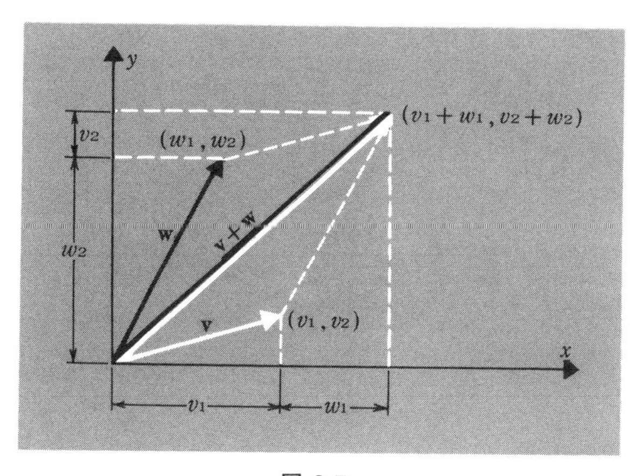

図 3.7

の成分をもちいて言い表わすことはやさしい．図3.7を見ればわかるように，

いま，2個のベクトルを

$$\mathbf{v}=(v_1, v_2), \quad \mathbf{w}=(w_1, w_2)$$

とすれば，

$$\mathbf{v}+\mathbf{w}=(v_1+w_1, v_2+w_2)$$

となり，k をスカラーとすると，

同様の考察によって

（練習問題3.1の14参照）

$$k\mathbf{v}=(kv_1, kv_2)$$

をうることができる．（図3.8）

例えば，$\mathbf{v}=(1, -2)$，$\mathbf{w}=(7, 6)$

とすれば，

$$\mathbf{v}+\mathbf{w}=(1, -2)+(7, 6)$$
$$=(1+7, -2+6)=(8, 4)$$

となり，また例えば，

$$4\mathbf{v}=4(1, -2)=(4\times1, 4\times(-2))=(4, -8)$$

となる．

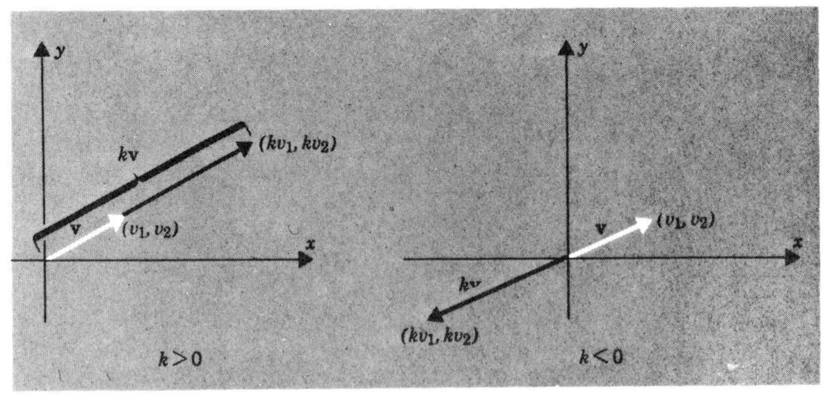

図 3.8

平面上のベクトルが，2個の実数を並べて表示できたのと同じように，空間

（正確には３次元空間）内のベクトルについても，**直交座標系**を導入することによって，３個の実数を並べて表示できる．空間の直交座標系は，原点 O と，それを通って互いに直交する３本の**座標軸** x, y, z を固定し，x 軸，y 軸，z 軸のそれぞれに正の方向を指定して，単位による長さを指定すれば定まる．（図3.9(a)）２本の座標軸ごとに平面が１個定まるがこれらは，***xy* 平面**，***xz* 平面**，***yz* 平面**とよばれる．このとき，空間内の点 P は，***P* の座標**とよばれる３個の数の列で表示することができる．P を通って yz 平面に平行な平面と x 軸との交点を X，xz 平面に平行な平面と y 軸との交点を Y，xy 平面に平行な平面と z 軸との交点を Z とする（図3.9(b)）．このとき，P の座標は，「符号付きの長さ」，

$$x=\overline{OX},\quad y=\overline{OY},\quad z=\overline{OZ}$$

によって定義される．（ここで「符号付きの長さ」というのは，例えば $\overrightarrow{OX}$ の方向と x 軸上の正の方向とが一致するときは＋，逆のときは－を付けることを意味している．）

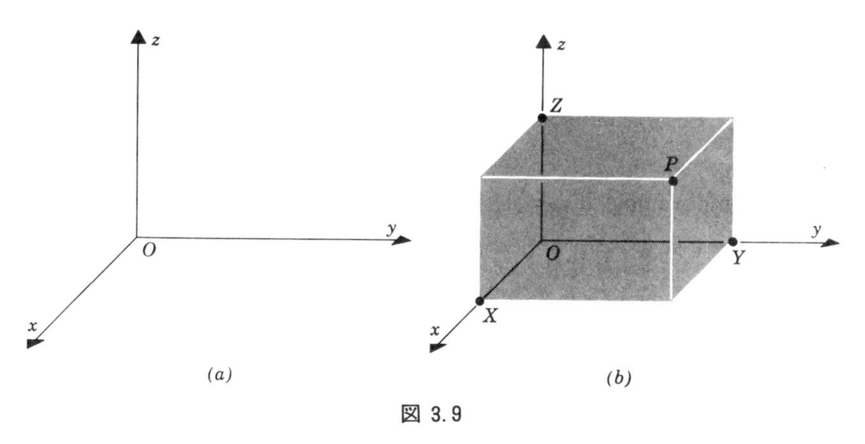

図 3.9

図3.10に点(4, 5, 6)および(－3, 2, －4)を座標とする点を示しておいた．

空間内には，**左手系**，**右手系**とよばれる２種類の座標系を考えることができる．z 軸を回転軸と考えて，x 軸の正の方向を y 軸の正の方向に向って回転させたとき，「右ネジ」が進むのと同方向に z 軸の正の方向が存在しているよ

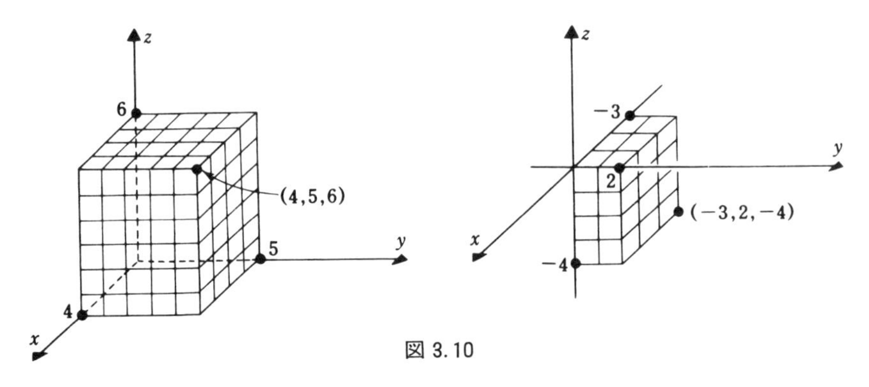

図 3.10

うな座標系（図 3.11 (a)）は，通常，右手系とよばれている．また，「右ネジ」の進む方向とは逆方向に z 軸の正の方向が存在しているとき，左手系とよばれる．（図 3.11 (b)）

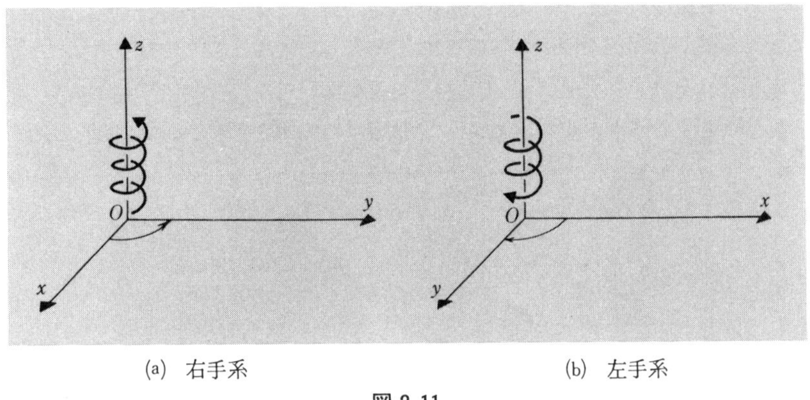

(a)　右手系　　　(b)　左手系

図 3.11

この本では右手系のみを利用することにしよう．

空間内にベクトル $\mathbf{v}$ があるとき，これと同値で，座標系の原点を始点とするベクトルを考え，その終点の座標を $\mathbf{v}$ の**成分**とよび，

$$\mathbf{v}=(v_1, v_2, v_3)$$

と書く．（図 3.12）2 個の空間内のベクトル

$$\mathbf{v}=(v_1, v_2, v_3),\quad \mathbf{w}=(w_1, w_2, w_3)$$

が与えられたとき，平面上のベクトルの場合に行なったのと同様の方法によっ

て，次のことを示すことができる．

(i)　$\mathbf{v}$ と $\mathbf{w}$ が同値であるためには，$v_1=w_1$，$v_2=w_2$，$v_3=w_3$ であることが必要十分．

(ii)　$\mathbf{v}+\mathbf{w}=(v_1+w_1, v_2+w_2, v_3+w_3)$

(iii)　$k\mathbf{v}=(kv_1, kv_2, kv_3)$，ただし，$k$ はスカラー

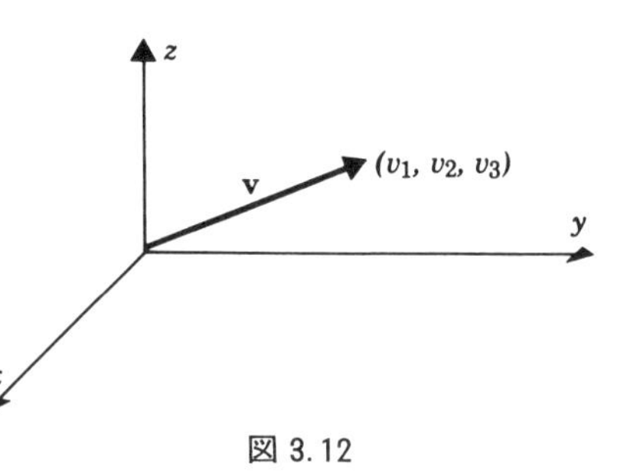

図 3.12

≪例 1≫

$\mathbf{v}=(1, -3, 2)$，$\mathbf{w}=(4, 2, 1)$ とするとき，

$$\mathbf{v}+\mathbf{w}=(5, -1, 3),\quad 2\mathbf{v}=(2, -6, 4),\qquad -\mathbf{w}=(-4, -2, -1)$$

$$\mathbf{v}-\mathbf{w}=\mathbf{v}+(-\mathbf{w})=(-3, -5, 1)$$

ベクトルが，いつも原点からスタートしているとは限らない．一般に $\mathbf{v}$ の始点を $P_1(x_1, y_1, z_1)$，終点を $P_2(x_2, y_2, z_2)$ とするとき，この $\mathbf{v}$ と同値な，原点を始点とするベクトルを求めよう．図 3.13 の $\overrightarrow{OQ}$ を求めるベクトルとし，$Q(a, b, c)$ とする．

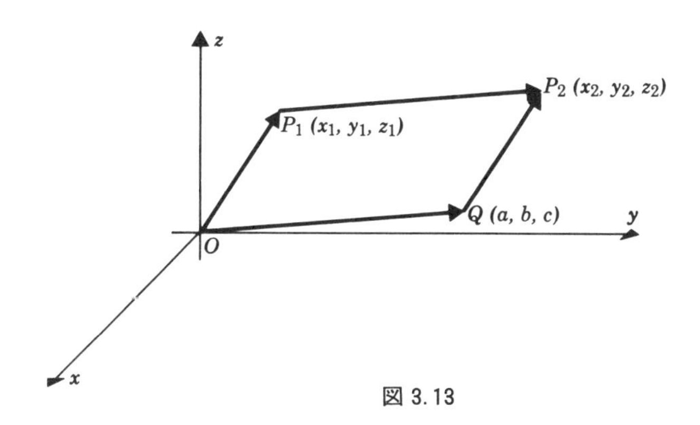

図 3.13

図 3.13 からわかるように，$\overrightarrow{OQ}+\overrightarrow{OP_1}=\overrightarrow{OP_2}$，つまり

$$(a, b, c)+(x_1, y_1, z_1)=(x_2, y_2, z_2)$$

が成り立つ．この式を a, b, c について解けば，

$$a=x_2-x_1,\ b=y_2-y_1,\ c=z_2-z_1$$

となるが，これが求めるベクトルの成分を与えている．

≪例 2≫

$P_1(2,-1,4)$，$P_2(7,5,-8)$ について，ベクトル $\mathbf{v}=\overrightarrow{P_1P_2}$ の成分を求めると．

$$\mathbf{v}=(7-2,\ 5-(-1),\ (-8)-4)=(5,6,-12)$$

をうる．

平面上のベクトルについても，$P_1(x_1,y_1)$，$P_2(x_2,y_2)$ とするとき，P_1 を始点とし，P_2 を終点とするベクトルを $\mathbf{v}$ とすると，$\mathbf{v}=(x_2-x_1,y_2-y_1)$ となることは，いうまでもない．

≪例 3≫

解こうとする問題によると，もともと与えられている座標系をもちいるよりも，それと各軸が平行な別の座標系をもちいた方が，話が簡単になる場合がある．

図 3.14 (a) では，xy 座標系で $(x,y)=(k,l)$ と表わされる点 O' を原点とするような新しい $x'y'$ 座標系を白い線で画いてある．新しい $x'y'$ 座標系で，図 3.14 (b) のように点 $P(x',y')$をとり，この点 P は古い xy 座標系では (x,y) と

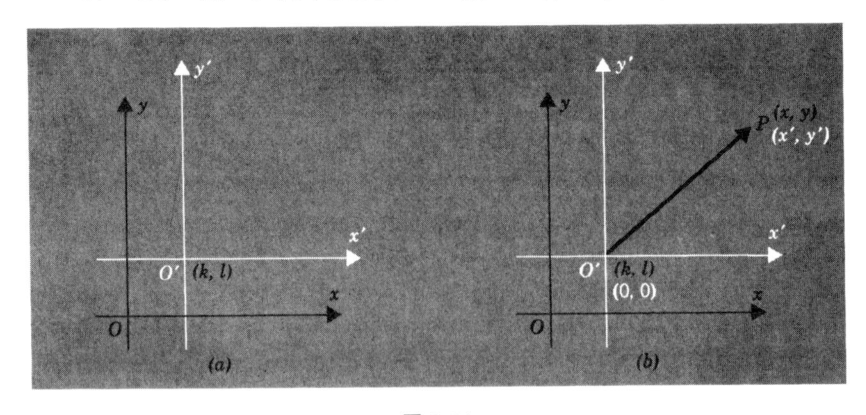

図 3.14

表わされるとする．ベクトル $\overrightarrow{O'P}$ は古い xy 座標系では，始点を (k, l)，終点を (x, y) とするベクトルであり．また新しい $x'y'$ 座標系では，始点が原点になっているので，$\overrightarrow{O'P}=(x', y')$ と書けることになる．したがって，

$$x'=x-k,\ \ y'=y-l$$

が成り立つことになる．これは，平行移動の**変換方程式**とよばれる．

例えば，xy 座標系の点 $(k, l)=(4, 1)$ を O' とし，P の xy 座標を $(2, 0)$ とすれば，新しい $x'y'$ 座標系（原点を O' とする座標系）において点 P は，$x'=2-4=-2$，$y'=0-1=-1$ という座標をもつことになる．

空間内の直交座標系に関しても，まったく同様のことが成り立つ．この場合の変換方程式は，

$$x'=x-k,\ \ y'=y-l,\ \ z'=z-m$$

となることがわかる．ここで，$x'y'z'$ 座標系の原点を，xyz 座標系での点 (k, l, m) とする．

練習問題 3.1

1. 右手系の座標系を画き，その中で，座標が次の (a)〜(l) で与えられる点の位置を定めよ．

(a) $(2, 3, 4)$　(b) $(-2, 3, 4)$　(c) $(2, -3, 4)$
(d) $(2, 3, -4)$　(e) $(-2, -3, 4)$　(f) $(-2, 3, -4)$
(g) $(2, -3, -4)$　(h) $(-2, -3, -4)$　(i) $(0, 2, 0)$
(j) $(0, 0, -2)$　(k) $(2, 0, 2)$　(l) $(-2, 0, 0)$

2. 原点を始点として，次のベクトルを画け．

(a) $\mathbf{v}_1=(2, 5)$　(b) $\mathbf{v}_2=(-3, 7)$　(c) $\mathbf{v}_3=(-5, -4)$
(d) $\mathbf{v}_4=(6, -2)$　(e) $\mathbf{v}_5=(2, 0)$　(f) $\mathbf{v}_6=(0, -8)$
(g) $\mathbf{v}_7=(2, 3, 4)$　(h) $\mathbf{v}_8=(2, 0, 2)$　(i) $\mathbf{v}_9=(0, 0, -2)$

3. 始点を P_1，終点を P_2 とするベクトル $\overrightarrow{P_1P_2}$ の成分を求めよ．

(a) $P_1(3, 5)$，$P_2(2, 8)$　(b) $P_1(7, -2)$，$P_2(0, 0)$
(c) $P_1(6, 5, 8)$，$P_2(8, -7, -3)$　(d) $P_1(0, 0, 0)$，$P_2(-8, 7, 4)$

4. ベクトル $\mathbf{v}=(7, 6, -3)$ と同じ方向をもち，始点を $P(2, -1, 4)$ とするベクトルの例を作れ．

5. ベクトル $\mathbf{v}=(-2,4,-1)$ と反対の方向をもち，終点を $Q(2,0,-7)$ とするベクトルの例を作れ．

6. $\mathbf{u}=(1,2,3)$，$\mathbf{v}=(2,-3,1)$，$\mathbf{w}=(3,2,-1)$ とするとき，次のベクトルを成分で表わせ．

(a) $\mathbf{u}-\mathbf{w}$　(b) $7\mathbf{v}+3\mathbf{w}$　(c) $-\mathbf{w}+\mathbf{v}$

(d) $3(\mathbf{u}-7\mathbf{v})$　(e) $-3\mathbf{v}-8\mathbf{w}$　(f) $2\mathbf{v}-(\mathbf{u}+\mathbf{w})$

7. $\mathbf{u},\mathbf{v},\mathbf{w}$ を問題6で与えたベクトルとするとき，次の等式を満たすベクトル $\mathbf{x}$ を求めよ．

$$2\mathbf{u}-\mathbf{v}+\mathbf{x}=7\mathbf{x}+\mathbf{w}$$

8. $\mathbf{u},\mathbf{v},\mathbf{w}$ を問題6で与えたベクトルとするとき，次の等式を満たすスカラー c_1,c_2,c_3 を求めよ．

$$c_1\mathbf{u}+c_2\mathbf{v}+c_3\mathbf{w}=(6,14,-2)$$

9. 次の等式を成立させうるスカラー c_1,c_2,c_3 は存在しないことを示せ．

$$c_1(1,2,-3)+c_2(5,7,1)+c_3(6,9,-2)=(4,5,0)$$

10. 次の等式が成立するような c_1,c_2,c_3 を求めよ．

$$c_1(2,7,8)+c_2(1,-1,3)+c_3(3,6,11)=(0,0,0)$$

11. 2点，$P(2,3,-2)$，$Q(7,-4,1)$ について，

(a) 線分 PQ の中点の座標を求めよ．

(b) 線分 PQ を $3:1$ に内分する点の座標を求めよ．

12. xy 座標系での点 $C'(2,-3)$ を原点とする新しい $x'y'$ 座標系を，座標軸の平行移動によって作る．このとき，

(a) xy 座標系での点 $P(7,5)$ の座標は，$x'y'$ 座標系ではどう表わされるか．

(b) $x'y'$ 座標系での点 $Q(-3,6)$ の座標は，xy 座標系ではどう表わされるか．

(c) xy 座標，$x'y'$ 座標を作り，その中に，上の点 P,Q を図示せよ．

13. xyz 座標系を平行移動して $x'y'z'$ 座標系を作ったとする．このとき，xyz 座標系でのベクトル $\mathbf{v}=(v_1,v_2,v_3)$ は，$x'y'z'$ 座標系においても同一の成分で表わしうることを示せ．

14. $\mathbf{v}=(v_1,v_2)$ について，$k\mathbf{v}=(kv_1,kv_2)$ となることを，幾何学的に証明せよ．（$k>0$ の場合については，図3.8に示した通りであるが，証明を完全なものにするためには $k\leqslant 0$ の場合も考えなければならない．）

3.2 ベクトルのノルム；ベクトル算法

この節では，ベクトルについての計算規則（ベクトル算法）のうちから，最も基本的な部分を紹介する．

定理1

$\mathbf{u}, \mathbf{v}$ を平面上のベクトル（または空間内のベクトル）とし，k, l をスカラーとするとき次のことが成り立つ．

(a)　$\mathbf{u}+\mathbf{v}=\mathbf{v}+\mathbf{u}$

(b)　$(\mathbf{u}+\mathbf{v})+\mathbf{w}=\mathbf{u}+(\mathbf{v}+\mathbf{w})$

(c)　$\mathbf{u}+\mathbf{0}=\mathbf{0}+\mathbf{u}=\mathbf{u}$

(d)　$\mathbf{u}+(-\mathbf{u})=\mathbf{0}$

(e)　$k(l\mathbf{u})=(kl)\mathbf{u}$

(f)　$k(\mathbf{u}+\mathbf{v})=k\mathbf{u}+k\mathbf{v}$

(g)　$(k+l)\mathbf{u}=k\mathbf{u}+l\mathbf{u}$

(h)　$1\mathbf{u}=\mathbf{u}$

証明を述べる前に，2つの観点から，ベクトルをとらえることができることに注意しておこう．1つは，「純幾何学的」な観点，つまりベクトルを，方向を持った線分というように，図式的にとらえる立場．もう1つは，「座標幾何学」的な観点，つまり，ベクトルを，実数の（順序を持った）組としてとらえる立場である．しかも，この2つの観点が互いに密接に結びついており，したがって定理1の証明についても，どちらの観点から行なっても，同じことになることがわかる．ここでは，定理1のうちの(b)のみを例にとって，上の2つの観点それぞれからの証明について述べ，残りの証明については，読者への練習問題ということにしたい．

(b)の証明（「純幾何学的」観点から）

$\mathbf{u}, \mathbf{v}, \mathbf{w}$ がそれぞれ，図3.15における $\overrightarrow{PQ}$，$\overrightarrow{QR}$，$\overrightarrow{RS}$ によって表わされているとするとき，

$$\mathbf{v}+\mathbf{w}=\overrightarrow{QS}, \qquad \mathbf{u}+(\mathbf{v}+\mathbf{w})=\overrightarrow{PS}$$

ところで，

$$\mathbf{u}+\mathbf{v}=\overrightarrow{PR}, \qquad (\mathbf{u}+\mathbf{v})+\mathbf{w}=\overrightarrow{PS}$$

つまり，

$$\mathbf{u}+(\mathbf{v}+\mathbf{w})=(\mathbf{u}+\mathbf{v})+\mathbf{w}$$ ■

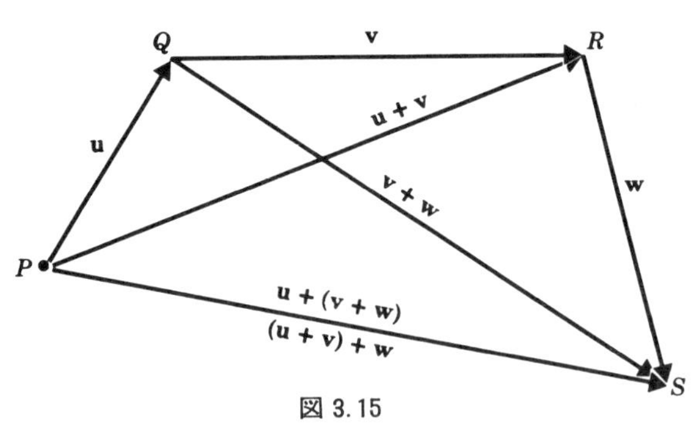

図 3.15

(b)の証明（「座標幾何学的」観点から）

ここでは，$\mathbf{u}, \mathbf{v}, \mathbf{w}$ を空間内のベクトルとしておくが，もちろん，平面上のベクトルとしてもまったく同様である．

$$\mathbf{u}=(u_1, u_2, u_3),\quad \mathbf{v}=(v_1, v_2, v_3),\quad \mathbf{w}=(w_1, w_2, w_3)$$

とすると，

$$\begin{aligned}(\mathbf{u}+\mathbf{v})+\mathbf{w}&=((u_1, u_2, u_3)+(v_1, v_2, v_3))+(w_1, w_2, w_3)\\&=(u_1+v_1, u_2+v_2, u_3+v_3)+(w_1, w_2, w_3)\\&=((u_1+v_1)+w_1,\ (u_2+v_2)+w_2,\ (u_3+v_3)+w_3)\\&=(u_1+(v_1+w_1),\ u_2+(v_2+w_2),\ u_3+(v_3+w_3))\\&=(u_1, u_2, u_3)+(v_1+w_1, v_2+w_2, v_3+w_3)\\&=(u_1, u_2, u_3)+((v_1, v_2, v_3)+(w_1, w_2, w_3))\\&=\mathbf{u}+(\mathbf{v}+\mathbf{w})\end{aligned}$$ ■

ベクトル $\mathbf{v}$ の長さは，$\mathbf{v}$ の**ノルム**ともよばれ，$\|\mathbf{v}\|$ という記号で表わされる．よく知られたピタゴラスの定理（別名，3平方の定理）から，$\mathbf{v}=(v_1, v_2)$ とすれば

$$\|\mathbf{v}\|=\sqrt{{v_1}^2+{v_2}^2}$$

となることがわかる（図3.16(a)参照）．また，$\mathbf{v}=(v_1, v_2, v_3)$ のときにも，（図

3.16(b)において）ピタゴラスの定理を2回利用して，

$$\begin{aligned}\|\mathbf{v}\|^2 &= \overline{OR}^2+\overline{RP}^2\\ &= \overline{OQ}^2+\overline{OS}^2+\overline{RP}^2\\ &= {v_1}^2+{v_2}^2+{v_3}^2\end{aligned}$$

より，

$$\|\mathbf{v}\|=\sqrt{{v_1}^2+{v_2}^2+{v_3}^2}$$

となることがわかる．

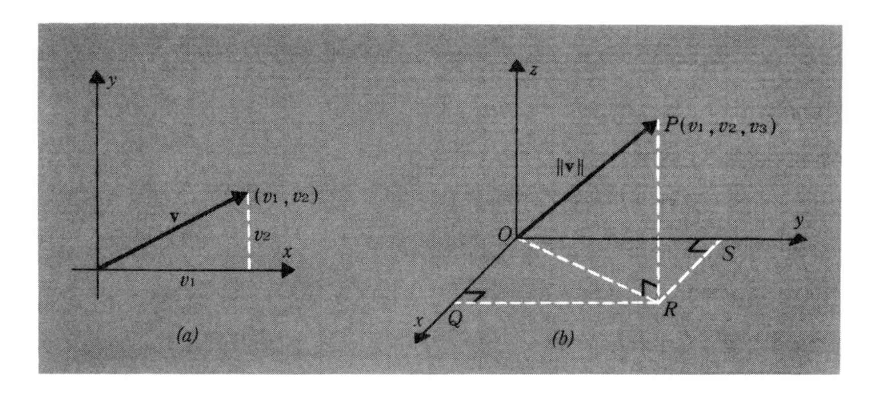

図 3.16

また，空間内の2点 P_1, P_2 の xyz 座標がそれぞれ (x_1, y_1, z_1)，(x_2, y_2, z_2) で与えられているときには，P_1 と P_2 の間の距離 d がベクトル $\overrightarrow{P_1P_2}$（図3.17参照）のノルムに一致する．ところで

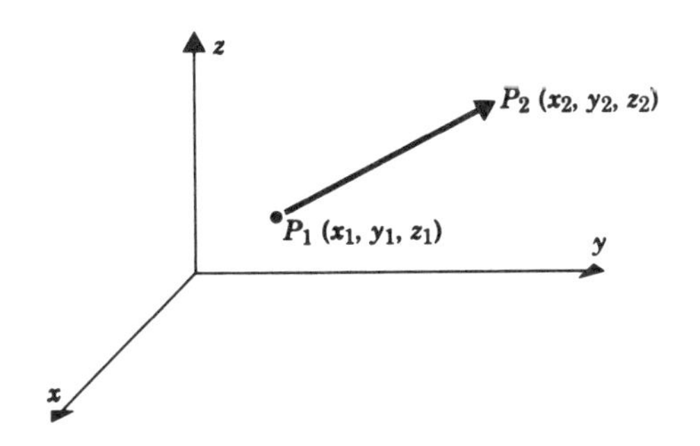

$$\overrightarrow{P_1P_2}=(x_2-x_1,\ y_2-y_1,\ z_2-z_1)$$

だから，上の公式をもちいると

$$d=\sqrt{(x_2-x_1)^2+(y_2-y_1)^2+(z_2-z_1)^2}$$

がえられる．

まっく同様にして，平面上の 2 点 $P_1(x_1, y_1)$，$P_2(x_2, y_2)$ の距離 d は，

$$d=\sqrt{(x_2-x_1)^2+(y_2-y_1)^2}$$

で与えられることがわかる．

≪例 4≫

$\mathbf{v}=(-3, 2, 1)$ のノルムは，

$$\|\mathbf{v}\|=\sqrt{(-3)^2+2^2+1^2}=\sqrt{14}$$

2 点 $P_1(2, -1, -5)$，$P_2(4, -3, 1)$ の距離 d は，

$$d=\sqrt{(4-2)^2+(-3-(-1))^2+(1-(-5))^2}=\sqrt{44}=2\sqrt{11}$$

となる．

練習問題 3.2

1.　次のベクトル $\mathbf{v}$ のノルムを求めよ．

(a)　$(3, 4)$　　(b)　$(-1, 7)$　　(c)　$(0, -3)$

(d)　$(1, 1, 1)$　　(e)　$(-8, 7, 4)$　　(f)　$(9, 0, 0)$

2.　P_1, P_2 間の距離を求めよ．

(a)　$P_1(2, 3)$，$P_2(4, 6)$　　(b)　$P_1(-2, 7)$，$P_2(0, -4)$

(c)　$P_1(8, -4, 2)$，$P_2(-6, -1, 0)$　　(d)　$P_1(1, 1, 1)$，$P_2(6, -7, 3)$

3.　$\mathbf{u}=(1, -3, 2)$，$\mathbf{v}=(1, 1, 0)$，$\mathbf{w}=(2, 2, -4)$ とするとき，次のものを求めよ．

(a)　$\|\mathbf{u}+\mathbf{v}\|$　　(b)　$\|\mathbf{u}\|+\|\mathbf{v}\|$　　(c)　$\|-2\mathbf{u}\|+2\|\mathbf{u}\|$

(d)　$\|3\mathbf{u}-5\mathbf{v}+\mathbf{w}\|$　　(e)　$\dfrac{1}{\|\mathbf{w}\|}\mathbf{w}$　　(f)　$\left\|\dfrac{1}{\|\mathbf{w}\|}\mathbf{w}\right\|$

4.　$\|k\mathbf{v}\|=3$ を満たす k を求めよ．ただし $\mathbf{v}=(1, 2, 4)$ とする．

5.　$\mathbf{u}=(1, -3, 7)$，$\mathbf{v}=(6, 6, 9)$，$\mathbf{w}=(-8, 1, 2)$ かつ $k=-3$，$l=6$ として，定理 1 の (b), (e), (f), (g) を確認せよ．

6.　$\mathbf{v}$ がゼロ・ベクトルでなければ，$\dfrac{1}{\|\mathbf{v}\|}\mathbf{v}$ のノルムは常に 1 であることを示せ．

7.　$\mathbf{v}=(1,1,1)$ と方向が一致して，ノルムが1に等しいベクトルを，上の問題をもちいて求めよ．

8.　$\mathbf{p}_0=(x_0, y_0, z_0)$，$\mathbf{p}=(x, y, z)$ とするとき，$\|\mathbf{p}-\mathbf{p}_0\|=1$ を満たす点 (x, y, z) の軌跡を求めよ．

9.　平面上，または空間内のベクトル u, v に対して，「純幾何学的」に $\|\mathbf{u}+\mathbf{v}\| \leqslant \|\mathbf{u}\|+\|\mathbf{v}\|$ を示せ．

10.　定理1 (a), (c), (e) を「解析幾何学的」に証明せよ．

11.　定理1 (d), (g), (h) を「解析幾何学的」に証明せよ．

12.　定理1 (f)を「純幾何学的」に証明せよ．

3.3　ユークリッド内積；正射影

この節では，平面上および空間内のベクトルどうしの，ある種の積を定義し，この積の持っている代表的な性質と2, 3の応用について述べる．

$\mathbf{u}, \mathbf{v}$ を平面上または空間内のベクトルとし，その始点が一致しているとしておく．$\mathbf{u}$ と $\mathbf{v}$ が作る角 θ のうち，$0 \leqslant \theta \leqslant \pi$ を満たすものを，**u と v のなす角**とよぶ．（図3.18参照）

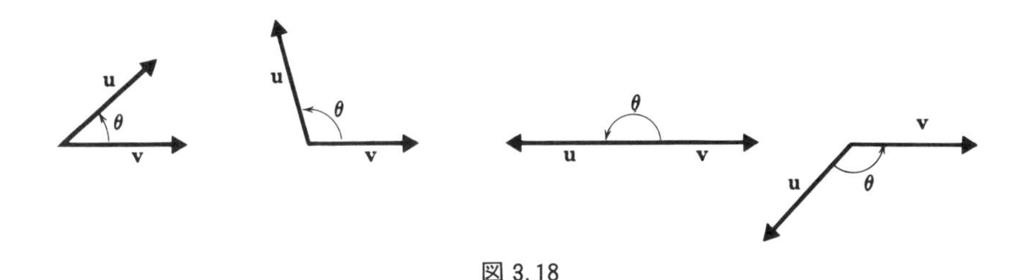

図 3.18

定義　$\mathbf{u}, \mathbf{v}$ を平面上，または空間内のベクトル，θ をそのなす角とするとき，$\mathbf{u}, \mathbf{v}$ の**ユークリッド内積** $\mathbf{u} \cdot \mathbf{v}$ を

$$\mathbf{u} \cdot \mathbf{v}=\|\mathbf{u}\|\,\|\mathbf{v}\| \cos \theta$$

によって定義する．（$\mathbf{u}$ または $\mathbf{v}$ がゼロ・ベクトルのときは $\mathbf{u} \cdot \mathbf{v}=0$ とする．）

≪例 5≫

図3.19を見れば明らかなように，ベクトル $\mathbf{u}=(0,0,1)$，$\mathbf{v}=(0,2,2)$ のなす

角は45°である．したがって，

$$\mathbf{u}\cdot\mathbf{v}=\|\mathbf{u}\|\,\|\mathbf{v}\|\cos\theta=\sqrt{0^2+0^2+1^2}\,\sqrt{0^2+2^2+2^2}\cos\frac{\pi}{4}$$

$$=1\times2\sqrt{2}\times\frac{1}{\sqrt{2}}=2$$

をうる．

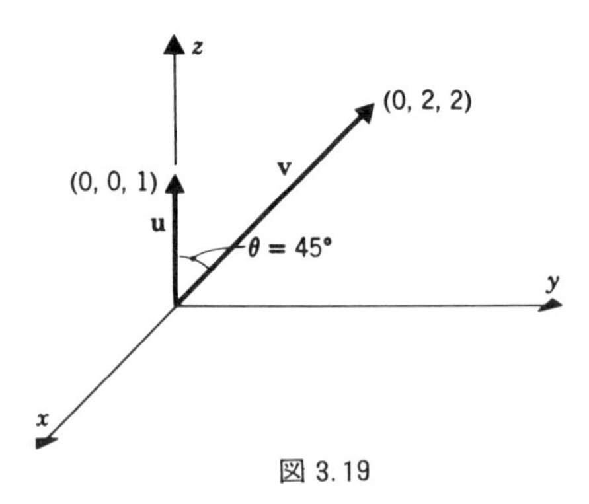

図 3.19

$\mathbf{u}=(u_1, u_2, u_3)$，$\mathbf{v}=(v_1, v_2, v_3)$ を2つの $\mathbf{0}$ でないベクトル，そのなす角を θ とする（図3.20参照）．このとき，余弦定理から，

$$\|\overrightarrow{PQ}\|^2=\|\mathbf{u}\|^2+\|\mathbf{v}\|^2-2\|\mathbf{u}\|\,\|\mathbf{v}\|\cos\theta \tag{3.1}$$

をうるが，$\overrightarrow{PQ}=\mathbf{v}-\mathbf{u}$ に注意して，
(3.1)を書きなおすと，

$$\|\mathbf{u}\|\,\|\mathbf{v}\|\cos\theta=\frac{1}{2}(\|\mathbf{u}\|^2+\|\mathbf{v}\|^2-\|\mathbf{v}-\mathbf{u}\|^2)$$

したがって，ユークリッド内積の定義から，

$$\mathbf{u}\cdot\mathbf{v}=\frac{1}{2}(\|\mathbf{u}\|^2+\|\mathbf{v}\|^2-\|\mathbf{v}-\mathbf{u}\|^2)$$

ということがわかる．この式に，

$$\|\mathbf{u}\|^2=u_1{}^2+u_2{}^2+u_3{}^2,\qquad \|\mathbf{v}\|^2=v_1{}^2+v_2{}^2+v_3{}^2$$

$$\|\mathbf{v}-\mathbf{u}\|^2=(v_1-u_1)^2+(v_2-u_2)^2+(v_3-u_3)^2$$

を代入して整理することによって，

$$\mathbf{u}\cdot\mathbf{v}=u_1v_1+u_2v_2+u_3v_3 \tag{3.2}$$

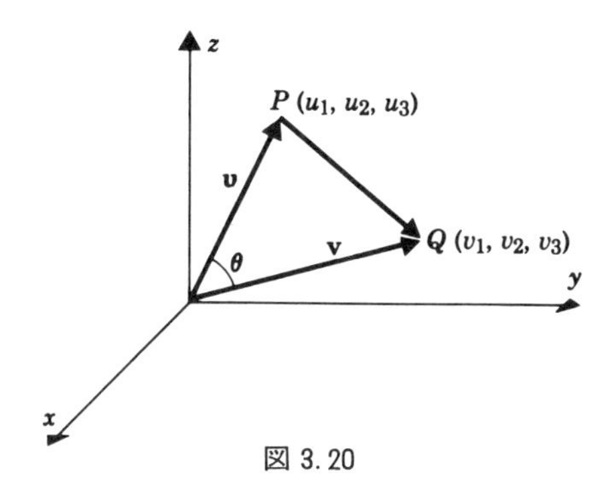

図 3.20

という関係式がえられる．同様に，$\mathbf{u}=(u_1, u_2)$，$\mathbf{v}=(v_1, v_2)$ について考えれば，

$$\mathbf{u}\cdot\mathbf{v}=u_1v_1+u_2v_2$$

となることがわかる．

≪例 6≫

$\mathbf{u}=(2, -1, 1)$，$\mathbf{v}=(1, 1, 2)$ について，$\mathbf{u}\cdot\mathbf{v}$ および $\mathbf{u}$ と $\mathbf{v}$ のなす角 θ を求めよ．

解：$\mathbf{u}\cdot\mathbf{v}=u_1v_1+u_2v_2+u_3v_3=2\times1+(-1)\times1+1\times2=3$

また，$\|\mathbf{u}\|=\|\mathbf{v}\|=\sqrt{6}$ となっているので，

$$\cos\theta=\frac{\mathbf{u}\cdot\mathbf{v}}{\|\mathbf{u}\|\,\|\mathbf{v}\|}=\frac{3}{\sqrt{6}\sqrt{6}}=\frac{1}{2}$$

したがって，$\theta=\dfrac{\pi}{3}$

≪例 7≫

立方体の対角線と辺のなす角を求めよ．

解：立方体の１辺の長さをkとし，図3.21のような座標系を利用する．いま，

$$\mathbf{u}_1=(k, 0, 0),\quad \mathbf{u}_2=(0, k, 0),\quad \mathbf{u}_3=(0, 0, k)$$

とすると，ベクトル

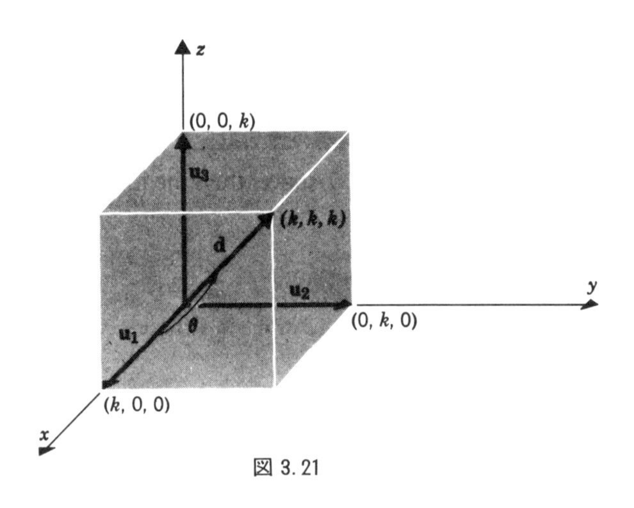

図 3.21

$$\mathbf{d}=(k, k, k)=\mathbf{u}_1+\mathbf{u}_2+\mathbf{u}_3$$

は，立方体の対角線を示すベクトルとなっている．この $\mathbf{d}$ と $\mathbf{u}_1$ とのなす角を θ とすると，

$$\cos\theta=\frac{\mathbf{u}_1\cdot\mathbf{d}}{\|\mathbf{u}_1\|\,\|\mathbf{d}\|}=\frac{k^2}{k\sqrt{3k^2}}=\frac{1}{\sqrt{3}}$$

これを満足する θ は，(数表または計算機をもちいて)，約 $54°44'$ だということがわかる．

次の定理は，2個のベクトルのなす角に関する情報をうるときに，ユークリッド内積をどう利用すればよいかを示している．また，定理の前半では，ユークリッド内積とノルムの間の関係式を与えている．

定理 2

$\mathbf{u}, \mathbf{v}$ を平面上または空間内のベクトルとするとき，

(a)　$\mathbf{v}\cdot\mathbf{v}=\|\mathbf{v}\|^2$，つまり，$\|\mathbf{v}\|=\sqrt{\mathbf{v}\cdot\mathbf{v}}$

(b)　$\mathbf{u}, \mathbf{v}$ のなす角を θ とすると，$\mathbf{u}\cdot\mathbf{v}$ が正，負，0 に応じて θ は，鋭角，鈍角，直角となることがわかる．($\mathbf{u}, \mathbf{v}$ 共にゼロ・ベクトルではないとする．)

証明

(a) $\mathbf{v}$ と $\mathbf{v}$ のなす角は0なので,

$$\mathbf{v}\cdot\mathbf{v}=\|\mathbf{v}\|\,\|\mathbf{v}\|\cos 0=\|\mathbf{v}\|^2$$

(b) $\|\mathbf{u}\|>0$, $\|\mathbf{v}\|>0$ かつ $\mathbf{u}\cdot\mathbf{v}=\|\mathbf{u}\|\,\|\mathbf{v}\|\cos\theta$

に注意すれば, $\mathbf{u}\cdot\mathbf{v}$ と $\cos\theta$ との符号は一致することがわかる. ところが, θ の範囲は, $0\leqslant\theta\leqslant\pi$ であるから, $\cos\theta$ が正,負,0 に応じて, θ は鋭角,鈍角,直角となっていることがわかる. ▨

≪例8≫

$\mathbf{u}=(1,-2,3)$, $\mathbf{v}=(-3,4,2)$, $\mathbf{w}=(3,6,3)$ とすると,

$$\mathbf{u}\cdot\mathbf{v}=1\times(-3)+(-2)\times4+3\times2=-5$$
$$\mathbf{v}\cdot\mathbf{w}=(-3)\times3+4\times6+2\times3=21$$
$$\mathbf{w}\cdot\mathbf{u}=3\times1+6\times(-2)+3\times3=0$$

となるので, $\mathbf{u}$ と $\mathbf{v}$ のなす角は鈍角, $\mathbf{v}$ と $\mathbf{w}$ のなす角は鋭角, $\mathbf{w}$ と $\mathbf{u}$ のなす角は直角だということがわかる.

ユークリッド内積のもっている主な性質を定理としてまとめておこう.

定理3

$\mathbf{u},\mathbf{v},\mathbf{w}$ を平面上または空間内のベクトル, k をスカラーとするとき,

(a) $\mathbf{u}\cdot\mathbf{v}=\mathbf{v}\cdot\mathbf{u}$

(b) $\mathbf{u}\cdot(\mathbf{v}+\mathbf{w})=\mathbf{u}\cdot\mathbf{v}+\mathbf{u}\cdot\mathbf{w}$

(c) $k(\mathbf{u}\cdot\mathbf{v})=(k\mathbf{u})\cdot\mathbf{v}=\mathbf{u}\cdot(k\mathbf{v})$

(d) $\mathbf{v}\neq\mathbf{0}$ なら常に $\mathbf{v}\cdot\mathbf{v}>0$. もし $\mathbf{v}\cdot\mathbf{v}=0$ なら $\mathbf{v}=\mathbf{0}$

証明　ここでは, 空間内のベクトル $\mathbf{u}=(u_1,u_2,u_3)$, $\mathbf{v}=(v_1,v_2,v_3)$ に対して, (c)のみを証明する. (残りは, 読者にまかせる.)

$$\begin{aligned}k(\mathbf{u}\cdot\mathbf{v})&=k(u_1v_1+u_2v_2+u_3v_3)\\&=(ku_1)v_1+(ku_2)v_2+(ku_3)v_3\end{aligned}$$

$$=(k\mathbf{u})\cdot\mathbf{v}$$

同様に，　$k(\mathbf{u}\cdot\mathbf{v})=\mathbf{u}\cdot(k\mathbf{v})$ ▨

すでに述べた定理 2 (b) にもとづいて，$\mathbf{u}$ と $\mathbf{v}$ が $\mathbf{u}\cdot\mathbf{v}=0$ を満足しているとき，互いに**直交**していると言うことにする．ゼロ・ベクトルの場合だけが例外で，どんなベクトルに対しても「直交している」ということになるが，$\mathbf{u}, \mathbf{v}$ 共にゼロ・ベクトルでなければ，通常の意味での「直交」そのものと一致することは言うまでもない．

ユークリッド内積の概念は，与えられたベクトルを，たがいに直交する 2 個のベクトルの和の形に「分解する」必要があるような場合に有用である．$\mathbf{u}$ と $\mathbf{v}$ を平面上または空間内のベクトルでいずれもゼロ・ベクトルではないとするとき，$\mathbf{u}$ を

$$\mathbf{u}=\mathbf{w}_1+\mathbf{w}_2$$

の形で一意的に表示することができる．ただし，$\mathbf{w}_1$ は $\mathbf{v}$ のスカラー倍に一致し，$\mathbf{w}_2$ は $\mathbf{v}$ に直交するベクトルとする（図 3.22）．ここに現われた $\mathbf{w}_1$ を $\mathbf{u}$ の $\mathbf{v}$ 上への**正射影**，$\mathbf{w}_2$ を $\mathbf{v}$ に直交する $\mathbf{u}$ の**成分**とよぶ．

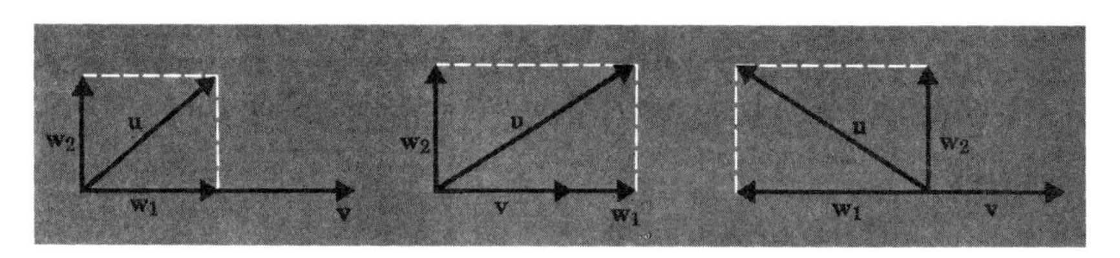

図 3.22

$\mathbf{u}, \mathbf{v}$ が与えられたとき，$\mathbf{w}_1, \mathbf{w}_2$ を構成するには，次のようにすればよい．$\mathbf{w}_1$ は $\mathbf{v}$ のスカラー倍だということなので，まず $\mathbf{w}_1=k\mathbf{v}$ と書けることはよい．したがって，

$$\mathbf{u}=\mathbf{w}_1+\mathbf{w}_2=k\mathbf{v}+\mathbf{w}_2 \tag{3.3}$$

ここで，(3.3) の両辺と $\mathbf{v}$ のユークリッド内積をとると（定理 2, 3 より），

$$\mathbf{u}\cdot\mathbf{v}=(k\mathbf{v}+\mathbf{w}_2)\cdot\mathbf{v}=k\|\mathbf{v}\|^2+\mathbf{w}_2\cdot\mathbf{v}$$

さらに，$\mathbf{w}_2$ は $\mathbf{v}$ に直交しているはずなので，$\mathbf{w}_2 \cdot \mathbf{v} = 0$．したがって，

$$k = \frac{\mathbf{u} \cdot \mathbf{v}}{\|\mathbf{v}\|^2}$$

となり，これを $\mathbf{w}_1 = k\mathbf{v}$ に代入して，

$$\mathbf{w}_1 = \frac{\mathbf{u} \cdot \mathbf{v}}{\|\mathbf{v}\|^2}\mathbf{v}$$ ：$\mathbf{u}$ の $\mathbf{v}$ 上への正射影

また，$\mathbf{u} = \mathbf{w}_1 + \mathbf{w}_2$ を $\mathbf{w}_2$ について解いて，

$$\mathbf{w}_2 = \mathbf{u} - \frac{\mathbf{u} \cdot \mathbf{v}}{\|\mathbf{v}\|^2}\mathbf{v}$$ ：$\mathbf{u}$ の $\mathbf{v}$ に直交する成分

≪例 9≫

$\mathbf{u} = (2, -1, 3)$，$\mathbf{v} = (4, -1, 2)$ のとき，$\mathbf{w}_1, \mathbf{w}_2$ を求めてみよう．

$$\mathbf{u} \cdot \mathbf{v} = 2 \times 4 + (-1) \times (-1) + 3 \times 2 = 15$$

$$\|\mathbf{v}\|^2 = 4^2 + (-1)^2 + 2^2 = 21$$

より，$\mathbf{u}$ の $\mathbf{v}$ 上への正射影は，

$$\mathbf{w}_1 = \frac{\mathbf{u} \cdot \mathbf{v}}{\|\mathbf{v}\|^2}\mathbf{v} = \frac{15}{21}(4, -1, 2) = \left(\frac{20}{7}, -\frac{5}{7}, \frac{10}{7}\right)$$

また，$\mathbf{u}$ の $\mathbf{v}$ に直交する成分は，

$$\mathbf{w}_2 = \mathbf{u} - \mathbf{w}_1 = (2, -1, 3) - \left(\frac{20}{7}, -\frac{5}{7}, \frac{10}{7}\right)$$

$$= \left(-\frac{6}{7}, -\frac{2}{7}, \frac{11}{7}\right)$$

$\mathbf{w}_2 \cdot \mathbf{v} = 0$ となっていることも容易に，チェックできる．

練習問題 3.3

1. 次の $\mathbf{u}, \mathbf{v}$ のユークリッド内積を求めよ．

   (a) $\mathbf{u} = (1, 2)$，$\mathbf{v} = (6, -8)$　　(b) $\mathbf{u} = (-7, -3)$，$\mathbf{v} = (0, 1)$

   (c) $\mathbf{u} = (1, -3, 7)$，$\mathbf{v} = (8, -2, -2)$　　(d) $\mathbf{u} = (-3, 1, 2)$，$\mathbf{v} = (4, 2, -5)$

2. 問題1の (a)～(d) について，$\mathbf{u}$ と $\mathbf{v}$ のなす角を θ として，$\cos\theta$ の値を求めよ．

3. 次のベクトル $\mathbf{u}, \mathbf{v}$ のなす角は，鈍角，鋭角，直角のうちのいずれか？

   (a) $\mathbf{u} = (7, 3, 5)$，$\mathbf{v} = (-8, 4, 2)$　　(b) $\mathbf{u} = (6, 1, 3)$，$\mathbf{v} = (4, 0, -6)$

(c) $\mathbf{u}=(1,1,1)$，$\mathbf{v}=(-1,0,0)$　　(d) $\mathbf{u}=(4,1,6)$，$\mathbf{v}=(-3,0,2)$

4. 次のベクトル $\mathbf{u},\mathbf{v}$ について，$\mathbf{u}$ の $\mathbf{v}$ 上への正射影を求めよ．

(a) $\mathbf{u}=(2,1)$，$\mathbf{v}=(-3,2)$　　(b) $\mathbf{u}=(2,6)$，$\mathbf{v}=(-9,3)$

(c) $\mathbf{u}=(-7,1,3)$，$\mathbf{v}=(5,0,1)$　　(d) $\mathbf{u}=(0,0,1)$，$\mathbf{v}=(8,3,4)$

5. 問題4の $\mathbf{u},\mathbf{v}$ について，$\mathbf{u}$ の $\mathbf{v}$ に直交する成分を求めよ．

6. $\mathbf{u}=(6,-1,2)$，$\mathbf{v}=(2,7,4)$，$k=-5$ として，定理3を確認せよ．

7. ベクトル $(3,-2)$ に直交するノルム1のベクトルを2個求めよ．

8. $\mathbf{u}=(1,2)$，$\mathbf{v}=(4,-2)$，$\mathbf{w}=(6,0)$ として，次の値を求めよ．

(a) $\mathbf{u}\cdot(7\mathbf{v}+\mathbf{w})$　　(b) $\|(\mathbf{u}\cdot\mathbf{w})\mathbf{w}\|$

(c) $\|\mathbf{u}\|(\mathbf{v}\cdot\mathbf{w})$　　(d) $(\|\mathbf{u}\|\mathbf{v})\cdot\mathbf{w}$

9. 次の (a)～(d) が一般には意味をもたない理由を説明せよ．

(a) $\mathbf{u}\cdot(\mathbf{v}\cdot\mathbf{w})$　　(b) $(\mathbf{u}\cdot\mathbf{v})+\mathbf{w}$

(c) $\|\mathbf{u}\cdot\mathbf{v}\|$　　(d) $k\cdot(\mathbf{u}+\mathbf{v})$

10. ベクトルを利用して，3頂点の xy 座標が $(-1,0)$，$(-2,1)$，$(1,4)$ によって与えられる3角形の3個の角のコサインを求めよ．

11. 次の等式を証明せよ．

$$\|\mathbf{u}+\mathbf{v}\|^2+\|\mathbf{u}-\mathbf{v}\|^2=2\|\mathbf{u}\|^2+2\|\mathbf{v}\|^2$$

12. 次の等式を証明せよ．

$$\mathbf{u}\cdot\mathbf{v}=\frac{1}{4}\|\mathbf{u}+\mathbf{v}\|^2-\frac{1}{4}\|\mathbf{u}-\mathbf{v}\|^2$$

13. 立方体の対角線と面のなす角を求めよ．

14. 空間内のベクトル $\mathbf{v}$ について，$\mathbf{v}$ が x 軸，y 軸，z 軸の正方向となす角を，α,β,γ とするとき，$\cos\alpha,\cos\beta,\cos\gamma$ を $\mathbf{v}$ の**方向余弦**とよぶ．$\mathbf{v}=(a,b,c)$ とするとき

$$\cos\alpha=\frac{a}{\sqrt{a^2+b^2+c^2}}$$

となることを示し，$\cos\beta,\cos\gamma$ についても同様に表わせ．

15. $\mathbf{v}$ が $\mathbf{w}_1,\mathbf{w}_2$ に直交すれば，任意のスカラー k_1,k_2 について，$k_1\mathbf{w}_1+k_2\mathbf{w}_2$ とも直交することを示せ．

16. $\mathbf{u},\mathbf{v}$ は平面上または空間内のベクトルで，$\|\mathbf{u}\|=k$，$\|\mathbf{v}\|=l$ とする．このとき，ベクトル

$$\mathbf{w}=\frac{1}{k+l}(k\mathbf{v}+l\mathbf{u})$$

は，$\mathbf{u},\mathbf{v}$ のなす角を2等分することを示せ．

3.4 ベクトル積

空間内のベクトルを幾何学や，物理学や，工学などに応用しようという場合

に，与えられた2個のベクトルのそれぞれに直交する第3のベクトルを構成したいということがたびたびおこってくる．そこで，この節では，そうした状況とかかわりの深い，ベクトルどうしの積について述べよう．

定義 空間内のベクトル $\mathbf{u}=(u_1, u_2, u_3)$，$\mathbf{v}=(v_1, v_2, v_3)$ から作られるベクトル

$$\mathbf{u}\times\mathbf{v}=(u_2v_3-u_3v_2, u_3v_1-u_1v_3, u_1v_2-u_2v_1)$$

を $\mathbf{u}$ と $\mathbf{v}$ の**ベクトル積**とよぶ．行列式を利用すれば，

$$\mathbf{u}\times\mathbf{v}=\left(\begin{vmatrix} u_2 & u_3 \\ v_2 & v_3 \end{vmatrix}, -\begin{vmatrix} u_1 & u_3 \\ v_1 & v_3 \end{vmatrix}, \begin{vmatrix} u_1 & u_2 \\ v_1 & v_2 \end{vmatrix}\right) \tag{3.4}$$

とも書ける．

注意 上の定義はちょっと記憶が困難なように見えるかもしれないが，次のようなうまい覚え方がある．まず $\mathbf{u}, \mathbf{v}$ の成分を使って 2×3 行列，

$$\begin{bmatrix} u_1 & u_2 & u_3 \\ v_1 & v_2 & v_3 \end{bmatrix}$$

を作る．（ここで第1行は $\mathbf{u}$ の成分，第2行は $\mathbf{v}$ の成分から作られている.）
この行列の第1列を無視してできる行列の行列式が $\mathbf{u}\times\mathbf{v}$ の第1成分を与え，第2列を無視してできる行列の行列式の符号を－にしたものが $\mathbf{u}\times\mathbf{v}$ の第2成分を与え，第3列を無視してできる行列の行列式が $\mathbf{u}\times\mathbf{v}$ の第3成分を与えることがわかるので，この事実を利用して覚えようというわけである．

≪例10≫

$\mathbf{u}=(1, 2, -2)$，$\mathbf{v}=(3, 0, 1)$ として，$\mathbf{u}\times\mathbf{v}$ を求めよ．

解：

$$\begin{bmatrix} 1 & 2 & -2 \\ 3 & 0 & 1 \end{bmatrix}$$

$$\mathbf{u}\times\mathbf{v}=\left(\begin{vmatrix} 2 & -2 \\ 0 & 1 \end{vmatrix}, -\begin{vmatrix} 1 & -2 \\ 3 & 1 \end{vmatrix}, \begin{vmatrix} 1 & 2 \\ 3 & 0 \end{vmatrix}\right)$$

$$=(2, -7, -6)$$

ユークリッド内積の場合には，結果がスカラーとなったが，ベクトル積の場

合には，ベクトルがえられる．次の定理は，ユークリッド内積とベクトル積の間に成立する基本的な関係を与えている．

定理 4

$\mathbf{u}, \mathbf{v}$ を空間内のベクトルとするとき，

(a) $\mathbf{u}\cdot(\mathbf{u}\times\mathbf{v})=0$ （$\mathbf{u}\times\mathbf{v}$ と $\mathbf{u}$ は直交）

(b) $\mathbf{v}\cdot(\mathbf{u}\times\mathbf{v})=0$ （$\mathbf{u}\times\mathbf{v}$ と $\mathbf{v}$ は直交）

(c) $\|\mathbf{u}\times\mathbf{v}\|^2=\|\mathbf{u}\|^2\|\mathbf{v}\|^2-(\mathbf{u}\cdot\mathbf{v})^2$ （ラグランジュの公式）

証明 $\mathbf{u}=(u_1, u_2, u_3)$，$\mathbf{v}=(v_1, v_2, v_3)$ とする．

(a)：
$$\begin{aligned}\mathbf{u}\cdot(\mathbf{u}\times\mathbf{v})&=(u_1, u_2, u_3)\cdot(u_2v_3-u_3v_2, u_3v_1-u_1v_3, u_1v_2-u_2v_1)\\&=u_1(u_2v_3-u_3v_2)+u_2(u_3v_1-u_1v_3)+u_3(u_1v_2-u_2v_1)\\&=0\end{aligned}$$

(b)：(a)と同様なので省略．

(c)：
$$\|\mathbf{u}\times\mathbf{v}\|^2=(u_2v_3-u_3v_2)^2+(u_3v_1-u_1v_3)^2+(u_1v_2-u_2v_1)^2 \tag{3.5}$$

$$\begin{aligned}&\|\mathbf{u}\|^2\|\mathbf{v}\|^2-(\mathbf{u}\cdot\mathbf{v})^2\\&\quad=(u_1{}^2+u_2{}^2+u_3{}^2)(v_1{}^2+v_2{}^2+v_3{}^2)-(u_1v_1+u_2v_2+u_3v_3)^2\end{aligned} \tag{3.6}$$

ラグランジュの公式は，(3.5)，(3.6) の右辺を展開して一致することから出る．（実際の計算は読者にまかせる．） ■

≪例11≫

$\mathbf{u}=(1, 2, -2)$，$\mathbf{v}=(3, 0, 1)$ とすると，例 10 で示したように，

$$\mathbf{u}\times\mathbf{v}=(2, -7, -6)$$

このとき，
$$\mathbf{u}\cdot(\mathbf{u}\times\mathbf{v})=1\times2+2\times(-7)+(-2)\times(-6)=0$$
$$\mathbf{v}\cdot(\mathbf{u}\times\mathbf{v})=3\times2+0\times(-7)+1\times(-6)=0$$

となり，$\mathbf{u}\times\mathbf{v}$ が $\mathbf{u}, \mathbf{v}$ それぞれと直交することが確認できる．

ベクトル積に関する基本的な「計算規則」を次の定理にまとめておこう．

定理 5

$\mathbf{u}, \mathbf{v}, \mathbf{w}$ を空間内のベクトル，k をスカラーとするとき，

(a) $\mathbf{u}\times\mathbf{v}=-(\mathbf{v}\times\mathbf{u})$

(b) $\mathbf{u}\times(\mathbf{v}+\mathbf{w})=(\mathbf{u}\times\mathbf{v})+(\mathbf{u}\times\mathbf{w})$

(c) $(\mathbf{u}+\mathbf{v})\times\mathbf{w}=(\mathbf{u}\times\mathbf{w})+(\mathbf{v}\times\mathbf{w})$

(d) $k(\mathbf{u}\times\mathbf{v})=(k\mathbf{u})\times\mathbf{v}=\mathbf{u}\times(k\mathbf{v})$

(e) $\mathbf{u}\times\mathbf{0}=\mathbf{0}\times\mathbf{u}=\mathbf{0}$

(f) $\mathbf{u}\times\mathbf{u}=\mathbf{0}$

証明　いずれも，ベクトル積の定義(3.4)を利用すればただちにえられるものばかりである．ここでは参考として，(a)の証明だけを書いておく．(b)～(f)については，読者にまかせる．

(a)：$\mathbf{u}$ と $\mathbf{v}$ の順序を交換すると，(3.4)の各成分の行列式において，その列が交換されることになるが，行列式の値は，列を交換すれば(-1)をかけたものになる．つまり，$\mathbf{u}\times\mathbf{v}=-(\mathbf{v}\times\mathbf{u})$ が成り立つ．　■

≪例12≫

特殊なベクトル，$\mathbf{i}=(1,0,0)$，$\mathbf{j}=(0,1,0)$，$\mathbf{k}=(0,0,1)$ を考える．これらのベクトルはいずれも長さは1で，座標軸上に存在している（図3.23参照）．これらの特殊なベクトルを空間内の3個の**標準単位ベクトル**とよぶことにする．空間内の任意のベクトル $\mathbf{v}=(v_1, v_2, v_3)$ は，$\mathbf{i}, \mathbf{j}, \mathbf{k}$ をもちいて表わすことができる．つまり，

図 3.23

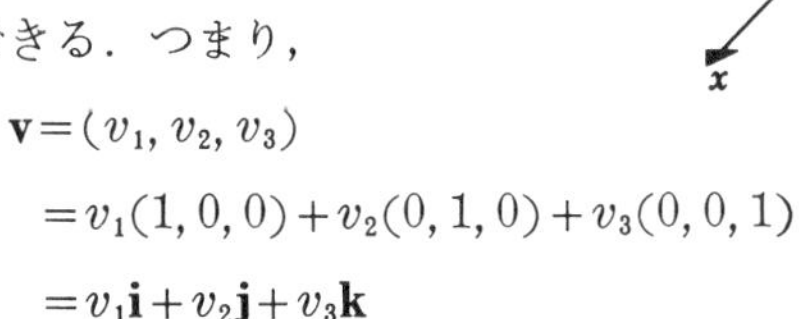

$$\begin{aligned}\mathbf{v}&=(v_1, v_2, v_3)\\&=v_1(1,0,0)+v_2(0,1,0)+v_3(0,0,1)\\&=v_1\mathbf{i}+v_2\mathbf{j}+v_3\mathbf{k}\end{aligned}$$

と書ける．例えば，

$$(2,-3,4)=2\mathbf{i}-3\mathbf{j}+4\mathbf{k}$$

また，(3.4)から，

$$\mathbf{i}\times\mathbf{j}=\left(\begin{vmatrix}0 & 0\\ 1 & 0\end{vmatrix},\ -\begin{vmatrix}1 & 0\\ 0 & 0\end{vmatrix},\ \begin{vmatrix}1 & 0\\ 0 & 1\end{vmatrix}\right)=(0,0,1)=\mathbf{k}$$

をうる．まったく同様にして，

$$\mathbf{i}\times\mathbf{i}=\mathbf{j}\times\mathbf{j}=\mathbf{k}\times\mathbf{k}=\mathbf{0}$$

$$\mathbf{i}\times\mathbf{j}=\mathbf{k},\quad \mathbf{j}\times\mathbf{k}=\mathbf{i},\quad \mathbf{k}\times\mathbf{i}=\mathbf{j}$$

$$\mathbf{j}\times\mathbf{i}=-\mathbf{k},\quad \mathbf{k}\times\mathbf{j}=-\mathbf{i},\quad \mathbf{i}\times\mathbf{k}=-\mathbf{j}$$

を示すことができる．これらの関係式を記憶するためには，次の図を参考にするのが便利である．

この円周上にある2個のベクトルのベクトル積を考える場合，もしも，その方向（つまり，始めのベクトルからあとのベクトルに向う方向）が，この図で矢印の方向（つまり，時計と同方向）になっていれば，結果は残りの1個のベクトルそのもので，もし方向がこの図の矢印と逆方向になっていれば，結果は残りのベクトルに－を付けたものになる，と覚えておけばいい．

単位ベクトル $\mathbf{i},\mathbf{j},\mathbf{k}$ をもちいて，$\mathbf{u}\times\mathbf{v}$ を次のように，3×3 行列式のような形で象徴的に書き表わすこともできる．つまり，

$$\mathbf{u}\times\mathbf{v}=\begin{vmatrix}\mathbf{i} & \mathbf{j} & \mathbf{k}\\ u_1 & u_2 & u_3\\ v_1 & v_2 & v_3\end{vmatrix}=\begin{vmatrix}u_2 & u_3\\ v_2 & v_3\end{vmatrix}\mathbf{i}-\begin{vmatrix}u_1 & u_3\\ v_1 & v_3\end{vmatrix}\mathbf{j}+\begin{vmatrix}u_1 & u_2\\ v_1 & v_2\end{vmatrix}\mathbf{k}$$

例えば，$\mathbf{u}=(1,2,-2)$，$\mathbf{v}=(3,0,1)$ とすると，

$$\mathbf{u}\times\mathbf{v}=\begin{vmatrix}\mathbf{i} & \mathbf{j} & \mathbf{k}\\ 1 & 2 & -2\\ 3 & 0 & 1\end{vmatrix}=2\mathbf{i}-7\mathbf{j}-6\mathbf{k}$$

これが例10の結果と一致していることはいうまでもない．

危険　$\mathbf{u}\times(\mathbf{v}\times\mathbf{w})$ と $(\mathbf{u}\times\mathbf{v})\times\mathbf{w}$ とは等しいとは限らない．例えば，

$$\mathbf{i}\times(\mathbf{j}\times\mathbf{j})=\mathbf{i}\times\mathbf{0}=\mathbf{0}$$

$$(\mathbf{i}\times\mathbf{j})\times\mathbf{j}=\mathbf{k}\times\mathbf{j}=-\mathbf{i}$$

つまり，　　　$\mathbf{i}\times(\mathbf{j}\times\mathbf{j})\neq(\mathbf{i}\times\mathbf{j})\times\mathbf{j}$

定理4から，$\mathbf{u}\times\mathbf{v}$ は $\mathbf{u}, \mathbf{v}$ それぞれと直交していることがわかる．$\mathbf{u}$ と $\mathbf{v}$ が共にゼロ・ベクトルでなければ，$\mathbf{u}\times\mathbf{v}$ の方向は，次のいわゆる「右手の法則」（図3.24）によって求めることができる．$\mathbf{u}$ と $\mathbf{v}$ のなす角を θ とし，$\mathbf{u}$ を θ だけ回転させて $\mathbf{v}$ に重ねることができたとする．このとき，$\mathbf{u}$ から $\mathbf{v}$ に向って右手をにぎれば，その親指の方向が $\mathbf{u}\times\mathbf{v}$ の方向だと考えてよい．

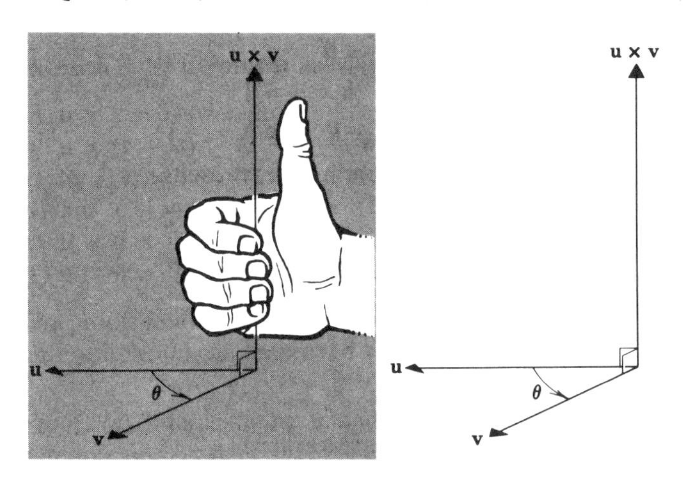

図 3.24

例12で述べた単位ベクトルについて，

$$\mathbf{i}\times\mathbf{j}=\mathbf{k}, \quad \mathbf{j}\times\mathbf{k}=\mathbf{i}, \quad \mathbf{k}\times\mathbf{i}=\mathbf{j}$$

となっていることを，「右手の法則」によって確認せよ．

$\mathbf{u}, \mathbf{v}$ 共にゼロ・ベクトルでなければ，ラグランジュの公式（定理4）によって，$\mathbf{u}\times\mathbf{v}$ のノルムが計算できる．つまり，

$$\|\mathbf{u}\times\mathbf{v}\|^2=\|\mathbf{u}\|^2\|\mathbf{v}\|^2-(\mathbf{u}\cdot\mathbf{v})^2 \tag{3.7}$$

が成り立つ．$\mathbf{u}$ と $\mathbf{v}$ のなす角を θ とすれば，$\mathbf{u}\cdot\mathbf{v}=\|\mathbf{u}\|\,\|\mathbf{v}\|\cos\theta$ と書けることから，(3.7) を変形すると，

$$\begin{aligned}\|\mathbf{u}\times\mathbf{v}\|^2&=\|\mathbf{u}\|^2\|\mathbf{v}\|^2-\|\mathbf{u}\|^2\|\mathbf{v}\|^2\cos^2\theta\\&=\|\mathbf{u}\|^2\|\mathbf{v}\|^2(1-\cos^2\theta)\\&=\|\mathbf{u}\|^2\|\mathbf{v}\|^2\sin^2\theta\end{aligned}$$

したがって，

$$\|\mathbf{u}\times\mathbf{v}\|=\|\mathbf{u}\|\|\mathbf{v}\|\sin\theta \tag{3.8}$$

という公式がえられる．（ここで $0\leqq\theta\leqq\pi$ としたので $\sin\theta\geqq 0$ となっていることに注意してほしい．）

ところで，図 3.25 からわかるように，$\|\mathbf{v}\|\sin\theta$ というのは，$\mathbf{u}$ と $\mathbf{v}$ が作る平行 4 辺形の「高さ」となっている．したがってこの平行 4 辺形の面積 S は

$$S=(\text{底辺})\times(\text{高さ})=\|\mathbf{u}\|\,\|\mathbf{v}\|\sin\theta=\|\mathbf{u}\times\mathbf{v}\|$$

となることがわかる．

結局，**$\mathbf{u}\times\mathbf{v}$ のノルムは，$\mathbf{u}$ と $\mathbf{v}$ の作る平行 4 辺形の面積に等しい**ことがわかる．

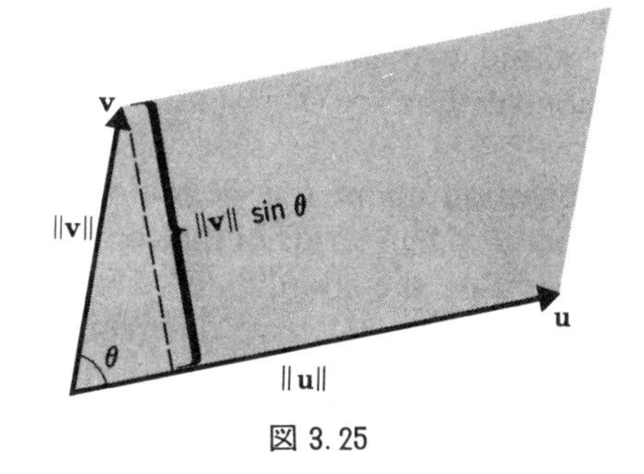

図 3.25

≪例13≫

空間内の 3 点を $P_1(2,2,0)$，$P_2(-1,0,2)$，$P_3(0,4,3)$ とするとき，$\triangle P_1P_2P_3$ の面積 S を求めよ．

解：S が 2 つのベクトル $\overrightarrow{P_1P_2}$，$\overrightarrow{P_1P_3}$ の作る平行 4 辺形の面積の $\frac{1}{2}$ に等しいことを利用する（図 3.26 参照）．

（3.1 節の例 2 で見たように）$\overrightarrow{P_1P_2}=(-3,-2,2)$

$\overrightarrow{P_1P_3}=(-2,2,3)$ となるので，

$$\overrightarrow{P_1P_2}\times\overrightarrow{P_1P_3}=(-10,5,-10).$$

したがって，

$$S=\frac{1}{2}\|\overrightarrow{P_1P_2}\times\overrightarrow{P_1P_3}\|$$

$$=\frac{1}{2}\times 15=\frac{15}{2}$$

をうる．

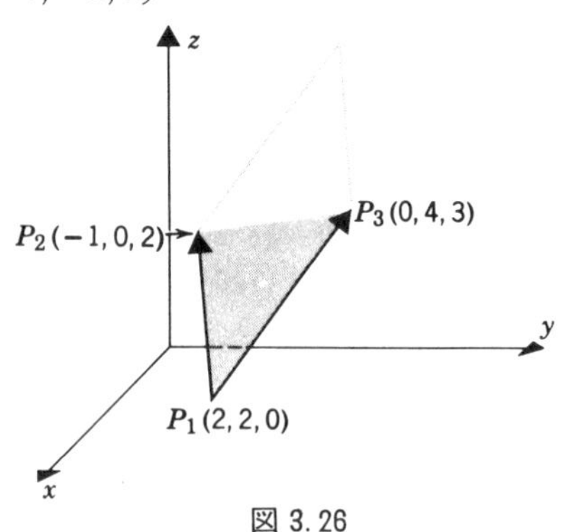

図 3.26

そもそも，本書では，ベクトルというものを，平面上または空間内の向きを持った線分，あるいは「矢印」として定義した．そして，座標系や成分などは，ベクトルを数量的に扱おうとして，後で導入されたものにすぎなかった．したがって，この立場からすれば，幾何学的なベクトルこそが「数学的実在」だ，ということになる．さらに，ベクトルの成分などというものは，ベクトルそれ自身に固有のものであるというわけではなく，あくまで，座標系の取り方に依存したものにすぎない．例えば，図3.27におけるベクトル $\mathbf{v}$ について見ると，xy 座標系で表わせば $(1,1)$ という成分を持つが，$x'y'$ 座標系では $(\sqrt{2},0)$ という成分になってしまう．

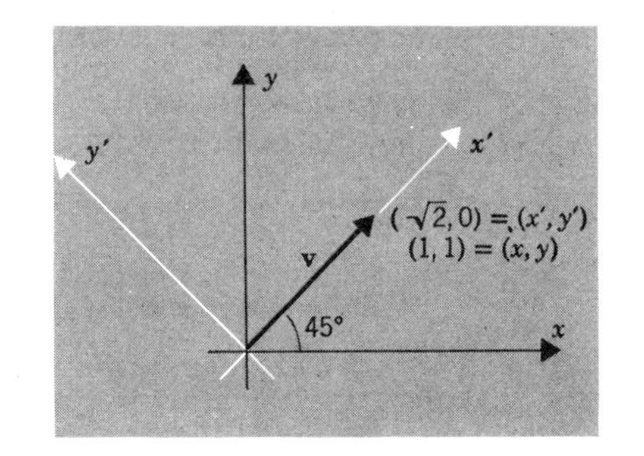

図 3.27

このことから，ベクトル積の定義に対する重大な疑問が発生してくる．それは，$\mathbf{u},\mathbf{v}$ それぞれを，座標の取り方によって変化する成分をもちいて表わし，その成分をもちいて $\mathbf{u}\times\mathbf{v}$ を定義していたというところである．これでは，ひょっとすると，もちいる座標系ごとで，異なったベクトルを，$\mathbf{u}$ と $\mathbf{v}$ のベクトル積と考えていることになっているかもしれない．しかし，この場合には，ラッキーなことに，この困難は実際には発生してこないことが確かめられる．そのことを見るには，次の事実を思い出せば十分である．

(i) $\mathbf{u}\times\mathbf{v}$ は，$\mathbf{u},\mathbf{v}$ と直交する．

(ii) $\mathbf{u}\times\mathbf{v}$ の方向は，「右手の法則」によって定まる．

(iii) $\mathbf{u}\times\mathbf{v}$ のノルムは，$\mathbf{u},\mathbf{v}$ の作る平行4辺形の面積に等しい．

以上の3性質によって，$\mathbf{u}\times\mathbf{v}$ は完全に決定される．(i) と (ii) によって，その方向が完全に確定し，(iii) によって，その長さ（ノルム）が確定する．これらの3性質がいずれも，単に $\mathbf{u}$ と $\mathbf{v}$ の長さとそれらの相対的な位置関係だけに依存するにすぎず，どういう（直交）座標系をもちいるかには依存しないことに注意すれば，結局，$\mathbf{u}\times\mathbf{v}$ の定義は，座標系のとり方には依存しないものであることがわかったことになる．こういう状況を一般に内在的とよぶことがある．つまり，「$\mathbf{u}\times\mathbf{v}$ の定義は，内在的な定義である」というような言い方をすることがある．この結果は，ベクトル積の概念を応用しようとする物理学や工学の人々にとって便利なものである．

≪例14≫

$\mathbf{u}, \mathbf{v}$ を互いに直交する長さ1のベクトルとする（図3.28(a)）．このときもし図3.28(b)のような xyz 座標系を考えれば，

$$\mathbf{u}=(1,0,0)=\mathbf{i}, \quad \mathbf{v}=(0,1,0)=\mathbf{j}$$

となるので，

$$\mathbf{u}\times\mathbf{v}=\mathbf{i}\times\mathbf{j}=\mathbf{k}=(0,0,1)$$

一方，もし図3.28(c)のような $x'y'z'$ 座標系を考えれば，

$$\mathbf{u}=(0,0,1)=\mathbf{k}, \quad \mathbf{v}=(1,0,0)=\mathbf{i}$$

となるので，

$$\mathbf{u}\times\mathbf{v}=\mathbf{k}\times\mathbf{i}=\mathbf{j}=(0,1,0)$$

ところが，図3.28(b)，(c)を比べれば，xyz 座標系で $(0,0,1)$ となるベクトルと $x'y'z'$ 座標系で $(0,1,0)$ となるベクトルとは同一のものであることがわかる．つまり，xyz 座標系を利用するか，$x'y'z'$ 座標系を利用するかにはかかわりなく，同一のベクトル積 $\mathbf{u}\times\mathbf{v}$ がえられることがわかった．

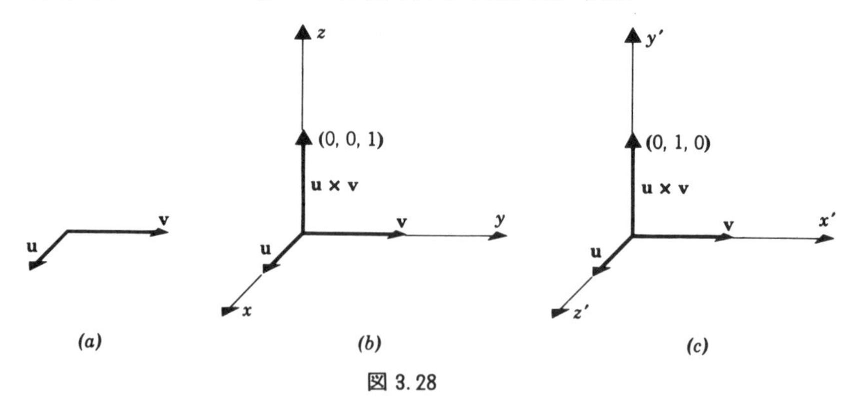

図 3.28

練習問題 3.4

1. $\mathbf{u}=(2,-1,3)$，$\mathbf{v}=(0,1,7)$，$\mathbf{w}=(1,4,5)$ として，次の計算をせよ．
   (a) $\mathbf{v}\times\mathbf{w}$　(b) $\mathbf{u}\times(\mathbf{v}\times\mathbf{w})$　(c) $(\mathbf{u}\times\mathbf{v})\times\mathbf{w}$
   (d) $(\mathbf{u}\times\mathbf{v})\times(\mathbf{v}\times\mathbf{w})$　(e) $\mathbf{u}\times(\mathbf{v}-2\mathbf{w})$　(f) $(\mathbf{u}\times\mathbf{v})-2\mathbf{w}$
2. 次のベクトル $\mathbf{u},\mathbf{v}$ に直交するベクトルの例を作れ．
   (a) $\mathbf{u}=(-7,3,1)$　$\mathbf{v}=(2,0,4)$　(b) $\mathbf{u}=(-1,-1,-1)$　$\mathbf{v}=(2,0,2)$
3. 次のそれぞれの場合について，$\triangle PQR$の面積を求めよ．
   (a) $P(1,5,-2)$　$Q(0,0,0)$　$R(3,5,1)$
   (b) $P(2,0,-3)$　$Q(1,4,5)$　$R(7,2,9)$
4. $\mathbf{u}=(1,-5,6)$，$\mathbf{v}=(2,1,2)$ として，定理4を確認せよ．
5. $\mathbf{u}=(2,0,-1)$，$\mathbf{v}=(6,7,4)$，$\mathbf{w}=(1,1,1)$，$k=-3$ として，定理5を確認せよ．
6. $\mathbf{u}\times\mathbf{v}\times\mathbf{w}$ という書き方の欠点を言え．
7. $\mathbf{u}=(-1,3,2)$，$\mathbf{v}=(1,1,-1)$ とするとき，$\mathbf{u}\times\mathbf{x}=\mathbf{v}$ を満たすベクトル $\mathbf{x}$ を求めよ．
8. $\mathbf{u}=(u_1,u_2,u_3)$，$\mathbf{v}=(v_1,v_2,v_3)$，$\mathbf{w}=(w_1,w_2,w_3)$ として，

$$\mathbf{u}\cdot(\mathbf{v}\times\mathbf{w})=\begin{vmatrix} u_1 & u_2 & u_3 \\ v_1 & v_2 & v_3 \\ w_1 & w_2 & w_3 \end{vmatrix}$$

   を示せ．
9. 問題8の結果をもちいて，$\mathbf{u}\cdot(\mathbf{v}\times\mathbf{w})$ を求めよ．ただし，$\mathbf{u}=(-1,4,7)$，$\mathbf{v}=(6,-7,3)$，$\mathbf{w}=(4,0,1)$ とする．
10. 図3.28の xyz 座標系で，$\mathbf{m}=(0,0,1)$，$\mathbf{n}=(0,1,0)$ とするとき，
    (a) $\mathbf{m},\mathbf{n}$ の $x'y'z'$ 座標系での成分を求めよ．
    (b) xyz 座標系の中で，$\mathbf{m}\times\mathbf{n}$ を計算せよ．
    (c) $x'y'z'$ 座標系の中で，$\mathbf{m}\times\mathbf{n}$ を計算せよ．
    (d) 上の(b),(c)でえられたベクトルが，実は同一のベクトルを示していることを確認せよ．
11. 次の等式を証明せよ．
    (a) $(\mathbf{u}+k\mathbf{v})\times\mathbf{v}=\mathbf{u}\times\mathbf{v}$
    (b) $(\mathbf{u}\times\mathbf{v})\cdot\mathbf{w}=\mathbf{u}\cdot(\mathbf{v}\times\mathbf{w})$
12. $\mathbf{u},\mathbf{v},\mathbf{w}$ が空間内のベクトルで，いずれもゼロ・ベクトルではなく，どの2個のベクトルも互いに平行ではないとき，
    (a) $\mathbf{u}\times(\mathbf{v}\times\mathbf{w})$は $\mathbf{v}$ と $\mathbf{w}$ の定める平面上のベクトルであることを示せ．（ベクトルの始点は一致しているとして解けばいい．）
    (b) $(\mathbf{u}\times\mathbf{v})\times\mathbf{w}$ は $\mathbf{u}$ と $\mathbf{v}$ の定める平面上のベクトルであることを示せ．
13. $\mathbf{x}\times(\mathbf{y}\times\mathbf{z})=(\mathbf{x}\cdot\mathbf{z})\mathbf{y}-(\mathbf{x}\cdot\mathbf{y})\mathbf{z}$ を示せ．(**ヒント** まず $\mathbf{z}$ が $\mathbf{i},\mathbf{j},\mathbf{k}$ の場合に示し，一般に $\mathbf{z}$ が$z_1\mathbf{i}+z_2\mathbf{j}+z_3\mathbf{k}$ と書けることを利用せよ．）

14. 定理 5 (a), (b) を証明せよ.

15. 定理 5 (c), (d) を証明せよ.

16. 定理 5 (e), (f) を証明せよ.

3.5 空間内の直線と平面

この節では，ベクトルを利用して，空間内の直線と平面の方程式を求め，ある幾何学的な問題を解くためにそれを応用する.

平面上の直線の方程式は，その「傾き」と，その直線上の1点を与えれば，決定することができた．同じように，空間内の平面の方程式も，その「傾き」と，その平面上の1点を与えれば決定でさる．ただし，この場合に「傾き」という意味がわかりにくいが，平面に直交する特別なベクトル（**法線ベクトル**とよばれる）を対応させることによって，その意味をはっきりさせることができる.

点 $P_0(x_0, y_0, z_0)$ を通って，その法線ベクトルが $\mathbf{n}=(a, b, c)$ で与えられる平面の方程式を求めよう．図 3.29 から明らかなように，平面内の点 $P(x, y, z)$ は，$\mathbf{n}$ と $\overrightarrow{P_0P}$ とが直交するような点 P の全体と一致している．つまり，

$$\mathbf{n}\cdot\overrightarrow{P_0P}=0 \qquad (3.9)$$

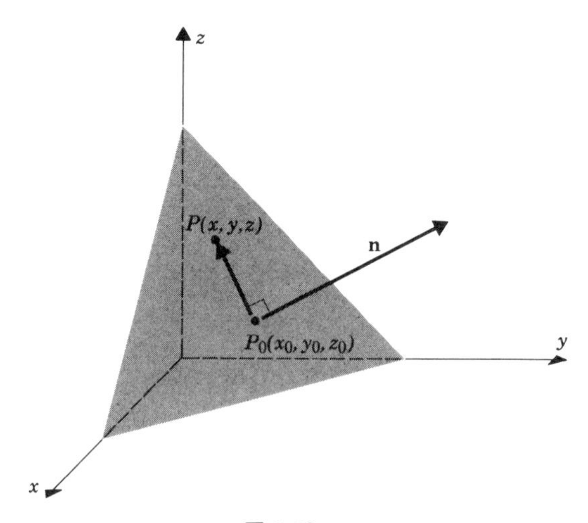

図 3.29

を満たす P の全体が求める平面を与えてくれる．ところで，

$$\overrightarrow{P_0P}=(x-x_0, y-y_0, z-z_0)$$

なので，(3.9) に代入して，

$$a(x-x_0)+b(y-y_0)+c(z-z_0)=0 \tag{3.10}$$

をうる．これが求める方程式である．この形の方程式を，平面の**点・法線表示**という．

≪例15≫

空間内の点 $(3, -1, 7)$ を通り，$\mathbf{n}=(4, 2, -5)$ に直交する平面の方程式を求めよ．

解：(3.10)から，求める平面の点・法線表示は，

$$4(x-3)+2(x+1)-5(z-7)=0$$

となることがわかる．

(3.10) の定数項を d とおけば，平面の方程式が，

$$ax+by+cz+d=0 \tag{3.11}$$

という型になっていることがわかる．例 15 の場合には，$d=25$ となり，求める方程式は，

$$4x+2y-5z+25=0$$

とも書ける．

逆に，次の定理によって，(3.11) が常に空間内の平面を表わしていることがわかる．

定理6

$$ax+by+cz+d=0$$

の解の全体（つまり解集合）は，ベクトル $\mathbf{n}=(a, b, c)$ に垂直な平面となる．ただし，a, b, c, d は定数で，a, b, c のうち少なくとも 1 つは 0 ではないとする．

証明　仮定から，a, b, c のうち少なくとも 1 つは 0 ではないので，ここでは，

$a \neq 0$ の場合をまず考える．このとき，$ax+by+cz+d=a\left(x+\dfrac{d}{a}\right)+by+cz=0$ となるが，この式は，点$\left(-\dfrac{d}{a}, 0, 0\right)$を通り，$\mathbf{n}=(a, b, c)$ を法線ベクトルとする平面の点･法線型の方程式になっていることがわかる．$a=0$ の場合には，$b \neq 0$ または $c \neq 0$ が成り立っているので同様にすればいい．■

方程式 (3.11) は，x, y, z の1次方程式となっているが，これは，平面の方程式の**一般型**とよばれる．

連立1次方程式

$$\begin{cases} ax+by=k_1 \\ cx+dy=k_2 \end{cases}$$

の解は，2直線 $ax+by=k_1$，$cx+dy=k_2$ の xy 平面上での交点に対応しているが，これと同じように，連立1次方程式

$$\begin{cases} ax+by+cz=k_1 \\ dx+ey+fz=k_2 \\ gx+hy+iz=k_3 \end{cases} \tag{3.12}$$

の解は，3平面 $ax+by+cz=k_1$，$dx+ey+fz=k_2$，$gx+hy+iz=k_3$ の xyz 空間内での交点に対応している．

図3.30は，連立1次方程式 (3.12) が解を持たない場合，1個だけ解を持つ場合，無限に解を持つ場合の幾何学的な可能性のいくつかを図示したものである．

≪例16≫

空間内の3点 $P_1(1, 2, -1)$，$P_2(2, 3, 1)$，$P_3(3, -1, 2)$ を通る平面の方程式を求めよ．

解：求める平面の方程式を，$ax+by+cz+d=0$ とすると，これが P_1, P_2, P_3 を通ることから，

$$\begin{cases} a+2b-c+d=0 \\ 2a+3b+c+d=0 \\ 3a-b+2c+d=0 \end{cases}$$

(a)　解なし（3平面が平行）　(b)　解なし（2平面が平行）　(c)　無限に解がある（3平面が一致）　(d)　無限に解がある（3平面が1直線を共有）　(e)　ただ1個の解がある（3平面が1点のみを共有）

図 3.30

これを解いて，

$$a=-\frac{9}{16}t,\ b=-\frac{1}{16}t,\ c=\frac{5}{16}t,\ d=t$$

ここで例えば $t=-16$ とおいて，求める方程式

$$9x+y-5z-16=0$$

をうる．（t の値を変化させても，左辺が定数倍されるだけなので $t\neq 0$ をみたす適当な値をとらせればよい．つまり，a, b, c, d の比だけが問題になる．）

別解：　ベクトル $\overrightarrow{P_1P_2}\times\overrightarrow{P_1P_3}$ を考えると，これは求める平面内の2直線 P_1P_2，P_1P_3 に直交しているので，この平面にも垂直である．つまり，$\overrightarrow{P_1P_2}\times\overrightarrow{P_1P_3}=(9, 1, -5)$ はこの平面の法線ベクトルになっている．このことと，平面が P_1 を通っていることから，平面の方程式を点•法線表示で表わせば，

$$9(x-1)+(y-2)-5(z+1)=0$$

となることがわかる．つまり，

$$9x+y-5z-16=0$$

が求める方程式である．

次に，空間内の直線を表わすための方程式について述べよう．まず，l を空間内の点 $P(x_0, y_0, z_0)$ を通り，ゼロでないベクトル $\mathbf{v}=(a, b, c)$ に平行な直線だと仮定する．このとき l 上の点 $P(x, y, z)$ に対して，

$$\overrightarrow{P_0P}=t\mathbf{v} \tag{3.13}$$

を満たすスカラー t が存在することは明らかであり，逆に (3.13) がある t について成立すれば P は l 上の点となっていることも明らかである．この (3.13) を成分を使って書けば，

$$(x-x_0, y-y_0, z-z_0)=(ta, tb, tc)$$

つまり，

$$\begin{cases} x=x_0+ta \\ y=y_0+tb \\ z=z_0+tc \end{cases} \qquad (\text{ただし，} -\infty<t<\infty)$$

が求める方程式であることがわかる．この方程式は，l の**パラメーター表示**とよばれる．その理由は，パラメーター t が変化するときに点 $P(x,y,z)$ が l 上を動くようになっているからである．

≪例17≫

点 $(1,2,-3)$ を通り，ベクトル $\mathbf{v}=(4,5,-7)$ に平行な直線をパラメーター表示すれば，

$$\begin{cases} x=1+4t \\ y=2+5t \\ z=-3-7t \end{cases} \qquad (\text{ただし}\quad -\infty<t<\infty)$$

≪例18≫

(a)　2点 $P_1(2,4,-1)$，$P_2(5,0,7)$ を通る直線 l の方程式を求めよ．

(b)　上の直線 l と xy 平面との交点を求めよ．

解：(a)　l は，P_1 を通って，ベクトル $\overrightarrow{P_1P_2}=(3,-4,8)$ に平行（実は $\overrightarrow{P_1P_2}$ は l にふくまれる）な直線だと考えて，l のパラメーター表示

$$\begin{cases} x=2+3t \\ y=4-4t \\ z=-1+8t \end{cases} \qquad (\text{ただし，}-\infty<t<\infty)$$

がえられる．

(b)　l と xy 平面との交点では，$z=-1+8t=0$，つまり $t=\dfrac{1}{8}$ でなければならない．このとき，$x=2+3\times\dfrac{1}{8}=\dfrac{19}{8}$，$y=4-4t=4-4\times\dfrac{1}{8}=\dfrac{7}{2}$ となるので，求める交点は，

$$(x,y,z)=\left(\frac{19}{8},\frac{7}{2},0\right)$$

≪例19≫

次の2平面の交線（交わってできる直線）の方程式を求めよ．

$$3x+2y-4z-6=0, \qquad x-3y-2z-4=0$$

解：2平面の共通部分は，連立1次方程式

$$\begin{cases} 3x+2y-4z-6=0 \\ x-3y-2z-4=0 \end{cases}$$

を満たす点 (x, y, z) の全体と一致することから，これを解いて，

$$x=\frac{26}{11}+\frac{16}{11}t, \quad y=-\frac{6}{11}-\frac{2}{11}t, \quad z=t$$

つまり，求める直線のパラメーター表示

$$\begin{cases} x=\dfrac{26}{11}+\dfrac{16}{11}t \\ y=-\dfrac{6}{11}-\dfrac{2}{11}t \\ z=t \end{cases} \qquad (\text{ただし，} -\infty<t<\infty)$$

がえられたことになる.

しばしば，直線

$$\begin{cases} x=x_0+at \\ y=y_0+bt \\ z=z_0+ct \end{cases} \qquad (\text{ただし，} -\infty<t<\infty) \tag{3.14}$$

が与えられて，これを交線として持つ2平面を求める問題も現われてくる.（この直線をふくむ平面は無限に存在するので，答も無限に作ることができる.）この種の問題を解くために，(3.14) を t について解いてみよう.（ただし，$abc\neq 0$ とする.）

$$\frac{x-x_0}{a}=t, \quad \frac{y-y_0}{b}=t, \quad \frac{z-z_0}{c}=t$$

これらの式から t を消去すれば，

$$\frac{x-x_0}{a}=\frac{y-y_0}{b}=\frac{z-z_0}{c}$$

という方程式がえられる．これは直線の**対称方程式**とよばれる．この形を見れば，ただちに，この直線が，2平面

$$\frac{x-x_0}{a}=\frac{y-y_0}{b}, \qquad \frac{y-y_0}{b}=\frac{z-z_0}{c}$$

の交線となっていることがわかる．同様に，2平面

$$\frac{x-x_0}{a}=\frac{z-z_0}{c}, \qquad \frac{y-y_0}{b}=\frac{z-z_0}{c}$$

の交線にも一致していることなどがわかる．

≪例20≫

直線

$$\begin{cases} x=3+2t \\ y=-4+7t \\ z=1+3t \end{cases} \quad （ただし，-\infty<t<\infty）$$

を交線として持つ2平面の方程式を求めよ．

解：与えられた直線の対称方程式は，

$$\frac{x-3}{2}=\frac{y+4}{7}=\frac{z-1}{3} \tag{3.15}$$

したがって，この直線を交線として持つ2平面として，

$$\frac{x-3}{2}=\frac{y+4}{7}, \quad \frac{y+4}{7}=\frac{z-1}{3}$$

をうることができる．整理すると，

$$7x-2y-29=0, \quad 3y-7z+19=0$$

答は何通りも作れるので，そのうちの一例を示したにすぎない．（例えば(3.15)において別の組み合わせをとれば別の答がえられる．）

練習問題 3.5

1. 次の(a)～(d)について，点Pを通り，$\mathbf{n}$を法線ベクトルとして持つ平面の（方程式の）点・法線表示を求めよ．
   (a) $P(2,6,1)$，$\mathbf{n}=(1,4,2)$　(b) $P(-1,-1,2)$，$\mathbf{n}=(-1,7,6)$
   (c) $P(1,0,0)$，$\mathbf{n}=(0,0,1)$　(d) $P(0,0,0)$，$\mathbf{n}=(2,3,4)$
2. 上の平面の方程式を一般型にせよ．
3. 次の方程式を点・法線表示に変形せよ．
   (a) $2x-3y+7z-10=0$　(b) $x+3z=0$
4. 次の3点を通る平面の方程式を求めよ．
   (a) $(-2,1,1)$，$(0,2,3)$，$(1,0,-1)$　(b) $(3,2,1)$，$(2,1,-1)$，$(-1,3,2)$
5. (a)～(d)について，点Pを通り，ベクトル$\mathbf{v}$に平行な直線のパラメーター表示を求めよ．
   (a) $P(2,4,6)$，$\mathbf{v}=(1,2,5)$　(b) $P(-3,2,-4)$，$\mathbf{v}=(5,-7,-3)$
   (c) $P(1,1,5)$，$\mathbf{v}=(0,0,1)$　(d) $P(0,0,0)$，$\mathbf{v}=(1,1,1)$

6.　問題5 (a),(b) の対称方程式を求めよ．

7.　次の2点を通る直線の方程式（パラメーター表示）を求めよ．

(a)　$(6,-1,5)$，$(7,2,-4)$　　(b)　$(0,0,0)$，$(-1,-1,-1)$

8.　次の2平面の交線のパラメーター表示を求めよ．

(a)　$-2x+3y+7z+2=0$,　$x+2y-3z+5=0$

(b)　$3x-5y+2z=0$,　$z=0$

9.　次のパラメーター表示で表わされる直線を，交線とするような2平面の方程式を作れ．（いずれも $-\infty<t<\infty$ とする）

(a)　$\begin{cases} x=3+4t \\ y=-7+2t \\ z=6-t \end{cases}$　　(b)　$\begin{cases} x=5t \\ y=3t \\ z=6t \end{cases}$

10.　xy 平面, xz 平面, yz 平面 の方程式を求めよ．

11.　直線　$\begin{cases} x=0 \\ y=t \\ z=t \end{cases}$　$(-\infty<t<\infty)$

について，

(a)　平面 $6x+4y-4z=0$ にふくまれることを示せ．

(b)　平面 $5x-3y+3z=1$ よりも下にあって，交わらないことを示せ．

(c)　平面 $6x+2y-2z=3$ よりも上にあって，交わらないことを示せ．

12.　$\begin{cases} x-4=5t \\ y+2=t \\ z-4=-t \end{cases}$　$(-\infty<t<\infty)$

と平面 $3x-y+7z+8=0$ との交点を求めよ．

13.　点 $(2,-7,6)$ を通り，平面

$$5x-2y+z-9=0$$

と交わらない平面の方程式を求めよ．

14.　直線　$\begin{cases} x-4=2t \\ \quad\ y=-t \\ z+1=-4t \end{cases}$　$(-\infty<t<\infty)$

と平面 $3x+2y+z-7=0$ とは交わらないことを示せ．

15.　2直線　$\begin{cases} x+1=4t \\ y-3=t \\ z-1=0 \end{cases}$　　$\begin{cases} x+13=12t \\ y-\ \ 1=6t \\ z-\ \ 2=3t \end{cases}$

が交わることを示し，その交点を求めよ．

16.　問題15の2直線をふくむ平面の方程式を求めよ．

4　線　型　空　間

4.1　n 次元ユークリッド空間

平面上の点の位置を2個の数の組として表わしたり，空間内の点の位置を3個の数の組としてとらえようという発想は，17世紀中期になって始めて形成されたものである．そして，19世紀の後半ともなると，数学者や物理学者達が3個の数の組よりももっと多くの数の組について考えようという動きが具体化する．4個の数の組（a_1, a_2, a_3, a_4）が「4次元空間」内の点としてとらえられ，また，5個の数の組（a_1, a_2, a_3, a_4, a_5）が「5次元空間」内の点としてとらえられるというように「空間」の概念が拡張されていった．3次元空間よりも高い次元の空間を純幾何学的に思い浮かべることは困難だとしても，3次元空間内の点やベクトルに関する解析幾何学的ないしは数量的性質について，次元を高くして議論することは，形式的には，容易なことである．この節では，そうしたアイデアについて，もっと詳しく述べてみたい．

定義　n 個の実数の組（ただし，順序を入れて考える），（$a_1, a_2, \cdots, a_n$）を **n 順序列**とよび，n 順序列の全体を **n 次元ユークリッド空間**とよんで，$\boldsymbol{R}^n$ と書く．
（$n=2$ のときには，2順序列は平面上の点の座標に対応し，$n=3$ のときには，3順序列はふつうの空間内の点の座標に対応していると考えればよい.）

読者は，3次元空間について学んだときに，数の組（a_1, a_2, a_3）が2種類の異なった意味を持っていることに気付いたことだろう．これを座標成分の列と見るときには，点の位置を示し（図 4.1(a)），ベクトルの成分の列と見るときにはベクトルを示し（図 4.1(b)）ていた．（少くとも，本書では，そうなっていた．）これと同様に，n 順序列 $(a_1, a_2, \cdots, a_n)$ についても，これを「点」の座標と見る立場と，「ベクトル」の成分表示と見る立場がそれぞれ考えられる．しかし，その差は数学的には非本質的なものにすぎない．そこで，この2種類の立場をいちいち使い分けることなく，単に，抽象的な n 順序列として論じることにする．例えば，5 順序列 $(-2, 4, 0, 1, 6)$ は $\boldsymbol{R}^5$ の点であったり，ベクトルであったりすることになる．

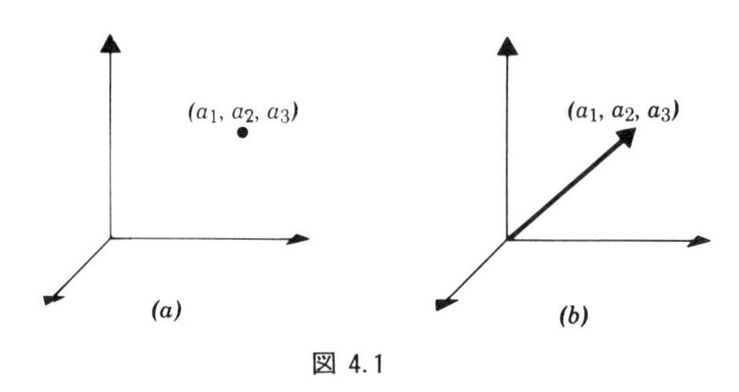

図 4.1

定義　n 次元ユークリッド空間 $\boldsymbol{R}^n$ 内の2個のベクトル $\mathbf{u}=(u_1, u_2, \cdots, u_n)$, $\mathbf{v}=(v_1, v_2, \cdots, v_n)$ は

$$u_1=v_1, u_2=v_2, \cdots, u_n=v_n$$

であるとき**同値**とよぶ．また，**和** $\mathbf{u}+\mathbf{v}$ は，

$$\mathbf{u}+\mathbf{v}=(u_1+v_1, v_2+u_2, \cdots, u_n+v_n)$$

によって定義し，**スカラー倍** $k\mathbf{u}$ は，

$$k\mathbf{u}=(ku_1, ku_2, \cdots, ku_n)$$

によって定義する．（ただし，k は実数）

ここで定義した和とスカラー倍を，$\boldsymbol{R}^n$ の**標準的演算**とよぶこともある．

$\boldsymbol{R}^n$ 内の特殊なベクトル

$$\mathbf{0}=(0, 0, \cdots, 0)$$

を，ゼロ・ベクトルとよぶ．$\boldsymbol{R}^n$ 内の任意のベクトル $\mathbf{u}$ に対して，$\mathbf{u}$ の**和につ**

いての逆元（つまり，「逆向き」のベクトル）を，

$$-\mathbf{u}=(-u_1, -u_2, \cdots, -u_n)$$

によって定義する．また，$\boldsymbol{R}^n$ 内のベクトルの差 $\mathbf{u}-\mathbf{v}$ は $\mathbf{u}+(-\mathbf{v})$ によって定義する．成分で表わせば，

$$\begin{aligned}\mathbf{u}-\mathbf{v}&=\mathbf{u}+(-\mathbf{v})\\&=(u_1, u_2, \cdots, u_n)+(-v_1, -v_2, \cdots, -v_n)\\&=(u_1-v_1, u_2-v_2, \cdots, u_n-v_n)\end{aligned}$$

となる．

$\boldsymbol{R}^n$ 内のベクトルの和やスカラー倍が持っている基本的な性質をまとめると，次の定理のようになる．ただし，証明は非常にやさしいのですべて省略する．

定理 1

$\boldsymbol{R}^n$ 内のベクトルを，$\mathbf{u}=(u_1, u_2, \cdots, u_n)$，$\mathbf{v}=(v_1, v_2, \cdots, v_n)$，$\mathbf{w}=(w_1, w_2, \cdots, w_n)$ とし，k, l をスカラー（つまり実数）とするとき，

(a) $\mathbf{u}+\mathbf{v}=\mathbf{v}+\mathbf{u}$

(b) $\mathbf{u}+(\mathbf{v}+\mathbf{w})=(\mathbf{u}+\mathbf{v})+\mathbf{w}$

(c) $\mathbf{u}+\mathbf{0}=\mathbf{0}+\mathbf{u}=\mathbf{u}$

(d) $\mathbf{u}+(-\mathbf{u})=\mathbf{0}$，つまり $\mathbf{u}-\mathbf{u}=\mathbf{0}$

(e) $k(l\mathbf{u})=(kl)\mathbf{u}$

(f) $k(\mathbf{u}+\mathbf{v})=k\mathbf{u}+k\mathbf{v}$

(g) $(k+l)\mathbf{u}=k\mathbf{u}+l\mathbf{u}$

(h) $1\mathbf{u}=\mathbf{u}$

この定理の結果として，$\boldsymbol{R}^n$ 内のベクトルの計算をする場合には，そのつどベクトルの成分表示にまでもどらなくても，あたかも実数を扱うときのようにして扱ってもよいことがわかる．（ただし，ベクトルの和やスカラー倍に関する限りでの話.）例えば，方程式 $\mathbf{x}+\mathbf{u}=\mathbf{v}$ が与えられたとすると，$-\mathbf{u}$ を両辺に加えて，次のようにすれば，$\mathbf{x}$ を求めることができる．

$$(\mathbf{x}+\mathbf{u})+(-\mathbf{u})=\mathbf{v}+(-\mathbf{u})$$

$$\mathbf{x}+(\mathbf{u}-\mathbf{u})=\mathbf{v}-\mathbf{u}$$
$$\mathbf{x}+\mathbf{0}=\mathbf{v}-\mathbf{u}$$
$$\mathbf{x}=\mathbf{v}-\mathbf{u}$$

この変形のどの段階で，上の定理1のどの性質を利用したかを，読者はチェックしてほしい．

$\boldsymbol{R}^n$ 内のベクトルに関しても，ノルムやベクトルのなす角の概念を定義する準備として，まず（ユークリッド）内積の概念を次のように定義する．

定義 $\boldsymbol{R}^n$ 内のベクトル $\mathbf{u}, \mathbf{v}$ の**ユークリッド内積** $\mathbf{u}\cdot\mathbf{v}$ を

$$\mathbf{u}\cdot\mathbf{v}=u_1v_1+u_2v_2+\cdots+u_nv_n$$

によって定義する．（ただし，$\mathbf{u}=(u_1, u_2, \cdots, u_n)$，$\mathbf{v}=(v_1, v_2, \cdots, v_n)$ とする．）

$n=2, 3$ の場合には，上の定義が，確かにユークリッド内積に一致していることを確認してほしい．（3.3節を見ればわかるように，もとの定義は上のものとはちがっていた．）

≪例1≫

4次ユークリッド空間 $\boldsymbol{R}^4$ 内のベクトル，

$$\mathbf{u}=(-1, 3, 5, 7),\ \ \mathbf{v}=(5, -4, 7, 0)$$

のユークリッド内積は，

$$\mathbf{u}\cdot\mathbf{v}=(-1)\times5+3\times(-4)+5\times7+7\times0=18$$

となる．

ユークリッド内積の持っている基本的な性質を，定理として整理しておこう．

定理2

$\mathbf{u}, \mathbf{v}, \mathbf{w}$ を $\boldsymbol{R}^n$ のベクトル，k をスカラーとするとき，

(a) $\mathbf{u}\cdot\mathbf{v}=\mathbf{v}\cdot\mathbf{u}$

(b) $(\mathbf{u}+\mathbf{v})\cdot\mathbf{w}=\mathbf{u}\cdot\mathbf{w}+\mathbf{v}\cdot\mathbf{w}$

(c) $(k\mathbf{u})\cdot\mathbf{v}=k(\mathbf{u}\cdot\mathbf{v})$

(d) $\mathbf{v}\cdot\mathbf{v}\geqq 0$, 等号は $\mathbf{v}=\mathbf{0}$ の場合に限る.

ここでは，(b), (d)の証明のみを行なう．(a), (c)については各自で証明してほしい.

証明 (b) $\mathbf{u}=(u_1, u_1, \cdots, u_n)$, $\mathbf{v}=(v_1, v_2, \cdots, v_n)$, $\mathbf{w}=(w_1, w_2, \cdots, w_n)$

$$
\begin{aligned}
(\mathbf{u}+\mathbf{v})\cdot\mathbf{w} &= (u_1+v_1, u_2+v_2, \cdots, u_n+v_n)\cdot(w_1, w_2, \cdots, w_n)\\
&= (u_1+v_1)w_1+(u_2+v_2)w_2+\cdots+(u_n+v_n)w_n\\
&= (u_1w_1+u_2w_2+\cdots u_nw_n)+(v_1w_1+v_2w_2+\cdots+v_nw_n)\\
&= \mathbf{u}\cdot\mathbf{w}+\mathbf{v}\cdot\mathbf{w}
\end{aligned}
$$

(d) $\mathbf{v}\cdot\mathbf{v}=v_1{}^2+v_2{}^2+\cdots+v_n{}^2\geqq 0$ しかも，等号が成立するのは明らかに，$v_1=v_2=\cdots=v_n=0$，つまり $\mathbf{v}=\mathbf{0}$ の場合に限る. ■

≪例2≫

定理2の結果として，ベクトルのユークリッド内積の計算についても，あたかも実数どうしの積を扱っているように扱ってもよいことがわかる.
例えば,

$$
\begin{aligned}
&(3\mathbf{u}+2\mathbf{v})\cdot(4\mathbf{u}+\mathbf{v})\\
&\quad=(3\mathbf{u})\cdot(4\mathbf{u}+\mathbf{v})+(2\mathbf{v})\cdot(4\mathbf{u}+\mathbf{v})\\
&\quad=(3\mathbf{u})\cdot(4\mathbf{u})+(3\mathbf{u})\cdot\mathbf{v}+(2\mathbf{v})\cdot(4\mathbf{u})+(2\mathbf{v})\cdot\mathbf{v}\\
&\quad=12(\mathbf{u}\cdot\mathbf{u})+3(\mathbf{u}\cdot\mathbf{v})+8(\mathbf{v}\cdot\mathbf{u})+2(\mathbf{v}\cdot\mathbf{v})\\
&\quad=12(\mathbf{u}\cdot\mathbf{u})+11(\mathbf{u}\cdot\mathbf{v})+2(\mathbf{v}\cdot\mathbf{v})
\end{aligned}
$$

とすればいい．読者は，上の各段階で定理2の性質がどう利用されているかをチェックしてほしい.

$\boldsymbol{R}^2$（平面）や $\boldsymbol{R}^3$（3次元空間）で考えたノルムの概念についても，n 次元の場合に拡張する．つまり，$\boldsymbol{R}^n$ 内のベクトル $\mathbf{u}=(u_1, u_2, \cdots, u_n)$ の**ユークリッド・ノルム** $\|\mathbf{u}\|$ を,

$$\|\mathbf{u}\|=\sqrt{\mathbf{u}\cdot\mathbf{u}}=\sqrt{{u_1}^2+{u_2}^2+\cdots+{u_n}^2}$$

によって定義する．また，同様に，$\boldsymbol{R}^n$ 内の2点 $\mathbf{u}=(u_1, u_2, \cdots u_n)$，$\mathbf{v}=(v_1, v_2, \cdots, v_n)$ の間の距離（**ユークリッド距離**）を

$$d(\mathbf{u}, \mathbf{v})=\|\mathbf{u}-\mathbf{v}\|=\sqrt{(u_1-v_1)^2+(u_2-v_2)^2+\cdots+(u_n-v_n)^2}$$

によって定義する．

≪例3≫

$\mathbf{u}=(1, 3, -2, 7)$，$\mathbf{v}=(0, 7, 2, 2)$ とすれば，

$$\|\mathbf{u}\|=\sqrt{1^2+3^2+(-2)^2+7^2}=\sqrt{63}=3\sqrt{7}$$

$$d(\mathbf{u}, \mathbf{v})=\sqrt{(1-0)^2+(3-7)^2+(-2-2)^2+(7-2)^2}=\sqrt{58}$$

このように，平面上や3次元空間内で考えていた概念の多くが，加法やスカラー倍やユークリッド内積を持っている以上 $\boldsymbol{R}^n$ に対しても同様に適用できると推定できることから，$\boldsymbol{R}^n$ を n 次元ユークリッド空間とよんだ理由が明らかになっただろう．

この節で明らかになったことは，他の多くの教科書で $\boldsymbol{R}^n$ 内のベクトルを表わすのに，$\mathbf{u}=(u_1, u_2, \cdots, u_n)$ という表示を使うかわりに，行列的な表示，

$$\mathbf{u}=\begin{bmatrix} u_1 \\ u_2 \\ \vdots \\ u_n \end{bmatrix}$$

を使う場合が少なくないことの理由の説明にもなっている．例えば，ベクトルの成分表示で，

$$\mathbf{u}+\mathbf{v}=(u_1, u_2, \cdots, u_n)+(v_1, v_2, \cdots, v_n)=(u_1+v_1, u_2+v_2, \cdots, u_n+v_n)$$

$$k\mathbf{u}=k(u_1, u_2, \cdots, u_n)=(ku_1, ku_2, \cdots, ku_n)$$

としたことは，行列的な表示での，（そして，行列計算そのものに等しい），

$$\mathbf{u}+\mathbf{v}=\begin{bmatrix} u_1 \\ u_2 \\ \vdots \\ u_n \end{bmatrix}+\begin{bmatrix} v_1 \\ v_2 \\ \vdots \\ v_n \end{bmatrix}=\begin{bmatrix} u_1+v_1 \\ u_2+v_2 \\ \vdots \\ u_n+v_n \end{bmatrix} \qquad k\mathbf{u}=k\begin{bmatrix} u_1 \\ u_2 \\ \vdots \\ u_n \end{bmatrix}=\begin{bmatrix} ku_1 \\ ku_2 \\ \vdots \\ ku_n \end{bmatrix}$$

に対応していることになっている．この2種類の表示法のちがいは，ただ，実数を横に並べるか縦に並べるかというちがいでしかないと考えることができる．実際これらを併用した方が何かと便利である．したがって，この2種の表示法を併用することにしたい．そして，今後は，$n\times 1$ 行列をベクトルと同じ記号で表わすことにする．例えば，以前 $AX=B$ と書いていた連立1次方程式を，

$$A\mathbf{x}=\mathbf{b}$$

という書き方に改める．

練習問題 4.1

1. $\mathbf{u}=(2,0,-1,3)$，$\mathbf{v}=(5,4,7,-1)$，$\mathbf{w}=(6,2,0,9)$ について，(a)〜(f)を計算せよ．

   (a) $\mathbf{u}-\mathbf{v}$ (b) $7\mathbf{v}+3\mathbf{w}$ (c) $-\mathbf{w}+\mathbf{v}$

   (d) $3(\mathbf{u}-7\mathbf{v})$ (e) $-3\mathbf{v}-8\mathbf{w}$ (f) $2\mathbf{v}-(\mathbf{u}+\mathbf{w})$

2. 問題1と同じ $\mathbf{u},\mathbf{v},\mathbf{w}$ について，$2\mathbf{u}-\mathbf{v}+\mathbf{x}=7\mathbf{x}+\mathbf{w}$

   を満たすベクトル $\mathbf{x}$ を求めよ．

3. $\mathbf{u}_1=(-1,3,2,0)$，$\mathbf{u}_2=(2,0,4,-1)$，$\mathbf{u}_3=(7,1,1,4)$，$\mathbf{u}_4=(6,3,1,2)$ とするとき，

   $$c_1\mathbf{u}_1+c_2\mathbf{u}_2+c_3\mathbf{u}_3+c_4\mathbf{u}_4=(0,5,6,-3)$$

   を満たす c_1,c_2,c_3,c_4 を求めよ．

4. $c_1(1,0,-2,1)+c_2(2,0,1,2)+c_3(1,-2,2,3)=(1,0,1,0)$

   を満たす c_1,c_2,c_3 は存在しないことを示せ．

5. 次のベクトルのノルムを求めよ．

   (a) $\mathbf{v}=(4,-3)$ (b) $\mathbf{v}=(1,-1,3)$ (c) $\mathbf{v}=(2,0,3,-1)$

   (d) $\mathbf{v}=(-1,1,1,3,6)$

6. $\mathbf{u}=(3,0,1,2)$，$\mathbf{v}=(-1,2,7,-3)$，$\mathbf{w}=(2,0,1,1)$

   とするとき，(a)〜(f)を求めよ．

   (a) $\|\mathbf{u}+\mathbf{v}\|$ (b) $\|\mathbf{u}\|+\|\mathbf{v}\|$ (c) $\|-2\mathbf{u}\|+2\|\mathbf{u}\|$

   (d) $\|3\mathbf{u}-5\mathbf{v}+\mathbf{w}\|$ (e) $\dfrac{1}{\|\mathbf{w}\|}\mathbf{w}$ (f) $\left\|\dfrac{1}{\|\mathbf{w}\|}\mathbf{w}\right\|$

7. $\mathbf{v}$ を $\boldsymbol{R}^n$ 内の $\mathbf{0}$ でないベクトルとするとき，

   $$\frac{1}{\|\mathbf{v}\|}\mathbf{v}$$

   のノルムは1となることを示せ．

8. $\|k\mathbf{v}\|=3$ を満たすスカラー k を求めよ．ただし，$\mathbf{v}=(-1,2,0,3)$ とする．

9. 次のベクトルのユークリッド内積を求めよ．

(a) $\mathbf{u}=(-1,3)$, $\mathbf{v}=(7,2)$ (b) $\mathbf{u}=(3,7,1)$, $\mathbf{v}=(-1,0,2)$

(c) $\mathbf{u}=(1,-1,2,3)$, $\mathbf{v}=(3,3,-6,4)$ (d) $\mathbf{u}=(1,3,2,6,-1)$, $\mathbf{v}=(0,0,2,4,1)$

10. (a) $\boldsymbol{R}^2$ 内のベクトルで，ノルムが1でベクトル $(-2,4)$ とのユークリッド内積が0となるものを2個求めよ．

(b) $\boldsymbol{R}^3$ 内のベクトルで，ノルムが1でベクトル $(-1,7,2)$ とのユークリッド内積が0となるものは，無限に存在することを証明せよ．

11. 次の $\mathbf{u},\mathbf{v}$ の間のユークリッド距離を求めよ．

(a) $\mathbf{u}=(2,-1)$, $\mathbf{v}=(3,2)$ (b) $\mathbf{u}=(1,1,-1)$, $\mathbf{v}=(2,6,0)$

(c) $\mathbf{u}=(2,0,1,3)$, $\mathbf{v}=(-1,4,6,6)$ (d) $\mathbf{u}=(6,0,1,3,0)$, $\mathbf{v}=(-1,4,2,8,3)$

12. $\boldsymbol{R}^n$ のベクトル $\mathbf{u},\mathbf{v}$ について，等式，

$$\|\mathbf{u}+\mathbf{v}\|^2+\|\mathbf{u}-\mathbf{v}\|^2=2\|\mathbf{u}\|^2+2\|\mathbf{v}\|^2$$

を証明せよ．また，$\boldsymbol{R}^2$ の場合に，この等式の意味を幾何学的に説明せよ．

13. $\boldsymbol{R}^n$ 内のベクトル $\mathbf{u},\mathbf{v}$ について，次の等式が成り立つことを示せ．

$$\mathbf{u}\cdot\mathbf{v}=\frac{1}{4}\|\mathbf{u}+\mathbf{v}\|^2-\frac{1}{4}\|\mathbf{u}-\mathbf{v}\|^2$$

14. $\mathbf{u}=(1,0,-1,2)$, $\mathbf{v}=(3,-1,2,4)$, $\mathbf{w}=(2,7,3,0)$, $k=6$, $l=-2$ として，定理1 (b),(e),(f),(g) を確認せよ．

15. 問題14と同じ $\mathbf{u},\mathbf{v},\mathbf{w},k$ について，定理2(b),(c)を確認せよ．

16. 定理1(a)～(d)を証明せよ．

17. 定理1(e)～(h)を証明せよ．

18. 定理2(a),(c)を証明せよ．

4.2 線型空間

ここでは，いままでのベクトルの概念をさらに一般化する．つまり，ある公理系を与えて，それを満足するものすべてを「ベクトル」とよぼうということにする．いままで扱ってきた $\boldsymbol{R}^n$ 内のベクトルが持っていた重要な性質だけをいくつかとり出して，それらを公理として抽出する．したがって，$\boldsymbol{R}^n$ 内ベクトル自体は，もちろん，一般的な意味でも「ベクトル」になっている．大切なことは，古い意味のベクトル以外にも興味深い（新しい意味の）「ベクトル」が実際に存在していることである．

以下の議論においては，和とスカラー倍が定義されているような集合 V を考える．ここで和というのは，V の任意の2元 $\mathbf{u},\mathbf{v}$ に対して，$\mathbf{u}+\mathbf{v}$ という記号で書く V の元を対応させる写像を意味し，またスカラー倍というのは，V

の任意の元 $\mathbf{u}$ と任意のスカラー（実数）k に対して，$k\mathbf{u}$ という V の元を対応させる写像を意味する．そしてさらに，新しく和やスカラー倍とよぶ概念が，以前に考えた和やスカラー倍の概念の持っていた基礎的な性質のいくつかを持っているとき，V を線型空間（またはベクトル空間）とよぶことにする．（そして，V の元をベクトルとよぶ．）これだけでは，もちろん，不正確な話なので，次に公理的な立場で，線型空間という概念を明確に定義しておこう．

定義 集合 V の任意の元 $\mathbf{u}, \mathbf{v}, \mathbf{w}$，および任意のスカラー（ここでは実数を意味する）$k, l$ が次の 10 個の公理のすべてを満たすとき，V を**線型空間**とよび，その元を**ベクトル**とよぶ．

公理 1 V の元 $\mathbf{u}, \mathbf{v}$ に対して，（**和**とよぶ）V の元 $\mathbf{u}+\mathbf{v}$ を作る操作が存在する．

公理 2 $\mathbf{u}+\mathbf{v}=\mathbf{v}+\mathbf{u}$ が成り立つ．

公理 3 $\mathbf{u}+(\mathbf{v}+\mathbf{w})=(\mathbf{u}+\mathbf{v})+\mathbf{w}$ が成り立つ．

公理 4 V の元 $\mathbf{0}$ がただ 1 つ存在して，$\mathbf{u}+\mathbf{0}=\mathbf{0}+\mathbf{u}=\mathbf{u}$ が成り立つ．

公理 5 各 $\mathbf{u}$ に対して，（$\mathbf{u}$ の**逆元**とよばれる）V の元，$-\mathbf{u}$ がただ 1 つ存在して，$\mathbf{u}+(-\mathbf{u})=(-\mathbf{u})+\mathbf{u}=\mathbf{0}$ が成り立つ．

公理 6 V の元 $\mathbf{u}$ と スカラー k に 対して，（**スカラー倍**とよぶ）V の元 $k\mathbf{u}$ を作る操作が存在する．

公理 7 $k(\mathbf{u}+\mathbf{v})=k\mathbf{u}+k\mathbf{v}$ が成り立つ．

公理 8 $(k+l)\mathbf{u}=k\mathbf{u}+l\mathbf{u}$ が成り立つ．

公理 9 $k(l\mathbf{u})=(kl)\mathbf{u}$ が成り立つ．

公理10 $1\mathbf{u}=\mathbf{u}$ が成り立つ．

（公理 4 のベクトル $\mathbf{0}$ を V のゼロ・ベクトルとよぶ．）

ある種の応用について考えようとするときには，スカラーを複素数にまで拡張しておいた方が便利なことがある．このような線型空間は複素線型空間とよばれる．しかし，本書中では，スカラーはすべて実数ということにしておく．

読者は，上の線型空間の定義が，具体的な「内容」にふれないで，単に満たすべき性質(つまり「外観」)のみを問題にしていることに注意してほしい．さまざまな対象が線型空間とよばれうる可能性を持っている．定義中で要求されている公理系さえ満たしていれば，どんなものでも線型空間とよぶことができる．次に，いくつかの線型空間の例をあげてみよう．

≪例 4≫

集合 $V=\boldsymbol{R}^n$ とすれば，すでに述べたように，V は，通常のベクトルの和とスカラー倍を考えることで，線型空間となっていることがわかる．（公理1～6については，$\boldsymbol{R}^n$ 内の標準的な和，スカラー倍の定義から明らか．また残りの公理7～10については定理1から明らか．)

≪例 5≫

$\boldsymbol{R}^3$ 内の原点を通る平面を V とする．このとき V にふくまれる $\boldsymbol{R}^3$ 内のベクトルの全体とそれらの（$\boldsymbol{R}^3$ 内での）和，スカラー倍を考えれば，Vが線型空間となることがわかる．これを確かめるには，まず，$\boldsymbol{R}^3$ が線型空間であることから，V 上のベクトルについても，公理 2, 3, 7, 8, 9, 10 が成立することは自明なので，V 上のベクトルについて公理 1, 4, 5, 6 を満たすことさえ示せばよい．

V は $\boldsymbol{R}^3$ の原点を通っているので，その方程式は，

$$ax+by+cz=0 \tag{4.1}$$

という形をしている（第3章，定理6参照）．ここで V 上の点 $\mathbf{u}=(u_1, u_2, u_3)$, $\mathbf{v}=(v_1, v_2, v_3)$ をとれば，$au_1+bu_2+cu_3=0, av_1+bv_2+cv_3=0$ となっているので，2式を加えて，

$$a(u_1+v_1)+b(u_2+v_2)+c(u_3+v_3)=0$$

をうる．ところで，この式は，$\mathbf{u}+\mathbf{v}=(u_1+v_1, u_2+v_2, u_3+v_3)$ が，V 上のベクトルであることを示している．また，$au_1+bu_2+cu_3=0$ の両辺を (-1) 倍して，

$$a(-u_1)+b(-u_2)+c(-u_3)=0$$

となるが，これは $-\mathbf{u}$ が V 上のベクトルになっていることを示している．同

様にして，公理4，6を満たしていることも証明できる．（読者にまかせる．）

≪例6≫

$\boldsymbol{R}^3$ 内の原点を通る直線を V とすると，上の例と同じようにして，V が線型空間となっていることがわかる．この場合には，V の方程式が，

$$\begin{cases} x=at \\ y=bt \qquad (-\infty<t<\infty) \\ z=ct \end{cases}$$

とパラメーター表示できることを利用すればいい．(詳細は，読者にまかせる．)

≪例7≫

$m\times n$ 行列全体を V とすると，行列としての和，行列としてのスカラー倍を考えることで，V が線型空間となっていることがわかる．すべての成分が0の行列が V のゼロ•ベクトルになっている．また逆元は，すべての成分の符号を変えてできる行列になっている．これが確かに，10個の公理を満たすことは，1.5節の定理2などからわかる．この線型空間を，$M_{m,n}$ と書くことにする．

≪例8≫

実数全体で定義された実数値関数の全体をVとする．$\mathbf{f}=f(x)$，$\mathbf{g}=g(x)$ を V の元，k を実数とするとき，$\mathbf{f}+\mathbf{g}$，$k\mathbf{f}$ を，

$$(\mathbf{f}+\mathbf{g})(x)=f(x)+g(x)$$
$$(k\mathbf{f})(x)=kf(x)$$

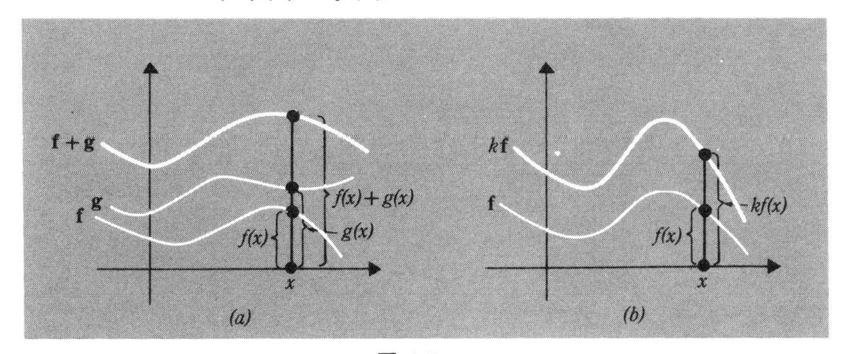

図 4.2

によって定める．つまり，$\mathbf{f}+\mathbf{g}$ の x での値を $\mathbf{f},\mathbf{g}$ それぞれの x での値の和とし（図 4.2(a)），同様に，$k\mathbf{f}$ の x での値を $\mathbf{f}$ の x での値の k 倍とする（図 4.2(b)）．このとき，V は，この和とスカラー倍によって，線型空間となっていることがわかる．

≪例 9≫

$\boldsymbol{R}^2$ 内のベクトルで，成分が共に正または0となるものの全体は，線型空間にはならないことがわかる．その理由は，例えば，ベクトル $(1,1)$ の逆元 $(-1,-1)$ の成分が正でも0でもないことから明らかである（図 4.3 参照）．

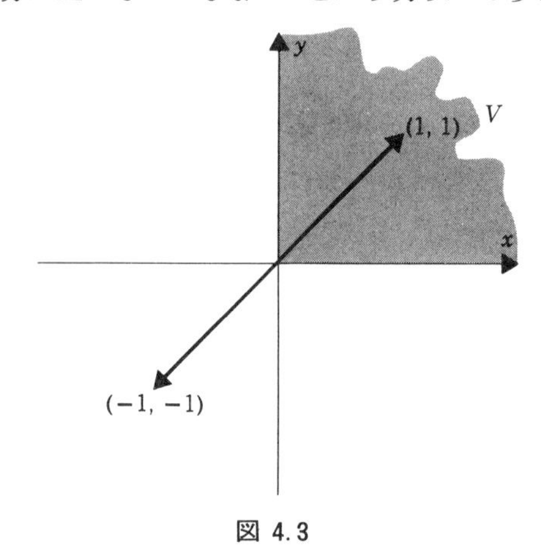

図 4.3

≪例10≫

ただ1つのベクトル $\mathbf{0}$ だけからなる集合 V に対して，

$$\mathbf{0}+\mathbf{0}=\mathbf{0}$$

$$k\mathbf{0}=\mathbf{0} \qquad (k：スカラー)$$

と定義すれば，V が線型空間となることがわかる．これは，**ゼロ線型空間**とよばれ，記号で $\{\mathbf{0}\}$ と書かれる．

今後，さらに多くの線型空間について述べることになるが，この節は，次の定理で終わりにしよう．この定理は，ベクトルの公理から出てくる性質を並べたものである.

定理 3

V を線型空間, $\mathbf{u}$ を V のベクトル, k をスカラーとするとき,

(a) $0\mathbf{u}=\mathbf{0}$

(b) $k\mathbf{0}=\mathbf{0}$

(c) $(-1)\mathbf{u}=-\mathbf{u}$

(d) $k\mathbf{u}=\mathbf{0}$ ならば, $k=0$ または $\mathbf{u}=\mathbf{0}$

証明. ここでは, (a), (c) だけを証明し, (b), (d) については, 読者にまかせることにする.

(a)
$$\begin{aligned} 0\mathbf{u}+0\mathbf{u}&=(0+0)\mathbf{u} && (\text{公理 }8)\\ &=0\mathbf{u} && (0+0=0)\end{aligned}$$

ここで, $0\mathbf{u}$ に公理 5 を適用すると, その逆元 $-0\mathbf{u}$ が存在することがわかるので, これを上の両辺に加えると,

$$\begin{aligned} (0\mathbf{u}+0\mathbf{u})+(-0\mathbf{u})&=0\mathbf{u}+(-0\mathbf{u}) && \\ 0\mathbf{u}+(0\mathbf{u}+(-0\mathbf{u}))&=0\mathbf{u}+(-0\mathbf{u}) && (\text{公理 }3)\\ 0\mathbf{u}+\mathbf{0}&=\mathbf{0} && (\text{公理 }5)\\ 0\mathbf{u}&=\mathbf{0} && (\text{公理 }4)\end{aligned}$$

(c) $(-1)\mathbf{u}=-\mathbf{u}$ を示すためには, $\mathbf{u}+(-1)\mathbf{u}=\mathbf{0}$ を示せばいい. (逆元の一意性より) ところで,

$$\begin{aligned} \mathbf{u}+(-1)\mathbf{u}&=1\mathbf{u}+(-1)\mathbf{u} && (\text{公理}10)\\ &=(1+(-1))\mathbf{u} && (\text{公理 }8)\\ &=0\mathbf{u} && (1+(-1)=0)\\ &=\mathbf{0} \quad ■ && (\text{上の(a)})\end{aligned}$$

練習問題 4.2

次の 1. ~14. の集合 (および, 和とスカラー倍の定義) が, 線型空間となっているかどうかを確かめよ. 線型空間とならないものについては, どの公理が成立していないか

を述べよ．

1.　3順序列 (x, y, z) の全体に，和を $(x, y, z)+(x', y', z')=(x+x', y+y', z+z')$，スカラー倍を $k(x, y, z)=(kx, y, z)$ によって定める．

2.　3順序列 (x, y, z) の全体に，和を $(x, y, z)+(x', y', z')=(x+x', y+y', z+z')$，スカラー倍を $k(x, y, z)=(0, 0, 0)$ によって定める．

3.　2順序列 (x, y) の全体に，和を $(x, y)+(x', y')=(x+x', y+y')$，スカラー倍を $k(x, y)=(2kx, 2ky)$ によって定める．

4.　実数の全体に，和を通常の和，スカラー倍を通常の積によって定める．

5.　$(x, 0)$ の形をした2順序列の全体に，和を $(x, 0)+(x', 0)=(x+x', 0)$，スカラー倍を $k(x, 0)=(kx, 0)$ によって定める．

6.　$x \geqq 0$ であるような (x, y) の全体に，通常の $\boldsymbol{R}^n$ の和とスカラー倍を考える．

7.　n 順序列 $(x, x, \cdots, x)$ の全体に，通常の $\boldsymbol{R}^n$ の和とスカラー倍を考える．

8.　2順序列 (x, y) の全体に，和を $(x, y)+(x', y')=(x+x'+1, y+y'+1)$，スカラー倍を $k(x, y)=(kx, ky)$ によって定める．

9.　正の実数全体に，和を $x+x'=xx'$，スカラー積を $kx=x^k$ によって定める．

10.　2×2 行列

$$\begin{bmatrix} a & 1 \\ 1 & b \end{bmatrix}$$

の全体に，通常の行列の和とスカラー倍を考える．

11.　2×2 行列

$$\begin{bmatrix} a & 0 \\ 0 & b \end{bmatrix}$$

の全体に，通常の行列の和とスカラー倍を考える．

12.　実数全体で定義された実数値関数 $\mathbf{f}$ のうちで，$f(1)=0$ を満足するものの全体に，例8と同じ和とスカラー倍を考える．

13.　2×2 行列

$$\begin{bmatrix} a & a+b \\ a+b & b \end{bmatrix}$$

の全体に，通常の行列の和とスカラー倍を考える．

14.　太陽だけからなる集合に，その和を 太陽＋太陽＝太陽，スカラー倍を k 太陽＝太陽によって定める．

15.　$\boldsymbol{R}^3$ 内の原点を通る直線は，$\boldsymbol{R}^3$ の通常の和とスカラー倍によって線型空間となることを示せ．

16.　例5の説明を完全にせよ．

17.　例8の説明を完全にせよ．

18.　定理3(b) を証明せよ．

19.　定理3(d) を証明せよ．

20. 公理4の主張から，「ただ1つ」をなくしても，「ゼロ・ベクトル」が2つ以上存在することは，ありえないことを示せ．（つまり，$\mathbf{0}+\mathbf{u}=\mathbf{0}'+\mathbf{u}=\mathbf{u}$ ならば，$\mathbf{0}=\mathbf{0}'$ となることを示せばよい．）
21. 公理5の主張から，「ただ1つ」をなくしても，「逆元」が2つ以上存在することは，ありえないことを示せ．（つまり，$\mathbf{u}+\mathbf{u}'=\mathbf{u}+\mathbf{u}''=\mathbf{0}$ ならば，$\mathbf{u}'=\mathbf{u}''$ となることを示せばよい．）

4.3 部分空間

線型空間 V が与えられたとする．V の部分集合のうちのあるものは，V に定義されている和とスカラー倍をその部分集合に制限したとき，それ自身も線型空間となる場合がある．この節では，こういう部分集合について詳しく述べる．

定義 線型空間 V の部分集合 W が，V 上の和とスカラー倍を W に制限して線型空間となっているとき，W は V の（線型）**部分空間**とよばれる．

例えば，$\boldsymbol{R}^3$ 内の原点を通る平面や直線は，$\boldsymbol{R}^3$ の部分空間になっている．（例5，6 参照）

一般的には，和とスカラー倍をもった集合 W が，線型空間になっているかどうかを見るには，公理1～公理10が成立しているかどうかをチェックする必要がある．しかし，W が，すでに線型空間となっている集合 V にふくまれている場合には，必ずしも，すべての公理をチェックする必要はない．特に，ここであつかう W が V 上の和とスカラー倍をそのまま保存している場合には，チェックの必要のない公理が多い．例えば，公理2（$\mathbf{u}+\mathbf{v}=\mathbf{v}+\mathbf{u}$）などは V で成立する以上，当然 W でも成立しているのでチェックしなくてもよい．同様に，公理3，公理7，公理8，公理9，公理10も自動的に成立することがわかる．したがって，公理1，公理4，公理5，公理6だけをチェックすればよいことになる．さらに，次の定理によると，公理4，公理5さえ実はチェックの必要がないことがわかる．

定理4

線型空間 V の（空でない）部分集合 W が部分空間となるための必要十分条件は，次の(a), (b)を満たすことである．

(a) $\mathbf{u}, \mathbf{v}$ が W のベクトルなら，$\mathbf{u}+\mathbf{v}$ もまた W のベクトル．

(b) $\mathbf{u}$ が W のベクトル，k がスカラーなら，$k\mathbf{u}$ もまた W のベクトル．

（条件(a)が成立しているとき，W が**和について閉じている**と言い，(b)が成立しているとき W が**スカラー倍について閉じている**と言う．）

証明　もし，W が V の部分空間であれば，公理1～10が成立している．ところで，公理1，公理6は上の条件(a), (b)そのものである．

逆に，(a), (b)が成立しているとすると，公理1，公理6は自動的に成立し，さらに公理2，3，7，8，9，10も V が線型空間であることからただちに示される．したがって，残る公理4，5のみをチェックすればいい．

$\mathbf{u}$ を W のベクトルとする．(b)から，任意の k について $k\mathbf{u}$ が W にふくまれるのであるから，特に $k=0$ とすれば $0\mathbf{u}=\mathbf{0}$ が W にふくまれることがわかる．また，$k=-1$ とすれば $(-1)\mathbf{u}=-\mathbf{u}$ が W にふくまれることもわかる．（定理3参照）　■

任意の線型空間 V（少くとも2個以上のベクトルをもつとする）は，少くとも2個の部分空間を持っている．V 自身とゼロ・ベクトルのみからなるゼロ部分空間（$\{\mathbf{0}\}$で示す）がそれである．次に，もう少し自明でない部分空間の例をあげよう．

≪例11≫

4.2節の例5において，$\boldsymbol{R}^3$ の原点を通る平面が，線型空間となっていることを見た．つまり，$\boldsymbol{R}^3$ の原点を通る平面は，$\boldsymbol{R}^3$ の部分空間であることがわかった．このことは，定理4を利用すれば，次のようにして証明することもできる．

$\boldsymbol{R}^3$ の原点を通る任意の平面を W とし，$\mathbf{u}, \mathbf{v}$ を W 上のベクトルとする．この

ときu+vは，uとvの作る平行4辺形の対角線となるので明らかに，W上に存在する(図4.4参照).

同様に，スカラーkに対して$k\mathbf{u}$がW上に存在することも（純幾何学的に）明らかなので，Wが$\boldsymbol{R}^3$の部分空間であることがわかる.

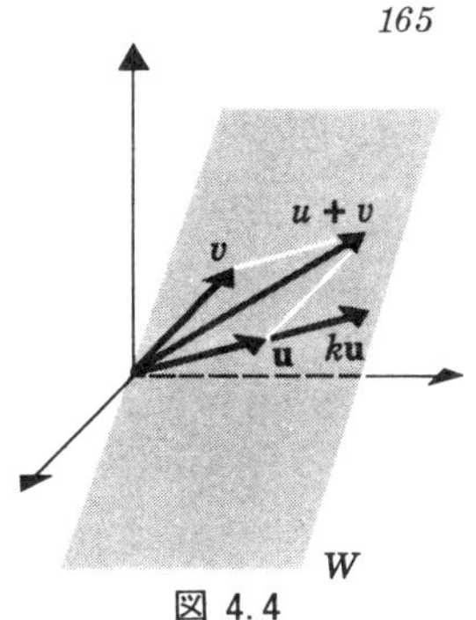

図 4.4

注意.　この例とまったく同様にして，$\boldsymbol{R}^3$の原点を通る直線が，$\boldsymbol{R}^3$の部分空間であることも証明できる．実は，$\boldsymbol{R}^3$の部分空間は，$\{\mathbf{0}\}$，$\boldsymbol{R}^3$自身，原点を通る直線と平面以外には存在しないこともわかる．(4.5節の練習問題の20参照)

≪例12≫

対角成分が0の2×2行列全体Wは，2×2行列全体の作る線型空間$M_{2,2}$の部分空間となることを示せ.

解：
$$A=\begin{bmatrix}0 & a_{12}\\ a_{21} & 0\end{bmatrix},\quad B=\begin{bmatrix}0 & b_{12}\\ b_{21} & 0\end{bmatrix},\quad k\text{はスカラーとするとき,}$$
$$A+B=\begin{bmatrix}0 & a_{12}+b_{12}\\ a_{21}+b_{21} & 0\end{bmatrix},\quad kA=\begin{bmatrix}0 & ka_{12}\\ ka_{21} & 0\end{bmatrix}$$
より，$A+B, kA$ 共にWにふくまれることがわかる．したがって，Wは，$M_{2,2}$の部分空間である.

≪例13≫

nを正整数とし，次数がn以下の実係数多項式（関数）全体からなる集合をWとする．つまり，実数$a_0, a_1, \cdots, a_n$を係数とする多項式，
$$p(x)=a_0+a_1x+\cdots+a_nx^n \tag{4.2}$$
の全体をWとする．Wは例8で扱った実数値関数全体の作る線型空間の部分空間であることが，次のようにして確かめられる．$\mathbf{p}, \mathbf{q}$をそれぞれ，多項式(関数)，
$$p(x)=a_0+a_1x+\cdots+a_nx^n$$
$$q(x)=b_0+b_1x+\cdots+b_nx^n$$
とし，kをスカラーとする．このとき，

$$(\mathbf{p}+\mathbf{q})(x)=p(x)+q(x)=(a_0+b_0)+(a_1+b_1)x+\cdots+(a_n+b_n)x^n$$

$$(k\mathbf{p})(x)=kp(x)=(ka_0)+(ka_1)x+\cdots+(ka_n)x^n$$

となるが，これらはいずれも，多項式（関数），(4.2) の形をしている．したがって，$\mathbf{p}+\mathbf{q}$ も $k\mathbf{p}$ も W にふくまれる．ここで述べた線型空間 W を，特に P_n と書くことにする．

≪例14≫

$\mathbf{f},\mathbf{g}$ を連続関数，k を定数とすれば，$\mathbf{f}+\mathbf{g}, k\mathbf{f}$ もまた連続関数となることが知られている．したがって，実数全体で定義された実数値連続関数の全体は，一般的な実数値関数全体の作る線型空間の部分空間となっていることがわかる．この空間は，$C(-\infty,\infty)$ と書くことにする．また，同様に，閉区間 $a\leqslant x\leqslant b$ の上で定義された実数値連続関数全体の作る線型空間は，$C[a,b]$ という記号で書き表わすことにする．

≪例15≫

n 変数の m 個の１次方程式からなる連立１次方程式

$$\begin{cases} a_{11}x_1+a_{12}x_2+\cdots+a_{1n}x_n=b_1 \\ a_{21}x_1+a_{22}x_2+\cdots+a_{2n}x_n=b_2 \\ \quad\vdots \qquad\quad \vdots \qquad\qquad\quad \vdots \qquad \vdots \\ a_{m1}x_1+a_{m2}x_2+\cdots+a_{mn}x_n=b_m \end{cases}$$

は，係数行列 A を利用して表わせば，（$n\times1$ 行列とベクトルを同一視して）

$$A\mathbf{x}=\mathbf{b} \qquad \left(\mathbf{x}=\begin{bmatrix} x_1 \\ x_2 \\ \vdots \\ x_n \end{bmatrix} \qquad \mathbf{b}=\begin{bmatrix} b_1 \\ b_2 \\ \vdots \\ b_m \end{bmatrix} \text{とする.}\right)$$

となる．このとき，

$$x_1=s_1, \quad x_2=s_2, \cdots, \quad x_n=s_n$$

が解となるような，ベクトル

$$\mathbf{s}=\begin{bmatrix} s_1 \\ s_2 \\ \vdots \\ s_n \end{bmatrix}$$

を，もとの連立１次方程式の**解ベクトル**とよぶ．ところで，もし，もとの連立

1次方程式が同次形，つまり，

$$\mathbf{b}=\begin{bmatrix}0\\0\\\vdots\\0\end{bmatrix}=\mathbf{0}$$

であれば，解ベクトルの全体が，$\boldsymbol{R}^n$ の部分空間をなすことを示そう.

$$A\mathbf{x}=\mathbf{0}$$

を与えられた連立1次同次方程式とし，解ベクトル全体の作る集合を W とする．W が和とスカラー倍に関して閉じていることを見るには，W の任意のベクトル $\mathbf{s},\mathbf{s}'$，任意のスカラー k に対して，$\mathbf{s}+\mathbf{s}'$ と $k\mathbf{s}$ が共にまた W のベクトル，つまり解ベクトルとなることを示せばいい．ところが，$\mathbf{s},\mathbf{s}'$ が $A\mathbf{x}=\mathbf{0}$ の解であることから，

$$A\mathbf{s}=\mathbf{0},\qquad A\mathbf{s}'=\mathbf{0}$$

となっている．これを加えると，

$$A(\mathbf{s}+\mathbf{s}')=A\mathbf{s}+A\mathbf{s}'=\mathbf{0}+\mathbf{0}=\mathbf{0}$$

また，

$$A(k\mathbf{s})=k(A\mathbf{s})=k\mathbf{0}=\mathbf{0}$$

つまり，$\mathbf{s}+\mathbf{s}', k\mathbf{s}$ が共に $A\mathbf{x}=\mathbf{0}$ の解ベクトルであることがわかった.

この例にあげた部分空間 W は，連立1次同次方程式 $A\mathbf{x}=\mathbf{0}$ の**解空間**とよばれる.

線型空間 V が与えられているときに，その中のあるベクトルの集合 $\{\mathbf{v}_1,\mathbf{v}_2,\cdots,\mathbf{v}_r\}$ をすべてふくむ部分空間のうちで最も小さなものを決定するということが，必要になる場合がある．そのような部分空間を求めるためのカギになるのが次に定義する1次結合（線型結合）という概念である.

定義 ベクトル $\mathbf{w}$ が，ベクトル $\mathbf{v}_1,\mathbf{v}_2,\cdots,\mathbf{v}_r$ をもちいて，

$$\mathbf{w}=k_1\mathbf{v}_1+k_2\mathbf{v}_2+\cdots+k_r\mathbf{v}_r$$

と書けるとき，$\mathbf{w}$ は $\mathbf{v}_1,\mathbf{v}_2,\cdots,\mathbf{v}_r$ の**1次結合**で書けるという.

≪例16≫

$\mathbf{u}=(1,2,-1)$, $\mathbf{v}=(6,4,2)$ を $\boldsymbol{R}^3$ のベクトルとする．このとき，$\mathbf{w}=(9,2,7)$ は $\mathbf{u},\mathbf{v}$ の１次結合で書けるが，$\mathbf{w}'=(4,-1,8)$ は書けないことを示せ．

解：　$\mathbf{w}=k_1\mathbf{u}+k_2\mathbf{v}$ を満たす k_1, k_2 を求めよう．

$$\begin{aligned}(9,2,7)&=k_1(1,2,-1)+k_2(6,4,2)\\&=(k_1+6k_2, 2k_1+4k_2, -k_1+2k_2)\end{aligned}$$

これから，連立１次方程式

$$\begin{cases}k_1+6k_2=9\\2k_1+4k_2=2\\-k_1+2k_2=7\end{cases}$$

を作って，解くと，$k_1=-3, k_2=2$ をうる．つまり，

$$\mathbf{w}=-3\mathbf{u}+2\mathbf{v}$$

と書けることがわかった．

同様に，もし，

$$\mathbf{w}'=k_1'\mathbf{u}+k_2'\mathbf{v}$$

と書けたとすると，

$$\begin{aligned}(4,-1,8)&=k_1'(1,2,-1)+k_2'(6,4,2)\\&=(k_1'+6k_2', 2k_1'+4k_2', -k_1'+2k_2')\end{aligned}$$

より，

$$\begin{cases}k_1'+6k_2'=4\\2k_1'+4k_2'=-1\\-k_1'+2k_2'=8\end{cases}$$

をうるが，この連立１次方程式は不能，つまり解がないことがわかる（第１式から第２式をひくと，$-k_1'+2k_2'=5$ となるが，これは第３式に矛盾する）．つまり，$\mathbf{w}'$ は $\mathbf{u},\mathbf{v}$ の１次結合として表わすことはできない．

定義　線型空間 V のベクトル $\mathbf{v}_1, \mathbf{v}_2, \cdots, \mathbf{v}_r$ をもちいて，V の任意のベクトルを１次結合として表わすことができるとき，ベクトル $\mathbf{v}_1, \mathbf{v}_2, \cdots, \mathbf{v}_r$ は線型空間 V を**張る**という．

≪例17≫

ベクトル $\mathbf{i}=(1,0,0)$，$\mathbf{j}=(0,1,0)$，$\mathbf{k}=(0,0,1)$ は $\boldsymbol{R}^3$ を張る．その理由は，$\boldsymbol{R}^3$ の任意のベクトル (a,b,c) が，

$$(a,b,c)=a\mathbf{i}+b\mathbf{j}+c\mathbf{k}$$

という，$\mathbf{i},\mathbf{j},\mathbf{k}$ の１次結合として書けるからである．

≪例18≫

多項式 $1,x,x^2,\cdots,x^n$ は，線型空間 P_n（例13参照）を張ることも，P_n の任意の多項式 $\mathbf{p}$ が，

$$\mathbf{p}=a_0+a_1x+\cdots+a_nx^n$$

という．$1,x,x^2,\cdots,x^n$ の１次結合として書けていることからただちにわかる．

≪例19≫

$\mathbf{v}_1=(1,1,2)$，$\mathbf{v}_2=(1,0,1)$，$\mathbf{v}_3=(2,1,3)$ は $\boldsymbol{R}^3$ を張りうるか？

解：　$\boldsymbol{R}^3$ の任意のベクトル $\mathbf{b}=(b_1,b_2,b_3)$ が，

$$\mathbf{b}=k_1\mathbf{v}_1+k_2\mathbf{v}_2+k_3\mathbf{v}_3$$

と書けるかどうかを示せばよい．つまり，

$$\begin{aligned}(b_1,b_2,b_3)&=k_1(1,1,2)+k_2(1,0,1)+k_3(2,1,3)\\&=(k_1+k_2+2k_3,\ k_1+k_3,\ 2k_1+k_2+3k_3)\end{aligned}$$

したがって，

$$\begin{cases}k_1+k_2+2k_3=b_1\\k_1\qquad+\ k_3=b_2\\2k_1+k_2+3k_3=b_3\end{cases}$$

を満たす k_1,k_2,k_3 が存在するかどうかを見ればよい．

かくして，問題は，上の連立１次方程式が解を持つかどうかという問題にもちこまれた．1.7節，定理13(a),(b)によると，これは，係数行列

$$A=\begin{bmatrix}1&1&2\\1&0&1\\2&1&3\end{bmatrix}$$

が，可逆かどうかと同値である．つまり，A がもし可逆であれば，任意の

(b_1, b_2, b_3) に対して解があることになり，A が可逆でなければ，必ずしも解けるとは限らない．ところで，

$$\det(A)=\begin{vmatrix}1 & 1 & 2\\ 1 & 0 & 1\\ 2 & 1 & 3\end{vmatrix}=0+2+2-0-1-3=0$$

となるので，A は可逆ではない．したがって，$\mathbf{v}_1, \mathbf{v}_2, \mathbf{v}_3$ の１次結合としては表わせないベクトルが $\boldsymbol{R}^3$ 内に存在する．つまり，$\mathbf{v}_1, \mathbf{v}_2, \mathbf{v}_3$ は $\boldsymbol{R}^3$ を張らない．

一般に，線型空間Vのベクトルの集合 $\{\mathbf{v}_1, \mathbf{v}_2, \cdots, \mathbf{v}_r\}$ があれば，これらは，Vを張ることができるかできないかのいずれかである．Vを張る場合には，Vのあらゆるベクトルが，$\mathbf{v}_1, \mathbf{v}_2, \cdots, \mathbf{v}_r$ の１次結合の形に表わせるということになり，V全体を張ることができない場合には，$\mathbf{v}_1, \mathbf{v}_2, \cdots, \mathbf{v}_r$ の１次結合の形に書けるベクトルと書けないベクトルがあることになる．次の定理は，$\mathbf{v}_1, \mathbf{v}_2, \cdots, \mathbf{v}_r$ の１次結合の形で書けるVのベクトルをすべて集めると，それが，Vの部分空間となることを示している．この部分空間は，$\{\mathbf{v}_1, \mathbf{v}_2, \cdots, \mathbf{v}_r\}$ によって**張られる線型空間**とよばれる．単に，$\{\mathbf{v}_1, \mathbf{v}_2, \cdots, \mathbf{v}_r\}$ によって**張られる空間**とよぶこともある．

定理 5

$\mathbf{v}_1, \mathbf{v}_2, \cdots, \mathbf{v}_r$ を線型空間Vのベクトルとするとき，

(a)　$\mathbf{v}_1, \mathbf{v}_2, \cdots, \mathbf{v}_r$ の１次結合全体Wは，Vの部分空間をなす．

(b)　Wは $\mathbf{v}_1, \mathbf{v}_2, \cdots, \mathbf{v}_r$ をふくむVの「最小」の部分空間である．つまり，$\mathbf{v}_1, \mathbf{v}_2, \cdots, \mathbf{v}_r$ をふくむ部分空間はWをふくむ．

証明

(a)　WがVの部分空間となっていることを見るために，Wが，和とスカラー倍に関して閉じていることを示そう．$\mathbf{u}, \mathbf{u}'$ をWのベクトルとすると，

$$\mathbf{u}=c_1\mathbf{v}_1+c_2\mathbf{v}_2+\cdots+c_r\mathbf{v}_r$$

$$\mathbf{u}'=c_1'\mathbf{v}+c_2'\mathbf{v}_2+\cdots+c_r'\mathbf{v}_r$$

と書けている（ここで $c_1, \cdots, c_r, c_1', \cdots, c_r'$ はスカラー）．

したがって，

$$\mathbf{u}+\mathbf{u}'=(c_1+c_1')\mathbf{v}_1+(c_2+c_2')\mathbf{v}_2+\cdots+(c_r+c_r')\mathbf{v}_r$$

また，k をスカラーとすると，

$$k\mathbf{u}=(kc_1)\mathbf{v}_1+(kc_2)\mathbf{v}_2+\cdots+(kc_r)\mathbf{v}_r$$

これらは，$\mathbf{u}+\mathbf{u}'$, $k\mathbf{u}$ が共に $\mathbf{v}_1, \mathbf{v}_2, \cdots, \mathbf{v}_r$ の１次結合で書ける，つまり W にふくまれていることを示している．ゆえに，W は和とスカラー倍に関して閉じていることがわかった．

(b) いうまでもなく，各ベクトル $\mathbf{v}_i$ は $\mathbf{v}_1, \mathbf{v}_2, \cdots, \mathbf{v}_r$ の１次結合で書けている．($\mathbf{v}_i=0\mathbf{v}_1+\cdots+1\mathbf{v}_i+\cdots+0\mathbf{v}_r$) つまり，$W$ は $\mathbf{v}_1, \mathbf{v}_2, \cdots, \mathbf{v}_r$ をふくんでいる．今，W' が $\mathbf{v}_1, \mathbf{v}_2, \cdots, \mathbf{v}_r$ をふくむ部分空間だとすると，W' は和とスカラー倍に関して閉じているはずである．このことは，W' が

$$c_1\mathbf{v}_1+c_2\mathbf{v}_2+\cdots+c_r\mathbf{v}_r$$

の形のベクトルをふくんでいることを意味する．つまり，W' は $\mathbf{v}_1, \cdots, \mathbf{v}_r$ の１次結合の全体 W をふくんでいることになる． ■

ベクトルの集合 $S=\{\mathbf{v}_1, \mathbf{v}_2, \cdots, \mathbf{v}_r\}$ によって張られる線型空間を，

$$\mathscr{L}(S) \quad \text{または，} \quad \mathscr{L}\{\mathbf{v}_1, \mathbf{v}_2, \cdots, \mathbf{v}_r\}$$

によって表わすことにする．

≪例20≫

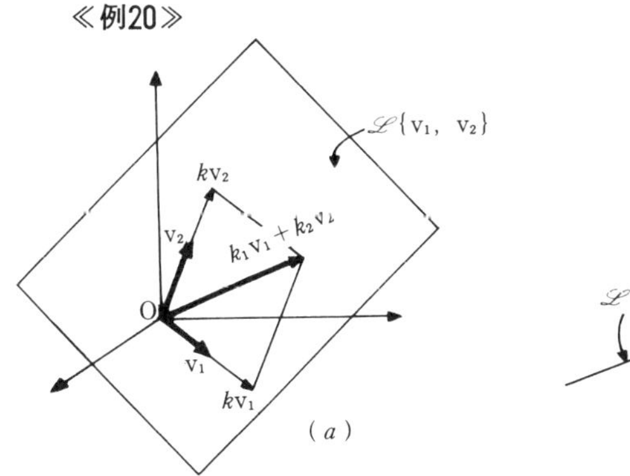

(a)

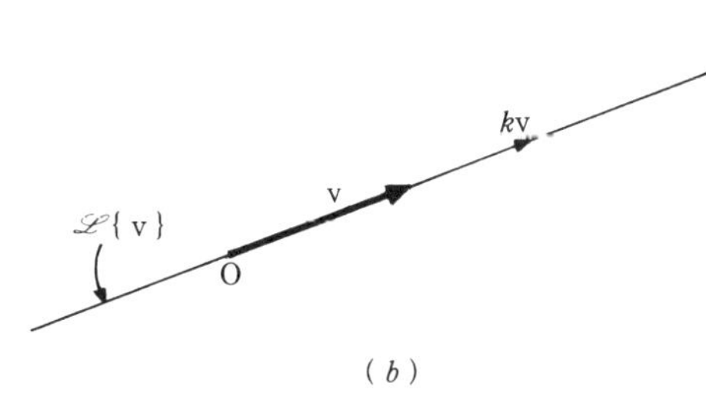

(b)

図 4.5

$\mathbf{v}_1, \mathbf{v}_2$ が $\boldsymbol{R}^3$ の同一直線上にないベクトルであれば，$\mathscr{L}\{\mathbf{v}_1, \mathbf{v}_2\}$ つまり，$k_1\mathbf{v}_1 + k_2\mathbf{v}_2$ という形のベクトル全体は $\mathbf{v}_1, \mathbf{v}_2$ をふくむ平面を作る（図 4.5 (a)).

同じように，$\boldsymbol{R}^2$ または $\boldsymbol{R}^3$ の $\mathbf{0}$ でないベクトルを $\mathbf{v}$ とすると，$\mathscr{L}\{\mathbf{v}\}$ は $\mathbf{v}$ をふくむ直線に一致する（図 4.5 (b)).

練習問題 4.3

1. 定理 4 を利用して，次のうちから，$\boldsymbol{R}^3$ の部分空間となるものを選べ.
   (a) $(a,0,0)$ という形のベクトル全体.
   (b) $(a,1,1)$ という形のベクトル全体.
   (c) (a,b,c) という形のベクトル全体，ただし $b=a+c$ とする.
   (d) (a,b,c) という形のベクトル全体，ただし $b=a+c+1$ とする.
2. 定理 4 を利用して，次のうちから，$M_{2,2}$ の部分空間となるものを選べ.
   (a) $\begin{bmatrix} a & b \\ c & d \end{bmatrix}$ という形の行列全体. ただし，a,b,c,d は整数とする.
   (b) $\begin{bmatrix} a & b \\ c & d \end{bmatrix}$ という形の行列全体. ただし，$a+d=0$ とする.
   (c) $A=A^t$ となる 2×2 行列全体.
   (d) $\det(A)=0$ となる 2×2 行列全体.
3. 定理 4 を利用して，次のうちから，P_3 の部分空間となるものを選べ.
   (a) $a_1x+a_2x^2+a_3x^3$ という形の多項式全体.
   (b) $a_0+a_1x+a_2x^2+a_3x^3$ という形の多項式全体. ただし $a_0+a_1+a_2+a_3=0$ とする.
   (c) $a_0+a_1x+a_2x^2+a_3x^3$ という形の多項式全体. ただし a_0, a_1, a_2, a_3 は整数とする.
   (d) a_0+a_1x という形の多項式全体.
4. 定理 4 を利用して，次のうちから，実数全体で定義された実数値関数 $\mathbf{f}$ 全体の作る線型空間の部分空間となるものを選べ.
   (a) 任意の x に対して，$f(x)\leqslant 0$ となる $\mathbf{f}$ の全体.
   (b) $f(0)=0$ を満たす $\mathbf{f}$ の全体.
   (c) $f(0)=2$ を満たす $\mathbf{f}$ の全体.
   (d) 定数関数の全体.
   (e) $k_1+k_2\sin x$ という形の $\mathbf{f}$ の全体.（ただし k_1, k_2 は実数）
5. 次のベクトルのうちから，$\mathbf{u}=(1,-1,3)$，$\mathbf{v}=(2,4,0)$ の 1 次結合で書けるものを選べ.
   (a) $(3,3,3)$　　(b) $(4,2,6)$　　(c) $(1,5,6)$　　(d) $(0,0,0)$
6. 次のベクトルを $\mathbf{u}=(2,1,4)$，$\mathbf{v}=(1,-1,3)$，$\mathbf{w}=(3,2,5)$ の 1 次結合として表わせ.

(a) $(5,9,5)$ (b) $(2,0,6)$ (c) $(0,0,0)$ (d) $(2,2,3)$

7. 次の「ベクトル」(多項式) を $\mathbf{p}_1=2+x+4x^2$, $\mathbf{p}_2=1-x+3x^2$, $\mathbf{p}_3=3+2x+5x^2$ の1次結合として表わせ.

(a) $5+9x+5x^2$ (b) $2+6x^2$ (c) 0 (d) $2+2x+3x^2$

8. 次の行列のうちから,

$$A=\begin{bmatrix}1 & 2\\ -1 & 3\end{bmatrix}\quad B=\begin{bmatrix}0 & 1\\ 2 & 4\end{bmatrix}\quad C=\begin{bmatrix}4 & -2\\ 0 & -2\end{bmatrix}$$

の1次結合で書けるものを選べ.

(a) $\begin{bmatrix}6 & 3\\ 0 & 8\end{bmatrix}$ (b) $\begin{bmatrix}-1 & 7\\ 5 & 1\end{bmatrix}$ (c) $\begin{bmatrix}0 & 0\\ 0 & 0\end{bmatrix}$ (d) $\begin{bmatrix}6 & -1\\ -8 & -8\end{bmatrix}$

9. $\boldsymbol{R}^3$ を張ることのできる, ベクトルの集合を (a)〜(d) のうちから選べ.

(a) $\mathbf{v}_1=(1,1,1)$, $\mathbf{v}_2=(2,2,0)$, $\mathbf{v}_3=(3,0,0)$

(b) $\mathbf{v}_1=(2,-1,3)$, $\mathbf{v}_2=(4,1,2)$, $\mathbf{v}_3=(8,-1,8)$

(c) $\mathbf{v}_1=(3,1,4)$, $\mathbf{v}_2=(2,-3,5)$, $\mathbf{v}_3=(5,-2,9)$, $\mathbf{v}_4=(1,4,-1)$

(d) $\mathbf{v}_1=(1,3,3)$, $\mathbf{v}_2=(1,3,4)$, $\mathbf{v}_3=(1,4,3)$, $\mathbf{v}_4=(6,2,1)$

10. $\mathbf{f}=\cos^2 x$, $\mathbf{g}=\sin^2 x$ によって張られる線型空間にふくまれるものを選べ.

(a) $\cos 2x$ (b) $3+x^2$ (c) 1 (d) $\sin x$

11. 次の多項式全体は, P_3 を張ることができるか?

$$\mathbf{p}_1=1+2x-x^2 \qquad \mathbf{p}_2=3+x^2 \qquad \mathbf{p}_3=5+4x-x^2 \qquad \mathbf{p}_4=-2+2x-2x^2$$

12. $\mathbf{v}_1=(2,1,0,3)$, $\mathbf{v}_2=(3,-1,5,2)$, $\mathbf{v}_3=(-1,0,2,1)$

とするとき, 次のベクトルのうちから, $\mathscr{L}\{\mathbf{v}_1,\mathbf{v}_2,\mathbf{v}_3\}$ にふくまれるものを選べ.

(a) $(2,3,-7,3)$ (b) $(0,0,0,0)$ (c) $(1,1,1,1)$ (d) $(-4,6,-13,4)$

13. $\boldsymbol{R}^3$ 内のベクトル $\mathbf{u}=(1,1,-1)$, $\mathbf{v}=(2,3,5)$ によって張られる平面の方程式を求めよ.

14. $\boldsymbol{R}^3$ 内のベクトル $\mathbf{u}=(2,7,-1)$ によって張られる直線のパラメーター表示を求めよ.

15. n 変数の m 個の1次非同次方程式 (つまり, 定数項が0でない1次方程式) からなる連立1次方程式の解ベクトルの全体は $\boldsymbol{R}^n$ の部分空間とはなりえないことを示せ. (与えられた連立1次方程式は不能ではないと仮定する.)

16. 次の部分集合それぞれについて, 例8の線型空間の部分空間となっていることを示せ.

(a) 連続関数の全体.

(b) 微分可能な関数の全体.

(c) $\mathbf{f}'+2\mathbf{f}=\mathbf{0}$ を満足する微分可能な関数 $\mathbf{f}$ の全体.

4.4 1次独立性

線型空間Vとそのベクトル $\mathbf{v}_1, \mathbf{v}_2, \cdots, \mathbf{v}_r$ について，Vが集合 $S=\{\mathbf{v}_1, \mathbf{v}_2, \cdots, \mathbf{v}_r\}$ によって張られるというのは，Vの任意のベクトルが，$\mathbf{v}_1, \mathbf{v}_2, \cdots, \mathbf{v}_r$ の1次結合で書けるということを意味していた．V自体を調べようというときに，それを張るベクトルの集合がわかっていれば，まずその集合について調べて，その結果としてVについても何かがわかることが少なくない．だとすれば，Vを張る集合Sはなるべく小さい（つまりSにふくまれるベクトルの個数が少ない）方がのぞましいことになる．この節では，線型空間Vが与えられたとして，Vを張る最小の集合を構成するという問題について述べる．

$S=\{\mathbf{v}_1, \mathbf{v}_2, \cdots, \mathbf{v}_r\}$ をVのベクトルの集合とする．このとき，ベクトル方程式

$$k_1\mathbf{v}_1+k_2\mathbf{v}_2+\cdots+k_r\mathbf{v}_r=\mathbf{0}$$

は少くとも1組の解，$k_1=k_2=\cdots=k_r=0$ を持つ．ところで，これ以外に解を持たないときには，Sは**1次独立**であるといい，他にも解を持つときには，Sは**1次従属**であるという．

≪例21≫

$\mathbf{v}_1=(2, -1, 0, 3)$，$\mathbf{v}_2=(1, 2, 5, -1)$，$\mathbf{v}_3=(7, -1, 5, 8)$ とするとき，集合 $S=\{\mathbf{v}_1, \mathbf{v}_2, \mathbf{v}_3\}$ は1次従属である．実際，$3\mathbf{v}_1+\mathbf{v}_2-\mathbf{v}_3=\mathbf{0}$ となる．

≪例22≫

$\mathbf{p}_1=1-x$，$\mathbf{p}_2=5+3x-2x^2$，$\mathbf{p}_3=1+3x-x^2$ は，$3\mathbf{p}_1-\mathbf{p}_2+2\mathbf{p}_3=\mathbf{0}$ となるので，1次従属である．

≪例23≫

$\boldsymbol{R}^3$ のベクトル $\mathbf{i}=(1, 0, 0)$，$\mathbf{j}=(0, 1, 0)$，$\mathbf{k}=(0, 0, 1)$ を考えよう．もし，

$$k_1\mathbf{i}+k_2\mathbf{j}+k_3\mathbf{k}=\mathbf{0}$$

が成立したとすると，

$$k_1(1, 0, 0)+k_2(0, 1, 0)+k_3(0, 0, 1)=(0, 0, 0)$$

つまり，

$$(k_1, k_2, k_3)=(0,0,0)$$

となり，集合 $S=\{\mathbf{i}, \mathbf{j}, \mathbf{k}\}$ は１次独立であることがわかる．

まったく同じ議論によって，

$$\mathbf{e}_1=(1,0,0,\cdots,0),\ \ \mathbf{e}_2=(0,1,0,\cdots,0),\cdots,\ \ \mathbf{e}_n=(0,0,0,\cdots,1)$$

は，$\boldsymbol{R}^n$ の１次独立な集合を作っていることがわかる．

≪例24≫

$\mathbf{v}_1=(1,-2,3)$，$\mathbf{v}_2=(5,6,-1)$，$\mathbf{v}_3=(3,2,1)$ は，１次独立か１次従属か？

解：　$$k_1\mathbf{v}_1+k_2\mathbf{v}_2+k_3\mathbf{v}_3=\mathbf{0}$$

を成分で表わすと，

$$k_1(1,-2,3)+k_2(5,6,-1)+k_3(3,2,1)=(0,0,0)$$

$$(k_1+5k_2+3k_3,\ -2k_1+6k_2+2k_3,\ 3k_1-k_2+k_3)=(0,0,0)$$

つまり，

$$\begin{cases} k_1+5k_2+3k_3=0 \\ -2k_1+6k_2+2k_3=0 \\ 3k_1-\ k_2+\ k_3=0 \end{cases}$$

という連立１次方程式がえられる．この連立１次方程式が自明でない解をもてば，$\{\mathbf{v}_1, \mathbf{v}_2, \mathbf{v}_3\}$ は１次従属ということになり，そうでなければ１次独立ということになる．ところで，これを解くと，

$$k_1=-\frac{1}{2}t,\quad k_2=-\frac{1}{2}t,\quad k_3=t$$

つまり，自明でない解を持つことがわかる．したがって $\{\mathbf{v}_1, \mathbf{v}_2, \mathbf{v}_3\}$ は１次従属である．（このことは，上の連立１次方程式の係数行列の行列式が０となることからもわかる）

「１次従属」という用語が暗示しているように，１次従属なベクトルは互いにある意味で「従属」している．$S=\{\mathbf{v}_1, \mathbf{v}_2, \cdots, \mathbf{v}_r\}$ を１次従属な集合とすると，ベクトル方程式，

$$k_1\mathbf{v}_1+k_2\mathbf{v}_2+\cdots+k_r\mathbf{v}_r=\mathbf{0}$$

には $k_1=k_2=\cdots=k_r=0$ 以外の解が存在する．かりに，$k_1\neq 0$ とすると，$\mathbf{v}_1$

は,

$$\mathbf{v}_1=\left(-\frac{k_2}{k_1}\right)\mathbf{v}_2+\left(-\frac{k_3}{k_1}\right)\mathbf{v}_3+\cdots+\left(-\frac{k_r}{k_1}\right)\mathbf{v}_r$$

と書けることがわかる．これは，$\mathbf{v}_1$ が $\{\mathbf{v}_2,\cdots,\mathbf{v}_r\}$ の1次結合で書けることを示している．読者は「2個以上のベクトルが1次従属であれば，そのうち少なくとも1個のベクトルは残りのベクトルの1次結合で書ける」ことを証明してみてほしい．

次の2つの例は，$\boldsymbol{R}^2$ および $\boldsymbol{R}^3$ での1次従属性の幾何学的イメージを与えている．

≪例25≫

2個のベクトル $\mathbf{v}_1,\mathbf{v}_2$ が1次従属だというのは，一方がたがいに他のスカラー倍として書けることを意味している．実際，$S=\{\mathbf{v}_1,\mathbf{v}_2\}$ が1次従属であれば，$k_1\mathbf{v}_1+k_2\mathbf{v}_2=\mathbf{0}$ が少なくとも $k_1\neq0$ または $k_2\neq0$ の解を持つので，

$$\mathbf{v}_1=\left(-\frac{k_2}{k_1}\right)\mathbf{v}_2 \quad \text{または} \quad \mathbf{v}_2=\left(-\frac{k_1}{k_2}\right)\mathbf{v}_1$$

と書けることがわかる．(逆は読者にまかせる.) 特に，平面上または3次元空間内でいえば，S が1次従属であることと，$\mathbf{v}_1,\mathbf{v}_2$ が同一直線上に存在していることが同値である (図4.6参照).

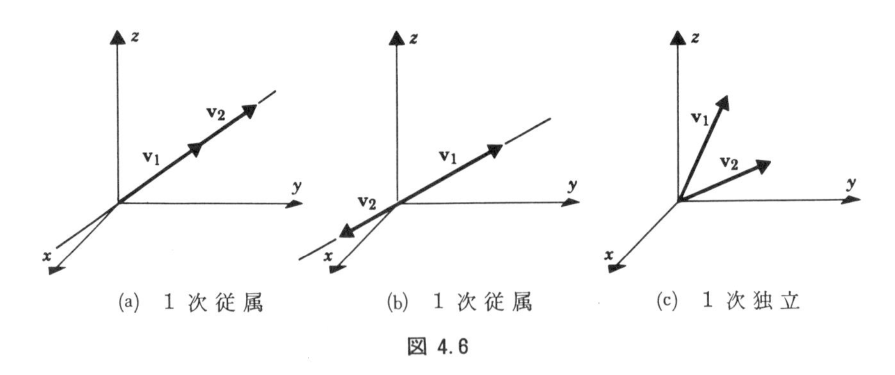

(a) 1 次 従 属 (b) 1 次 従 属 (c) 1 次 独 立

図 4.6

≪例26≫

$\boldsymbol{R}^3$ のベクトル $\mathbf{v}_1,\mathbf{v}_2,\mathbf{v}_3$ について，$S=\{\mathbf{v}_1,\mathbf{v}_2,\mathbf{v}_3\}$ が1次従属だということ

は，$\mathbf{v}_1, \mathbf{v}_2, \mathbf{v}_3$ が同一平面上に存在していることを意味している（図 4.7 参照）．実際，S が 1 次従属だとすれば，S の少なくとも 1 個のベクトルが残りのベクトルの 1 次結合で書ける．つまり残りのベクトルの張る平面または直線，または原点上に S のすべてが存在していることになる．（練習問題17参照）したがって，$\mathbf{v}_1, \mathbf{v}_2, \mathbf{v}_3$ は（たかだか）同一平面上に存在することがわかる．

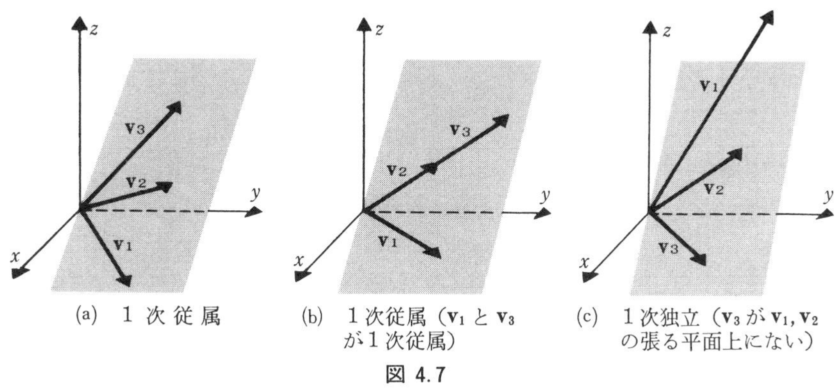

(a)　1 次 従 属　　(b)　1 次従属（$\mathbf{v}_1$ と $\mathbf{v}_3$ が 1 次従属）　　(c)　1 次独立（$\mathbf{v}_3$ が $\mathbf{v}_1, \mathbf{v}_2$ の張る平面上にない）

図 4.7

次に，この節の結論として，$\boldsymbol{R}^n$ の 1 次独立なベクトルの個数は n 以下であることを示そう．

定理 6

$S=\{\mathbf{v}_1, \mathbf{v}_2, \cdots, \mathbf{v}_r\}$ を $\boldsymbol{R}^n$ の r 個のベクトルの集合とするとき，
$r>n$ であれば，S は 1 次従属である．

証明

$$\begin{aligned}\mathbf{v}_1 &= (v_{11}, v_{12}, \cdots, v_{1n})\\ \mathbf{v}_2 &= (v_{21}, v_{22}, \cdots, v_{2n})\\ &\vdots\\ \mathbf{v}_r &= (v_{r1}, v_{r2}, \cdots, v_{rn})\end{aligned}$$

として，方程式，

$$k_1\mathbf{v}_1 + k_2\mathbf{v}_2 + \cdots + k_r\mathbf{v}_r = \mathbf{0}$$

を考える．例 24 と同様にして，この方程式を成分で表わして，整理すれば，

$$\begin{cases} v_{11}k_1 + v_{21}k_2 + \cdots + v_{r1}k_r = 0 \\ v_{12}k_1 + v_{22}k_2 + \cdots + v_{r2}k_r = 0 \\ \quad\vdots \qquad\quad \vdots \qquad\qquad\quad \vdots \qquad\quad \vdots \\ v_{1n}k_1 + v_{2n}k_2 + \cdots + v_{rn}k_r = 0 \end{cases}$$

をうるが，ここでもし，$r>n$ とすれば，1.3 節の定理 1 によって，$k_1, k_2, \cdots, k_r$ に関するこの連立 1 次方程式は，自明でない解を持つことがわかる．つまり，$S=\{\mathbf{v}_1, \mathbf{v}_2, \cdots, \mathbf{v}_r\}$ は 1 次従属である．■

特に，$\boldsymbol{R}^2$ においては，3 個以上のベクトルからなる集合は必ず 1 次従属であり，また，$\boldsymbol{R}^3$ においては，4 個以上のベクトルからなる集合は必ず 1 次従属であることがわかる．

練習問題 4.4

1. (a)〜(d) のベクトルの集合が，1 次従属である理由を言え．(じっと見つめるだけで答えてほしい．)
   (a) $\mathbf{u}_1=(1,2)$，$\mathbf{u}_2=(-3,-6)$
   (b) $\mathbf{u}_1=(2,3)$，$\mathbf{u}_2=(-5,8)$，$\mathbf{u}_3=(6,1)$
   (c) $\mathbf{p}_1=2+3x-x^2$，$\mathbf{p}_2=6+9x-3x^2$　(P_2 内で考える．)
   (d) $A=\begin{bmatrix}1 & 3\\ 2 & 0\end{bmatrix}$，$B=\begin{bmatrix}-1 & -3\\ -2 & 0\end{bmatrix}$　($M_{2,2}$ 内で考える．)
2. $\boldsymbol{R}^3$ のベクトルの集合 (a)〜(d) のうちから，1 次従属なものを選べ．
   (a) $(2,-1,4)$，$(3,6,2)$，$(2,10,-4)$
   (b) $(3,1,1)$，$(2,-1,5)$，$(4,0,-3)$
   (c) $(6,0,-1)$，$(1,1,4)$
   (d) $(1,3,3)$，$(0,1,4)$，$(5,6,3)$，$(7,2,-1)$
3. $\boldsymbol{R}^4$ のベクトル集合 (a)〜(d) のうちから，1 次従属なものを選べ．
   (a) $(1,2,1,-2)$，$(0,-2,-2,0)$，$(0,2,3,1)$，$(3,0,-3,6)$
   (b) $(4,-4,8,0)$，$(2,2,4,0)$，$(6,0,0,2)$，$(6,3,-3,0)$
   (c) $(4,4,0,0)$，$(0,0,6,6)$，$(-5,0,5,5)$
   (d) $(3,0,4,1)$，$(6,2,-1,2)$，$(-1,3,5,1)$，$(-3,7,8,3)$
4. P_2 のベクトルの集合 (a)〜(d) のうちから，1 次従属なものを選べ．
   (a) $2-x+4x^2$，$3+6x+2x^2$，$2+10x-4x^2$
   (b) $3+x+x^2$，$2-x+5x^2$，$4-3x^2$
   (c) $6-x^2$，$1+x+4x^2$
   (d) $1+3x+3x^2$，$x+4x^2$，$5+6x+3x^2$，$7+2x-x^2$
5. 実数全体で定義された実数値関数全体の作る線型空間を V とする．V のベクトルの集合 (a)〜(f) のうちから，1 次従属なものを選べ．
   (a) 2，$4\sin^2 x$，$\cos^2 x$　　(b) x，$\cos x$

(c)　$1, \sin x, \sin 2x$　　(d)　$\cos 2x, \sin^2 x, \cos^2 x$

(e)　$(1+x)^2, x^2+2x, 3$　　(f)　$0, x, x^2$

6.　$\boldsymbol{R}^3$ のベクトル $\mathbf{v}_1, \mathbf{v}_2, \mathbf{v}_3$ が同一平面上に存在するかどうかを (a), (b) について調べよ．（すべて始点は原点とする．）

(a)　$\mathbf{v}_1=(1,0,-2)$，$\mathbf{v}_2=(3,1,2)$，$\mathbf{v}_3=(1,-1,0)$

(b)　$\mathbf{v}_1=(2,-1,4)$，$\mathbf{v}_2=(4,2,3)$，$\mathbf{v}_3=(2,7,-6)$

7.　$\boldsymbol{R}^3$ のベクトル $\mathbf{v}_1, \mathbf{v}_2, \mathbf{v}_3$ が同一直線上に存在するかどうかを (a)～(c) について調べよ．（すべて始点は原点とする．）

(a)　$\mathbf{v}_1=(3,-6,9)$，$\mathbf{v}_2=(2,-4,6)$，$\mathbf{v}_3=(1,1,1)$

(b)　$\mathbf{v}_1=(2,-1,4)$，$\mathbf{v}_2=(4,2,3)$，$\mathbf{v}_3=(2,7,-6)$

(c)　$\mathbf{v}_1=(4,6,8)$，$\mathbf{v}_2=(2,3,4)$，$\mathbf{v}_3=(-2,-3,-4)$

8.　$\boldsymbol{R}^3$ のベクトルの集合 $\{\mathbf{v}_1, \mathbf{v}_2, \mathbf{v}_3\}$ が1次従属となるように λ を定めよ．

$$\mathbf{v}_1=\left(\lambda, -\frac{1}{2}, -\frac{1}{2}\right),\ \mathbf{v}_2=\left(-\frac{1}{2}, \lambda, -\frac{1}{2}\right),\ \mathbf{v}_3=\left(-\frac{1}{2}, -\frac{1}{2}, \lambda\right)$$

9.　線型空間 V のベクトルの集合 $S=\{\mathbf{v}_1, \mathbf{v}_2, \cdots, \mathbf{v}_n\}$ について，もし S がゼロ・ベクトル $\mathbf{0}$ をふくめば，S は1次従属となることを示せ．

10.　$\{\mathbf{v}_1, \mathbf{v}_2, \mathbf{v}_3\}$ が1次独立なら，$\{\mathbf{v}_1, \mathbf{v}_2\}$，$\{\mathbf{v}_1, \mathbf{v}_3\}$，$\{\mathbf{v}_2, \mathbf{v}_3\}$，$\{\mathbf{v}_1\}$，$\{\mathbf{v}_2\}$，$\{\mathbf{v}_3\}$ も1次独立であることを示せ．

11.　$S=\{\mathbf{v}_1, \mathbf{v}_2, \cdots, \mathbf{v}_n\}$ を1次独立な（ベクトルの）集合とする．このとき，S の任意の部分集合もまた1次独立であることを示せ．（ただし，空集合はのぞくとする．）

12.　線型空間 V のベクトルからなる集合 $\{\mathbf{v}_1, \mathbf{v}_2, \mathbf{v}_3\}$ が1次従属であれば，これに V の任意のベクトル $\mathbf{v}_4$ を追加してできる集合 $\{\mathbf{v}_1, \mathbf{v}_2, \mathbf{v}_3, \mathbf{v}_4\}$ も1次従属であることを示せ．

13.　線型空間 V のベクトルからなる集合 $\{\mathbf{v}_1, \mathbf{v}_2, \cdots, \mathbf{v}_r\}$ が1次従属であれば，これに V の任意のベクトル $\mathbf{v}_{r+1}, \mathbf{v}_{r+2}, \cdots, \mathbf{v}_n$ を追加してできる集合 $\{\mathbf{v}_1, \mathbf{v}_2, \cdots, \mathbf{v}_r, \mathbf{v}_{r+1} \cdots \mathbf{v}_n\}$ も1次従属であることを示せ．

14.　P_2 のベクトルを4個以上集めれば，必ず1次従属となることを示せ．

15.　$\{\mathbf{v}_1, \mathbf{v}_2\}$ が1次独立で，$\mathbf{v}_3$ が $\mathscr{L}\{\mathbf{v}_1, \mathbf{v}_2\}$ にふくまれないとすると，$\{\mathbf{v}_1, \mathbf{v}_2, \mathbf{v}_3\}$ も1次独立であることを示せ．

16.　2個以上のベクトルからなる集合が，1次従属であることと，その集合内のどれか1個のベクトルがその集合内の他のベクトルの1次結合で書けることとは同値である．これを証明せよ．

17.　$\boldsymbol{R}^3$ 内の2個のベクトルによって張られる空間は，平面か，直線か，原点かのいずれかに等しいことを証明せよ．

18#.　実数全体で定義された実数値関数全体の作る線型空間を V とする．$\mathbf{f}, \mathbf{g}, \mathbf{h}$ を V のベクトルで少なくとも2回微分可能なものとし，関数 $\mathbf{w}=w(x)$ を，

$$w(x)=\begin{vmatrix} f(x) & g(x) & h(x) \\ f'(x) & g'(x) & h'(x) \\ f''(x) & g''(x) & h''(x) \end{vmatrix}$$

によって定義する．（これは $\mathbf{f},\mathbf{g},\mathbf{h}$ のロンスキー行列式とよばれている.），もし，$\mathbf{w}$ がゼロ・ベクトル $\mathbf{0}$ でなければ（つまり $w(x)\equiv 0$ でなければ），$\{\mathbf{f},\mathbf{g},\mathbf{h}\}$ は1次独立であることを証明せよ．

19#. 問題18のロンスキー行列式を利用して，(a)～(d)の集合が1次独立であることを示せ．

(a) $\{1,x,e^x\}$　(b) $\{\sin x,\cos x,x\sin x\}$　(c) $\{e^x,xe^x,x^2e^x\}$　(d) $\{1,x,x^2\}$

4.5 基底と次元

ふつう，直線を1次元，平面を2次元，そしていわゆる空間を3次元だと言っている．この節では，こうした次元の概念について，詳しく論じることにする．

定義　線型空間 V のベクトルからなる（有限）集合を，$S=\{\mathbf{v}_1,\mathbf{v}_2,\cdots,\mathbf{v}_r\}$ とする．S が(i)，(ii)を満たすとき，S は V の**基底**であるという．

(i) S は1次独立．

(ii) S は V を張る．

≪例27≫

$\boldsymbol{R}^n$ の**標準単位ベクトル**すなわち第 i 成分が1で他の成分はすべて0のベクトルを，$\mathbf{e}_i$ とする．つまり，$\mathbf{e}_1=(1,0,\cdots,0)$，$\mathbf{e}_2=(0,1,\cdots,0),\cdots$，$\mathbf{e}_n=(0,0,\cdots,1)$．

このとき，$S=\{\mathbf{e}_1,\mathbf{e}_2,\cdots,\mathbf{e}_n\}$ が1次独立であることは，例23で示した．しかも，$\boldsymbol{R}^n$ の任意のベクトル $\mathbf{v}=(v_1,v_2,\cdots,v_n)$ をとれば，

$$\mathbf{v}=v_1\mathbf{e}_1+v_2\mathbf{e}_2+\cdots+v_n\mathbf{e}_n$$

と書ける．（つまり，S は $\boldsymbol{R}^n$ を張る.）したがって，S は $\boldsymbol{R}^n$ の基底となっている．これは，**$\boldsymbol{R}^n$ の標準基底**とよばれる．

≪例28≫

$\mathbf{v}_1=(1,2,1)$，$\mathbf{v}_2=(2,9,0)$，$\mathbf{v}_3=(3,3,4)$ とするとき，集合 $S=\{\mathbf{v}_1,\mathbf{v}_2,\mathbf{v}_3\}$ は

$\boldsymbol{R}^3$ の基底となることを示せ.

解： S が $\boldsymbol{R}^3$ を張ることを見るには, $\boldsymbol{R}^3$ の任意のベクトル $\mathbf{b}=(b_1, b_2, b_3)$ に対して,

$$\mathbf{b}=k_1\mathbf{v}_1+k_2\mathbf{v}_2+k_3\mathbf{v}_3 \tag{4.3}$$

と書けることを見ればよい. (4.3) を成分によって表わすと,

$$\begin{aligned}(b_1, b_2, b_3)&=k_1(1,2,1)+k_2(2,9,0)+k_3(3,3,4)\\&=(k_1+2k_2+3k_3, 2k_1+9k_2+3k_3, k_1+4k_3)\end{aligned}$$

つまり, 連立1次方程式

$$\begin{cases}k_1+2k_2+3k_3=b_1\\2k_1+9k_2+3k_3=b_2\\k_1 \qquad\quad +4k_3=b_3\end{cases} \tag{4.4}$$

がえられる. したがって, S が V を張ることを示すには, (4.4) が任意の $\mathbf{b}=(b_1, b_2, b_3)$ に対して解けることを示せばよい. また, S が1次独立であることを示すには,

$$k_1\mathbf{v}_1+k_2\mathbf{v}_2+k_3\mathbf{v}_3=\mathbf{0} \tag{4.5}$$

の解が $k_1=k_2=k_3=0$ 以外にないことを示せばよい. このことは, 成分をもちいることによって, 連立1次方程式

$$\begin{cases}k_1+2k_2+3k_3=0\\2k_1+9k_2+3k_3=0\\k_1 \qquad\quad +4k_3=0\end{cases} \tag{4.6}$$

が自明な解以外には解を持たないことと同値であることがわかる. (4.4) と (4.6) の係数行列が同じであることに注意してほしい. したがって, 1.7節の定理13(a), (b), (d) によって, 係数行列

$$A=\begin{bmatrix}1 & 2 & 3\\2 & 9 & 3\\1 & 0 & 4\end{bmatrix}$$

が可逆であることをいえば, S が $\boldsymbol{R}^3$ を張ることと, S が1次独立であることが同時にいえることになる. ところで,

$$\det(A)=\begin{vmatrix}1&2&3\\2&9&3\\1&0&4\end{vmatrix}=-1\neq 0$$

であることから（2.3節の定理6参照），A は可逆である．したがって，結局 S が $\boldsymbol{R}^3$ の基底となっていることがわかる．

≪例29≫

P_n のベクトルの集合 $S=\{1,x,x^2,\cdots,x^n\}$ は，P_n の基底となっている．（例13参照）これを証明しよう．まず S が1次独立であることは，

$$c_0+c_1x+c_2x^2+\cdots+c_nx^n\equiv 0$$

とすると，$c_0=c_1=c_2=\cdots=c_n=0$ となることからわかる．（もし，ある係数が0でないとすると，左辺は多項式となるが，一般に0でない多項式はその次数より多くの解を持たない．これは，任意の x に対して恒等的に0であることと矛盾する．）また，S が P_n を張ることは自明（P_n の任意のベクトル，つまり高々 n 次の多項式は，$c_0+c_1x+c_2x^2+\cdots+c_nx^n$ と書ける）なので，結局，S が P_n の基底となることがわかる．

この例における P_n の基底 $S=\{1,x,x^2,\cdots,x^n\}$ を，**$\boldsymbol{P}_n$ の標準基底**という．

≪例30≫

$$M_1=\begin{bmatrix}1&0\\0&0\end{bmatrix}\quad M_2=\begin{bmatrix}0&1\\0&0\end{bmatrix}\quad M_3=\begin{bmatrix}0&0\\1&0\end{bmatrix}\quad M_4=\begin{bmatrix}0&0\\0&1\end{bmatrix}$$

とすれば，集合 $S=\{M_1,M_2,M_3,M_4\}$ は 2×2 行列全体の線型空間 $M_{2,2}$ の基底となる．これを示そう．まず，任意の 2×2 行列

$$\begin{bmatrix}a&b\\c&d\end{bmatrix}$$

について，

$$\begin{bmatrix}a&b\\c&d\end{bmatrix}=a\begin{bmatrix}1&0\\0&0\end{bmatrix}+b\begin{bmatrix}0&1\\0&0\end{bmatrix}+c\begin{bmatrix}0&0\\1&0\end{bmatrix}+d\begin{bmatrix}0&0\\0&1\end{bmatrix}$$
$$=aM_1+bM_2+cM_3+dM_4$$

と書けることから，S が $M_{2,2}$ を張ることがわかる．また，

$$aM_1+bM_2+cM_3+dM_4=O$$

とすると，

$$a\begin{bmatrix}1 & 0\\0 & 0\end{bmatrix}+b\begin{bmatrix}0 & 1\\0 & 0\end{bmatrix}+c\begin{bmatrix}0 & 0\\1 & 0\end{bmatrix}+d\begin{bmatrix}0 & 0\\0 & 1\end{bmatrix}=\begin{bmatrix}0 & 0\\0 & 0\end{bmatrix}$$

つまり，

$$\begin{bmatrix}a & b\\c & d\end{bmatrix}=\begin{bmatrix}0 & 0\\0 & 0\end{bmatrix}$$

したがって，$a=b=c=d=0$ となることから，S は1次独立である．

≪例31≫

$S=\{\mathbf{v}_1, \mathbf{v}_2, \cdots, \mathbf{v}_r\}$ を線型空間 V のベクトルからなる1次独立な集合とする．このとき，定義によると，$\mathscr{L}(S)$ は S によって張られる空間であるから，S は V の部分空間 $\mathscr{L}(S)$ の基底となっていることがわかる．

線型空間 $V(\neq\{\mathbf{0}\}$ とする) が，有限個のベクトルからなる基底を持つとき，**有限次元**であるといい，そうでないときには，**無限次元**であるという．線型空間 $\{\mathbf{0}\}$ は，有限次元であると考えることにする．

≪例32≫

$\boldsymbol{R}^n, P_n, M_{2,2}$ は有限次元であることを示せ（例27, 29, 30 参照）.

次の定理は，線型空間の次元という概念を確立する上で重要である．また，この定理から，線型代数の中で非常に大切な結果を導くことができる．

定理7

$S=\{\mathbf{v}_1, \mathbf{v}_2, \cdots, \mathbf{v}_n\}$ を，線型空間 V の基底とする．このとき，V の $(n+1)$ 個以上のベクトルの作る集合は1次従属である．

証明　$S'=\{\mathbf{w}_1, \mathbf{w}_2, \cdots \mathbf{w}_m\}$ （$m\geqq n+1$ とする）という V のベクトルの作る集合を考える．$S=\{\mathbf{v}_1, \mathbf{v}_2, \cdots, \mathbf{v}_n\}$ が V の基底であることから，$\mathbf{w}_1, \mathbf{w}_2, \cdots, \mathbf{w}_m$ は S の1次結合で書ける．つまり，

$$\begin{cases} \mathbf{w}_1 = a_{11}\mathbf{v}_1 + a_{21}\mathbf{v}_2 + \cdots\cdots + a_{n1}\mathbf{v}_n \\ \mathbf{w}_2 = a_{12}\mathbf{v}_1 + a_{22}\mathbf{v}_2 + \cdots\cdots + a_{n2}\mathbf{v}_n \\ \vdots \quad\quad \vdots \quad\quad \vdots \quad\quad\quad \vdots \\ \mathbf{w}_m = a_{1m}\mathbf{v}_1 + a_{2m}\mathbf{v}_2 + \cdots + a_{nm}\mathbf{v}_n \end{cases} \tag{4.8}$$

という関係式が成り立つ．これを利用して，S' が１次従属であることをみよう．いま，

$$k_1\mathbf{w}_1 + k_2\mathbf{w}_2 + \cdots + k_m\mathbf{w}_m = \mathbf{0} \tag{4.9}$$

とすれば，(4.8) を代入して，

$$(k_1a_{11} + k_2a_{12} + \cdots + k_ma_{1m})\mathbf{v}_1 + (k_1a_{21} + k_2a_{22} + \cdots + k_ma_{2m})\mathbf{v}_2 + \\ \cdots + (k_1a_{n1} + k_2a_{n2} + \cdots + k_ma_{nm})\mathbf{v}_n = \mathbf{0}$$

ここで，S が１次独立であることを利用すれば，

$$\begin{cases} a_{11}k_1 + a_{12}k_2 + \cdots + a_{1m}k_m = 0 \\ a_{21}k_1 + a_{22}k_2 + \cdots + a_{2m}k_m = 0 \\ \vdots \\ a_{n1}k_1 + a_{n2}k_2 + \cdots + a_{nm}k_m = 0 \end{cases} \tag{4.10}$$

をうる．

この (4.10) を $k_1, k_2, \cdots, k_m$ についての連立１次方程式と見れば，変数の個数が１次方程式の個数よりも多いので，1.3 節の定理１によって，自明でない解，つまり，$k_1, k_2, \cdots, k_m$ のうち少くとも１個は０ではない解が存在することがわかる．ところでこのことは，((4.9) 式参照)，$S' = \{\mathbf{w}_1, \mathbf{w}_2, \cdots, \mathbf{w}_m\}$ が１次従属であることを示している． ■

この定理から，次のことがわかる．

定理 8

有限次元の線型空間の基底は，常に一定の個数のベクトルからなっている．

証明　$S = \{\mathbf{v}_1, \mathbf{v}_2, \cdots, \mathbf{v}_n\}$，$S' = \{\mathbf{v}_1', \mathbf{v}_2', \cdots, \mathbf{v}_m'\}$ を V の基底とする．このとき，S は基底で，S' は１次独立であることから，定理７によって，$m \leqslant n$ ということがわかり，同じように，S' は基底で，S は１次独立であることから，$n \leqslant m$ でもあることがわかる．したがって $n = m$ となる． ■

≪例33≫

$\boldsymbol{R}^n$ の標準基底（例27参照）は n 個のベクトルからなっている．したがって，$\boldsymbol{R}^n$ の任意の基底は n 個のベクトルからなることがわかる．

≪例34≫

P^n の標準基底（例29参照）は $(n+1)$ 個のベクトルからなっている．したがって P^n の任意の基底は $(n+1)$ 個のベクトルからなることがわかる．

有限次元の線型空間が与えられたとき，その基底を構成するベクトルの個数が一定となることは，非常に興味深いことである．例33によると，$\boldsymbol{R}^2$ の基底は常に2個のベクトルからなり，$\boldsymbol{R}^3$ の基底は常に3個のベクトルからなることがわかる．ところで，平面 $(\boldsymbol{R}^2)$ が2次元で，空間 $(\mathbf{R}^3)$ が3次元であるということと，基底を構成するベクトルの個数がそれぞれ 2，3 であることに注意しつつ，次のようにして次元の概念を定義する．

定義　有限次元線型空間 V の基底を構成するベクトルの個数を n とするとき，V の**次元**は n であるという．（線型空間 $\{\mathbf{0}\}$ の次元は0と考える．）

例33, 34により，$\boldsymbol{R}^n$ は n 次元線型空間で，P_n は $(n+1)$ 次元線型空間であることがわかる．

≪例35≫

連立1次同次方程式

$$\begin{cases} 2x_1+2x_2-x_3+x_5=0 \\ -x_1-x_2+2x_3-3x_4+x_5=0 \\ x_1+x_2-2x_3-x_5=0 \\ x_3+x_4+x_5=0 \end{cases}$$

の解空間の次元を求めよ．

解：　1.3節の例8によると，上の連立方程式の解は，

$$x_1=-s-t,\ x_2=s,\ x_3=-t,\ x_4=0,\ x_5=t$$

によって与えられることがわかる．これを縦型のベクトルで示すと，

$$\begin{bmatrix}x_1\\x_2\\x_3\\x_4\\x_5\end{bmatrix}=\begin{bmatrix}-s-t\\s\\-t\\0\\t\end{bmatrix}=\begin{bmatrix}-s\\s\\0\\0\\0\end{bmatrix}+\begin{bmatrix}-t\\0\\-t\\0\\t\end{bmatrix}=s\begin{bmatrix}-1\\1\\0\\0\\0\end{bmatrix}+t\begin{bmatrix}-1\\0\\-1\\0\\1\end{bmatrix}$$

したがって，解空間は，2個のベクトル，

$$\mathbf{v}_1=\begin{bmatrix}-1\\1\\0\\0\\0\end{bmatrix},\quad \mathbf{v}_2=\begin{bmatrix}-1\\0\\-1\\0\\1\end{bmatrix}$$

によって張られることがわかる．また，$\{\mathbf{v}_1, \mathbf{v}_2\}$ が1次独立であることもわかる（読者は，これをチェックしてほしい．）ので，結局，解空間の次元は2ということになる．

一般的には，ベクトルの集合 $\{\mathbf{v}_1, \mathbf{v}_2, \cdots, \mathbf{v}_n\}$ が，線型空間 V の基底となることを見るためには，それが V を張り，かつ，1次独立であることを示す必要がある．しかし，かりに，V の次元が n だということがわかっていたとすると，V を張ることと1次独立であることのうちのいずれか一方のみを示せば十分である．次の定理の(a)，(b)はこのことを示しており，(c)は，1次独立なベクトルの集合が常にある基底の部分集合であることを示している．

定理 9

(a)　$S=\{\mathbf{v}_1, \mathbf{v}_2, \cdots, \mathbf{v}_n\}$ が，n 次元線型空間 V の1次独立なベクトルの集合であれば，S は V の基底である．

(b)　$S=\{\mathbf{v}_1, \mathbf{v}_2, \cdots, \mathbf{v}_n\}$ が，n 次元線型空間 V を張るとすると，S は V の基底である．

(c)　$S=\{\mathbf{v}_1, \mathbf{v}_2, \cdots, \mathbf{v}_r\}$ が，n 次元線型空間 V の1次独立なベクトルの集合で $r<n$ だとすれば，S に $(n-r)$ 個のベクトル $\mathbf{v}_{r+1}, \mathbf{v}_{r+2}, \cdots, \mathbf{v}_n$ を追加して，V の基底 $\{\mathbf{v}_1, \cdots, \mathbf{v}_r, \mathbf{v}_{r+1}, \cdots, \mathbf{v}_n\}$ を構成できる．

証明は，読者にまかせる．

≪例36≫

$\mathbf{v}_1=(-3,7)$，$\mathbf{v}_2=(5,5)$ が $\boldsymbol{R}^2$ の基底となることを示せ．

解： たがいに他のベクトルのスカラー倍にはならないので，$\{\mathbf{v}_1,\mathbf{v}_2\}$ は1次独立．ところで，$\boldsymbol{R}^2$ はすでに見たように2次元なので，定理9(a)から，$\{\mathbf{v}_1,\mathbf{v}_2\}$ が基底となることがわかる．

練習問題 4.5

1. (a)〜(d) のベクトルは，基底とはならない．その理由を説明せよ．
   (a) $\boldsymbol{R}^2$ のベクトル $\mathbf{u}_1=(1,2)$，$\mathbf{u}_2=(0,3)$，$\mathbf{u}_3=(2,7)$
   (b) $\boldsymbol{R}^3$ のベクトル $\mathbf{u}_1=(-1,3,2)$，$\mathbf{u}_2=(6,1,1)$
   (c) P_2 のベクトル $\mathbf{p}_1=1+x+x^2$，$\mathbf{p}_2=-1+x$
   (d) $M_{2,2}$ のベクトル

$$A=\begin{bmatrix}1&1\\2&3\end{bmatrix},\ B=\begin{bmatrix}6&0\\-1&4\end{bmatrix},\ C=\begin{bmatrix}3&0\\1&7\end{bmatrix},\ D=\begin{bmatrix}5&1\\4&2\end{bmatrix},\ E=\begin{bmatrix}7&1\\2&9\end{bmatrix}$$

2. $\boldsymbol{R}^2$ の基底となる集合を (a)〜(d) のうちから選べ．
   (a) $\{(2,1),\ (3,0)\}$ (b) $\{(4,1),\ (-7,-8)\}$
   (c) $\{(0,0),\ (1,3)\}$ (d) $\{(3,9),\ (-4,-12)\}$
3. $\boldsymbol{R}^3$ の基底となる集合を (a)〜(d) のうちから選べ．
   (a) $\{(1,0,0),\ (2,2,0),\ (3,3,3)\}$ (b) $\{(3,1,-4),\ (2,5,6),\ (1,4,8)\}$
   (c) $\{(2,-3,1),\ (4,1,1),\ (0,-7,1)\}$ (d) $\{(1,6,4),\ (2,4,-1),\ (-1,2,5)\}$
4. P_2 の基底となる集合を (a)〜(d) のうちから選べ．
   (a) $\{1-3x+2x^2,\ 1+x+4x^2,\ 1-7x\}$ (b) $\{4+6x+x^2,\ -1+4x+2x^2,\ 5+2x-x^2\}$
   (c) $\{1+x+x^2,\ x+x^2,\ x^2\}$ (d) $\{-4+x+3x^2,\ 6+5x+2x^2,\ 8+4x+x^2\}$
5. 次の行列は $M_{2,2}$ の基底となることを示せ．

$$\begin{bmatrix}3&6\\3&6\end{bmatrix}\ \begin{bmatrix}0&-1\\-1&0\end{bmatrix}\ \begin{bmatrix}0&-8\\-12&-4\end{bmatrix}\ \begin{bmatrix}1&0\\-1&2\end{bmatrix}$$

6. $\mathbf{v}_1=\cos^2 x$，$\mathbf{v}_2=\sin^2 x$，$\mathbf{v}_3=\cos 2x$ によって張られる空間を V とするとき，
   (a) $S=\{\mathbf{v}_1,\mathbf{v}_2,\mathbf{v}_3\}$ は V の基底ではないことを示せ．
   (b) V の基底を求めよ．

次の 7.〜12. の連立1次同次方程式の解空間の基底と次元を求めよ．

7. $$\begin{cases}2x_1+\ x_2+3x_3=0\\ x_1+2x_2\qquad\ =0\\ \qquad x_2+\ x_3=0\end{cases}$$

8. $$\begin{cases}3x_1+x_2+x_3+x_4=0\\ 5x_1-x_2+x_3-x_4=0\end{cases}$$

9. $\begin{cases} 3x_1+x_2+2x_3=0 \\ 4x_1+5x_3=0 \\ x_1-3x_2+4x_3=0 \end{cases}$

10. $\begin{cases} x_1-3x_2+x_3=0 \\ 2x_1-6x_2+2x_3=0 \\ 3x_1-9x_2+3x_3=0 \end{cases}$

11. $\begin{cases} 2x_1-4x_2+x_3+x_4=0 \\ x_1-5x_2+2x_3=0 \\ -2x_2-2x_3-x_4=0 \\ x_1+3x_2+x_4=0 \\ x_1-2x_2-x_3+x_4=0 \end{cases}$

12. $\begin{cases} x+y+z=0 \\ 3x+2y-z=0 \\ 2x-4y+z=0 \\ 4x+8y-3z=0 \\ 2x+y-2z=0 \end{cases}$

13. $\boldsymbol{R}^3$ の部分空間(a)～(d)の基底を求めよ.

(a) 平面 $3x-2y+5z=0$

(b) 平面 $x-y=0$

(c) 直線 $\begin{cases} x=2t \\ y=-t \\ z=4t \end{cases} \quad (-\infty<t<\infty)$

(d) (a,b,c) の形のベクトル全体. ただし $b=a+c$ とする.

14. $\boldsymbol{R}^4$ の部分空間(a)～(c)の次元を求めよ.

(a) $(a,b,c,0)$ の形のベクトル全体.

(b) (a,b,c,d) の形のベクトル全体. ただし, $d=a+b$, $c=a-b$ とする.

(c) (a,b,c,d) の形のベクトル全体. ただし, $a=b=c=d$ とする.

15. $a_1x+a_2x^2+a_3x^3$ という形の多項式全体の作る (P_3の) 部分空間の次元を求めよ.

16. $\{\mathbf{v}_1,\mathbf{v}_2,\mathbf{v}_3\}$ が線型空間 V の基底だとすると, $\{\mathbf{u}_1,\mathbf{u}_2,\mathbf{u}_3\}$ もまた, V の基底となることを示せ. ただし, $\mathbf{u}_1=\mathbf{v}_1$, $\mathbf{u}_2=\mathbf{v}_1+\mathbf{v}_2$, $\mathbf{u}_3=\mathbf{v}_1+\mathbf{v}_2+\mathbf{v}_3$ とする.

17. 実数全体で定義された実数値関数全体の作る線型空間は, 無限次元であることを示せ. (**ヒント** 次元が n だと仮定して, $(n+1)$ 個のベクトルからなる1次独立な集合を作って矛盾を導く.)

18. 有限次元線型空間の部分空間は有限次元であることを示せ.

19. 有限次元線型空間 W の部分空間を V とすれば, V の次元は W の次元以下であることを示せ.

20. $\boldsymbol{R}^3$ の部分空間は, $\boldsymbol{R}^3$ 自身, 原点をふくむ平面, 原点をふくむ直線, 原点 (ゼロ部分空間) のいずれかに限ることを示せ. (**ヒント** 問題19により, $\boldsymbol{R}^3$ の部分空間の次元は3,2,1,0のいずれかであることをもちいる.)

21. 定理9(a)を証明せよ.

22. 定理9(b)を証明せよ.

23. 定理9(c)を証明せよ.

4.6　行列の行空間と列空間；階数；基底の構成

この節では，まず行列に関連したある種の線型空間について述べ，その応用として，行列を行の基本変形によって変形する方法を利用して，与えられた線型空間の基底を構成する方法を紹介する．

定義　$m\times n$ 行列

$$A=\begin{bmatrix} a_{11} & a_{12} & \cdots & a_{1n} \\ a_{21} & a_{22} & \cdots & a_{2n} \\ \vdots & \vdots & & \vdots \\ a_{m1} & a_{m2} & \cdots & a_{mn} \end{bmatrix}$$

が与えられたとき，A の行から作られるベクトル，

$$\begin{aligned} \mathbf{r}_1 &= (a_{11}, a_{12}, \cdots, a_{1n}) \\ \mathbf{r}_2 &= (a_{21}, a_{22}, \cdots, a_{2n}) \\ &\ \vdots \\ \mathbf{r}_m &= (a_{m1}, a_{m2}, \cdots, a_{mn}) \end{aligned}$$

を，A の**行ベクトル**とよび，A の列から作られるベクトル，

$$\mathbf{c}_1=\begin{bmatrix} a_{11} \\ a_{21} \\ \vdots \\ a_{m1} \end{bmatrix} \quad \mathbf{c}_2=\begin{bmatrix} a_{12} \\ a_{22} \\ \vdots \\ a_{m2} \end{bmatrix} \quad \cdots\cdots \quad \mathbf{c}_n=\begin{bmatrix} a_{1n} \\ a_{2n} \\ \vdots \\ a_{mn} \end{bmatrix}$$

を，A の**列ベクトル**とよぶ．

また，A の行ベクトルによって張られる $\boldsymbol{R}^n$ の部分空間を A の**行空間**，A の列ベクトルによって張られる $\boldsymbol{R}^m$ の部分空間を A の**列空間**とよぶ．

≪**例37**≫

$$A=\begin{bmatrix} 2 & 1 & 0 \\ 3 & -1 & 4 \end{bmatrix}$$

とすれば，A の行ベクトルは，

$$\mathbf{r}_2=(2,1,0), \quad \mathbf{r}_2=(3,-1,4)$$

A の列ベクトルは，

$$\mathbf{c}_1=\begin{bmatrix}2\\3\end{bmatrix}\quad \mathbf{c}_2=\begin{bmatrix}1\\-1\end{bmatrix}\quad \mathbf{c}_3=\begin{bmatrix}0\\4\end{bmatrix}$$

となる．

次の定理は，線型空間の基底を構成するために有用である．証明は，この節の終わりの「自由研究」にまわす．

定理 10

行を基本変形しても，行空間は変化しない．

この定理によって，行列の行の基本変形によって，ガウス行列に変形しても，行空間は変化しないことがわかる．ガウス行列の $\mathbf{0}$ でない行ベクトルは1次独立である（問題14）から，これらの行ベクトルが行空間の基底になっていることがわかる．つまり，次の定理がえられる．

定理 11

行列 A のガウス行列の $\mathbf{0}$ でない行ベクトルの全体は，A の行空間の基底となる．

≪例38≫

次の4個のベクトルによって張られる線型空間の基底を構成せよ．

$$\mathbf{v}_1=(1,-2,0,0,3),\quad \mathbf{v}_2=(2,-5,-3,-2,6)$$
$$\mathbf{v}_3=(0,5,15,10,0),\quad \mathbf{v}_4=(2,6,18,8,6)$$

解：　$\mathbf{v}_1,\mathbf{v}_2,\mathbf{v}_3,\mathbf{v}_4$ を行ベクトルとする行列

$$\begin{bmatrix}1&-2&0&0&3\\2&-5&-3&-2&6\\0&5&15&10&0\\2&6&18&8&6\end{bmatrix}$$

を，ガウス行列に変形すれば，

$$\begin{bmatrix} 1 & -2 & 0 & 0 & 3 \\ 0 & 1 & 3 & 2 & 0 \\ 0 & 0 & 1 & 1 & 0 \\ 0 & 0 & 0 & 0 & 0 \end{bmatrix}$$

ここで，$\mathbf{0}$ でない行ベクトルは，

$$\mathbf{w}_1 = (1, -2, 0, 0, 3)$$
$$\mathbf{w}_2 = (0, 1, 3, 2, 0)$$
$$\mathbf{w}_3 = (0, 0, 1, 1, 0)$$

となる，これらのベクトルは，もとの行列の行空間の基底となっている．

つまり，$\{\mathbf{w}_1, \mathbf{w}_2, \mathbf{w}_3\}$ は $\mathbf{v}_1, \mathbf{v}_2, \mathbf{v}_3, \mathbf{v}_4$ の張る線型空間の基底である．

注意 行ベクトルは成分を横に並べた通常の形で表わし，列ベクトルについては，縦に並べておく方が自然であると思われるので，成分を縦に並べて行列的に表わした．しかし，これはあくまで表面上の違いでしかなく，列ベクトルも通常の横形のベクトルのように表わすこともできる．どちらが便利かということを考えながら，横形，縦形のベクトル表示法を使いわけることにする．

行列A の列ベクトルは，Aの転置行列A^tの行ベクトルに一致するので，A の列空間の基底を作ることと，A^t の行空間の基底を作ることとは同じである．

≪例39≫

$$A = \begin{bmatrix} 1 & 0 & 1 & 1 \\ 3 & 2 & 5 & 1 \\ 0 & 4 & 4 & -4 \end{bmatrix}$$

の列空間の基底を構成せよ．

解：

$$A^t = \begin{bmatrix} 1 & 3 & 0 \\ 0 & 2 & 4 \\ 1 & 5 & 4 \\ 1 & 1 & -4 \end{bmatrix}$$

これを，ガウス行列に変形して，

$$\begin{bmatrix} 1 & 3 & 0 \\ 0 & 1 & 2 \\ 0 & 0 & 0 \\ 0 & 0 & 0 \end{bmatrix}$$

をうる．したがって，ベクトル $(1,3,0)$，$(0,1,2)$ が A^t の行空間の基底となることがわかる．つまり，

$$\mathbf{w}_1=\begin{bmatrix}1\\3\\0\end{bmatrix}\qquad \mathbf{w}_2=\begin{bmatrix}0\\1\\2\end{bmatrix}$$

が A の列空間の基底となる．

次の定理は，線型代数学における極めて基本的な結果である．この定理の証明も，「自由研究」にまわすことにする．

定理 12

任意の行列 A について，A の行空間と列空間の次元は等しい．

≪例40≫

前の例 39 において，

$$A=\begin{bmatrix}1&0&1&1\\3&2&5&1\\0&4&4&-4\end{bmatrix}$$

の列空間の次元が 2 に等しいことを見た．定理 12 によれば，A の行空間の次元も 2 となる．実際，A をガウス行列に（行の基本変形によって）変形すれば，

$$\begin{bmatrix}1&0&1&1\\0&1&1&-1\\0&0&0&0\end{bmatrix}$$

となり，A の行空間の次元も 2 であることがわかる．

定義　行列 A の行空間の次元（したがって，列空間の次元）を A の**階数**とよぶ．

≪例41≫

すでに見た例 39, 40 の行列 A の階数は 2 に等しい．

次の定理は，1.7 節の定理 13，2.3 節の定理 6 をさらに豊かにしたものである．

定理 13

A を $n \times n$ 行列とするとき，次の(a)～(h)は同値である．

(a) A は可逆．

(b) $A\mathbf{x}=\mathbf{0}$ が $\mathbf{x}=\mathbf{0}$（自明な解）以外の解を持たない．

(c) A と I_n とは行同値．

(d) $A\mathbf{x}=\mathbf{b}$ が任意の $\mathbf{b}$ について解を持つ．

(e) $\det(A) \neq 0$.

(f) A の階数は n.

(g) A の行ベクトル全体は 1 次独立．

(h) A の列ベトクル全体は 1 次独立．

証明 (c)，(f)，(g)，(h) の同値性さえ証明すればいい．そこで，(c)⇒(f)⇒(g)⇒(h)⇒(c) の順に証明しよう．

(c)⇒(f)： A と I_n が行同値，つまり A を行の基本変形によって I_n に変形できるということから，A の行空間の次元が n に等しいことがわかる．（I_n には n 個の 1 次独立な行ベクトルが存在している．）したがって，A の階数は n となる．

(f)⇒(g)： A の階数が n だから，A の行空間の次元も n に等しい．ところで，行空間というは，n 個の行ベクトルの張る空間であったことに注意すれば，（4.5 節の定理 9 から） A の行ベクトル全体が 1 次独立であることがわかる．

(g)⇒(h)： A の行ベクトル全体が 1 次独立であれば，A の行空間の次元が n に等しいことがわかる．したがって，定理 12 によって，A の列空間の次元も n となり，A の n 個の列ベクトル全体が列空間を張ることに注意して，結局，A の列ベクトル全体が 1 次独立であることがわかる．

(h)⇒(c)： A の列ベクトル全体が 1 次独立だとすると，A の列空間の次元

は n となり，（定理 12 より），A の行空間の次元も n に等しいことがわかる．このことは，A の既約ガウス行列が n 個の $\mathbf{0}$ でない行ベクトルを持つことを意味し，したがって，既約ガウス行列のすべての行ベクトルが $\mathbf{0}$ ではないことになる．このとき，2.3 節の例 24 で述べたことから，A の既約ガウス行列は I_n に等しいことがわかる．つまり，A と I_n とは行同値である．■

この定理は，今までに扱ってきた事の多くが，互いに深く関係していることを示していて，興味深い．

次に，連立1次方程式に関する定理を1つ追加して，この節をしめくくろう．まず，連立1次方程式

$$A\mathbf{x}=\mathbf{b}$$

つまり，

$$\begin{bmatrix} a_{11} & a_{12} & \cdots & a_{1n} \\ a_{21} & a_{22} & \cdots & a_{2n} \\ \vdots & \vdots & & \vdots \\ a_{m1} & a_{m2} & \cdots & a_{mn} \end{bmatrix} \begin{bmatrix} x_1 \\ x_2 \\ \vdots \\ x_n \end{bmatrix} = \begin{bmatrix} b_1 \\ b_2 \\ \vdots \\ b_m \end{bmatrix}$$

を考える．この式は，

$$\begin{bmatrix} a_{11}x_1 + a_{12}x_2 + \cdots + a_{1n}x_n \\ a_{21}x_1 + a_{22}x_2 + \cdots + a_{2n}x_n \\ \vdots \\ a_{m1}x_1 + a_{m2}x_2 + \cdots + a_{mn}x_n \end{bmatrix} = \begin{bmatrix} b_1 \\ b_2 \\ \vdots \\ b_m \end{bmatrix}$$

つまり，

$$x_1\begin{bmatrix} a_{11} \\ a_{21} \\ \vdots \\ a_{m1} \end{bmatrix} + x_2\begin{bmatrix} a_{12} \\ a_{22} \\ \vdots \\ a_{m2} \end{bmatrix} + \cdots + x_n\begin{bmatrix} a_{1n} \\ a_{2n} \\ \vdots \\ a_{mn} \end{bmatrix} = \begin{bmatrix} b_1 \\ b_2 \\ \vdots \\ b_m \end{bmatrix}$$

を考えていることに等しい．ここで，左辺が A の列ベクトルの1次結合の形となっていることに注意すれば，$A\mathbf{x}=\mathbf{b}$ が解を持つことと，$\mathbf{b}$ が A の列ベクトルの1次結合によって表わされることとが同値であることがわかる．したがって，次の有用な定理がえられる．

定理 14

連立1次方程式 $A\mathbf{x}=\mathbf{b}$ が解を持つことと，$\mathbf{b}$ が A の列空間内のベクトル

であることとは同値である．

付録

定理10の証明．A の行ベクトルを $\mathbf{r}_1, \mathbf{r}_2, \cdots, \mathbf{r}_m$ とし，B を A を基本変形してえられる行列とする．まず，B の行空間の任意のベクトルが A の行空間にふくまれることを示し，次に，この逆，A の行空間の任意のベクトルが B の行空間にふくまれることを示そう．(これが言えれば，A の行空間と B の行空間とが一致することがわかる．)

A の2個の行を交換して B がえられたとすると，A の行空間と B の行空間とが変化しないことは明らかである．また，A のある行をスカラー倍するか，あるいは，A のある行をスカラー倍して他の行に加えて B がえられたとし，B の行ベクトルを $\mathbf{r}_1', \mathbf{r}_2', \cdots, \mathbf{r}_m'$ とすると，これら行ベクトルが $\mathbf{r}_1, \mathbf{r}_2, \cdots, \mathbf{r}_m$ の1次結合の形をしていることは明らかなので，$\mathbf{r}_1', \mathbf{r}_2', \cdots, \mathbf{r}_m'$ が A の行空間にふくまれていることがわかる．したがって，線型空間が，和とスカラー倍に関して閉じていることから，$\mathbf{r}_1', \mathbf{r}_2', \cdots, \mathbf{r}_m'$ の任意の1次結合もまた，A の行空間にふくまれることがわかる．つまり，B の行空間(の任意のベクトル)が A の行空間にふくまれることがわかった．

B が A の（行の）基本変形によってえられたとすれば，（1.7節より）逆の基本変形によって B から A がえられることにもなる．これは，A と B を入れかえて，上と同様の議論が可能なことを示している．つまり，A の行空間（の任意のベクトル）が B の行空間にふくまれることがわかった．

自由研究

定理12の証明．

$$A=\begin{bmatrix} a_{11} & a_{12} & \cdots & a_{1n} \\ a_{21} & a_{22} & \cdots & a_{2n} \\ \vdots & \vdots & & \vdots \\ a_{m1} & a_{m2} & \cdots & a_{mn} \end{bmatrix}$$

の行ベクトルを

$$\mathbf{r}_1, \mathbf{r}_2, \cdots, \mathbf{r}_m$$

と書く．A の行空間の次元が l に等しいとして，その基底を $S=\{\mathbf{b}_1, \mathbf{b}_2, \cdots, \mathbf{b}_l\}$ とする．(ここで $\mathbf{b}_i=(b_{i1}, b_{i2}, \cdots, b_{in})$ とする．) このとき，A の行ベクトルは S の1次結合として表わされる．つまり

$$\begin{aligned} \mathbf{r}_1 &= c_{11}\mathbf{b}_1 + c_{12}\mathbf{b}_2 + \cdots + c_{1l}\mathbf{b}_l \\ \mathbf{r}_2 &= c_{21}\mathbf{b}_1 + c_{22}\mathbf{b}_2 + \cdots + c_{2l}\mathbf{b}_l \\ &\vdots \\ \mathbf{r}_m &= c_{m1}\mathbf{b}_1 + c_{m2}\mathbf{b}_2 + \cdots + c_{ml}\mathbf{b}_l \end{aligned} \tag{4.11}$$

と書けることになる．これを成分によって表わせば，（任意の $j=1,2,\cdots,n$ について）

$$a_{1j}=c_{11}b_{1j}+c_{12}b_{2j}+\cdots+c_{1l}b_{lj}$$
$$a_{2j}=c_{21}b_{1j}+c_{22}b_{2j}+\cdots+c_{2l}b_{lj}$$
$$\vdots \quad \vdots \quad \vdots \quad \vdots$$
$$a_{mj}=c_{m1}b_{1j}+c_{m2}b_{2j}+\cdots+c_{ml}b_{lj}$$

つまり，

$$\begin{bmatrix} a_{1j} \\ a_{2j} \\ \vdots \\ a_{mj} \end{bmatrix} = b_{1j}\begin{bmatrix} c_{11} \\ c_{21} \\ \vdots \\ c_{m1} \end{bmatrix} + b_{2j}\begin{bmatrix} c_{12} \\ c_{22} \\ \vdots \\ c_{m2} \end{bmatrix} + \cdots + b_{lj}\begin{bmatrix} c_{1l} \\ c_{2l} \\ \vdots \\ c_{ml} \end{bmatrix} \tag{4.12}$$

ということになるが，(4.12) の左辺は，A の j 番目の列ベクトルに等しいので，結局，A の任意の列ベクトルが，(4.12)の右辺に現われた l 個のベクトルの 1 次結合として書けることがわかる．したがって，A の列空間の次元は l 以下である．

dim (A の行空間)$=l$　　　(dim$V$ は，「V の次元」を示す記号)

だから，dim (A の列空間)$\leqslant$dim (A の行空間)　　　(4.13)

がえられたことになる．

上の議論で A の変わりに，A^t をもちいて，

dim (A^t の列空間)$\leqslant$dim (A^tの行空間)　　　(4.14)

転置行列を考えると，行と列とが入れ変わるわけだから，

A^t の列空間$=A$ の行空間

A^t の行空間$=A$ の列空間

となるので，(4.14) は，

dim (A の行空間)$\leqslant$dim (A の列空間)

を意味していることになる．この式と (4.13) からただちに，

dim (A の行空間)$=$dim (A の列空間)

をうる．■

練習問題 4.6

1. 次の行列の行ベクトル，列ベクトルを書き出せ．

$$\begin{bmatrix} 2 & -1 & 0 & 1 \\ 3 & 5 & 7 & -1 \\ 1 & 4 & 2 & 7 \end{bmatrix}$$

次の 2.～5. の行列について，(a) 行空間の基底　(b) 列空間の基底　(c) 行列の階数を求めよ．

2. $\begin{bmatrix} 1 & -3 \\ 2 & -6 \end{bmatrix}$　　3. $\begin{bmatrix} 1 & 2 & -1 \\ 2 & 4 & 6 \\ 0 & 0 & -8 \end{bmatrix}$　　4. $\begin{bmatrix} 1 & 1 & 2 & 1 \\ 1 & 0 & 1 & 2 \\ 2 & 1 & 3 & 4 \end{bmatrix}$

5. $$\begin{bmatrix} 1 & -3 & 2 & 2 & 1 \\ 0 & 3 & 6 & 0 & -2 \\ 2 & -3 & -2 & 4 & 4 \\ 3 & -3 & 6 & 6 & 3 \\ 5 & -3 & 10 & 10 & 5 \end{bmatrix}$$

6. (a)〜(c) のベクトルによって張られる $\boldsymbol{R}^4$ の部分空間の基底を求めよ．
 (a) $(1,1,-4,-3)$，$(2,0,2,-2)$，$(2,-1,3,2)$
 (b) $(-1,1,-2,0)$，$(3,3,6,0)$，$(9,0,0,3)$
 (c) $(1,1,0,0)$，$(0,0,1,1)$，$(-2,0,2,2)$，$(0,-3,0,3)$

7. 行列 (a), (b) のそれぞれについて，行空間と列空間の次元が一致することを確認せよ．
 (a) $\begin{bmatrix} 2 & 0 & 2 & 2 \\ 3 & -4 & -1 & -9 \\ 1 & 2 & 3 & 7 \\ -3 & 1 & -2 & 0 \end{bmatrix}$ (b) $\begin{bmatrix} 2 & 3 & 5 & 7 & 4 \\ -1 & 2 & 1 & 0 & -2 \\ 4 & 1 & 5 & 9 & 8 \end{bmatrix}$

8. (a) A を 3×5 行列とするとき，A の階数は最大いくつか？
 (b) A を $m\times n$ 行列とするとき，A の階数は最大いくつか？

9. (a)〜(c) について，A の列空間に，ベクトル $\mathbf{b}$ がふくまれるかどうか調べ，もしふくまれていれば，$\mathbf{b}$ を A の列ベクトルの１次結合で表わせ．
 (a) $A=\begin{bmatrix} 1 & 3 \\ 4 & -6 \end{bmatrix}$ $\mathbf{b}=\begin{bmatrix} -2 \\ 10 \end{bmatrix}$ (b) $A=\begin{bmatrix} 1 & -4 \\ 2 & -8 \end{bmatrix}$ $\mathbf{b}=\begin{bmatrix} 0 \\ 1 \end{bmatrix}$
 (c) $A=\begin{bmatrix} 1 & -1 & 1 \\ 1 & 1 & -1 \\ -1 & -1 & 1 \end{bmatrix}$ $\mathbf{b}=\begin{bmatrix} 2 \\ 0 \\ 0 \end{bmatrix}$

10. (a) 3×5 行列 A の列ベクトル全体は，１次従属となることを示せ．
 (b) 5×3 行列 A の行ベクトル全体は，１次従属となることを示せ．

11. 行列 A がもし，正方行列でなければ，A の行ベクトル全体または，A の列ベクトル全体が１次従属となることを示せ．

12. $$A=\begin{bmatrix} a_{11} & a_{12} & a_{13} \\ a_{21} & a_{22} & a_{23} \end{bmatrix}$$
 の階数が２であるための必要かつ十分な条件は，行列式
$$\begin{vmatrix} a_{11} & a_{12} \\ a_{21} & a_{22} \end{vmatrix} \quad \begin{vmatrix} a_{11} & a_{13} \\ a_{21} & a_{23} \end{vmatrix} \quad \begin{vmatrix} a_{12} & a_{13} \\ a_{22} & a_{23} \end{vmatrix}$$
 の少なくとも１つが０ではないことである．これを証明せよ．

13. $A\mathbf{x}=\mathbf{b}$ が解を持つための必要かつ十分な条件は，拡大係数行列 $[A \quad \mathbf{b}]$ の階数が A の階数に等しいことである．これを証明せよ．

14. 定理 11 を証明せよ．

15. $n\times n$ 行列 A が可逆だとすると，A の行ベクトル全体は，$\boldsymbol{R}^n$ の基底を作っている

ことを証明せよ.

4.7 内積空間

すでに，4.1節で，$\boldsymbol{R}^n$ 内のベクトルに関するユークリッド内積というものについて述べた．この節では，この概念をさらに拡張して，一般の線型空間上の内積という概念を導入し，それについて論じる．その結果として，一般の線型空間内のベクトルに対して，2個のベクトルのなす「角」や，ベクトルの「長さ」などが考えられるようになる．

4.1節の定理2の中から，いくつかの大切な性質をぬき出して，それらを満足するものとして，（ユークリッド内積の概念の拡張として）一般的な内積を定義する．つまり，一般の線型空間に関しては，それらの性質を公理と考えて，いわば公理主義的なやり方で，内積概念を定義する．

定義 線型空間 V の任意のベクトルの組 $\mathbf{u}, \mathbf{v}$ に対して，次に述べる公理を満足するような実数 $\langle \mathbf{u}, \mathbf{v} \rangle$ を対応させる写像を，V 上の**内積**という．

(1) $\langle \mathbf{u}, \mathbf{v} \rangle = \langle \mathbf{v}, \mathbf{u} \rangle$ （対称性公理）

(2) $\langle \mathbf{u}+\mathbf{v}, \mathbf{w} \rangle = \langle \mathbf{u}, \mathbf{w} \rangle + \langle \mathbf{v}, \mathbf{w} \rangle$ （加法性公理）

(3) $\langle k\mathbf{u}, \mathbf{v} \rangle = k\langle \mathbf{u}, \mathbf{v} \rangle$ （同次性公理）

(4) $\langle \mathbf{v}, \mathbf{v} \rangle \geqq 0$，等号は $\mathbf{v}=\mathbf{0}$ のときのみに成立．（非負性公理）

（ただし，$\mathbf{u}, \mathbf{v}, \mathbf{w}$ は任意のベクトル，k はスカラーとする．）

また，内積を持った線型空間を**内積空間**という．

次の3性質は，いずれも上の公理系から容易に証明できる．

(i) $\langle \mathbf{0}, \mathbf{v} \rangle = \langle \mathbf{v}, \mathbf{0} \rangle = 0$

(ii) $\langle \mathbf{u}, \mathbf{v}+\mathbf{w} \rangle = \langle \mathbf{u}, \mathbf{v} \rangle + \langle \mathbf{u}, \mathbf{w} \rangle$

(iii) $\langle \mathbf{u}, k\mathbf{v} \rangle = k\langle \mathbf{u}, \mathbf{v} \rangle$

例として，(ii) を証明してみよう．（他は読者にまかせる．）

$$\langle \mathbf{u}, \mathbf{v}+\mathbf{w} \rangle = \langle \mathbf{v}+\mathbf{w}, \mathbf{u} \rangle \qquad \text{（対称性から）}$$

$$=\langle \mathbf{v}, \mathbf{u}\rangle+\langle \mathbf{w}, \mathbf{u}\rangle \qquad \text{（加法性から）}$$
$$=\langle \mathbf{u}, \mathbf{v}\rangle+\langle \mathbf{u}, \mathbf{w}\rangle \qquad \text{（対称性から）}$$

≪例42≫

$\mathbf{u}=(u_1, u_2, \cdots, u_n)$，$\mathbf{v}=(v_1, v_2, \cdots, v_n)$とするとき，ユーリッド内積，$\langle \mathbf{u}, \mathbf{v}\rangle=\mathbf{u}\cdot\mathbf{v}=u_1v_1+u_2v_2+\cdots+u_nv_n$ が4.1節の定理2をもちいて，上の4個の公理をすべて満足していることを確認せよ．

≪例43≫

$\boldsymbol{R}^2$ のベクトル $\mathbf{u}=(u_1, u_2)$，$\mathbf{v}=(v_1, v_2)$ に対して，

$$\langle \mathbf{u}, \mathbf{v}\rangle=3u_1v_1+2u_2v_2$$

とすれば，これも $\boldsymbol{R}^2$ 上の内積となっていることがわかる．実際，$\mathbf{u}$ と $\mathbf{v}$ の順序を変えても，右辺は変わらないので，

$$\langle \mathbf{u}, \mathbf{v}\rangle=\langle \mathbf{v}, \mathbf{u}\rangle$$

が成り立ち，また，$\mathbf{w}=(w_1, w_2)$ とすれば，

$$\begin{aligned}\langle \mathbf{u}+\mathbf{v}, \mathbf{w}\rangle&=3(u_1+v_1)w_1+2(u_2+v_2)w_2\\&=(3u_1w_1+2u_2w_2)+(3v_1w_1+2v_2w_2)\\&=\langle \mathbf{u}, \mathbf{w}\rangle+\langle \mathbf{v}, \mathbf{w}\rangle\end{aligned}$$

また，

$$\begin{aligned}\langle k\mathbf{u}, \mathbf{v}\rangle&=3(ku_1)v_1+2(ku_2)v_2\\&=k(3u_1v_1+2u_2v_2)\\&=k\langle \mathbf{u}, \mathbf{v}\rangle\end{aligned}$$

最後に，

$$\langle \mathbf{v}, \mathbf{v}\rangle=3{v_1}^2+2{v_2}^2\geqq 0$$

であって，等号は $v_1=v_2=0$ つまり $\mathbf{v}=\mathbf{0}$ の場合に限ることがわかる．

この例で見た内積は，以前に扱ったユークリッド内積とは違っている．このことからも，線型空間が与えられたとき，その内積は一意的に定まるものではないことがわかる．

≪例44≫

$$U=\begin{bmatrix} u_1 & u_2 \\ u_3 & u_4 \end{bmatrix} \qquad U'=\begin{bmatrix} u_1' & u_2' \\ u_3' & u_4' \end{bmatrix}$$

とするとき,

$$\langle U, U' \rangle = u_1u_1' + u_2u_2' + u_3u_3' + u_4u_4'$$

とすれば，これは 2×2 行列の作る線型空間 $M_{2,2}$ 上の内積となっていることがわかる．(確認してほしい.)

例えば,

$$U=\begin{bmatrix} 1 & 2 \\ 3 & 4 \end{bmatrix} \qquad U'=\begin{bmatrix} -1 & 0 \\ 3 & 2 \end{bmatrix} \text{ とすれば}$$

$$\langle U, U' \rangle = 1\times(-1)+2\times 0+3\times 3+4\times 2=16$$

となる.

≪例45≫

$$\mathbf{p}=a_0+a_1x+a_2x^2, \quad \mathbf{q}=b_0+b_1x+b_2x^2$$

とするとき,

$$\langle \mathbf{p}, \mathbf{q} \rangle = a_0b_0+a_1b_1+a_2b_2$$

とすれば，これは 2 次以下の多項式の作る線型空間 P_2 上の内積となっていることがわかる．(確認してほしい.)

≪例46≫#

$\mathbf{p}=p(x)$, $\mathbf{q}=q(x)$ を P_n のベクトル (つまり，n 次以下の多項式) とし,

$$\langle \mathbf{p}, \mathbf{q} \rangle = \int_a^b p(x)q(x)dx \tag{4.15}$$

(ただし，a, b は $a<b$ を満たす実数とする) とすれば，これが P_n 上の内積となっていることが，次のようにして確かめられる.

(1) $\langle \mathbf{p}, \mathbf{q} \rangle = \int_a^b p(x)q(x)dx = \int_a^b q(x)p(x)dx = \langle \mathbf{q}, \mathbf{p} \rangle$

(2) $$\begin{aligned} \langle \mathbf{p}+\mathbf{q}, \mathbf{r} \rangle &= \int_a^b (p(x)+q(x))r(x)dx \\ &= \int_a^b p(x)r(x)dx + \int_a^b q(x)r(x)dx \\ &= \langle \mathbf{p}, \mathbf{r} \rangle + \langle \mathbf{q}, \mathbf{r} \rangle \end{aligned}$$

（ここで $\mathbf{r}=r(x)$ は，P_n の任意のベクトル）

(3) $\langle k\mathbf{p},\mathbf{q}\rangle=\int_a^b kp(x)q(x)dx=k\int_a^b p(x)q(x)dx=k\langle\mathbf{p},\mathbf{q}\rangle$

(4) $\mathbf{p}=p(x)$ を P_n の多項式とすると，任意の x に対して，$p(x)^2\geqslant 0$，したがって，

$$\langle\mathbf{p},\mathbf{p}\rangle=\int_a^b p(x)^2dx\geqslant 0$$

さらに，$p(x)^2\geqslant 0$ および，多項式（関数）は連続関数であることから，

$$\int_a^b p(x)^2dx=0$$

であることと，$p(x)\equiv 0$ であることとの同値性が言える．つまり，

$$\langle\mathbf{p},\mathbf{p}\rangle=0$$

は $\mathbf{p}=\mathbf{0}$ の場合に限って成り立つことがわかる．

例 14 で定義した線型空間 $C[a,b]$ は，例えば，

$$\langle\mathbf{f},\mathbf{g}\rangle=\int_a^b f(x)g(x)dx$$

という内積を定義して，内積空間とみなすことができる．（実際に，これが内積の公理を満たすことは，P_n の場合と同様の方法で確認できる.）

$\boldsymbol{R}^3$ の $\mathbf{0}$ でないベクトル $\mathbf{u},\mathbf{v}$ に対しては，$\mathbf{u}\cdot\mathbf{v}=\|\mathbf{u}\|\cdot\|\mathbf{v}\|\cos\theta$ という関係式が存在する．（ここで θ は $\mathbf{u},\mathbf{v}$ のなす角とする.） この式で $\mathbf{u}=\mathbf{v}$ とおけば，$\|\mathbf{u}\|^2=\mathbf{u}\cdot\mathbf{u}$，$\|\mathbf{v}\|^2=\mathbf{v}\cdot\mathbf{v}$ をうる．（3.3 節参照）つまり，不等式

$$(\mathbf{u}\cdot\mathbf{v})^2\leqslant(\mathbf{u}\cdot\mathbf{u})(\mathbf{v}\cdot\mathbf{v})$$

がえられる．（$\cos^2\theta\leqslant 1$ に注意すればよい.） 次に述べる定理は，この不等式を一般の内積空間の場合にまで拡張したもので，コーシー・シュワルツの不等式とよばれている．

定理 15（コーシー・シュワルツ*の不等式）

内積空間 V の任意のベクトル $\mathbf{u},\mathbf{v}$ に対して，

* A. L. コーシー（1789-1857）「近代解析学の父」とよばれることもある．コーシーは微分積分学の土台を整備したことで知られている．彼はまた，ブルボン王朝の熱烈な支持者でもあったために，数年間の亡命生活をよぎなくされた．

H. A. シュワルツ（1843-1921）ドイツの数学者．

$$\langle \mathbf{u}, \mathbf{v} \rangle^2 \leqslant \langle \mathbf{u}, \mathbf{u} \rangle \langle \mathbf{v}, \mathbf{v} \rangle$$

証明　ここで紹介する証明は，非常にみごとなものではあるが，それだけにまず思い付くことの困難な，おもしろいトリックを利用する．まず $\mathbf{u}=\mathbf{0}$ とすれば $\langle \mathbf{u}, \mathbf{v} \rangle = \langle \mathbf{u}, \mathbf{u} \rangle = 0$ となって，上の関係が成立しているので，$\mathbf{u} \neq \mathbf{0}$ と仮定して証明を行なう．$a=\langle \mathbf{u}, \mathbf{u} \rangle$，$b=2\langle \mathbf{u}, \mathbf{v} \rangle$，$c=\langle \mathbf{v}, \mathbf{v} \rangle$ とおき，t を実数とすると，「非負性公理」によって，同じベクトル2個の内積は，正または0である．つまり，

$$\begin{aligned} 0 \leqslant \langle t\mathbf{u}+\mathbf{v}, t\mathbf{u}+\mathbf{v} \rangle &= \langle \mathbf{u}, \mathbf{u} \rangle t^2 + 2\langle \mathbf{u}, \mathbf{v} \rangle t + \langle \mathbf{v}, \mathbf{v} \rangle \\ &= at^2+bt+c \end{aligned}$$

ところがこのことは，2次式 at^2+bt+c が（$a>0$ と仮定してあるので），実数解を持たないかまたは重解を持つことを示している．したがって，その判別式は負または0でなければならない．つまり，$b^2-4ac \leqslant 0$，したがって $4\langle \mathbf{u}, \mathbf{v} \rangle^2 - 4\langle \mathbf{u}, \mathbf{u} \rangle \langle \mathbf{v}, \mathbf{v} \rangle \leqslant 0$ をうる．これは求める不等式である．■

≪例47≫

$\mathbf{u}=(u_1, u_2, \cdots, u_n)$，$\mathbf{v}=(v_1, v_2, \cdots, v_n)$ という $\boldsymbol{R}^n$ のベクトルに対して，ユークリッド内積をもちいて，コーシー・シュワルツの不等式を適用すれば，

$$(u_1v_1+u_2v_2+\cdots+u_nv_n)^2 \leqslant (u_1{}^2+u_2{}^2+\cdots+u_n{}^2)(v_1{}^2+v_2{}^2+\cdots+v_n{}^2)$$

という不等式がえられるが，これは，**コーシーの不等式**とよばれている．

練習問題 4.7

1. 例43の内積をもちいて，$\langle \mathbf{u}, \mathbf{v} \rangle$ を求めよ．
   (a) $\mathbf{u}=(2,-1)$，$\mathbf{v}=(-1,3)$　(b) $\mathbf{u}=(0,0)$，$\mathbf{v}=(7,2)$
   (c) $\mathbf{u}=(3,1)$，$\mathbf{v}=(-2,9)$　(d) $\mathbf{u}=(4,6)$，$\mathbf{v}=(4,6)$
2. $\boldsymbol{R}^2$ のユークリッド内積をもちいて，上の問題を解け．
3. 例44の内積をもちいて，$\langle \mathbf{u}, \mathbf{v} \rangle$ を求めよ．
   (a) $\mathbf{u}=\begin{bmatrix} 2 & -1 \\ 3 & 7 \end{bmatrix}$　$\mathbf{v}=\begin{bmatrix} 0 & 4 \\ 2 & 2 \end{bmatrix}$　(b) $\mathbf{u}=\begin{bmatrix} 1 & 2 \\ -3 & 5 \end{bmatrix}$　$\mathbf{v}=\begin{bmatrix} 4 & 6 \\ 0 & 8 \end{bmatrix}$
4. 例45の内積をもちいて，$\langle \mathbf{p}, \mathbf{q} \rangle$ を計算せよ．
   (a) $\mathbf{p}=-1+2x+x^2$　$\mathbf{q}=2-4x^2$　(b) $\mathbf{p}=-3+2x+x^2$　$\mathbf{q}=2+4x-2x^2$

5.　$\mathbf{u}=(u_1, u_2)$，$\mathbf{v}=(v_1, v_2)$ として，(a), (b) が $\boldsymbol{R}^2$ の内積を与えていることを示せ．

(a)　$\langle\mathbf{u}, \mathbf{v}\rangle=6u_1v_1+2u_2v_2$　　(b)　$\langle\mathbf{u}, \mathbf{v}\rangle=2u_1v_1+u_2v_1+u_1v_2+2u_2v_2$

6.　$\mathbf{u}=(u_1, u_2, u_3)$，$\mathbf{v}=(v_1, v_2, v_3)$ として，(a)～(d) の中から，$\boldsymbol{R}^3$ の内積を与えているものを選べ．また，内積とならない場合には，どの公理を満たさないかを述べよ．

(a)　$\langle\mathbf{u}, \mathbf{v}\rangle=u_1v_1+u_3v_3$　　(b)　$\langle\mathbf{u}, \mathbf{v}\rangle=u_1^2v_1^2+u_2^2v_2^2+u_3^2v_3^2$

(c)　$\langle\mathbf{u}, \mathbf{v}\rangle=2u_1v_1+u_2v_2+4u_3v_3$　　(d)　$\langle\mathbf{u}, \mathbf{v}\rangle=u_1v_1-u_2v_2+u_3v_3$

7.　$U=\begin{bmatrix} u_1 & u_2 \\ u_3 & u_4 \end{bmatrix}$　$V=\begin{bmatrix} v_1 & v_2 \\ v_3 & v_4 \end{bmatrix}$　として，

$$\langle U, V\rangle=u_1v_1+u_2v_3+u_3v_2+u_4v_4$$

が $M_{2,2}$ の内積を与えていることを示せ．

8.　$\mathbf{p}=p(x)$，$\mathbf{q}=q(x)$ を P_2 の多項式とするとき，

$$\langle\mathbf{p}, \mathbf{q}\rangle=p(0)q(0)+p\left(\frac{1}{2}\right)q\left(\frac{1}{2}\right)+p(1)q(1)$$

が，P_2 の内積を与えていることを示せ．

9.　(a)～(d) について，コーシー・シュワルツの不等式を示せ．

(a)　$\mathbf{u}=(2,1)$，$\mathbf{v}=(1,-3)$ とし，例 43 の内積をもちいる．

(b)　$\mathbf{u}=(2,1,5)$，$\mathbf{v}=(1,-3,4)$ とし，ユークリッド内積をもちいる．

(c)　$U=\begin{bmatrix} -1 & 2 \\ 6 & 1 \end{bmatrix}$，$U'=\begin{bmatrix} 1 & 0 \\ 3 & 3 \end{bmatrix}$ とし，例 44 の内積をもちいる．

(d)　$\mathbf{p}=-1+2x+x^2$，$\mathbf{q}=2-4x^2$ とし，例 45 の内積をもちいる．

10.　$\boldsymbol{R}^2$ にユークリッド内積を入れて，内積空間とする．このとき，コーシー・シュワルツの不等式を利用して（$\mathbf{u}=(a, b)$，$\mathbf{v}=(\cos\theta, \sin\theta)$ とおいて），

$$|a\cos\theta+b\sin\theta|\leqslant\sqrt{a^2+b^2}$$

を証明せよ．

11.　任意の内積 $\langle\mathbf{u}, \mathbf{v}\rangle$ について，$\langle\mathbf{0}, \mathbf{v}\rangle=\langle\mathbf{v}, \mathbf{0}\rangle=0$ となることを示せ．

12.　任意の内積 $\langle\mathbf{u}, \mathbf{v}\rangle$ について，$\langle\mathbf{u}, k\mathbf{v}\rangle=k\langle\mathbf{u}, \mathbf{v}\rangle$ となることを示せ．（ただし，k はスカラーとする．）

13.　コーシー・シュワルツの不等式が，特に等式となるのは，$\{\mathbf{u}, \mathbf{v}\}$ が 1 次従属となる場合に限ることを示せ．

14.　c_1, c_2, c_3 を任意の正数とし，$\mathbf{u}=(u_1, u_2, u_3)$，$\mathbf{v}=(v_1, v_2, v_3)$ に対して，

$\langle\mathbf{u}, \mathbf{v}\rangle=c_1u_1v_1+c_2u_2v_2+c_3u_3v_3$

とすれば，これが $\boldsymbol{R}^3$ の内積を与えることを示せ．

15.　$c_1, c_2, \cdots, c_n$ を任意の正数とし，$\mathbf{u}=(u_1, u_2, \cdots, u_n)$，$\mathbf{v}=(v_1, v_2, \cdots, v_n)$ に対して，

$\langle\mathbf{u}, \mathbf{v}\rangle=c_1u_1v_1+c_2u_2v_2+\cdots+c_nu_nv_n$

とすれば，これが $\boldsymbol{R}^n$ の内積を与えることを示せ．

16#.　内積

$$\langle\mathbf{p}, \mathbf{q}\rangle=\int_{-1}^{1} p(x)q(x)dx$$

を計算せよ.

(a) $\mathbf{p}=1-x+x^2+5x^3 \quad \mathbf{q}=x-3x^2$ (b) $\mathbf{p}=x-5x^3 \quad \mathbf{q}=2+8x^2$

17#. 内積

$$\langle \mathbf{f}, \mathbf{g} \rangle = \int_0^1 f(x)g(x)dx$$

を計算せよ.

(a) $\mathbf{f}=\cos 2\pi x \quad \mathbf{g}=\sin 2\pi x$ (b) $\mathbf{f}=x \quad \mathbf{g}=e^x$ (c) $\mathbf{f}=\tan\frac{\pi}{4}x \quad \mathbf{g}=1$

18#. 区間 [0, 1] 上で連続な実数値関数 $f(x), g(x)$ について, (a),(b) を証明せよ.

(a) $\left[\int_0^1 f(x)g(x)dx\right]^2 \leqq \left[\int_0^1 f(x)^2 dx\right]\left[\int_0^1 g(x)^2 dx\right]$

(b) $\left[\int_0^1 \{f(x)+g(x)\}^2 dx\right]^{\frac{1}{2}} \leqq \left[\int_0^1 f(x)^2 dx\right]^{\frac{1}{2}} + \left[\int_0^1 g(x)^2 dx\right]^{\frac{1}{2}}$

(**ヒント** 問題17の内積とコーシー・シュワルツの不等式を利用せよ.)

4.8 内積空間における「長さ」と「角」

この節では, コーシー・シュワルツの不等式を利用し, 一般の内積空間において, 長さ, 距離, 角といった概念を確立する.

定義 V を内積空間とするとき, V のベクトル $\mathbf{u}$ の**ノルム** $\|\mathbf{u}\|$ を,

$$\|\mathbf{u}\| = \langle \mathbf{u}, \mathbf{u} \rangle^{\frac{1}{2}}$$

によって定義する. また, ベクトル $\mathbf{u}, \mathbf{v}$ 間の**距離** $d(\mathbf{u}, \mathbf{v})$ を

$$d(\mathbf{u}, \mathbf{v}) = \|\mathbf{u}-\mathbf{v}\|$$

によって定義する.

≪例48≫

$\boldsymbol{R}^n$ のベクトル $\mathbf{u}=(u_1, u_2, \cdots, u_n)$, $\mathbf{v}=(v_1, v_2, \cdots, v_n)$ に対して, ユークリッド内積にもとづいて, ノルムと距離を求めると,

$$\|\mathbf{u}\| = \langle \mathbf{u}, \mathbf{u} \rangle^{\frac{1}{2}} = \sqrt{{u_1}^2 + {u_2}^2 + \cdots + {u_n}^2}$$

$$\begin{aligned} d(\mathbf{u}, \mathbf{v}) &= \|\mathbf{u}-\mathbf{v}\| \\ &= \langle \mathbf{u}-\mathbf{v}, \mathbf{u}-\mathbf{v} \rangle^{\frac{1}{2}} \end{aligned}$$

$$=\sqrt{(u_1-v_1)^2+(u_2-v_2)^2+\cdots+(u_n-v_n)^2}$$

となり，4.1節において論じたユークリッド・ノルムや距離の公式と一致することがわかる．

≪例49≫

$\boldsymbol{R}^2$ のベクトル $\mathbf{u},\mathbf{v}$ の内積を $\langle\mathbf{u},\mathbf{v}\rangle=3u_1v_1+2u_2v_2$ で定めて（例43参照）内積空間を考える．このとき，$\mathbf{u}=(1,0)$，$\mathbf{v}=(0,1)$ とすれば，

$$\|\mathbf{u}\|=\langle\mathbf{u},\mathbf{u}\rangle^{\frac{1}{2}}=(3\times1\times1+2\times0\times0)^{\frac{1}{2}}=\sqrt{3}$$

$$d(\mathbf{u},\mathbf{v})=\|\mathbf{u}-\mathbf{v}\|=\langle(1,-1),\ (1,-1)\rangle^{\frac{1}{2}}$$
$$=(3\times1\times1+2\times(-1)\times(-1))^{\frac{1}{2}}=\sqrt{5}$$

ノルムや距離が，内積のきめ方に依存する量であることに注意してほしい．内積のとり方を変えれば，一般にはベクトルのノルムやベクトル間の距離も変化する．例えば上の例でみた $\mathbf{u},\mathbf{v}$ について，$\boldsymbol{R}^2$ に通常のユークリッド・ノルムを入れて考えたときには，$\|\mathbf{u}\|=1$，$d(\mathbf{u},\mathbf{v})=\sqrt{2}$ となるが，これは上で求めた値とは異なっている．

読者の中には，$\langle\mathbf{u},\mathbf{u}\rangle^{\frac{1}{2}}$ を $\mathbf{u}$ のノルム（長さ）とよび，$\|\mathbf{u}-\mathbf{v}\|$ を $\mathbf{u}$ と $\mathbf{v}$ との距離とよぶことに抵抗を感じる人がいるかもしれない．これらの定義式が，いずれも通常の $\boldsymbol{R}^2$ や $\boldsymbol{R}^3$ の場合からのアナロジーとしてえられたものだとはいえ，上の例などのように，$\mathbf{u}=(1,0)$ の長さが，$\sqrt{3}$ になったりしては気分が良くない，と考える人もいるだろう．読者が，想像力を働かせて，この「抵抗」をやわらげられるように，これらの定義について，もう少し説明を加えておこう．

長い年月をかけて，数学者達は，$\boldsymbol{R}^2,\boldsymbol{R}^3$ におけるユークリッド的な意味での「長さ」や「距離」の概念が持っている諸性質のうちで，最も重要なものは何であるかを考え，それらの抽象化に成功した．これを表としてまとめれば，図4.8のようになる．

「長さ」の特徴	「距離」の特徴
L1. $\|\|\mathbf{u}\|\| \geqslant 0$	D1. $d(\mathbf{u}, \mathbf{v}) \geqslant 0$
L2. $\|\|\mathbf{u}\|\| = 0 \Leftrightarrow \mathbf{u} = \mathbf{0}$	D2. $d(\mathbf{u}, \mathbf{v}) = 0 \Leftrightarrow \mathbf{u} = \mathbf{v}$
L3. $\|\|k\mathbf{u}\|\| = \|k\|\,\|\|\mathbf{u}\|\|$	D3. $d(\mathbf{u}, \mathbf{v}) = d(\mathbf{v}, \mathbf{u})$
L4. $\|\|\mathbf{u}+\mathbf{v}\|\| \leqslant \|\|\mathbf{u}\|\| + \|\|\mathbf{v}\|\|$ （3角不等式）	D4. $d(\mathbf{u}, \mathbf{v}) \leqslant d(\mathbf{u}, \mathbf{w}) + d(\mathbf{w}, \mathbf{v})$ （3角不等式）

図 4.8

次の定理は，内積空間に対して採用したノルムや距離の定義が，抽象化された「長さ」や「距離」の性質をすべて満足していることを述べたものである．

定理 16

内積空間のベクトル $\mathbf{u}, \mathbf{v}$ に対して，そのノルム $||\mathbf{u}|| = \langle \mathbf{u}, \mathbf{u} \rangle^{\frac{1}{2}}$ や距離 $d(\mathbf{u}, \mathbf{v}) = ||\mathbf{u} - \mathbf{v}||$ は，図 4.8 の全性質を持っている．

ここでは，性質 L4 のみをチェックすることにし，残りの性質については，読者にまかせる．コーシー・シュワルツの不等式

$$\langle \mathbf{u}, \mathbf{v} \rangle^2 \leqslant \langle \mathbf{u}, \mathbf{u} \rangle \langle \mathbf{v}, \mathbf{v} \rangle$$

から，　$||\mathbf{u}||^2 = \langle \mathbf{u}, \mathbf{u} \rangle$，$||\mathbf{v}||^2 = \langle \mathbf{v}, \mathbf{v} \rangle$ に注意して

$$\langle \mathbf{u}, \mathbf{v} \rangle^2 \leqslant ||\mathbf{u}||^2 ||\mathbf{v}||^2 \tag{4.16}$$

つまり，

$$|\langle \mathbf{u}, \mathbf{v} \rangle| \leqslant ||\mathbf{u}|| \, ||\mathbf{v}|| \tag{4.17}$$

をうることができる．これを利用しよう．

証明　(L4) 定義によって，

$$\begin{aligned}
||\mathbf{u}+\mathbf{v}||^2 &= \langle \mathbf{u}+\mathbf{v}, \mathbf{u}+\mathbf{v} \rangle \\
&= \langle \mathbf{u}, \mathbf{u} \rangle + 2\langle \mathbf{u}, \mathbf{v} \rangle + \langle \mathbf{v}, \mathbf{v} \rangle \\
&\leqslant \langle \mathbf{u}, \mathbf{u} \rangle + 2|\langle \mathbf{u}, \mathbf{v} \rangle| + \langle \mathbf{v}, \mathbf{v} \rangle \\
&\leqslant \langle \mathbf{u}, \mathbf{u} \rangle + 2||\mathbf{u}|| \, ||\mathbf{v}|| + \langle \mathbf{v}, \mathbf{v} \rangle \qquad \text{((4.17) より)} \\
&= ||\mathbf{u}||^2 + 2||\mathbf{u}|| \, ||\mathbf{v}|| + ||\mathbf{v}||^2 \\
&= (||\mathbf{u}|| + ||\mathbf{v}||)^2
\end{aligned}$$

両辺の平方根をとって，

$$\|\mathbf{u}+\mathbf{v}\| \leqslant \|\mathbf{u}\|+\|\mathbf{v}\| \qquad \blacksquare$$

ユークリッド内積を入れて考えれば，上で示したこと (L4) は，「3角形の2辺の和は，他の1辺よりも長い」というよく知られた事実を示している．（図 4.9 参照.）

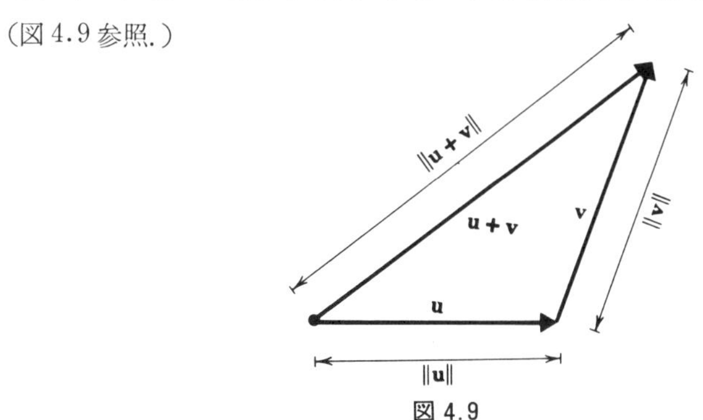

図 4.9

内積空間 V の $\mathbf{0}$ でないベクトル $\mathbf{u}, \mathbf{v}$ について，(4.16) を考えると，

$$\left(\frac{\langle \mathbf{u}, \mathbf{v} \rangle}{\|\mathbf{u}\| \ \|\mathbf{v}\|}\right)^2 \leqslant 1$$

つまり，

$$-1 \leqslant \frac{\langle \mathbf{u}, \mathbf{v} \rangle}{\|\mathbf{u}\| \ \|\mathbf{v}\|} \leqslant 1$$

をうる，したがって，

$$\cos\theta = \frac{\langle \mathbf{u}, \mathbf{v} \rangle}{\|\mathbf{u}\| \ \|\mathbf{v}\|}, \quad 0 \leqslant \theta \leqslant \pi \tag{4.18}$$

を満たす θ がただ一つ存在することがわかる．

この θ を $\mathbf{u}$ と $\mathbf{v}$ のなす**角**とよぶことにする．ユークリッド内積をもった $\boldsymbol{R}^2$ や $\boldsymbol{R}^3$ で考えれば，(4.18) は通常の公式 (3.3 節参照) そのものに一致している．

≪例50≫

ユークリッド内積を持った $\boldsymbol{R}^4$ のベクトル

$$\mathbf{u} = (4, 3, 1, -2), \quad \mathbf{v} = (-2, 1, 2, 3)$$

のなす角を θ として，$\cos\theta$ を求めよ．

解：　$\|\mathbf{u}\|=\sqrt{30}$　　$\|\mathbf{v}\|=\sqrt{18}$　　$\langle\mathbf{u},\mathbf{v}\rangle=-9$

より，

$$\cos\theta=-\frac{9}{\sqrt{30}\ \sqrt{18}}=-\frac{\sqrt{15}}{10}$$

≪例51≫

例 44 で与えた内積を持った $M_{2,2}$ の行列

$$U=\begin{bmatrix}1 & 0\\ 1 & 1\end{bmatrix}\qquad U'=\begin{bmatrix}0 & 2\\ 0 & 0\end{bmatrix}$$

のなす角 θ は，

$$\cos\theta=\frac{U\cdot U'}{\|U\|\ \|U'\|}=\frac{1\times0+0\times2+1\times0+1\times0}{\|U\|\ \|U'\|}=0$$

から，$\dfrac{\pi}{2}$ となることがわかる．

一般に，$\mathbf{0}$ でないベクトル $\mathbf{u},\mathbf{v}$ が $\langle\mathbf{u},\mathbf{v}\rangle=0$ を満たせば，(4.18) によって，$\mathbf{u}$ と $\mathbf{v}$ のなす角が $\dfrac{\pi}{2}$ に等しいことがわかる．

定義　内積空間内のベクトル $\mathbf{u},\mathbf{v}$ が $\langle\mathbf{u},\mathbf{v}\rangle=0$ を満たすとき，$\mathbf{u}$ と $\mathbf{v}$ は**直交**しているといい．$\mathbf{u}$ が集合 W の任意のベクトルと直交しているとき，$\mathbf{u}$ は W に**直交**しているという．

2 個のベクトルが直交するかどうかは，内積の取り方によって変わることに注意してほしい．(ある内積について，直交していても，別の内積については直交しないということが起きる.)

≪例52≫#　P_2 に例 46 で述べた内積

$$\langle\mathbf{p},\mathbf{q}\rangle=\int_{-1}^{1}p(x)q(x)dx$$

を入れて考え，$\mathbf{p}=x,\mathbf{q}=x^2$ とすると，

$$\|\mathbf{p}\|=\langle\mathbf{p},\mathbf{p}\rangle^{\frac{1}{2}}=\left[\int_{-1}^{1}x\ x\ dx\right]^{\frac{1}{2}}=\left[\int_{-1}^{1}x^2dx\right]^{\frac{1}{2}}=\sqrt{\frac{2}{3}}=\frac{\sqrt{6}}{3}$$

$$\|\mathbf{q}\|=\langle\mathbf{q},\mathbf{q}\rangle^{\frac{1}{2}}=\left[\int_{-1}^{1}x^2x^2dx\right]^{\frac{1}{2}}=\left[\int_{-1}^{1}x^4dx\right]^{\frac{1}{2}}=\sqrt{\frac{2}{5}}=\frac{\sqrt{10}}{5}$$

$$\langle\mathbf{p},\mathbf{q}\rangle=\int_{-1}^{1}xx^2dx=\int_{-1}^{1}x^3dx=0$$

となる．特に，$\langle\mathbf{p},\mathbf{q}\rangle=0$ となっていることから，与えられた内積に関して，ベクトル $\mathbf{p}=x$，$\mathbf{q}=x^2$ が直交することもわかる．

最後に，ユークリッド幾何でよく知られたピタゴラスの定理を拡張しておこう．

定理 17（一般化されたピタゴラスの定理）

内積空間内の直交する 2 つのベクトル $\mathbf{u},\mathbf{v}$ に対して，

$$\|\mathbf{u}+\mathbf{v}\|^2=\|\mathbf{u}\|^2+\|\mathbf{v}\|^2$$

証明

$$\begin{aligned}\|\mathbf{u}+\mathbf{v}\|^2&=\langle\mathbf{u}+\mathbf{v},\mathbf{u}+\mathbf{v}\rangle\\&=\langle\mathbf{u},\mathbf{u}\rangle+2\langle\mathbf{u},\mathbf{v}\rangle+\langle\mathbf{v},\mathbf{v}\rangle\\&=\|\mathbf{u}\|^2+\|\mathbf{v}\|^2\end{aligned}$$ ■

通常のユークリッド内積を持った $\boldsymbol{R}^2$ や $\boldsymbol{R}^3$ で考えれば，（図 4.10 参照）通常のピタゴラスの定理がえられる．

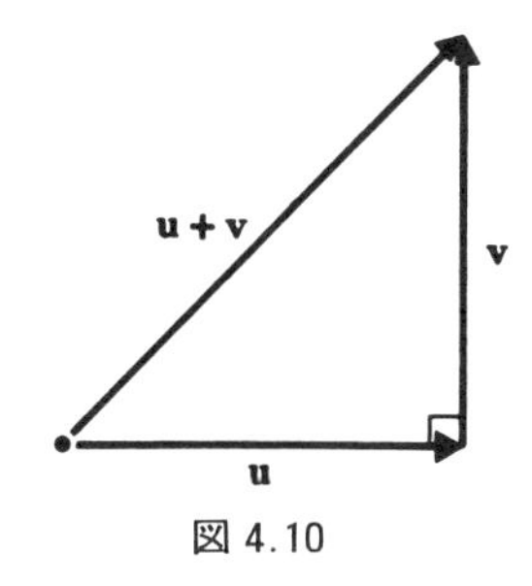

図 4.10

練習問題 4.8

1. $\boldsymbol{R}^2$ のベクトル $\mathbf{u}=(u_1,u_2)$，$\mathbf{v}=(v_1,v_2)$ の内積を $\langle\mathbf{u},\mathbf{v}\rangle=3u_1v_1+2u_2v_2$ によって定めるとき，(a)～(d) のベクトルのノルムを求めよ．

(a)　$(-1,3)$　　(b)　$(6,7)$　　(c)　$(0,1)$　　(d)　$(0,0)$

2. ユークリッド内積を持った $\boldsymbol{R}^2$ について，問題1を解け．

3. 例45の内積を持った P_2 について，次の多項式のノルムを求めよ．

(a) $-1+2x+x^2$　　(b) $3-4x^2$

4. 例44の内積を持った $M_{2,2}$ について，次の行列のノルムを求めよ．

(a) $\begin{bmatrix} -1 & 7 \\ 6 & 2 \end{bmatrix}$　　(b) $\begin{bmatrix} 0 & 0 \\ 0 & 0 \end{bmatrix}$

5. 問題1と同じ条件の下で，$d(\mathbf{x},\mathbf{y})$ を求めよ．

(a) $\mathbf{x}=(-1,2)$，$\mathbf{y}=(2,5)$　　(b) $\mathbf{x}=(3,9)$，$\mathbf{y}=(3,9)$

6. ユークリッド内積を持った $\boldsymbol{R}^2$ について，問題5を解け．

7. 例45の内積を持った P_2 について，$d(\mathbf{p},\mathbf{q})$ を求めよ．

$$\mathbf{p}=2-x+x^2,\ \mathbf{q}=1+5x^2$$

8. 例44の内積を持った $M_{2,2}$ について，$d(A,B)$ を求めよ．

(a) $A=\begin{bmatrix} 1 & 5 \\ 8 & 3 \end{bmatrix}$　$B=\begin{bmatrix} -5 & 0 \\ 7 & -3 \end{bmatrix}$　　(b) $A=\begin{bmatrix} 6 & 3 \\ 2 & 1 \end{bmatrix}$　$B=\begin{bmatrix} 6 & 3 \\ 2 & 1 \end{bmatrix}$

9. ユークリッド内積を持った $\boldsymbol{R}^2,\boldsymbol{R}^3,\boldsymbol{R}^4$ について，次のベクトル $\mathbf{u},\mathbf{v}$ のなす角のコサインを求めよ．

(a) $\mathbf{u}=(1,-3)$，$\mathbf{v}=(2,4)$　　(b) $\mathbf{u}=(-1,0)$，$\mathbf{v}=(3,8)$

(c) $\mathbf{u}=(-1,5,2)$，$\mathbf{v}=(2,4,-9)$　　(d) $\mathbf{u}=(4,1,8)$，$\mathbf{v}=(1,0,-3)$

(e) $\mathbf{u}=(1,0,1,0)$，$\mathbf{v}=(-3,-3,-3,-3)$　　(f) $\mathbf{u}=(2,1,7,-1)$，$\mathbf{v}=(4,0,0,0)$

10. 例45の内積を持った P_2 について，$\mathbf{p}$ と $\mathbf{q}$ のなす角のコサインを求めよ．

(a) $\mathbf{p}=-1+5x+2x^2$　$\mathbf{q}=2+4x-9x^2$　　(b) $\mathbf{p}=x-x^2$　$\mathbf{q}=7+3x+3x^2$

11. 例44の内積を持った $M_{2,2}$ について，A と B のなす角のコサインを求めよ．

(a) $A=\begin{bmatrix} 2 & 6 \\ 1 & -3 \end{bmatrix}$　$B=\begin{bmatrix} 3 & 2 \\ 1 & 0 \end{bmatrix}$　　(b) $A=\begin{bmatrix} 2 & 4 \\ -1 & 3 \end{bmatrix}$　$B=\begin{bmatrix} -3 & 1 \\ 4 & 2 \end{bmatrix}$

12. ユークリッド内積を持った $\boldsymbol{R}^3$ について，$\mathbf{u},\mathbf{v}$ が直交するように k を定めよ．

(a) $\mathbf{u}=(2,1,3)$，$\mathbf{v}=(1,7,k)$　　(b) $\mathbf{u}=(k,k,1)$，$\mathbf{v}=(k,5,6)$

13. 例45の内積を持った P_2 について，$\mathbf{p}=1-x+2x^2$ と $\mathbf{q}=2x+x^2$ は直交することを示せ．

14. 例44の内積を持った $M_{2,2}$ について，A と直交する行列を (a)～(d) から選べ．

$$A=\begin{bmatrix} 2 & 1 \\ -1 & 3 \end{bmatrix}$$

(a) $\begin{bmatrix} -3 & 0 \\ 0 & 2 \end{bmatrix}$　(b) $\begin{bmatrix} 1 & 1 \\ 0 & -1 \end{bmatrix}$　(c) $\begin{bmatrix} 0 & 0 \\ 0 & 0 \end{bmatrix}$　(d) $\begin{bmatrix} 2 & 1 \\ 5 & 2 \end{bmatrix}$

15. ユークリッド内積を持った $\boldsymbol{R}^4$ について，3個のベクトル $\mathbf{u}=(2,1,-4,0)$，$\mathbf{v}=(-1,-1,2,2)$，$\mathbf{w}=(3,2,5,4)$ のすべてと直交するノルム1のベクトルを求めよ．

16. 内積空間 V のベクトルについて，$\mathbf{w}$ が $\mathbf{u}_1,\mathbf{u}_2$ と直交すれば，任意のスカラー k_1，k_2 に対して，$\mathbf{w}$ は $k_1\mathbf{u}_1+k_2\mathbf{u}_2$ とも直交することを示せ．また，V がユークリッド

内積を持った $\boldsymbol{R}^3$ の場合には，このことが何を意味しているかを考えよ．

17. 内積空間 V のベクトルについて，$\mathbf{w}$ が $\mathbf{u}_1, \mathbf{u}_2, \cdots, \mathbf{u}_r$ と直交すれば，$\mathbf{w}$ は $\mathscr{L}\{\mathbf{u}_1, \mathbf{u}_2, \cdots, \mathbf{u}_r\}$ とも直交することを示せ．

18. 内積空間 V について，$\mathbf{u}, \mathbf{v}$ が共に V のベクトルで，しかも直交していて $\|\mathbf{u}\|=\|\mathbf{v}\|=1$ を満たせば，$\|\mathbf{u}-\mathbf{v}\|=\sqrt{2}$ となることを示せ．

19. 内積空間 V の任意のベクトル $\mathbf{u}, \mathbf{v}$ に対して，

$$\|\mathbf{u}+\mathbf{v}\|^2+\|\mathbf{u}-\mathbf{v}\|^2=2(\|\mathbf{u}\|^2+\|\mathbf{v}\|^2)$$

が成り立つことを示せ．

20. 内積空間 V の任意のベクトル $\mathbf{u}, \mathbf{v}$ に対して，

$$\langle \mathbf{u}, \mathbf{v} \rangle=\frac{1}{4}(\|\mathbf{u}+\mathbf{v}\|^2-\|\mathbf{u}-\mathbf{v}\|^2)$$

が成り立つことを示せ．

21. 有限次元の内積空間について，基底を構成しているすべてのベクトルと直交するベクトルはゼロ・ベクトルに限ることを証明せよ．

22. (a) 内積空間 V のベクトル $\mathbf{v}$ と直交する V のベクトル全体は，V の部分空間を作ることを証明せよ．

(b) (a)の結果を，ユークリッド内積を持った $\boldsymbol{R}^2, \boldsymbol{R}^3$ の場合について説明せよ．

23. 定理17をさらに一般化して，次のことを証明せよ．どの2つもたがいに直交する（内積空間内の）ベクトル $\mathbf{v}_1, \mathbf{v}_2, \cdots, \mathbf{v}_r$ について，

$$\|\mathbf{v}_1+\mathbf{v}_2+\cdots+\mathbf{v}_r\|^2=\|\mathbf{v}_1\|^2+\|\mathbf{v}_2\|^2+\cdots+\|\mathbf{v}_r\|^2$$

24. 定理16の証明を(a)～(g)の順に実行せよ．

(a) L1について　(b) L2について　(c) L3について　(d) D1について
(e) D2について　(f) D3について　(g) D4について

25. 円に内接し，直径を1辺に持つ3角形は，直角3角形であることを，ベクトルをもちいて，証明せよ．（**ヒント**：下の図で AB, BC を $\mathbf{u}, \mathbf{v}$ をもちいて表わせ．）

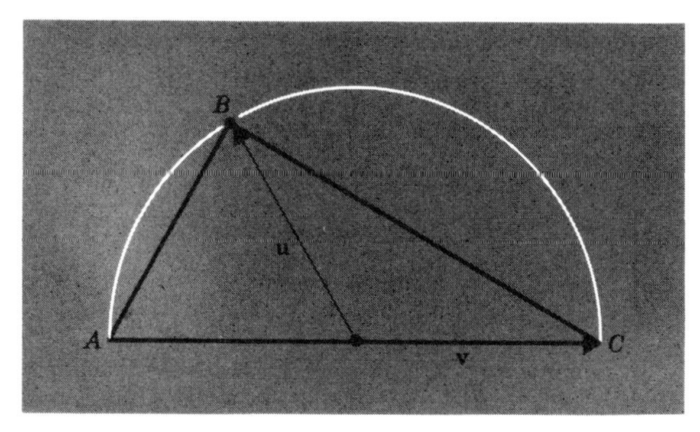

26#. 線型空間 $C[0, \pi]$ は，内積

$$\langle \mathbf{f}, \mathbf{g} \rangle = \int_0^\pi f(x)g(x)dx$$

を持っている．$\mathbf{f}_n = \cos nx$ $(n=0,1,2,\cdots)$ とするとき，$k \neq l$ ならば $\mathbf{f}_k$ と $\mathbf{f}_l$ は上の内積に関して，直交していることを示せ．

4.9　直交基底；グラム・シュミットの方法

線型空間に関する問題を解く場合に，どういう基底を選ぶかは，それぞれの解答者にまかされていることが多い．与えられた問題に応じて，「最も適当」と思われる基底を利用するのが大切だとはいっても，具体的な方針があったわけではない．内積空間に関する問題の場合には，たがいに直交するベクトルからなる基底を選ぶと，問題が解きやすくなることが少なくない．ここでは，たがいに直交するベクトルからなる基底の構成法について述べる．

定義　内積空間のベクトルからなる集合において，どのベクトルも互いに直交しているとき，その集合は**直交集合**であるという．ノルムが1のベクトルのみからなる直交集合を**正規直交集合**という．

≪例53≫

$$\mathbf{v}_1 = (0,1,0),\quad \mathbf{v}_2 = \left(\frac{1}{\sqrt{2}}, 0, \frac{1}{\sqrt{2}}\right),\quad \mathbf{v}_3 = \left(\frac{1}{\sqrt{2}}, 0, -\frac{1}{\sqrt{2}}\right)$$

とすれば，$S = \{\mathbf{v}_1, \mathbf{v}_2, \mathbf{v}_3\}$ は，ユークリッド内積を持った $\boldsymbol{R}^3$ の正規直交集合となる．実際

$$\langle \mathbf{v}_1, \mathbf{v}_2 \rangle = \langle \mathbf{v}_2, \mathbf{v}_3 \rangle = \langle \mathbf{v}_1, \mathbf{v}_3 \rangle = 0$$

$$\|\mathbf{v}_1\| = \|\mathbf{v}_2\| = \|\mathbf{v}_3\| = 1$$

となっていることがわかる．

≪例54≫

内積空間の $\mathbf{0}$ でないベクトル $\mathbf{v}$ について（図4.8の性質L3をもちいて）

$$\frac{1}{\|\mathbf{v}\|}\mathbf{v}$$

のノルムは1に等しいことがわかる．$\left(\left\|\frac{1}{\|\mathbf{v}\|}\mathbf{v}\right\|=\frac{1}{\|\mathbf{v}\|}\|\mathbf{v}\|=1\right)$ このように，$\mathbf{0}$ でないベクトルを，そのベクトルのノルムの逆数倍して，ノルムが1のベクトルを作る方法をベクトルの**正規化**とよぶ．

内積空間の**正規直交基底**がわかれば，次の定理18によって，任意のベクトルを容易に，基底の1次結合の形で書くことができる．正規直交基底の有効性は，この事実をみてもわかるだろう．

定理18

内積空間 V の正規直交基底を $S=\{\mathbf{v}_1, \mathbf{v}_2, \cdots, \mathbf{v}_n\}$ とするとき，V の任意のベクトル $\mathbf{u}$ に対して，

$$\mathbf{u}=\langle\mathbf{u}, \mathbf{v}_1\rangle\mathbf{v}_1+\langle\mathbf{u}, \mathbf{v}_2\rangle\mathbf{v}_2+\cdots+\langle\mathbf{u}, \mathbf{v}_n\rangle\mathbf{v}_n$$

証明　S は V の基底であるから，

$$\mathbf{u}=k_1\mathbf{v}_1+k_2\mathbf{v}_2+\cdots+k_n\mathbf{v}_n$$

と書けることは明らかなので，$k_i=\langle\mathbf{u}, \mathbf{v}_i\rangle(i=1,2,\cdots)$ ということさえ示せればよい．ところで，$\mathbf{u}$ と $\mathbf{v}_i$ の内積を計算すると，

$$\begin{aligned}\langle\mathbf{u}, \mathbf{v}_i\rangle&=\langle k_1\mathbf{v}_1+k\mathbf{v}_2+\cdots+k\mathbf{v}_n, \mathbf{v}_i\rangle\\&=k_1\langle\mathbf{v}_1, \mathbf{v}_i\rangle+k_2\langle\mathbf{v}_2, \mathbf{v}_i\rangle+\cdots+k_n\langle\mathbf{v}_n, \mathbf{v}_i\rangle\end{aligned}$$

となるが，ここで $S=\{\mathbf{v}_1, \mathbf{v}_2, \cdots, \mathbf{v}_n\}$ が正規直交集合であることから，

$$\langle\mathbf{v}_i, \mathbf{v}_i\rangle=\|\mathbf{v}_i\|^2=1$$

$$\langle\mathbf{v}_i, \mathbf{v}_j\rangle=0 \qquad (i\neq j)$$

でなければならない．したがって，

$$\langle\mathbf{u}, \mathbf{v}_i\rangle=k_i$$

がえられる．■

≪例55≫

$$\mathbf{v}_1=(0,\ 1,0), \mathbf{v}_2=\left(-\frac{4}{5},0,\frac{3}{5}\right),\quad \mathbf{v}_3=\left(\frac{3}{5},0,\frac{4}{5}\right)$$

とすれば，$S=\{\mathbf{v}_1, \mathbf{v}_2, \mathbf{v}_3\}$ が，ユークリッド内積を持った $\boldsymbol{R}^3$ の正規直交基底となっていることを示せ．またベクトル $\mathbf{u}=(1,1,1)$ を S の１次結合の形で書け．

解：（後半のみ）

$$\langle\mathbf{u}, \mathbf{v}_1\rangle=1,\ \langle\mathbf{u}, \mathbf{v}_2\rangle=-\frac{1}{5},\ \langle\mathbf{u}, \mathbf{v}_3\rangle=\frac{7}{5}$$

定理18によって，

$$\mathbf{u}=\mathbf{v}_1-\frac{1}{5}\mathbf{v}_2+\frac{7}{5}\mathbf{v}_3$$

つまり，$(1,1,1)=(0,1,0)-\dfrac{1}{5}\left(-\dfrac{4}{5},0,\dfrac{3}{5}\right)+\dfrac{7}{5}\left(\dfrac{3}{5},0,\dfrac{4}{5}\right)$

一般的には，ベクトルを基底の１次結合として表わすためには，いちいち，連立１次方程式を作って，それを解かねばならなかったことを思い出せば，定理18の有用性が（上の例をみても）わかるだろう．

定理19

内積空間の $\mathbf{0}$ でないベクトルからなる直交集合 $S=\{\mathbf{v}_1, \mathbf{v}_2, \cdots, \mathbf{v}_n\}$ は１次独立である．

証明　$k_1\mathbf{v}_1+k_2\mathbf{v}_2+\cdots+k_n\mathbf{v}_n=\mathbf{0}$　　(4.19)

が成り立つとき，$k_1=k_2=\cdots=k_n=0$ となることを示せば，S が１次独立であることがいえたことになる．

S のベクトル $\mathbf{v}_i(i=1,2,\cdots,n)$ について (4.19) より，

$$\langle k_1\mathbf{v}_1+k_2\mathbf{v}_2+\cdots+k_n\mathbf{v}_n, \mathbf{v}_i\rangle=\langle\mathbf{0}, \mathbf{v}_i\rangle=0$$

つまり

$$k_1\langle\mathbf{v}_1, \mathbf{v}_i\rangle+k_2\langle\mathbf{v}_2, \mathbf{v}_i\rangle+\cdots+k_n\langle\mathbf{v}_n, \mathbf{v}_i\rangle=0$$

S の直交性から，$j\neq i$ の場合には，

$$\langle\mathbf{v}_j, \mathbf{v}_i\rangle=0$$

となるので，

$$k_i\langle\mathbf{v}_i, \mathbf{v}_i\rangle=0$$

がえられる．しかも，$\mathbf{v}_i \neq \mathbf{0}$ だから，$\langle \mathbf{v}_i, \mathbf{v}_i \rangle \neq 0$（内積の非負性公理より）したがって，$k_i = 0 \quad (i=1, 2, \cdots, n)$ ■

≪例56≫

$\mathbf{v}_1 = (0, 1, 0)$，$\mathbf{v}_2 = \left(\frac{1}{\sqrt{2}}, 0, \frac{1}{\sqrt{2}}\right)$，$\mathbf{v}_3 = \left(\frac{1}{\sqrt{2}}, 0, -\frac{1}{\sqrt{2}}\right)$ が，$\boldsymbol{R}^3$ 上のユークリッド内積に関する正規直交集合を作ることは，すでに述べた（例53）．さらに，定理19から，$\{\mathbf{v}_1, \mathbf{v}_2, \mathbf{v}_3\}$ が1次独立であることがわかる．$\boldsymbol{R}^3$ は3次元であるから，結局 $\{\mathbf{v}_1, \mathbf{v}_2, \mathbf{v}_3\}$ は $\boldsymbol{R}^3$ の正規直交基底となっていることがわかる．

内積空間が与えられたときに，その正規直交基底を構成する方法について考えよう．次の定理は，節の終わりに練習問題の中で議論する．（証明については，その部分をみてほしい．）

定理20

V を内積空間，$\{\mathbf{v}_1, \mathbf{v}_2, \cdots, \mathbf{v}_r\}$ をその正規直交集合とし，$\mathbf{v}_1, \mathbf{v}_2, \cdots, \mathbf{v}_r$ によって張られる部分空間を W とすれば，V の任意のベクトル $\mathbf{u}$ は，

$$\mathbf{u} = \mathbf{w}_1 + \mathbf{w}_2$$

の形で表わすことができる．ただし，ここで $\mathbf{w}_1$ は W にふくまれるベクトル，$\mathbf{w}_2$ は W に直交するベクトルで，

$$\mathbf{w}_1 = \langle \mathbf{u}, \mathbf{v}_1 \rangle \mathbf{v}_1 + \langle \mathbf{u}, \mathbf{v}_2 \rangle \mathbf{v}_2 + \cdots + \langle \mathbf{u}, \mathbf{v}_r \rangle \mathbf{v}_r \tag{4.20}$$

$$\mathbf{w}_2 = \mathbf{u} - \langle \mathbf{u}, \mathbf{v}_1 \rangle \mathbf{v}_1 - \langle \mathbf{u}, \mathbf{v}_2 \rangle \mathbf{v}_2 - \cdots - \langle \mathbf{u}, \mathbf{v}_r \rangle \mathbf{v}_r \tag{4.21}$$

と書ける．（$V = \boldsymbol{R}^3$ の場合については，図4.11を参照せよ．）

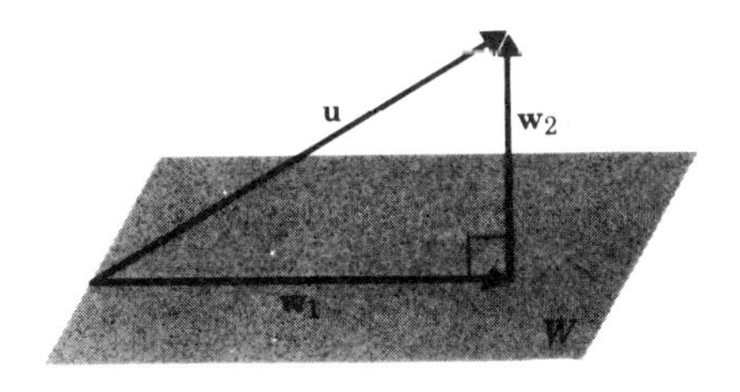

図 4.11

図4.11のイメージにもとづいて，$\mathbf{w}_1$ を $\mathbf{u}$ の W への**正射影**とよび，記号をもちいて，$\mathbf{w}_1=\mathrm{proj}_W\mathbf{u}$ と書くことにする．ベクトル $\mathbf{w}_2=\mathbf{u}-\mathrm{proj}_W\mathbf{u}$ は $\mathbf{u}$ の W に関する**直交成分**とよぶことにする．

≪例57≫

ユークッド内積を持った $\boldsymbol{R}^3$ の中で，正規直交ベクトル $\mathbf{v}_1=(0,1,0)$，$\mathbf{v}_2=\left(-\frac{4}{5},0,\frac{3}{5}\right)$ によって張られる部分空間を W とする．このとき，$\mathbf{u}=(1,1,1)$ の W への正射影は，

$$\begin{aligned}\mathrm{proj}_W\mathbf{u}&=\langle\mathbf{u},\mathbf{v}_1\rangle\mathbf{v}_1+\langle\mathbf{u},\mathbf{v}_2\rangle\mathbf{v}_2\\&=1(0,1,0)+\left(-\frac{1}{5}\right)\left(-\frac{4}{5},0,\frac{3}{5}\right)\\&=\left(\frac{4}{25},1,-\frac{3}{25}\right)\end{aligned}$$

$\mathbf{u}$ の W に関する直交成分は，

$$\begin{aligned}\mathbf{u}-\mathrm{proj}_W\mathbf{u}&=(1,1,1)-\left(\frac{4}{25},1,-\frac{3}{25}\right)\\&=\left(\frac{21}{25},0,\frac{28}{25}\right)\end{aligned}$$

読者は，このベクトルが $\mathbf{v}_1,\mathbf{v}_2$ と直交することをチェックしてほしい．

この節の主要結果として，次の定理を述べておこう．

定理21

任意の（$\{\mathbf{0}\}$ でない）有限次元の内積空間は，正規直交基底を持つ．

証明　V を，n 次元の内積空間とし（ただし $n>0$），V の基底を1つ作ってそれを $S=\{\mathbf{u}_1,\mathbf{u}_2,\cdots,\mathbf{u}_n\}$ とする．このとき，次のステップによって，（S からスタートして）V の正規直交基底を作ろう．

ステップ 1.　$\mathbf{v}_1=\mathbf{u}_1/\|\mathbf{u}_1\|$ とすれば，$\|\mathbf{v}_1\|=1$ となる．

ステップ 2.　$\mathbf{v}_1$ に直交するノルム1のベクトル $\mathbf{v}_2$ を作るために，$\mathbf{u}_2$ の $\mathbf{v}_1$ によって張られる部分空間 W_1 に関する直交成分を求め，それを正規化する．

つまり，

$$\mathbf{v}_2=\frac{\mathbf{u}_2-\mathrm{proj}_{W_1}\mathbf{u}_2}{\|\mathbf{u}_2-\mathrm{proj}_{W_1}\mathbf{u}_2\|}=\frac{\mathbf{u}_2-\langle\mathbf{u}_2,\mathbf{v}_1\rangle\mathbf{v}_1}{\|\mathbf{u}_2-\langle\mathbf{u}_2,\mathbf{v}_1\rangle\mathbf{v}_1\|}$$

（図 4.12 参照）とする．ここで，$\mathbf{u}_2-\langle\mathbf{u}_2,\mathbf{v}_1\rangle\mathbf{v}_1\neq\mathbf{0}$ となることに注意してほしい．実際，$\mathbf{u}_2-\langle\mathbf{u}_2,\mathbf{v}_1\rangle\mathbf{v}_1=\mathbf{0}$ だとすれば，

$$\mathbf{u}_2=\langle\mathbf{u}_2.\ \mathbf{v}_1\rangle\mathbf{v}_1=\frac{\langle\mathbf{u}_2,\mathbf{v}_1\rangle}{\|\mathbf{u}_1\|}\mathbf{u}_1$$

ということになり，$\mathbf{u}_2$ が $\mathbf{u}_1$ のスカラー倍に等しくなって，基底 $S=\{\mathbf{u}_1,\mathbf{u}_2,\cdots,\mathbf{u}_n\}$ の１次独立性に矛盾する．

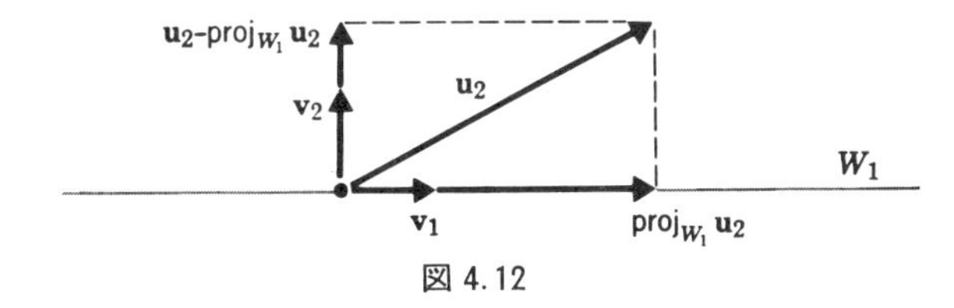

図 4.12

ステップ 3. $\mathbf{v}_1,\mathbf{v}_2$ に直交するノルム１のベクトル $\mathbf{v}_3$ を作るために，$\mathbf{u}_3$ の，$\{\mathbf{v}_1,\mathbf{v}_2\}$ によって張られる部分空間 W_2 に関する直交成分を求め，それを正規化する．つまり

$$\mathbf{v}_2=\frac{\mathbf{u}_3-\mathrm{proj}_{W_2}\mathbf{u}_3}{\|\mathbf{u}_3-\mathrm{proj}_{W_2}\mathbf{u}_3\|}=\frac{\mathbf{u}_3-\langle\mathbf{u}_3,\mathbf{v}_1\rangle\mathbf{v}_1-\langle\mathbf{u}_3,\mathbf{v}_2\rangle\mathbf{v}_2}{\|\mathbf{u}_3-\langle\mathbf{u}_3,\mathbf{v}_1\rangle\mathbf{v}_1-\langle\mathbf{u}_3,\mathbf{v}_2\rangle\mathbf{v}_2\|}$$

（図 4.13 参照）とする．

上のステップ２と同じようにして，$\{\mathbf{u}_1,\mathbf{u}_2,\cdots,\mathbf{u}_n\}$ の１次独立性から，

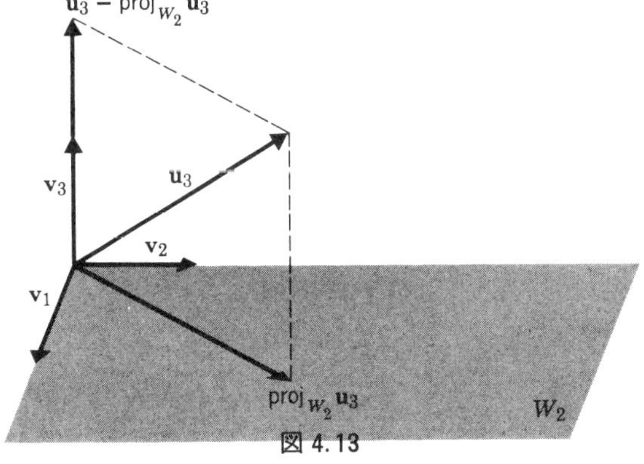

図 4.13

$$\mathbf{u}_3-\langle \mathbf{u}_3, \mathbf{v}_1\rangle \mathbf{v}_1-\langle \mathbf{u}_3, \mathbf{v}_2\rangle \mathbf{v}_2 \neq \mathbf{0}$$

がいえるので，正規化が問題なく行なえることがわかる．（詳しくは読者にまかせる．）

ステップ 4. $\mathbf{v}_1, \mathbf{v}_2, \mathbf{v}_3$ に直交するノルム1のベクトル $\mathbf{v}_4$ を作るために，$\mathbf{u}_4$ の，$\{\mathbf{v}_1, \mathbf{v}_2, \mathbf{v}_3\}$ によって張られる部分空間 W_3 に関する直交成分を求め，それを正規化する．つまり，

$$\mathbf{v}_4=\frac{\mathbf{u}_4-\mathrm{proj}_{W_3}\mathbf{u}_4}{\|\mathbf{u}_4-\mathrm{proj}_{W_3}\mathbf{u}_4\|}=\frac{\mathbf{u}_4-\langle \mathbf{u}_4, \mathbf{v}_1\rangle \mathbf{v}_1-\langle \mathbf{u}_4, \mathbf{v}_2\rangle \mathbf{v}_2-\langle \mathbf{u}_4, \mathbf{v}_3\rangle \mathbf{v}_3}{\|\mathbf{u}_4-\langle \mathbf{u}_4, \mathbf{v}_1\rangle \mathbf{v}_1-\langle \mathbf{u}_4, \mathbf{v}_2\rangle \mathbf{v}_2-\langle \mathbf{u}_4, \mathbf{v}_3\rangle \mathbf{v}_3\|}$$

とする．

これをステップ n までくり返せば，正規直交集合 $\{\mathbf{v}_1, \mathbf{v}_2, \cdots, \mathbf{v}_n\}$ がえられ，しかも，V の次元が n なので，これが求める正規直交基底となっていることがわかる． ■

上のようにして，任意の基底から，正規直交基底を構成する方法を，**グラム・シュミット*の直交化法**という．

《例58》

ユークリッド内積を持った $\boldsymbol{R}^3$ について，基底 $\mathbf{u}_1=(1,1,1)$，$\mathbf{u}_2=(0,1,1)$，$\mathbf{u}_3=(0,0,1)$ から，グラム・シュミットの直交化法をもちいて，正規直交基底を作れ，

解：

ステップ 1. $\mathbf{v}_1=\dfrac{\mathbf{u}_1}{\|\mathbf{u}\|}=\dfrac{(1,1,1)}{\sqrt{3}}=\left(\dfrac{1}{\sqrt{3}}, \dfrac{1}{\sqrt{3}}, \dfrac{1}{\sqrt{3}}\right)$

ステップ 2.
$$\begin{aligned}\mathbf{u}_2-\mathrm{proj}_{W_1}\mathbf{u}_2&=\mathbf{u}_2-\langle \mathbf{u}_2, \mathbf{v}_1\rangle \mathbf{v}_1\\&=(0,1,1)-\frac{2}{\sqrt{3}}\left(\frac{1}{\sqrt{3}}, \frac{1}{\sqrt{3}}, \frac{1}{\sqrt{3}}\right)\\&=\left(-\frac{2}{3}, \frac{1}{3}, \frac{1}{3}\right)\end{aligned}$$

* J. P. グラム（1850-1916）オランダの保険統計学者．
E. シュミット（1876-1959）ドイツの数学者．

$$\mathbf{v}_2=\frac{\mathbf{u}_2-\mathrm{proj}_{W_1}\mathbf{u}_2}{\|\mathbf{u}_2-\mathrm{proj}_{W_1}\mathbf{u}_2\|}=\frac{3}{\sqrt{6}}\left(-\frac{2}{3},\frac{1}{3},\frac{1}{3}\right)$$

$$=\left(-\frac{2}{\sqrt{6}},\frac{1}{\sqrt{6}},\frac{1}{\sqrt{6}}\right)$$

ステップ 3. $\mathbf{u}_3-\mathrm{proj}_{W_2}\mathbf{u}_3=\mathbf{u}_3-\langle\mathbf{u}_3,\mathbf{v}_1\rangle\mathbf{v}_1-\langle\mathbf{u}_3,\mathbf{v}_2\rangle\mathbf{v}_2$

$$=(0,0,1)-\frac{1}{\sqrt{3}}\left(\frac{1}{\sqrt{3}},\frac{1}{\sqrt{3}},\frac{1}{\sqrt{3}}\right)-\frac{1}{\sqrt{6}}\left(-\frac{2}{\sqrt{6}},\frac{1}{\sqrt{6}},\frac{1}{\sqrt{6}}\right)$$

$$=\left(0,-\frac{1}{2},\frac{1}{2}\right)$$

$$\mathbf{v}_3=\frac{\mathbf{u}_3-\mathrm{proj}_{W_2}\mathbf{u}_3}{\|\mathbf{u}_3-\mathrm{proj}_{W_2}\mathbf{u}_3\|}=\sqrt{2}\left(0,-\frac{1}{2},\frac{1}{2}\right)=\left(0,-\frac{1}{\sqrt{2}},\frac{1}{\sqrt{2}}\right)$$

以上により，ユークリッド内積を持った $\boldsymbol{R}^3$ の正規直交基底

$$\mathbf{v}_1=\left(\frac{1}{\sqrt{3}},\frac{1}{\sqrt{3}},\frac{1}{\sqrt{3}}\right),\quad \mathbf{v}_2=\left(-\frac{2}{\sqrt{6}},\frac{1}{\sqrt{6}},\frac{1}{\sqrt{6}}\right),\quad \mathbf{v}_3=\left(0,-\frac{1}{\sqrt{2}},\frac{1}{\sqrt{2}}\right)$$

がえられた．

自由研究

グラム・シュミットの直交化法に関する次の定理には，数多くの応用が知られている．そのいくつかについては，後の7.2節で紹介する．したがって，この部分は，この定理の応用について知ろうというときには，必ず読んでほしい．

定理 22（射影定理）

内積空間 V の有限次元部分空間を W とする．このとき，V の任意のベクトル $\mathbf{u}$ は，ただ一通りの方法で，

$$\mathbf{u}=\mathbf{w}_1+\mathbf{w}_2$$

と書ける．ただし，$\mathbf{w}_1$ は W のベクトル，$\mathbf{w}_2$ は W に直交するベクトルとする．

証明　まず，条件を満たすベクトル $\mathbf{w}_1,\mathbf{w}_2$ の存在を示し，続いて，その一意性を示そう．

グラム・シュミットの直交化法によって，W の正規直交基底 $\{\mathbf{v}_1,\mathbf{v}_2,\cdots,\mathbf{v}_r\}$ を作る．このとき，明らかに $W=\mathscr{L}\{\mathbf{v}_1,\mathbf{v}_2,\cdots,\mathbf{v}_r\}$．　定理20によって，

$$\mathbf{w}_1=\mathrm{proj}_W\mathbf{u},\quad \mathbf{w}_2=\mathbf{u}-\mathrm{proj}_W\mathbf{u}$$

が条件を満たすベクトルであることがわかる．いまもし，さらに，

$$\mathbf{u}=\mathbf{w}_1'+\mathbf{w}_2' \tag{4.22}$$

（$\mathbf{w}_1'$ は W のベクトル，$\mathbf{w}_2'$ は W に直交するベクトルとする.）と書けたとする．(4.22) の両辺から，

$$\mathbf{u}=\mathbf{w}_1+\mathbf{w}_2$$

を引くと，

$$\mathbf{0}=(\mathbf{w}_1'-\mathbf{w}_1)+(\mathbf{w}_2'-\mathbf{w}_2)$$

つまり

$$\mathbf{w}_1-\mathbf{w}_1'=\mathbf{w}_2'-\mathbf{w}_2 \tag{4.23}$$

をうる．ところで，$\mathbf{w}_2', \mathbf{w}_2$ は共に W に直交しているので，その差もまた W に直交する．実際，W の任意のベクトル $\mathbf{w}$ に対して，

$$\langle\mathbf{w}, \mathbf{w}_2'-\mathbf{w}_2\rangle=\langle\mathbf{w}, \mathbf{w}_2'\rangle-\langle\mathbf{w}, \mathbf{w}_2\rangle=0-0=0$$

式 (4.23) はまた，$\mathbf{w}_2'-\mathbf{w}_2$ が W のベクトルでもあることを示している（(4.23) の左辺は W のベクトルだから)．ゆえに，$\mathbf{w}_2'-\mathbf{w}_2$ は自分自身に対して直交していることになり

$$\langle\mathbf{w}_2'-\mathbf{w}_2,\ \mathbf{w}_2'-\mathbf{w}_2\rangle=0$$

をうる．このとき内積の性質によって，$\mathbf{w}_2'-\mathbf{w}_2=\mathbf{0}$

つまり，$\mathbf{w}_2'=\mathbf{w}_2$，((4.23) より）$\mathbf{w}_1=\mathbf{w}_1'$ がいえる． ▨

P を通常の 3 次元空間内の 1 点，W を原点を通る平面とするとき，P に最も近い W 上の点 Q は，P から W に下した垂線の足としてえられる．（図 4.14

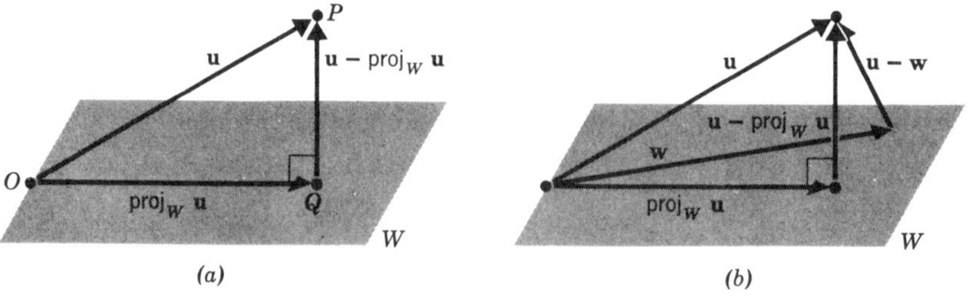

図 4.14

(a)参照)

したがって，$\mathbf{u}=\overrightarrow{OP}$ とすれば，P と W の距離は，

$$\|\mathbf{u}-\mathrm{proj}_W\mathbf{u}\|$$

によって与えられる．いいかえれば，W 上の任意のベクトル $\mathbf{w}$ のうちで，距離 $\|\mathbf{u}-\mathbf{w}\|$ が最小になるのは，$\mathbf{w}=\mathrm{proj}_W\mathbf{u}$ のときであることがわかる．(図4.14(b)参照)

このことはまた，次のような立場から見ることもできる．$\mathbf{u}$ を3次元空間のベクトルとして，これを W 上のベクトルで近似しようという立場がそれである．もちろん，ベクトル $\mathbf{u}$ が W 上に存在しない限り，「誤差ベクトル」

$$\mathbf{u}-\mathbf{w}$$

は，$\mathbf{0}$ になることはない．しかし，

$$\mathbf{w}=\mathrm{proj}_W\mathbf{u}$$

とすれば，「誤差ベクトル」の長さの最小値

$$\|\mathbf{u}-\mathbf{w}\|=\|\mathbf{u}-\mathrm{proj}_W\mathbf{u}\|$$

をうることができる．つまり，$\mathrm{proj}_W\mathbf{u}$ を W 上のベクトルによる $\mathbf{u}$ の「最良近似」ベクトルであると考えることができる．このアイデアを正確に表現すれば，次のようになる．

定理23（最良近似定理）

内積空間 V の有限次元部分空間を W とする．このとき，V の任意のベクトル $\mathbf{u}$ に対して，$\mathrm{proj}_W\mathbf{u}$ は，$\mathbf{u}$ の W 上のベクトルによる**最良近似ベクトル**となる．つまり，$\mathrm{proj}_W\mathbf{u}$ 以外の任意の（W 上の）ベクトル $\mathbf{w}$ に対して，

$$\|\mathbf{u}-\mathrm{proj}_W\mathbf{u}\|<\|\mathbf{u}-\mathbf{w}\|$$

が成り立つ．

証明　W の任意のベクトル $\mathbf{w}$ に対して

$$\mathbf{u}-\mathbf{w}=(\mathbf{u}-\mathrm{proj}_W\mathbf{u})+(\mathrm{proj}_W\mathbf{u}-\mathbf{w}) \tag{4.24}$$

ところが，$\mathrm{proj}_W\mathbf{u}-\mathbf{w}$ は W 上のベクトルどうしの差であるから，W にふくまれ，$\mathbf{u}-\mathrm{proj}_W\mathbf{u}$ は W に直交するベクトルであるから，(4.24) の右辺の2

つの項は直交していることがわかる．したがって（4.8 節の定理 17 参照），ピタゴラスの定理によって，

$$\|\mathbf{u}-\mathbf{w}\|^2=\|\mathbf{u}-\mathrm{proj}_W\mathbf{u}\|^2+\|\mathrm{proj}_W\mathbf{u}-\mathbf{w}\|^2$$

ここで，$\mathbf{w}\neq\mathrm{proj}_W\mathbf{u}$ とすれば，右辺の第 2 項は正数となるので，

$$\|\mathbf{u}-\mathbf{w}\|^2>\|\mathbf{u}-\mathrm{proj}_W\mathbf{u}\|^2$$

つまり，　$\|\mathbf{u}-\mathbf{w}\|>\|\mathbf{u}-\mathrm{proj}_W\mathbf{u}\|$ ■

定理 22, 23 の応用については，7.2 節で論じる．

練習問題 4.9

1. ユークリッド内積を持った $\boldsymbol{R}^2$ のベクトルの集合 (a)〜(d) のうちから正規直交集合となるものを選べ．

(a) $(1,0)$，$(0,2)$　(b) $\left(\frac{1}{\sqrt{2}},-\frac{1}{\sqrt{2}}\right)$，$\left(\frac{1}{\sqrt{2}},\frac{1}{\sqrt{2}}\right)$

(c) $\left(\frac{1}{\sqrt{2}},\frac{1}{\sqrt{2}}\right)$，$\left(-\frac{1}{\sqrt{2}},-\frac{1}{\sqrt{2}}\right)$　(d) $(1,0)$，$(0,0)$

2. ユークリッド内積を持った $\boldsymbol{R}^3$ のベクトルの集合 (a)〜(d) のうちから，正規直交集合となるものを選べ．

(a) $\left(\frac{1}{\sqrt{2}},0,\frac{1}{\sqrt{2}}\right)$，$\left(\frac{1}{\sqrt{3}},\frac{1}{\sqrt{3}},-\frac{1}{\sqrt{3}}\right)$，$\left(-\frac{1}{\sqrt{2}},0,\frac{1}{\sqrt{2}}\right)$

(b) $\left(\frac{2}{3},-\frac{2}{3},\frac{1}{3}\right)$，$\left(\frac{2}{3},\frac{1}{3},-\frac{2}{3}\right)$，$\left(\frac{1}{3},\frac{2}{3},\frac{2}{3}\right)$

(c) $(1,0,0)$，$\left(1,\frac{1}{\sqrt{2}},\frac{1}{\sqrt{2}}\right)$，$(0,0,1)$　(d) $\left(\frac{1}{\sqrt{6}},\frac{1}{\sqrt{6}},-\frac{2}{\sqrt{6}}\right)$，$\left(\frac{1}{\sqrt{2}},-\frac{1}{\sqrt{2}},0\right)$

3. 例 45 の内積を持った P_2 のベクトル（多項式）の集合 (a), (b) のうちから，正規直交集合となるものを選べ．

(a) $\frac{2}{3}-\frac{2}{3}x+\frac{1}{3}x^2$，$\frac{2}{3}+\frac{1}{3}x-\frac{2}{3}x^2$，$\frac{1}{3}+\frac{2}{3}x+\frac{2}{3}x^2$

(b) 1，$\frac{1}{\sqrt{2}}x+\frac{1}{\sqrt{2}}x^2$，$x^2$

4. 例 44 の内積を持った $M_{2,2}$ のベクトル（行列）の集合 (a), (b) のうちから，正規直交集合となるものを選べ．

(a) $\begin{bmatrix}1&0\\0&0\end{bmatrix}$ $\begin{bmatrix}0&\frac{2}{3}\\\frac{1}{3}&-\frac{2}{3}\end{bmatrix}$ $\begin{bmatrix}0&\frac{2}{3}\\-\frac{2}{3}&\frac{1}{3}\end{bmatrix}$ $\begin{bmatrix}0&\frac{1}{3}\\\frac{2}{3}&\frac{2}{3}\end{bmatrix}$

(b) $\begin{bmatrix}1&0\\0&0\end{bmatrix}$ $\begin{bmatrix}0&1\\0&0\end{bmatrix}$ $\begin{bmatrix}0&0\\1&1\end{bmatrix}$ $\begin{bmatrix}0&0\\1&-1\end{bmatrix}$

5. $\mathbf{x}=\left(\frac{1}{\sqrt{5}}, -\frac{1}{\sqrt{5}}\right)$, $\mathbf{y}=\left(\frac{2}{\sqrt{30}}, \frac{3}{\sqrt{30}}\right)$

内積 $\langle \mathbf{u}, \mathbf{v}\rangle = 3u_1v_1+2u_2v_2$ を持った $\boldsymbol{R}^2$ で考えれば，$\{\mathbf{x}, \mathbf{y}\}$ は正規直交集合となるが，ユークリッド内積を持った $\boldsymbol{R}^2$ で考えれば正規でも直交でもないことを示せ．

6. ユークリッド内積を持った $\boldsymbol{R}^4$ において，

$\mathbf{u}_1=(1,0,0,1)$, $\mathbf{u}_2=(-1,0,2,1)$, $\mathbf{u}_3=(2,3,2,-2)$, $\mathbf{u}_4=(-1,2,-1,1)$ が直交集合をなすことを示せ．それぞれのベクトルを正規化して，正規直交基底を作れ．

7. ユークリッド内積を持った $\boldsymbol{R}^2$ において，グラム・シュミットの直交化法をもちいて，(a), (b) の基底 $\{\mathbf{u}_1, \mathbf{u}_2\}$ から，正規直交基底を作れ．

(a) $\mathbf{u}_1=(1,-3)$, $\mathbf{u}_2=(2,2)$　　(b) $\mathbf{u}_1=(1,0)$, $\mathbf{u}_2=(3,-5)$

8. ユークリッド内積を持った $\boldsymbol{R}^3$ において，グラム・シュミットの直交化法をもちいて，(a), (b) の基底 $\{\mathbf{u}_1, \mathbf{u}_2, \mathbf{u}_3\}$ から，正規直交基底を作れ．

(a) $\mathbf{u}_1=(1,1,1)$, $\mathbf{u}_2=(-1,1,0)$, $\mathbf{u}_3=(1,2,1)$

(b) $\mathbf{u}_1=(1,0,0)$, $\mathbf{u}_2=(3,7,-2)$, $\mathbf{u}_3=(0,4,1)$

9. ユークリッド内積を持った $\boldsymbol{R}^4$ において，グラム・シュミットの直交化法をもちいて，次の基底 $\{\mathbf{u}_1, \mathbf{u}_2, \mathbf{u}_3, \mathbf{u}_4\}$ から，正規直交基底を作れ．

$\mathbf{u}_1=(0,2,1,0)$, $\mathbf{u}_2=(1,-1,0,0)$, $\mathbf{u}_3=(1,2,0,-1)$, $\mathbf{u}_4=(1,0,0,1)$

10. ユークリッド内積を持った $\boldsymbol{R}^3$ 内の2個のベクトル $(0,1,2)$, $(-1,0,1)$ によって張られる部分空間の正規直交基底を作れ．

11. 内積 $\langle \mathbf{u}, \mathbf{v}\rangle = u_1v_1+2u_2v_2+3u_3v_3$ を持った $\boldsymbol{R}^3$ において，グラム・シュミットの直交化法をもちいて，次の基底 $\{\mathbf{u}_1, \mathbf{u}_2, \mathbf{u}_3\}$ から，正規直交基底を作れ．

$\mathbf{u}_1=(1,1,1)$, $\mathbf{u}_2=(1,1,0)$, $\mathbf{u}_3=(1,0,0)$

12. ベクトル $\mathbf{u}_1=\left(\frac{4}{5}, 0, -\frac{3}{5}\right)$, $\mathbf{u}_2=(0,1,0)$ によって張られる $\boldsymbol{R}^3$ の部分空間は，$\boldsymbol{R}^3$ の原点を通る平面である．ベクトル $\mathbf{w}=(1,2,3)$ を，この平面にふくまれるベクトル $\mathbf{w}_1$ と，この平面に直交するベクトル $\mathbf{w}_2$ の和で表わせ．（ユークリッド内積を持った $\boldsymbol{R}^3$ とせよ．）

13. $\mathbf{u}_1=(1,1,1)$, $\mathbf{u}_2=(2,0,-1)$ として，問題12を解け．

14. ユークリッド内積を持った $\boldsymbol{R}^4$ において，ベクトル $\mathbf{u}_1=(-1,0,1,2)$, $\mathbf{u}_2=(0,1,0,1)$ によって張られる部分空間を W とする．このとき，ベクトル $\mathbf{w}=(-1,2,6,0)$ を，W にふくまれるベクトル $\mathbf{w}_1$ と，W に直交するベクトル $\mathbf{w}_2$ の和で表わせ．

15. 内積空間 V の正規直交基底を $\{\mathbf{v}_1, \mathbf{v}_2, \mathbf{v}_3\}$ とするとき，V の任意のベクトル $\mathbf{w}$ について，

$$\|\mathbf{w}\|^2 = \langle \mathbf{w}, \mathbf{v}_1\rangle^2 + \langle \mathbf{w}, \mathbf{v}_2\rangle^2 + \langle \mathbf{w}, \mathbf{v}_3\rangle^2$$

を成立することを示せ．

16. 内積空間 V の正規直交基底を $\{\mathbf{v}_1, \mathbf{v}_2, \cdots, \mathbf{v}_n\}$ とするとき，V の任意のベクトル $\mathbf{w}$ について，

$$\|\mathbf{w}\|^2 = \langle \mathbf{w}, \mathbf{v}_1 \rangle^2 + \langle \mathbf{w}, \mathbf{v}_2 \rangle^2 + \cdots + \langle \mathbf{w}, \mathbf{v}_n \rangle^2$$

が成立することを示せ．

17. 定理21の証明（ステップ3）において，「$\{\mathbf{u}_1, \mathbf{u}_2, \cdots, \mathbf{u}_n\}$ の1次独立性から，$\mathbf{u}_3 - \langle \mathbf{u}_3, \mathbf{v}_1 \rangle \mathbf{v}_1 - \langle \mathbf{u}_3, \mathbf{v}_2 \rangle \mathbf{v}_2 \neq \mathbf{0}$ が出る」ということを主張したが，これを証明せよ．

18. 定理20を証明せよ．（**ヒント** (4.20) のベクトル $\mathbf{w}_1$ が W にふくまれ，(4.21) のベクトル $\mathbf{w}_2$ が W に直交することを示せばいい． $\mathbf{u} = \mathbf{w}_1 + \mathbf{w}_2$ となることは明らかである．）

19#. 線型空間 P_2 に内積

$$\langle \mathbf{p}, \mathbf{q} \rangle = \int_{-1}^{1} p(x) q(x) \ dx$$

を入れる．このとき，P_2 の標準基底 $S = \{1, x, x^2\}$ から，グラム・シュミットの直交化法をもちいて，正規直交基底を作れ．（こうして作られた，多項式は，**ルジャンドルの（正規）多項式**とよばれる．）

20#. (a)〜(c) の多項式を問題19で作ったルジャンドルの多項式の1次結合として表わせ．（**ヒント** 定理18を利用せよ．）

(a) $1 + x + 4x^2$ (b) $2 - 7x^2$ (c) $4 + 3x$

21#. 線型空間 P_2 に内積，

$$\langle \mathbf{p}, \mathbf{q} \rangle = \int_{0}^{1} p(x) q(x) dx$$

を入れる．このとき，P_2 の標準基底 $S = \{1, x, x^2\}$ から，グラム・シュミットの直交化法をもちいて，正規直交基底を作れ．

22#. 点 $P(1, -2, 4)$ に最も近い，平面 $5x - 3y + z = 0$ 上の点 Q を求め，これをもちいて，P と平面との距離を求めよ．（**ヒント** 定理23を応用する．）

23#. 点 $P(-4, 8, 1)$ に最も近い，直線

$$\begin{cases} x = 2t \\ y = -t \qquad (-\infty < t < +\infty) \\ z = 4t \end{cases}$$

上の点 Q を求めよ．（**ヒント** 定理23を応用する．）

4.10 座標；基底変換

基底という概念と座標系という概念の間には，密接な関係がある．ここでは，このことについてふれ，のちに線型空間の基底のとりかえについて述べる．

平面上の点 P を表わすのに，まず直交座標を作り，それをもちいて点 P のいわゆる座標成分 a, b を求め，これを並べて (a, b) と書く習慣になっている．

しかし，ベクトルを利用すれば，座標軸をきめなくても，Pを表わすことができる．例えば，図4.15(a)のような直交座標を作らなくても，長さが1の互いに直交する．図4.15(b)のようなベクトル $\mathbf{v}_1, \mathbf{v}_2$（これらは，$\boldsymbol{R}^2$ の基底をなしている）

を考え，

$$\overrightarrow{OP}=a\mathbf{v}_1+b\mathbf{v}_2$$

という形で，$\overrightarrow{OP}$ を表わせばよい．このとき，この a,b が上でいう a,b に一致することはいうまでもない．つまり，P の座標というのは，基底 $\mathbf{v}_1, \mathbf{v}_2$ の1次結合として $\overrightarrow{OP}$ を表わすときの係数のことだと考えることができる．

平面上の点に座標を対応させようというだけなら互いに直交する長さ1のベクトル $\mathbf{v}_1, \mathbf{v}_2$ を利用することは本質的には必要ではなく，単に $\boldsymbol{R}^2$ の基底でさえあれば，どんなベクトルを利用してもいいわけである．

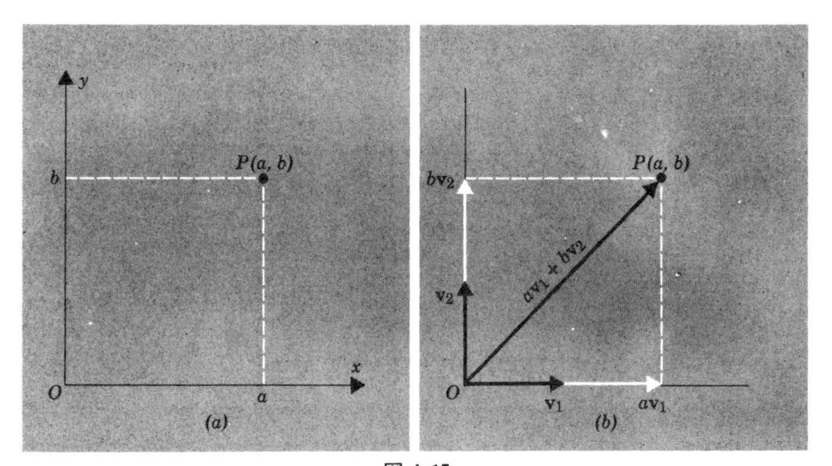

図 4.15

例えば，図4.16のようなベクトル $\mathbf{v}_1, \mathbf{v}_2$ をもちいて，点Pに「座標」を対応させることができる．$a\mathbf{v}_1$ と $b\mathbf{v}_2$ の和として $\overrightarrow{OP}$ が表わせるような a,b をPの「座標」と考えればよい．これを，基底 $\{\mathbf{v}_1, \mathbf{v}_2\}$ に関するPの**座標**とよぶことにする．こうしておけば，任意の有限次元線型空間の場合にも，座標の概念を導入することが容易に行なえる．これを述べる前に，すこし準備をしておこう．

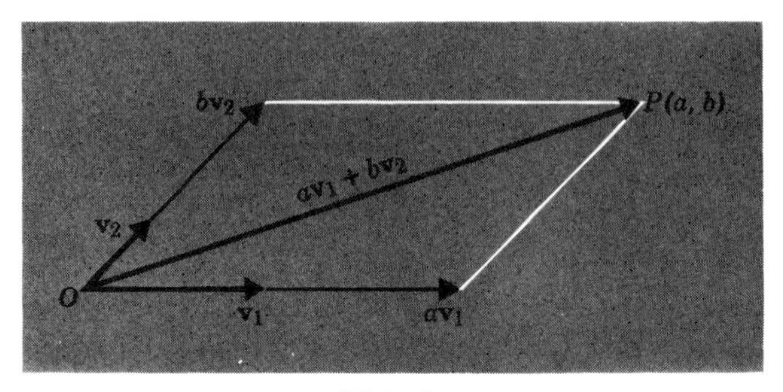

図 4.16

$S=\{\mathbf{v}_1, \mathbf{v}_2, \cdots, \mathbf{v}_n\}$ を n 次元線型空間の基底とすれば，S は V を張る．つまり，V の任意のベクトル $\mathbf{v}$ は S の 1 次結合として表わすことができる．さらに，S の 1 次独立性から，$\mathbf{v}$ を S の 1 次結合として表わす方法はただ一つしかないことがわかる．実際

$$\mathbf{v}=c_1\mathbf{v}_1+c_2\mathbf{v}_2+\cdots+c_n\mathbf{v}_n$$

$$\mathbf{v}=c_1'\mathbf{v}_1+c_2'\mathbf{v}_2+\cdots+c_n'\mathbf{v}_n$$

と書けたとすると，

$$(c_1-c_1')\mathbf{v}_1+(c_2-c_2')\mathbf{v}_2+\cdots+(c_n-c_n')\mathbf{v}_n=\mathbf{0}$$

となるが，$S=\{\mathbf{v}_1, \mathbf{v}_2, \cdots, \mathbf{v}_n\}$ の 1 次独立性によって，このことは，

$$c_1-c_1'=0,\ \ c_2-c_2'=0,\ \ \cdots\cdots,\ \ c_n-c_n'=0$$

つまり，

$$c_1=c_1',\ \ c_2=c_2',\ \ \cdots\cdots,\ \ c_n=c_n'$$

を意味している．これを，定理としてまとめておこう．

定理 24

線型空間 V の基底を $\{\mathbf{v}_1, \mathbf{v}_2, \cdots, \mathbf{v}_n\}$ とし，$\mathbf{v}$ を V の任意のベクトルとする．このとき，$\mathbf{v}$ はただ一通りの方法で，$\mathbf{v}=c_1\mathbf{v}_1+c_2\mathbf{v}_2+\cdots+c_n\mathbf{v}_n$ の形に表わすことができる．

$S=\{\mathbf{v}_1, \mathbf{v}_2, \cdots, \mathbf{v}_n\}$ を n 次元線型空間 V の基底とし，V のベクトル $\mathbf{v}$ を

$$\mathbf{v}=c_1\mathbf{v}_1+c_2\mathbf{v}_2+\cdots+c_n\mathbf{v}_n$$

の形に表わしたとき，スカラー $c_1, c_2, \cdots, c_n$ を基底 S に関する $\mathbf{v}$ の**座標**とよぶ．

そして，$(c_1, c_2, \cdots, c_n)$ を S に関する $\mathbf{v}$ の**座標ベクトル**とよび，$(\mathbf{v})_S$ という記号で表わす．同様に，$n\times 1$ 行列

$$\begin{bmatrix} c_1 \\ c_2 \\ \vdots \\ c_n \end{bmatrix}$$

を，S に関する $\mathbf{v}$ の**座標行列**とよび，$[\mathbf{v}]_S$ という記号で表わす．

≪例59≫

4.5 節の例 28 において，$\mathbf{v}_1=(1,2,1)$，$\mathbf{v}_2=(2,9,0)$，$\mathbf{v}_3=(3,3,4)$ が $\boldsymbol{R}^3$ の基底となっていることを見た．ところで，

(a) $\mathbf{v}=(5,-1,9)$ の $S=\{\mathbf{v}_1, \mathbf{v}_2, \mathbf{v}_3\}$ に関する座標ベクトル，座標行列を求めよ．

(b) S に関する座標ベクトルが $(\mathbf{v})_S=(-1,3,2)$ となるベクトル $\mathbf{v}$ を求めよ．

解：(a) $\mathbf{v}=c_1\mathbf{v}_1+c_2\mathbf{v}_2+c_3\mathbf{v}_3$

となる c_1, c_2, c_3 を求めればよい．成分で表わせば，

$$(5,-1,9)=c_1(1,2,1)+c_2(2,9,0)+c_3(3,3,4)$$

つまり

$$\begin{cases} c_1+2c_2+3c_3=5 \\ 2c_1+9c_2+3c_3=-1 \\ c_1 \qquad\quad +4c_3=9 \end{cases}$$

これを解いて　$c_1=1$，　$c_2=-1$，　$c_3=2$　したがって

$$(\mathbf{v})_S=(1,-1,2) \qquad\qquad [\mathbf{v}]_S=\begin{bmatrix} 1 \\ -1 \\ 2 \end{bmatrix}$$

解：(b) $(\mathbf{v})_S$ の座標ベクトルをもちいれば，

$$\begin{aligned}\mathbf{v}&=(-1)\mathbf{v}_1+3\mathbf{v}_2+2\mathbf{v}_3 \\ &=(-1,-2,-1)+(6,27,0)+(6,6,8) \\ &=(11,31,7)\end{aligned}$$

座標ベクトル,座標行列は共に，基底となるベクトルのとり方に依存している．同じ基底であっても，その順序によって座標ベクトル,座標行列は変化する．

≪例60≫

P_2 の基底 $S=\{1, x, x^2\}$ を考える．このとき，S に関する $\mathbf{p}=a_0+a_1x+a_2x^2$ の座標ベクトル，座標行列はそれぞれ，

$$(\mathbf{p})_S=(a_0, a_1, a_2) \qquad [\mathbf{p}]_S=\begin{bmatrix} a_0 \\ a_1 \\ a_2 \end{bmatrix}$$

≪例61≫

3 次元空間に xyz 直交座標を導入し，これに関する標準基底，$S=\{\mathbf{i}, \mathbf{j}, \mathbf{k}\}$ をとる．ただし，

$$\mathbf{i}=(1, 0, 0), \quad \mathbf{j}=(0, 1, 0), \quad \mathbf{k}=(0, 0, 1)$$

図 4.17 のような任意のベクトル $\mathbf{v}=(a, b, c)$ に対して

$$\mathbf{v}=(a, b, c)=a(1, 0, 0)+b(0, 1, 0)+c(0, 0, 1)$$
$$=a\mathbf{i}+b\mathbf{j}+c\mathbf{k}$$

つまり，

$$\mathbf{v}=(a, b, c)=(\mathbf{v})_S$$

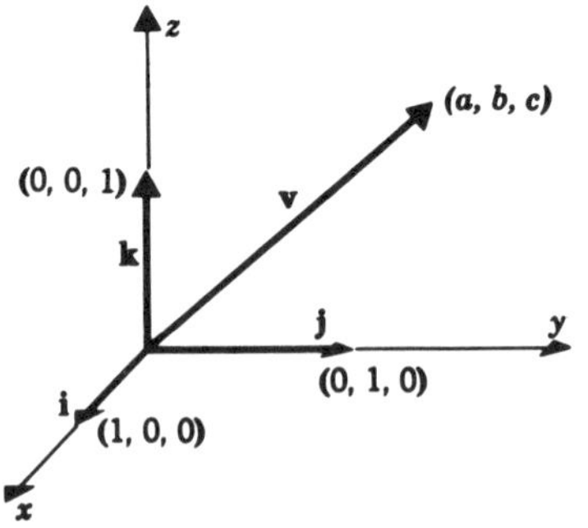

図 4.17

したがって，xyz 直交座標系に関する任意のベクトルの成分は，そのベクトル

の $S=\{\mathbf{i},\mathbf{j},\mathbf{k}\}$ に関する座標ベクトルと一致することがわかった.

≪例62≫

内積空間 V の正規直交基底を $S=\{\mathbf{v}_1,\mathbf{v}_2,\cdots,\mathbf{v}_n\}$ とすると，4.9節の定理18によって，V のベクトル $\mathbf{u}$ を S の1次結合として書けば，

$$\mathbf{u}=\langle\mathbf{u},\mathbf{v}_1\rangle\mathbf{v}_1+\langle\mathbf{u},\mathbf{v}_2\rangle\mathbf{v}_2+\cdots+\langle\mathbf{u},\mathbf{v}_n\rangle\mathbf{v}_n$$

となることがわかる．このことは，

$$(\mathbf{u})_S=(\langle\mathbf{u},\mathbf{v}_1\rangle,\ \langle\mathbf{u},\mathbf{v}_2\rangle,\ \cdots,\ \langle\mathbf{u},\mathbf{v}_n\rangle)$$

$$[\mathbf{u}]_S=\begin{bmatrix}\langle\mathbf{u},\mathbf{v}_1\rangle\\\langle\mathbf{u},\mathbf{v}_2\rangle\\\vdots\\\langle\mathbf{u},\mathbf{v}_n\rangle\end{bmatrix}$$

を示している.

$$\mathbf{v}_1=(0,1,0),\quad \mathbf{v}_2=\left(-\frac{4}{5},0,\frac{3}{5}\right),\quad \mathbf{v}_3=\left(\frac{3}{5},0,\frac{4}{5}\right)$$

とすれば，（4.9節の例55により）$S=\{\mathbf{v}_1,\mathbf{v}_2,\mathbf{v}_3\}$ が，ユークリッド内積を持った $\boldsymbol{R}^3$ の正規直交基底となっていることがわかるが，ここで例えば，$\mathbf{u}=(2,-1,4)$ とすれば，

$$\langle\mathbf{u},\mathbf{v}_1\rangle=-1,\quad \langle\mathbf{u},\mathbf{v}_2\rangle=\frac{4}{5},\quad \langle\mathbf{u},\mathbf{v}_3\rangle=\frac{22}{5}$$

となるので，

$$(\mathbf{u})_S=\left(-1,\frac{4}{5},\frac{22}{5}\right)$$

$$[\mathbf{u}]_S=\begin{bmatrix}-1\\\frac{4}{5}\\\frac{22}{5}\end{bmatrix}$$

となることがわかる.

内積空間の正規直交基底の有用性は，次の定理のような，いままで使い慣れてきた公式がそのまま成り立つところにある.

定理 25

n 次元内積空間の正規直交基底を S とし

$$(\mathbf{u})_S=(u_1, u_2, \cdots, u_n), \quad (\mathbf{v})_S=(v_1, v_2, \cdots, v_n)$$

とすれば,

(a) $\|\mathbf{u}\|=\sqrt{u_1{}^2+u_2{}^2+\cdots+u_n{}^2}$

(b) $d(\mathbf{u}, \mathbf{v})=\sqrt{(u_1-v_1)^2+(u_2-v_2)^2+\cdots+(u_n-v_n)^2}$

(c) $\langle\mathbf{u}, \mathbf{v}\rangle=u_1v_1+u_2v_2+\cdots+u_nv_n$

証明は省略するが, 練習問題の中にいくつかの関連する問題があるので参照してほしい.

このあたりで, 話題を変えて, この節の中心的な問題について述べることにしよう.

基底変換問題

線型空間内のベクトル $\mathbf{v}$ の基底 B に関する座標行列 $[\mathbf{v}]_B$ と, 別の基底 B' に関する座標行列 $[\mathbf{v}]_{B'}$ の間に成り立つ関係を求めよ.

ここでは, この問題を 2 次元線型空間 V の場合について, 解いてみよう. n 次元化してもまったく同様に出来るが, それは練習問題ということにしておく. まず, 2 種類の基底を,

$$B=\{\mathbf{u}_1, \mathbf{u}_2\} \qquad B'=\{\mathbf{u}_1', \mathbf{u}_2'\}$$

とし, B' に関する $\mathbf{u}_1, \mathbf{u}_2$ の座標行列を

$$[\mathbf{u}_1]_{B'}=\begin{bmatrix} a \\ b \end{bmatrix} \quad [\mathbf{u}_2]_{B'}=\begin{bmatrix} c \\ d \end{bmatrix} \tag{4.25}$$

つまり

$$\mathbf{u}_1=a\mathbf{u}_1'+b\mathbf{u}_2' \tag{4.26}$$

$$\mathbf{u}_2=c\mathbf{u}_1'+d\mathbf{u}_2'$$

とする. また, V の任意のベクトル $\mathbf{v}$ の B に関する座標行列を

$$[\mathbf{v}]_B=\begin{bmatrix} k_1 \\ k_2 \end{bmatrix} \tag{4.27}$$

つまり

$$\mathbf{v}=k_1\mathbf{u}_1+k_2\mathbf{u}_2 \tag{4.28}$$

とすれば，(4.26) を (4.28) に代入して

$$\begin{aligned}\mathbf{v}&=k_1(a\mathbf{u}_1'+b\mathbf{u}_2')+k_2(c\mathbf{u}_1'+d\mathbf{u}_2')\\ &=(k_1a+k_2c)\mathbf{u}_1'+(k_1b+k_2d)\mathbf{u}_2'\end{aligned}$$

をうる．このことは，

$$[\mathbf{v}]_{B'}=\begin{bmatrix} k_1a+k_2c \\ k_1b+k_2d \end{bmatrix}$$

であることを示しているが，この右辺を書き換えれば，

$$\begin{aligned}[\mathbf{v}]_{B'}&=\begin{bmatrix} a & c \\ b & d \end{bmatrix}\begin{bmatrix} k_1 \\ k_2 \end{bmatrix}\\ &=\begin{bmatrix} a & c \\ b & d \end{bmatrix}[\mathbf{v}]_B \qquad ((4.27)\text{より})\end{aligned}$$

これは，$\mathbf{v}$ の B' に関する座標行列 $[\mathbf{v}]_{B'}$ が，B に関する座標行列 $[\mathbf{v}]_B$ に左から行列

$$P=\begin{bmatrix} a & c \\ b & d \end{bmatrix}$$

をかけてえられるということを意味している．しかも，P の列は，(4.25) を見ればわかるように，B のベクトルの B' に関する座標行列を順に並べたものに一致している．以上のことから，（次元を一般化しても）次の主張が成り立つことがわかる．

基底変換問題の解

線型空間 V の基底を $B=\{\mathbf{u}_1, \mathbf{u}_2, \cdots, \mathbf{u}_n\}$ から $B'=\{\mathbf{u}_1', \mathbf{u}_2', \cdots, \mathbf{u}_n'\}$ に変換するとき，V のベクトル $\mathbf{v}$ の B に関する座標行列 $[\mathbf{v}]_B$ と，B' に関する座標行列 $[\mathbf{v}]_{B'}$ の間には，

$$[\mathbf{v}]_{B'}=P[\mathbf{v}]_B \tag{4.29}$$

という関係が成立する．ただし，P は，B のベクトルの B' に関する座標行列を順に並べて作った $n\times n$ 行列を示している．つまり（象徴的に書けば），

$$P=[[\mathbf{u}_1]_{B'} \vdots [\mathbf{u}_2]_{B'} \vdots \cdots \vdots [\mathbf{u}_n]_{B'}]$$

である．この行列 P は，B から B' への**変換行列**とよばれる．

≪例63≫

$\boldsymbol{R}^2$ の2種類の基底

$$B=\{\mathbf{u}_1, \mathbf{u}_2\}, \quad B'=\{\mathbf{u}_1', \mathbf{u}_2'\}$$

を考える．ここで，

$$\mathbf{u}_1=\begin{bmatrix}1\\0\end{bmatrix} \quad \mathbf{u}_2=\begin{bmatrix}0\\1\end{bmatrix};\ \mathbf{u}_1'=\begin{bmatrix}1\\1\end{bmatrix} \quad \mathbf{u}_2'=\begin{bmatrix}2\\1\end{bmatrix}$$

とする．このとき

(a)　B から B' への変換行列を求めよ．

(b)　(4.29) をもちいて，$\mathbf{v}=\begin{bmatrix}7\\2\end{bmatrix}$ の B' に関する座標行列 $[\mathbf{v}]_{B'}$ を求めよ．

解：(a)，例59(a)のやり方をもちいて

$$\mathbf{u}_1=-\mathbf{u}_1'+\mathbf{u}_2'$$

$$\mathbf{u}_2=2\mathbf{u}_1'-\mathbf{u}_2'$$

がえられる．（読者はチェックしてほしい．）

したがって，

$$[\mathbf{u}_1]_{B'}=\begin{bmatrix}-1\\1\end{bmatrix} \quad [\mathbf{u}_2]_{B'}=\begin{bmatrix}2\\-1\end{bmatrix}$$

となり，B から B' への変換行列 P は

$$P=\begin{bmatrix}-1 & 2\\1 & -1\end{bmatrix}$$

によって与えられることがわかる．

解：(b)　B が $\boldsymbol{R}^2$ の標準基底であることに注意すれば，

$$[\mathbf{v}]_B=\begin{bmatrix}7\\2\end{bmatrix}$$

がえられ，これに左から(a)で求めた変換行列Pをかけて（(4.29)参照）

$$[\mathbf{v}]_{B'}=\begin{bmatrix}-1 & 2\\ 1 & -1\end{bmatrix}\begin{bmatrix}7\\ 2\end{bmatrix}=\begin{bmatrix}-3\\ 5\end{bmatrix}$$

読者は，直接的なやり方で，$\mathbf{v}=-3\mathbf{u}_1'+5\mathbf{u}_2'$ となることを確認し，上の結果と一致することを見てほしい．

≪例64≫（座標軸の回転）

xy 座標を時計と同じ方向に，角θだけ回転させて，新しい座標 $x'y'$ を作ると話がうまく行くという場合がときどき発生する．

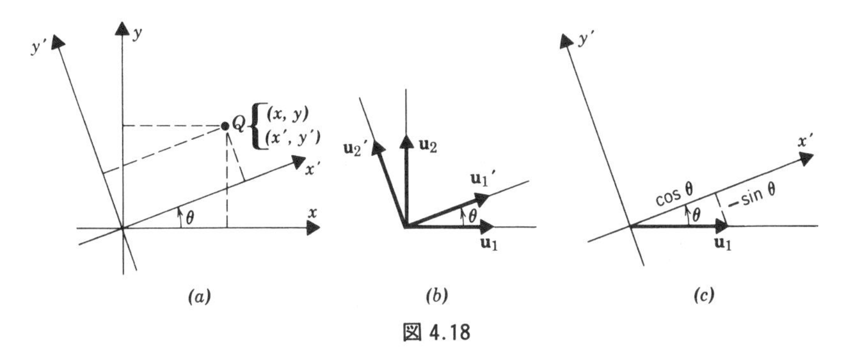

図 4.18

このとき，平面上の点Qは，2つの座標系による表示(x,y)，(x',y')を持つことになる．（図4.18(a)参照）

x,y 軸それぞれの正の方向を向いた単位ベクトル $\mathbf{u}_1,\mathbf{u}_2$，$x',y'$ 軸それぞれの正の方向を向いた単位ベクトル $\mathbf{u}_1',\mathbf{u}_2'$ をとっておけば，「座標軸の回転」は基底 $B=\{\mathbf{u}_1,\mathbf{u}_2\}$ から $B'=\{\mathbf{u}_1',\mathbf{u}_2'\}$ への変換としてとらえることができる．（図4.18(b)参照）したがって，座標(x',y')および(x,y)の間には，

$$\begin{bmatrix}x'\\ y'\end{bmatrix}=P\begin{bmatrix}x\\ y\end{bmatrix} \tag{4.30}$$

という関係があることがわかる．図4.18(c)を見ればわかるように，$x'y'$ 座標で $\mathbf{u}_1$ を表わすと，（これは，B' に関する $\mathbf{u}_1$ の座標行列を求めることにあたるが）

$$[\mathbf{u}_1]_{B'}=\begin{bmatrix}\cos\theta\\-\sin\theta\end{bmatrix}$$

同様に，図 4.18 (d) から，$x'y'$ 座標で $\mathbf{u}_2$ を表わすと，

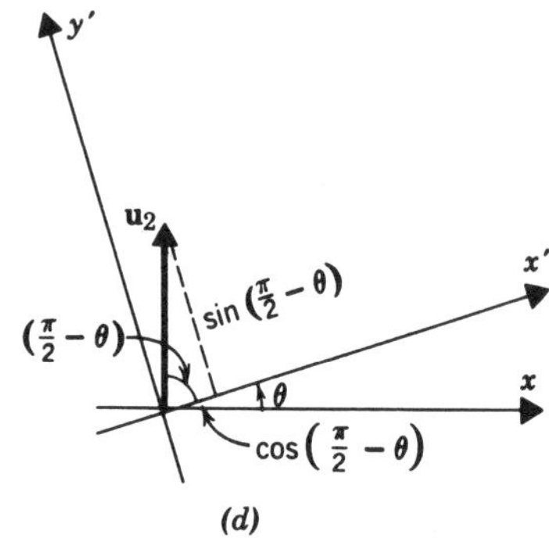

(d)

図 4.18

$$[\mathbf{u}_2]_{B'}=\begin{bmatrix}\cos\left(\dfrac{\pi}{2}-\theta\right)\\\sin\left(\dfrac{\pi}{2}-\theta\right)\end{bmatrix}=\begin{bmatrix}\sin\theta\\\cos\theta\end{bmatrix}$$

となることがわかる．したがって，B から B' への変換行列は

$$P=\begin{bmatrix}\cos\theta & \sin\theta\\-\sin\theta & \cos\theta\end{bmatrix}$$

となるので，(4.30) をもちいて，

$$\begin{bmatrix}x'\\y'\end{bmatrix}=\begin{bmatrix}\cos\theta & \sin\theta\\-\sin\theta & \cos\theta\end{bmatrix}\begin{bmatrix}x\\y\end{bmatrix}\tag{4.31}$$

$$=\begin{bmatrix}x\cos\theta+y\sin\theta\\-x\sin\theta+y\cos\theta\end{bmatrix}$$

つまり

$$\begin{cases}x'=\quad x\cos\theta+y\sin\theta\\y'=-x\sin\theta+y\cos\theta\end{cases}$$

がえられる．例えば，$\theta=\dfrac{\pi}{4}$（45° 回転）とすれば，

$$\sin\frac{\pi}{4}=\cos\frac{\pi}{4}=\frac{1}{\sqrt{2}}$$

だから，(4.31) により，

$$\begin{bmatrix} x' \\ y' \end{bmatrix} = \begin{bmatrix} \frac{1}{\sqrt{2}} & \frac{1}{\sqrt{2}} \\ -\frac{1}{\sqrt{2}} & \frac{1}{\sqrt{2}} \end{bmatrix} \begin{bmatrix} x \\ y \end{bmatrix}$$

したがって，例えば Q の xy 座標が $(2, -1)$ だとすれば，

$$\begin{bmatrix} x' \\ y' \end{bmatrix} = \begin{bmatrix} \frac{1}{\sqrt{2}} & \frac{1}{\sqrt{2}} \\ -\frac{1}{\sqrt{2}} & \frac{1}{\sqrt{2}} \end{bmatrix} \begin{bmatrix} 2 \\ -1 \end{bmatrix} = \begin{bmatrix} \frac{1}{\sqrt{2}} \\ -\frac{3}{\sqrt{2}} \end{bmatrix}$$

つまり，Q を $x'y'$ 座標系で表わせば，$(x', y') = \left(\frac{1}{\sqrt{2}}, -\frac{3}{\sqrt{2}}\right)$ となることがわかる．

≪例65≫（3次元空間内の座標軸の回転）

空間内の xyz 座標が，図4.19のような方向に，z 軸の周りに θ だけ回転して $x'y'z'$ 座標がえられたとする．x, y, z 軸の正方向に向いた単位ベクトルを $\mathbf{u}_1, \mathbf{u}_2, \mathbf{u}_3$ とし，$x', y', z'=z$ 軸の正方向に向いた単位ベクトルを $\mathbf{u}_1', \mathbf{u}_2', \mathbf{u}_3'=\mathbf{u}_3$ とすれば，この回転は，基底 $B=\{\mathbf{u}_1, \mathbf{u}_2, \mathbf{u}_3\}$ から基底 $B'=\{\mathbf{u}_1', \mathbf{u}_2', \mathbf{u}_3'\}$ への変換と考えることができる．

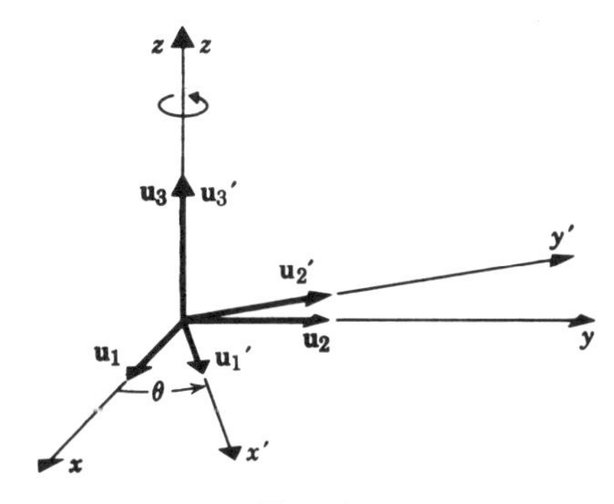

図 4.19

例64と同じ理由によって，

$$[\mathbf{u}_1]_{B'} = \begin{bmatrix} \cos\theta \\ -\sin\theta \\ 0 \end{bmatrix} \qquad [\mathbf{u}_2]_{B'} = \begin{bmatrix} \sin\theta \\ \cos\theta \\ 0 \end{bmatrix}$$

となることがわかり，$\mathbf{u}_3{}'=\mathbf{u}_3$ から，（つまり，z 軸は回転軸で不変）

$$[\mathbf{u}_3]_{B'}=\begin{bmatrix} 0 \\ 0 \\ 1 \end{bmatrix}$$

したがって，B から B' への変換行列は，

$$\begin{bmatrix} \cos\theta & \sin\theta & 0 \\ -\sin\theta & \cos\theta & 0 \\ 0 & 0 & 1 \end{bmatrix}$$

となり，点 Q の座標 (x, y, z) と (x', y', z') との間には，

$$\begin{bmatrix} x' \\ y' \\ z' \end{bmatrix}=\begin{bmatrix} \cos\theta & \sin\theta & 0 \\ -\sin\theta & \cos\theta & 0 \\ 0 & 0 & 1 \end{bmatrix}\begin{bmatrix} x \\ y \\ z \end{bmatrix}$$

という関係があることがわかる．

≪例66≫

$$\mathbf{u}_1=\begin{bmatrix} 1 \\ 0 \end{bmatrix} \quad \mathbf{u}_2=\begin{bmatrix} 0 \\ 1 \end{bmatrix}; \quad \mathbf{u}_1{}'=\begin{bmatrix} 1 \\ 1 \end{bmatrix} \quad \mathbf{u}_2{}'=\begin{bmatrix} 2 \\ 1 \end{bmatrix}$$

とするとき，例 63 において，$B=\{\mathbf{u}_1, \mathbf{u}_2\}$ から $B'=\{\mathbf{u}_1{}', \mathbf{u}_2{}'\}$ への変換行列を求めた．しかし，B' から B への変換行列については，ふれていない．この行列を求めるためには，はじめの基底を B' としそれを B に変換すると考えればいいから，B' のベクトルの B に関する座標行列を並べればいいということがわかる．つまり，

$$\mathbf{u}_1{}'=\mathbf{u}_1+\mathbf{u}_2$$
$$\mathbf{u}_2{}'=2\mathbf{u}_1+\mathbf{u}_2$$

より，

$$[\mathbf{u}_1{}']_B=\begin{bmatrix} 1 \\ 1 \end{bmatrix} \quad [\mathbf{u}_2{}']_B=\begin{bmatrix} 2 \\ 1 \end{bmatrix}$$

したがって，B' から B への変換行列を Q とすると，

$$Q=\begin{bmatrix} 1 & 2 \\ 1 & 1 \end{bmatrix}$$

となることがわかる.

例 63 でえられた，B から B' への変換行列 P と，B' から B への変換行列 Q とをかけると，

$$PQ=\begin{bmatrix}-1 & 2\\ 1 & -1\end{bmatrix}\begin{bmatrix}1 & 2\\ 1 & 1\end{bmatrix}=\begin{bmatrix}1 & 0\\ 0 & 1\end{bmatrix}=I$$

がえられ，したがって，$Q=P^{-1}$ ということがわかる．次の定理は，この現象が偶然に発生したものではないことを示している.

定理 26

基底 B から基底 B' への基底変換行列を P とすると，

(a) P は可逆.

(b) P^{-1} は B' から B への基底変換行列となる.

（証明は，「自由研究」として，節の終わりにまわしておく.）記号的にまとめておくと，基底 B から基底 B' への変換行列を P とすると，任意のベクトル $\mathbf{v}$ について，

$$[\mathbf{v}]_{B'}=P[\mathbf{v}]_B$$

$$[\mathbf{v}]_B=P^{-1}[\mathbf{v}]_{B'}$$

が成立するということになる.

次の定理は，正規直交基底から，正規直交基底への変換行列の場合には，その逆行列が非常に簡単に求められることを示している.

定理 27

有限次元内積空間内の 1 つの正規直交基底から，別の正規直交基底への変換行列を P とすれば，（P は可逆で）

$$P^{-1}=P^t$$

（証明は省略する.）

この定理をある程度了解するために，例 64 でえられた（座標の回転に関する）行列

$$P=\begin{bmatrix} \cos\theta & \sin\theta \\ -\sin\theta & \cos\theta \end{bmatrix}$$

について考えると，すぐにわかるように，

$$P^{-1}=\begin{bmatrix} \cos\theta & -\sin\theta \\ \sin\theta & \cos\theta \end{bmatrix}$$

がえられ，確かに，$P^{-1}=P^t$ となっている.

定義 $A^{-1}=A^t$

という性質を持つ正方行列 A を，**直交行列**とよぶ.

この用語を使えば，定理 27 の主張は，「正規直交基底の間の変換行列は，直交行列である」ということになる.

次の定理は，与えられた行列が直交行列かどうかを判定するときにもちいられる.（証明については，練習問題の中でふれるにとどめたい.）

定理 28

$n\times n$ 行列 A について，(a)〜(c) は同値である.

(a) A は直交行列

(b) A の行ベクトル全体が，ユークリッド内積を持った $\boldsymbol{R}^n$ の正規直交集合を作る.

(c) A の列ベクトル全体が，ユークリッド内積を持った $\boldsymbol{R}^n$ の正規直交集合を作る.

≪例67≫

$$A=\begin{bmatrix} \frac{1}{\sqrt{2}} & \frac{1}{\sqrt{2}} & 0 \\ 0 & 0 & 1 \\ \frac{1}{\sqrt{2}} & -\frac{1}{\sqrt{2}} & 0 \end{bmatrix}$$

について，行ベクトルは，

$$\mathbf{r}_1=\left(\frac{1}{\sqrt{2}},\frac{1}{\sqrt{2}},0\right)\qquad \mathbf{r}_2=(0,0,1)\qquad \mathbf{r}_3=\left(\frac{1}{\sqrt{2}},-\frac{1}{\sqrt{2}},0\right)$$

ユークリッド内積をもちいると，

$$\|\mathbf{r}_1\|=\|\mathbf{r}_2\|=\|\mathbf{r}_3\|=1$$

$$\mathbf{r}_1\cdot\mathbf{r}_2=\mathbf{r}_2\cdot\mathbf{r}_3=\mathbf{r}_1\cdot\mathbf{r}_3=0$$

となり，$\{\mathbf{r}_1,\mathbf{r}_2,\mathbf{r}_3\}$ が $\boldsymbol{R}^3$ の正規直交集合を作っていることがわかるので，A は直交行列ということになる．したがって，

$$A^{-1}=A^t=\begin{bmatrix}\frac{1}{\sqrt{2}} & 0 & \frac{1}{\sqrt{2}}\\ \frac{1}{\sqrt{2}} & 0 & -\frac{1}{\sqrt{2}}\\ 0 & 1 & 0\end{bmatrix}$$

（読者は，A の列ベクトルについても同様の考察を行なってほしい．）

例 64, 65 において，座標軸が幾何学的に変換される（回転）場合に，古い座標と変換後の新しい座標との関係について述べた．ときには，次のような逆の問題も現われることがある．古い座標 (x,y) と新しい座標 (x',y') の間に，

$$\begin{bmatrix}x'\\ y'\end{bmatrix}=\begin{bmatrix}a_1 & a_2\\ b_1 & b_2\end{bmatrix}\begin{bmatrix}x\\ y\end{bmatrix}\tag{4.32}$$

という関係があるとき，座標軸 x,y と x',y' とはどういう幾何学的な関係を持っていることになるのか，という問題がそれである．行列を直交行列と仮定するとき，(4.32) は $\boldsymbol{R}^2$ の**直交座標変換**とよばれる．直交座標変換の効果を調べるために，ベクトル，

$$\mathbf{u}_1=\begin{bmatrix}1\\ 0\end{bmatrix},\quad \mathbf{u}_2=\begin{bmatrix}0\\ 1\end{bmatrix};\quad \mathbf{u}_1'=\begin{bmatrix}a_1\\ b_1\end{bmatrix},\quad \mathbf{u}_2'=\begin{bmatrix}a_2\\ b_2\end{bmatrix}$$

を考えよう．ここで，$\mathbf{u}_1'$ の方向に x' 軸の正の方向，$\mathbf{u}_2'$ の方向に y' 軸の正の方向を定めて，$x'y'$ 座標軸を作る（図 4.20 参照）．(4.32) の 2×2 行列は，直交行列だと仮定されているので，定理 28 によって，$\mathbf{u}_1',\mathbf{u}_2'$ は直交していることがわかる．（したがって当然，$x'y'$ 座標は直交座標ということになる．）また，

$$\mathbf{u}_1'=a_1\mathbf{u}_1+b_1\mathbf{u}_2$$

$$\mathbf{u}_2'=a_2\mathbf{u}_1+b_2\mathbf{u}_2$$

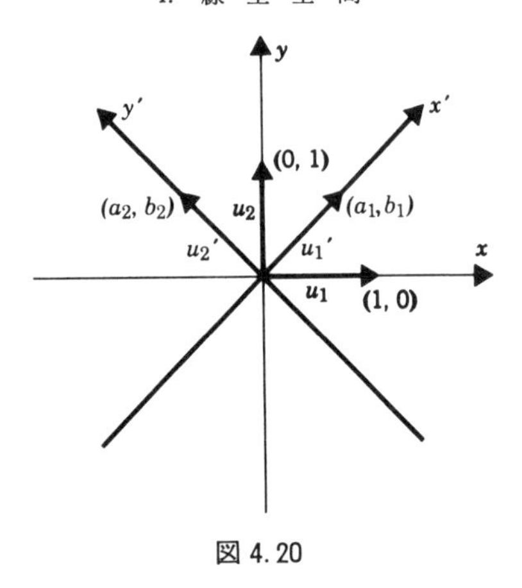

図 4.20

から，(4.32) の行列

$$Q=\begin{bmatrix} a_1 & a_2 \\ b_1 & b_2 \end{bmatrix}$$

は，基底 $\{\mathbf{u}_1', \mathbf{u}_2'\}$ から基底 $\{\mathbf{u}_1, \mathbf{u}_2\}$ への変換行列である．明らかに，$x'y'$ 座標系は，xy 座標系の回転，または折り返しと回転の合成によってえられることがわかる．（ここで折り返しというのは y 軸の正の方向を逆にすることだとする．）これについては，図 4.21 (a), (b) を参照してほしい．

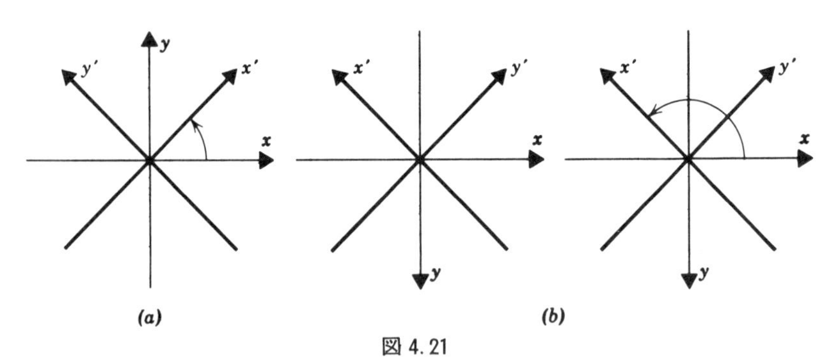

図 4.21

練習問題にあるように，直交行列の行列式は常に $+1$ または -1 であり，さらに，もしこの行列式の値が $+1$，つまり

$$\begin{vmatrix} a_1 & a_2 \\ b_1 & b_2 \end{vmatrix}=1$$

であれば，(4.32) の直交座標の変換は，回転となっていることがわかり，またもし

$$\begin{vmatrix} a_1 & a_2 \\ b_1 & b_2 \end{vmatrix} = -1$$

であれば，折り返しと回転の合成となっていることがわかる．

同様に，$\boldsymbol{R}^3$ の直交座標変換

$$\begin{bmatrix} x \\ y \\ z \end{bmatrix} = \begin{bmatrix} a_1 & a_2 & a_3 \\ b_1 & b_2 & b_3 \\ c_1 & c_2 & c_3 \end{bmatrix} \begin{bmatrix} x' \\ y' \\ z' \end{bmatrix}$$

に関しても，もし，

$$\begin{vmatrix} a_1 & a_2 & a_3 \\ b_1 & b_2 & b_3 \\ c_1 & c_2 & c_3 \end{vmatrix} = 1$$

であれば，回転ということになり，これが -1 であれば，折り返し（今度は，例えば z 軸の方向を逆にする 変換と考えればよい.）と回転との合成ということになる．

≪例68≫

直交座標変換

$$\begin{bmatrix} x \\ y \end{bmatrix} = \begin{bmatrix} \frac{1}{\sqrt{2}} & -\frac{1}{\sqrt{2}} \\ \frac{1}{\sqrt{2}} & \frac{1}{\sqrt{2}} \end{bmatrix} \begin{bmatrix} x' \\ y' \end{bmatrix}$$

は，

$$\begin{vmatrix} \frac{1}{\sqrt{2}} & -\frac{1}{\sqrt{2}} \\ \frac{1}{\sqrt{2}} & \frac{1}{\sqrt{2}} \end{vmatrix} = 1$$

なので，回転だということがわかる．そして，x', y' 軸は列ベクトル

$$\mathbf{u}_1' = \begin{bmatrix} \frac{1}{\sqrt{2}} \\ \frac{1}{\sqrt{2}} \end{bmatrix} \qquad \mathbf{u}_2' = \begin{bmatrix} -\frac{1}{\sqrt{2}} \\ \frac{1}{\sqrt{2}} \end{bmatrix}$$

の方向に正の方向をもっていることがわかる(図4.20参照).

自由研究

定理26の証明. B'からBへの変換行列をQとし, $QP=I$となることを示せば, $Q=P^{-1}$が与えられて証明が完了する. いま, $B=\{\mathbf{u}_1, \mathbf{u}_2, \cdots, \mathbf{u}_n\}$とし,

$$QP=\begin{bmatrix} c_{11} & c_{12} & \cdots & c_{1n} \\ c_{21} & c_{22} & \cdots & c_{2n} \\ \vdots & \vdots & & \vdots \\ c_{n1} & c_{n2} & \cdots & c_{nn} \end{bmatrix}$$

とおく. (4.29)より, Vの任意のベクトル$\mathbf{x}$について

$$[\mathbf{x}]_{B'}=P[\mathbf{x}]_B$$
$$[\mathbf{x}]_B=Q[\mathbf{x}]_{B'}$$

が成り立ち, したがって,

$$[\mathbf{x}]_B=QP[\mathbf{x}]_B \tag{4.33}$$

が任意の$\mathbf{x}$について成り立つことになる. (4.33)で$\mathbf{x}=\mathbf{u}_1$とおくと,

$$\begin{bmatrix} 1 \\ 0 \\ 0 \\ \vdots \\ 0 \end{bmatrix}=\begin{bmatrix} c_{11} & c_{12} & \cdots & c_{1n} \\ c_{21} & c_{22} & \cdots & c_{2n} \\ \vdots & \vdots & & \vdots \\ c_{n1} & c_{n2} & \cdots & c_{nn} \end{bmatrix}\begin{bmatrix} 1 \\ 0 \\ 0 \\ \vdots \\ 0 \end{bmatrix}$$

つまり

$$\begin{bmatrix} 1 \\ 0 \\ 0 \\ \vdots \\ 0 \end{bmatrix}=\begin{bmatrix} c_{11} \\ c_{21} \\ \vdots \\ c_{n1} \end{bmatrix}$$

をうる. 同様に, $\mathbf{x}=\mathbf{u}_2, \mathbf{u}_3, \cdots, \mathbf{u}_n$を(4.33)に代入して,

$$\begin{bmatrix} c_{12} \\ c_{22} \\ \vdots \\ c_{n2} \end{bmatrix}=\begin{bmatrix} 0 \\ 1 \\ 0 \\ \vdots \\ 0 \end{bmatrix}, \quad \cdots, \quad \begin{bmatrix} c_{1n} \\ c_{2n} \\ \vdots \\ c_{nn} \end{bmatrix}=\begin{bmatrix} 0 \\ 0 \\ 0 \\ \vdots \\ 1 \end{bmatrix}$$

ということがわかる. これは,

$$QP=\begin{bmatrix} c_{11} & c_{12} & \cdots & c_{1n} \\ c_{21} & c_{22} & \cdots & c_{2n} \\ \vdots & \vdots & & \vdots \\ c_{n1} & c_{n2} & \cdots & c_{nn} \end{bmatrix}=\begin{bmatrix} 1 & 0 & 0 & \cdots & 0 \\ 0 & 1 & 0 & \cdots & 0 \\ 0 & 0 & 1 & \cdots & 0 \\ \vdots & \vdots & \vdots & & \vdots \\ 0 & 0 & 0 & \cdots & 1 \end{bmatrix}=I$$

を示している. ■

練習問題 4.10

1. 基底 $S=\{\mathbf{u}_1, \mathbf{u}_2\}$ に関する $\mathbf{w}$ の座標行列，座標ベクトルを求めよ．
   (a) $\mathbf{u}_1=(1,0)$，$\mathbf{u}_2=(0,1)$；$\mathbf{w}=(3,-7)$
   (b) $\mathbf{u}_1=(2,-4)$，$\mathbf{u}_2=(3,8)$；$\mathbf{w}=(1,1)$
   (c) $\mathbf{u}_1=(1,1)$，$\mathbf{u}_2=(0,2)$；$\mathbf{w}=(a,b)$
2. 基底 $S=\{\mathbf{v}_1, \mathbf{v}_2, \mathbf{v}_3\}$ に関する $\mathbf{v}$ の座標行列，座標ベクトルを求めよ．
   (a) $\mathbf{v}_1=(1,0,0)$，$\mathbf{v}_2=(2,2,0)$，$\mathbf{v}_3=(3,3,3)$；$\mathbf{v}=(2,-1,3)$
   (b) $\mathbf{v}_1=(1,2,3)$，$\mathbf{v}_2=(-4,5,6)$，$\mathbf{v}_3=(7,-8,9)$；$\mathbf{v}=(5,-12,3)$
3. 基底 $S=\{\mathbf{p}_1, \mathbf{p}_2, \mathbf{p}_3\}$ に関する $\mathbf{p}$ の座標行列，座標ベクトルを求めよ．
   (a) $\mathbf{p}_1=1$，$\mathbf{p}_2=x$，$\mathbf{p}_3=x^2$；$\mathbf{p}=4-3x+x^2$
   (b) $\mathbf{p}_1=1+x$，$\mathbf{p}_2=1+x^2$，$\mathbf{p}_3=x+x^2$；$\mathbf{p}=2-x+x^2$
4. 基底 $S=\{A_1, A_2, A_3, A_4\}$ に関する A の座標行列，座標ベクトルを求めよ．

$$A_1=\begin{bmatrix}-1 & 1\\ 0 & 0\end{bmatrix}\quad A_2=\begin{bmatrix}1 & 1\\ 0 & 0\end{bmatrix}\quad A_3=\begin{bmatrix}0 & 0\\ 1 & 0\end{bmatrix}\quad A_4=\begin{bmatrix}0 & 0\\ 0 & 1\end{bmatrix}\quad A=\begin{bmatrix}2 & 0\\ -1 & 3\end{bmatrix}$$

5. ユークリッド内積に関する正規直交基底が次の $\{\mathbf{u}_1, \mathbf{u}_2\}$ または $\{\mathbf{u}_1, \mathbf{u}_2, \mathbf{u}_3\}$ で与えられているとき，例62の方法によって，$\mathbf{w}$の座標ベクトル，座標行列を求めよ．
   (a) $\mathbf{u}_1=\left(\frac{1}{\sqrt{2}}, -\frac{1}{\sqrt{2}}\right)$，$\mathbf{u}_2=\left(\frac{1}{\sqrt{2}}, \frac{1}{\sqrt{2}}\right)$；$\mathbf{w}=(3,7)$
   (b) $\mathbf{u}_1=\left(\frac{2}{3}, -\frac{2}{3}, \frac{1}{3}\right)$，$\mathbf{u}_2=\left(\frac{2}{3}, \frac{1}{3}, -\frac{2}{3}\right)$，$\mathbf{u}_3=\left(\frac{1}{3}, \frac{2}{3}, \frac{2}{3}\right)$；$\mathbf{w}=(-1,0,2)$
6. (a) 問題2(a)の基底Sに関して，$(\mathbf{w})_S=(6,-1,4)$ となる $\mathbf{w}$ を求めよ．
   (b) 問題3(a)の基底Sに関して，$(\mathbf{q})_S=(3,0,4)$ となる $\mathbf{q}$ を求めよ．
   (c) 問題4の基底 S に関して，$(B)_S=(-8,7,6,3)$ となる B を求めよ．
7. ユークリッド内積を持った $\boldsymbol{R}^2$ の正規直交基底を $S=\{\mathbf{w}_1, \mathbf{w}_2\}$ とする．ただし，

$$\mathbf{w}_1=\left(\frac{3}{5}, -\frac{4}{5}\right),\quad \mathbf{w}_2=\left(\frac{4}{5}, \frac{3}{5}\right).$$

   $(\mathbf{u}_S)=(1,1)$，$(\mathbf{v})_S=(-1,4)$ を満たす $\boldsymbol{R}^2$ のベクトル $\mathbf{u}, \mathbf{v}$ について，
   (a) $\|\mathbf{u}\|$，$d(\mathbf{u}, \mathbf{v})$，$\langle\mathbf{u}, \mathbf{v}\rangle$ を計算せよ．（定理25を利用せよ．）
   (b) $\mathbf{u}, \mathbf{v}$ を求め，それをもちいて，(a)を直接的に計算せよ．
8. $\boldsymbol{R}^2$ の基底 $B=\{\mathbf{u}_1, \mathbf{u}_2\}$，$B'=\{\mathbf{u}_1', \mathbf{u}_2'\}$ について，次の問に答えよ．ただし，

$$\mathbf{u}_1=\begin{bmatrix}1\\ 0\end{bmatrix}\quad \mathbf{u}_2=\begin{bmatrix}0\\ 1\end{bmatrix}\quad \mathbf{u}_1'=\begin{bmatrix}2\\ 1\end{bmatrix}\quad \mathbf{u}_2'=\begin{bmatrix}-3\\ 4\end{bmatrix}$$ とする．

   (a) B から B' への変換行列を求めよ．
   (b) $\mathbf{w}=\begin{bmatrix}3\\ -5\end{bmatrix}$ として，$[\mathbf{w}]_B$ を求めよ．また(4.29)をもちいて，$[\mathbf{w}]_{B'}$ を求めよ．
   (c) $[\mathbf{w}]_{B'}$ を直接的に計算して，(b)の結果とくらべよ．
   (d) B' から B への変換行列を求めよ．

9.　$\mathbf{u}_1=\begin{bmatrix}2\\2\end{bmatrix}$, $\mathbf{u}_2=\begin{bmatrix}4\\-1\end{bmatrix}$; $\mathbf{u}_1'=\begin{bmatrix}1\\3\end{bmatrix}$, $\mathbf{u}_2'=\begin{bmatrix}-1\\-1\end{bmatrix}$

として，問題8の各問に答えよ．

10.　$\boldsymbol{R}^3$ の基底 $B=\{\mathbf{u}_1, \mathbf{u}_2, \mathbf{u}_3\}$，$B'=\{\mathbf{u}_1', \mathbf{u}_2', \mathbf{u}_3'\}$ について次の問に答えよ．ただし，

$$\mathbf{u}_1=\begin{bmatrix}-3\\0\\-3\end{bmatrix},\ \mathbf{u}_2=\begin{bmatrix}-3\\2\\-1\end{bmatrix},\ \mathbf{u}_3=\begin{bmatrix}1\\6\\-1\end{bmatrix};\ \mathbf{u}_1'=\begin{bmatrix}-6\\-6\\0\end{bmatrix},\ \mathbf{u}_2'=\begin{bmatrix}-2\\-6\\4\end{bmatrix},\ \mathbf{u}_3'=\begin{bmatrix}-2\\-3\\7\end{bmatrix}$$

とする．

(a)　B から B' への変換行列を求めよ．

(b)　$\mathbf{w}=\begin{bmatrix}-5\\8\\-5\end{bmatrix}$ として，$[\mathbf{w}]_B$ を求めよ．また (4.29) をもちいて，$[\mathbf{w}]_{B'}$ を求めよ．

(c)　$[\mathbf{w}]_{B'}$ を直接的に計算して，(b) の結果とくらべよ．

(d)　B' から B への変換行列を求めよ．

11.　$\mathbf{u}_1=\begin{bmatrix}2\\1\\1\end{bmatrix}$, $\mathbf{u}_2=\begin{bmatrix}2\\-1\\1\end{bmatrix}$, $\mathbf{u}_3=\begin{bmatrix}1\\2\\1\end{bmatrix}$; $\mathbf{u}_1'=\begin{bmatrix}3\\1\\-5\end{bmatrix}$, $\mathbf{u}_2'=\begin{bmatrix}1\\1\\-3\end{bmatrix}$, $\mathbf{u}_3'=\begin{bmatrix}-1\\0\\2\end{bmatrix}$

として，問題10の各問に答えよ．

12.　P_1 の基底 $B=\{\mathbf{p}_1, \mathbf{p}_2\}$，$B'=\{\mathbf{q}_1, \mathbf{q}_2\}$ について次の問に答えよ．ただし，$\mathbf{p}_1=6+3x$，$\mathbf{p}_2=10+2x$，$\mathbf{q}_1=2$，$\mathbf{q}_2=3+2x$ とする．

(a)　B から B' への変換行列を求めよ．

(b)　$\mathbf{p}=-4+x$ として，$[\mathbf{p}]_B$ を求めよ．また (4.29) をもちいて，$[\mathbf{p}]_{B'}$ を求めよ．

(c)　$[\mathbf{p}]_{B'}$ を直接的に計算して，(b) の結果とくらべよ．

(d)　B' から B への変換行列を求めよ．

13.　$\mathbf{f}_1=\sin x$，$\mathbf{f}_2=\cos x$ によって張られる空間を V とする．このとき，

(a)　$\mathbf{g}_1=2\sin x+\cos x$，$\mathbf{g}_2=3\cos x$ がVの基底となることを示せ．

(b)　$B=\{\mathbf{f}_1, \mathbf{f}_2\}$ から$B'=\{\mathbf{g}_1, \mathbf{g}_2\}$ への変換行列を求めよ．

(c)　$\mathbf{h}=2\sin x-5\cos x$ として $[\mathbf{h}]_B$ を求めよ．また，(4.29) をもちいて，$[\mathbf{h}]_{B'}$ を求めよ．

(d)　$[\mathbf{h}]_{B'}$ を直接的に計算して，(b) の結果とくらべよ．

(e)　B' から B への変換行列を求めよ．

14.　xy 直交座標を $3\pi/4$ ラジアン回転して，$x'y'$ 直交座標を作るとき，次の問に答えよ．

(a)　xy 座標が $(-2, 6)$ となる点の $x'y'$ 座標を求めよ．

(b)　$x'y'$ 座標が $(5, 2)$ となる点の xy 座標を求めよ．

15.　回転角を$\dfrac{\pi}{3}$ラジアンとして，問題14の (a), (b) に答えよ．

16.　xyz 直交座標を，z 軸を回転軸として，z 軸の正方向に向って時計と同じ方向に$\dfrac{\pi}{4}$

ラジアン回転して，$x'y'z'$ 直交座標を作るとき，次の問に答えよ．

(a) xyz 座標が $(-1,2,5)$ となる点の $x'y'z'$ 座標を求めよ．

(b) $x'y'z'$ 座標が $(1,6,-3)$ となる点の xyz 座標を求めよ．

17. y 軸を回転軸とし，y 軸の正方向に向って時計と同じ方向に $\frac{\pi}{3}$ ラジアン回転して，問題 16 の (a), (b) に答えよ．

18. x 軸を回転軸とし，x 軸の正方向に向って時計と同じ方向に $\frac{3\pi}{4}$ ラジアン回転して，問題 16 の (a), (b) に答えよ．

19. 定理 28 をもちいて，(a)〜(f) の中から，直交行列を選べ．

(a) $\begin{bmatrix} 1 & 0 \\ 0 & 1 \end{bmatrix}$ (b) $\begin{bmatrix} \frac{1}{\sqrt{2}} & -\frac{1}{\sqrt{2}} \\ \frac{1}{\sqrt{2}} & \frac{1}{\sqrt{2}} \end{bmatrix}$ (c) $\begin{bmatrix} 0 & 1 & \frac{1}{\sqrt{2}} \\ 1 & 0 & 0 \\ 0 & 0 & \frac{1}{\sqrt{2}} \end{bmatrix}$

(d) $\begin{bmatrix} -\frac{1}{\sqrt{2}} & \frac{1}{\sqrt{6}} & \frac{1}{\sqrt{3}} \\ 0 & -\frac{2}{\sqrt{6}} & \frac{1}{\sqrt{3}} \\ \frac{1}{\sqrt{2}} & \frac{1}{\sqrt{6}} & \frac{1}{\sqrt{3}} \end{bmatrix}$ (e) $\begin{bmatrix} \frac{1}{2} & \frac{1}{2} & \frac{1}{2} & \frac{1}{2} \\ \frac{1}{2} & -\frac{5}{6} & \frac{1}{6} & \frac{1}{6} \\ \frac{1}{2} & \frac{1}{6} & \frac{1}{6} & -\frac{5}{6} \\ \frac{1}{2} & \frac{1}{6} & -\frac{5}{6} & \frac{1}{6} \end{bmatrix}$ (f) $\begin{bmatrix} 1 & 0 & 0 & 0 \\ 0 & \frac{1}{\sqrt{3}} & -\frac{1}{2} & 0 \\ 0 & \frac{1}{\sqrt{3}} & 0 & 1 \\ 0 & \frac{1}{\sqrt{3}} & \frac{1}{2} & 0 \end{bmatrix}$

20. 問題 19 で選んだ直交行列について，その逆行列を求めよ．

21. (a), (b) が共に直交行列であることを示せ．

(a) $\begin{bmatrix} \cos\theta & -\sin\theta \\ \sin\theta & \cos\theta \end{bmatrix}$ (b) $\begin{bmatrix} \cos\theta & -\sin\theta & 0 \\ \sin\theta & \cos\theta & 0 \\ 0 & 0 & 1 \end{bmatrix}$

22. 問題 21 (a), (b) の逆行列を求めよ．

23.

$$\begin{bmatrix} x \\ y \end{bmatrix} = \begin{bmatrix} -\frac{3}{5} & -\frac{4}{5} \\ \frac{4}{5} & -\frac{3}{5} \end{bmatrix} \begin{bmatrix} x' \\ y' \end{bmatrix}$$

という直交座標変換について，xy 座標が (a)〜(d) で表わされる点の $x'y'$ 座標を求めよ．

(a) $(2,1)$ (b) $(4,2)$ (c) $(-7,-8)$ (d) $(0,0)$

24. 問題 23 の座標変換のようすを，スケッチせよ．(x,y 軸および x',y' 軸を画け．)

25. $\mathbf{x}=P\mathbf{x}'$ が回転を与えるような P を (a)〜(d) の中から選べ．

(a) $P=\begin{bmatrix} \frac{1}{\sqrt{2}} & \frac{1}{\sqrt{2}} \\ -\frac{1}{\sqrt{2}} & \frac{1}{\sqrt{2}} \end{bmatrix}$ (b) $P=\begin{bmatrix} -\frac{1}{\sqrt{2}} & \frac{1}{\sqrt{2}} \\ \frac{1}{\sqrt{2}} & \frac{1}{\sqrt{2}} \end{bmatrix}$ (c) $P=\begin{bmatrix} \frac{3}{5} & \frac{4}{5} \\ -\frac{4}{5} & \frac{3}{5} \end{bmatrix}$

(d) $P=\begin{bmatrix} -\frac{3}{5} & -\frac{4}{5} \\ -\frac{4}{5} & \frac{3}{5} \end{bmatrix}$

26. 問題25の座標変換のようすを，スケッチせよ．(x, y軸およびx', y'軸を画け．)

27.

$$\begin{bmatrix} x \\ y \\ z \end{bmatrix}=\begin{bmatrix} \frac{4}{5} & -\frac{3}{5} & 0 \\ \frac{3}{5} & \frac{4}{5} & 0 \\ 0 & 0 & 1 \end{bmatrix}\begin{bmatrix} x' \\ y' \\ z' \end{bmatrix}$$

という直交座標変換について，xyz座標が(a)〜(d)で表わされる点の$x'y'z'$座標を求めよ．

(a) $(3, 0, -7)$　(b) $(1, 2, 6)$　(c) $(-9, -2, -3)$　(d) $(0, 0, 0)$

28. 問題27の座標変換のようすを，スケッチせよ．(x, y, z軸およびx', y', z'軸を画け．)

29. $\mathbf{x}=P\mathbf{x}'$が回転を与えるようなPを選べ．

(a) $P=\begin{bmatrix} \frac{4}{5} & 0 & -\frac{3}{5} \\ \frac{3}{5} & 0 & \frac{4}{5} \\ 0 & 1 & 0 \end{bmatrix}$　(b) $P=\begin{bmatrix} \frac{6}{7} & \frac{2}{7} & \frac{3}{7} \\ \frac{2}{7} & \frac{3}{7} & -\frac{6}{7} \\ -\frac{3}{7} & \frac{6}{7} & \frac{2}{7} \end{bmatrix}$

30. 問題29の座標変換のようすを，スケッチせよ．(x, y, z軸およびx', y', z'軸を画け．)

31. (a) xyz直交座標を，y軸を回転軸としてy軸の正の方向に向って時計と同じ方向にθ回転して，$x'y'z'$座標を作る．このとき，

$$\begin{bmatrix} x' \\ y' \\ z' \end{bmatrix}=A\begin{bmatrix} x \\ y \\ z \end{bmatrix}$$

を満たす行列Aを求めよ．

(b) 回転軸をx軸にして，(a)と同じ問に答えよ．

32. xyz直交座標をz軸を回転軸として，z軸の正の方向に向って$\frac{\pi}{3}$ラジアン回転して，$x'y'z'$座標を作り，さらに，$x'y'z'$座標をy'軸を回転軸として，y'軸の正の方向に向って$\frac{\pi}{4}$ラジアン回転して，$x''y''z''$座標を作る．このとき，

$$\begin{bmatrix} x'' \\ y'' \\ z'' \end{bmatrix}=A\begin{bmatrix} x \\ y \\ z \end{bmatrix}$$

を満たす行列Aを求めよ．

33. Aが直交行列なら，A^tもまた直交行列となることを証明せよ．

34. $n\times n$行列が直交行列であるためには，その行ベクトルがユークリッド内積をもっ

た $\boldsymbol{R}^n$ の正規直交集合となることが必要十分であることを証明せよ．

35. 問題 33, 34 を利用して，$n\times n$ 行列が直交行列であるためには，その列ベクトルがユークリッド内積をもった $\boldsymbol{R}^n$ の正規直交集合となることが必要十分であることを証明せよ．
36. P が直交行列ならば，$\det(P)$ は 1 または -1 に限ることを示せ．
37. 定理 25 (a) を証明せよ．
38. 定理 25 (b) を証明せよ．
39. 定理 25 (c) を証明せよ．

5. 1 次 変 換

5.1 1次変換入門

この節では，「ベクトル変数のベクトル値関数」，つまり，独立変数を $\mathbf{v}$（ベクトル），従属変数を $\mathbf{w}$（ベクトル）と書くときに，$\mathbf{w}=f(\mathbf{v})$ という形の関数（あるいは，変換）について述べる．とはいえ，ここでは最も簡単な，「1次変換」とよばれる特殊な「ベクトル変数のベクトル値関数」のみを問題にするにすぎない．しかし，1次変換という概念の持っている応用範囲は実に広く，物理学，工学，社会科学など数えあげればきりがない．

V, W を線型空間とし，V の各ベクトルに W のベクトルを1つ対応させる写像を F とする．このとき，F は V から W への写像であるといい，$F: V\to W$ と書き表わす．また，F によって V のベクトル $\mathbf{v}$ が W のベクトル $\mathbf{w}$ に対応させられるとき，$\mathbf{w}=F(\mathbf{v})$ と書いて，$\mathbf{w}$ は Fによる $\mathbf{v}$ の像であるという．

例えば，$\boldsymbol{R}^2$ のベクトルを $\mathbf{v}=(x, y)$ とするとき，

$$F(\mathbf{v})=(x, x+y, x-y) \tag{5.1}$$

は，$\boldsymbol{R}^2$ から $\boldsymbol{R}^3$ への写像となり $\boldsymbol{R}^2$ のベクトル $\mathbf{v}=(1, 1)$ の Fによる像は

$$F(\mathbf{v})=(1, 2, 0)$$

となっている．

定義　線型空間 V から線型空間 W への写像 $F: V\to W$ が次の性質を持つとき，**1次変換**とよぶ．

(i)　V の任意のベクトル $\mathbf{u}$，$\mathbf{v}$ に対して，$F(\mathbf{u}+\mathbf{v})=F(\mathbf{u})+F(\mathbf{v})$

(ii) V の任意のベクトル $\mathbf{u}$ と任意のスカラー k に対して，

$F(k\mathbf{u})=kF(\mathbf{u})$

(5.1) で定義した写像 F が，1次変換の例を与えていることを見よう．$\mathbf{u}=(x_1, y_1), \mathbf{v}=(x_2, y_2)$ とすると，$\mathbf{u}+\mathbf{v}=(x_1+x_2, y_1+y_2)$ となるので，

$$\begin{aligned}F(\mathbf{u}+\mathbf{v})&=(x_1+x_2, (x_1+x_2)+(y_1+y_2), (x_1+x_2)-(y_1+y_2))\\&=(x_1, x_1+y_1, x_1-y_1)+(x_2, x_2+y_2, x_2-y_2)\\&=F(\mathbf{u})+F(\mathbf{v})\end{aligned}$$

また，k をスカラーとすると，$k\mathbf{u}=(kx_1, ky_1)$ となるので，

$$\begin{aligned}F(k\mathbf{u})&=(kx_1, kx_1+ky_1,\ kx_1-ky_1)\\&=k(x_1, x_1+y_1, x_1-y_1)\\&=kF(\mathbf{u})\end{aligned}$$

つまり，F は1次変換である．

1次変換 $F: V\to W$ について，V の任意のベクトル $\mathbf{v}_1, \mathbf{v}_2$ および任意のスカラー k_1, k_2 に対して，

$$F(k_1\mathbf{v}_1+k_2\mathbf{v}_2)=F(k_1\mathbf{v}_1)+F(k_2\mathbf{v}_2)=k_1F(\mathbf{v}_1)+k_2F(\mathbf{v}_2)$$

がえられる．同様に，V のベクトル $\mathbf{v}_1, \mathbf{v}_2, \cdots, \mathbf{v}_n$ およびスカラー $k_1, k_2, \cdots, k_n$ に対して，

$$F(k_1\mathbf{v}_1+k_2\mathbf{v}_2+\cdots+k_n\mathbf{v}_n)=k_1F(\mathbf{v}_1)+\cdots+k_nF(\mathbf{v}_n)$$

となることがわかる．

1次変換の例をさらにあげてみよう．

≪例1≫

$m\times n$ 行列 A をとり，$\boldsymbol{R}^m, \boldsymbol{R}^n$ のベクトルを行列的に表示（つまり縦型に書く）して，写像 $T: \boldsymbol{R}^n\to\boldsymbol{R}^m$ を，

$$T(\mathbf{x})=A\mathbf{x}$$

によって定義する．$\mathbf{x}$ は $n\times 1$ 行列とみなしているので，$A\mathbf{x}$ は $m\times 1$ 行列となり，これを $\boldsymbol{R}^m$ のベクトルとみれば，確かに，$\boldsymbol{R}^n$ から $\boldsymbol{R}^m$ への写像が定義

できていることがわかる．このTが1次変換となっていることも次のようにしてわかる．つまり，行列の積の性質から，

$$A(\mathbf{u}+\mathbf{v})=A\mathbf{u}+A\mathbf{v},\ \ A(k\mathbf{u})=k(A\mathbf{u})$$

となるが，これは，

$$T(\mathbf{u}+\mathbf{v})=T(\mathbf{u})+T(\mathbf{v}),\ \ T(k\mathbf{u})=kT(\mathbf{u})$$

を示している．このような形の1次変換を，**行列 A をかけてえられる1次変換**あるいは，（Aによる）**行列変換**とよばれる．

≪例2≫

行列変換の特殊な場合として，かける行列が

$$A=\begin{bmatrix}\cos\theta & -\sin\theta\\ \sin\theta & \cos\theta\end{bmatrix}$$

となっている場合の行列変換 $T:\boldsymbol{R}^2\to\boldsymbol{R}^2$ について考えよう．
$\boldsymbol{R}^2$ のベクトルを，

$$\mathbf{v}=\begin{bmatrix}x\\ y\end{bmatrix}$$

と書き，

$$T(\mathbf{v})=A\mathbf{v}=\begin{bmatrix}\cos\theta & -\sin\theta\\ \sin\theta & \cos\theta\end{bmatrix}\begin{bmatrix}x\\ y\end{bmatrix}=\begin{bmatrix}x\cos\theta-y\sin\theta\\ x\sin\theta+y\cos\theta\end{bmatrix}$$

によって T を定義する．これが1次変換となっていることはいうまでもないが，さらに，これは，ベクトル $\mathbf{v}$ を θ ラジアン回転することに対応していることがわかる．実際，$\mathbf{v}$ と x 軸の正方向とのなす角をϕとし，$\mathbf{v}$ を θ ラジアン回転してベクトル $\mathbf{v}'$ がえられたとして（図5.1参照），$\mathbf{v}'=T(\mathbf{v})$ となることを示そう．$\mathbf{v}$ の長さをrとすると，

$$x=r\cos\phi,\ \ y=r\sin\phi$$

同様に，

$$\mathbf{v}'=\begin{bmatrix}x'\\ y'\end{bmatrix}$$

とすれば，$\mathbf{v}'$ の長さは $\mathbf{v}$ の長さ r に等しく，x 軸の正方向となす角は $\phi+\theta$ と

なっていので，

$$x' = r\cos(\phi+\theta),\quad y' = r\sin(\phi+\theta)$$

したがって，

$$\begin{aligned}\mathbf{v}' &= \begin{bmatrix} x' \\ y' \end{bmatrix} = \begin{bmatrix} r\cos(\phi+\theta) \\ r\sin(\phi+\theta) \end{bmatrix} \\ &= \begin{bmatrix} r\cos\phi\cos\theta - r\sin\phi\sin\theta \\ r\sin\phi\cos\theta + r\cos\phi\sin\theta \end{bmatrix} \\ &= \begin{bmatrix} x\cos\theta - y\sin\theta \\ x\sin\theta + y\cos\theta \end{bmatrix} \\ &= \begin{bmatrix} \cos\theta & -\sin\theta \\ \sin\theta & \cos\theta \end{bmatrix} \begin{bmatrix} x \\ y \end{bmatrix} \\ &= A\mathbf{v} = T(\mathbf{v})\end{aligned}$$

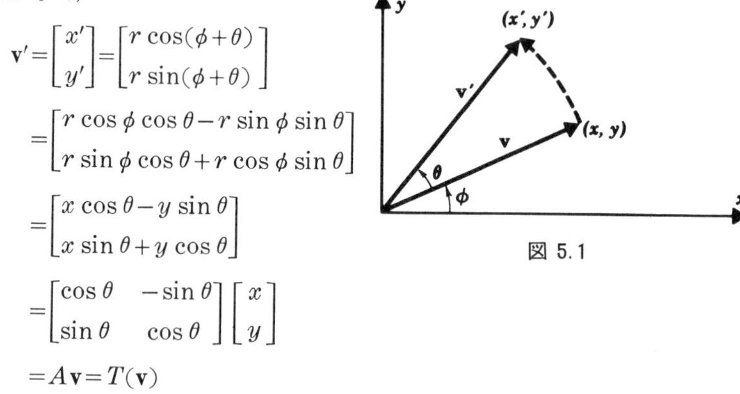

図 5.1

ここで述べた1次変換は，$\boldsymbol{R}^2$ の **θ ラジアン回転**とよばれる．

≪例3≫

線型空間 V, W について，V の任意のベクトル $\mathbf{v}$ を W の $\mathbf{0}$ にうつす写像 $T: V \to W$ は，

$$T(\mathbf{u}+\mathbf{v}) = \mathbf{0} = \mathbf{0}+\mathbf{0} = T(\mathbf{u})+T(\mathbf{v}),\quad T(k\mathbf{u}) = \mathbf{0} = k\mathbf{0} = kT(\mathbf{u})$$

から，1次変換となっていることがわかるが，これは，**ゼロ変換**とよばれる．

≪例4≫

任意の線型空間 V のベクトル $\mathbf{v}$ に対して，$T(\mathbf{v}) = \mathbf{v}$ によって定義される写像 $T: V \to V$ は，V 上の**恒等変換**とよばれる．（恒等変換が1次変換となっていることはすぐにわかるが，詳しくは読者にまかせる．）

例2，例4のような線型空間 V からそれ自身への1次変換 $T: V \to V$ は，**$\boldsymbol{V}$ 上の1次変換**とよばれる．

≪例5≫

V を線型空間，k をスカラーとするときに，

$$T(\mathbf{v})=k\mathbf{v}$$

によって定義される写像 $T:V\to V$ は，V 上の1次変換になっている．（チェックは読者にまかせる.）とくに，$k>1$ の場合には，V の**比例拡大**といい，$0<k<1$ の場合には，V の**比例縮小**という．幾何学的なイメージからいうと，すべてのベクトルの長さが k 倍されて，原点を中心に「拡大」したり「縮小」したりすることに対応している．(図5.2参照)

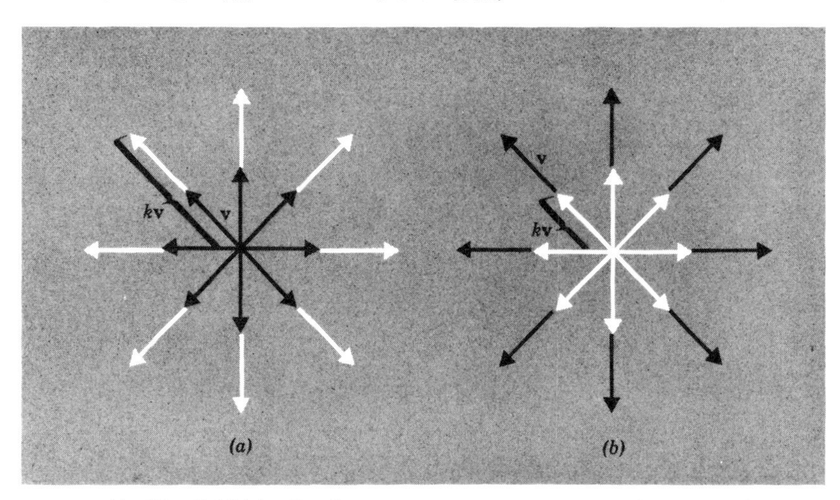

(a) V の比例拡大（$k>1$）　(b) V の比例縮小（$0<k<1$）

図 5.2

≪例6≫

V を内積空間，W をその有限次元部分空間として，

$$S=\{\mathbf{w}_1, \mathbf{w}_2, \cdots, \mathbf{w}_r\}$$

を W の正規直交基底とする．このとき，V のベクトル $\mathbf{v}$ に $\mathbf{v}$ の W への正射影 $T(\mathbf{v})$ を対応させる写像 $T:V\to W$ を考える．つまり，

$$T(\mathbf{v})=\langle\mathbf{v}, \mathbf{w}_1\rangle\mathbf{w}_1+\langle\mathbf{v}, \mathbf{w}_2\rangle\mathbf{w}_2+\cdots+\langle\mathbf{v}, \mathbf{w}_r\rangle\mathbf{w}_r$$

とする（図5.3参照).

この写像 T は V の W への正射影変換とよばれる．T が1次変換となって

いることは，内積の性質からただちにわかる．例えば，

$$\begin{aligned}T(\mathbf{u}+\mathbf{v})&=\langle\mathbf{u}+\mathbf{v},\mathbf{w}_1\rangle\mathbf{w}_1+\langle\mathbf{u}+\mathbf{v},\mathbf{w}_2\rangle\mathbf{w}_2+\cdots+\langle\mathbf{u}+\mathbf{v},\mathbf{w}_r\rangle\mathbf{w}_r\\&=\langle\mathbf{u},\mathbf{w}_1\rangle\mathbf{w}_1+\langle\mathbf{u},\mathbf{w}_2\rangle\mathbf{w}_2+\cdots+\langle\mathbf{u},\mathbf{w}_r\rangle\mathbf{w}_r\\&\quad+\langle\mathbf{v},\mathbf{w}_1\rangle\mathbf{w}_1+\langle\mathbf{v},\mathbf{w}_2\rangle\mathbf{w}_2+\cdots+\langle\mathbf{v},\mathbf{w}_r\rangle\mathbf{w}_r\\&=T(\mathbf{u})+T(\mathbf{v})\end{aligned}$$

同様に，$T(k\mathbf{u})=kT(\mathbf{u})$ もいえる．

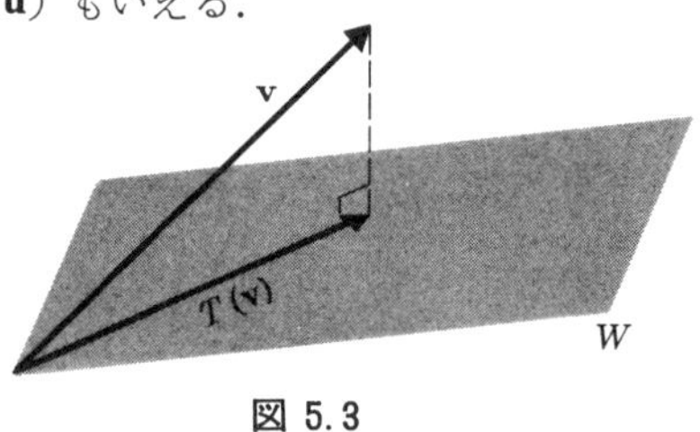

図 5.3

≪例 7≫

Vを，ユークリッド内積を持った$\boldsymbol{R}^3$として，例6の特別の場合を考える．ベクトル $\mathbf{w}_1=(1,0,0)$, $\mathbf{w}_2=(0,1,0)$ は xy 平面上の 正規直交基底をなしている．したがって，$\boldsymbol{R}^3$ のベクトル $\mathbf{v}=(x,y,z)$ の xy 平面上への正射影変換による像 $T(\mathbf{v})$ は，

$$\begin{aligned}T(\mathbf{v})&=\langle\mathbf{v},\mathbf{w}_1\rangle\mathbf{w}_1+\langle\mathbf{v},\mathbf{w}_2\rangle\mathbf{w}_2\\&=x(1,0,0)+y(0,1,0)\\&=(x,y,0)\end{aligned}$$

によって与えられることがわかる．（図 5.4 参照）

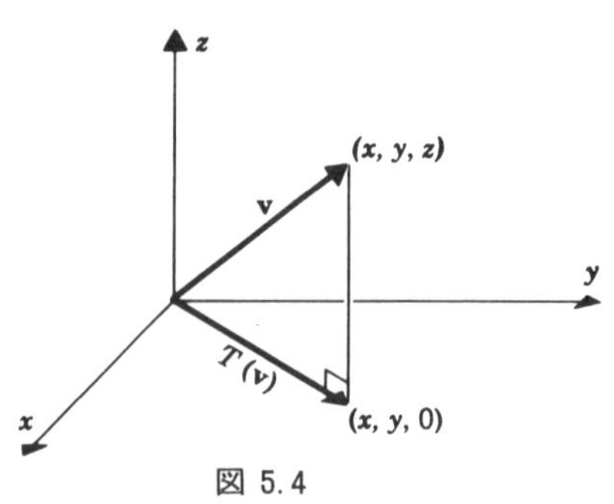

図 5.4

≪例 8≫

V を n 次元線型空間，$S=\{\mathbf{w}_1, \mathbf{w}_2, \cdots, \mathbf{w}_n\}$ を V の基底とすれば，4.10 節の定理 24 により，V の任意のベクトル $\mathbf{u}, \mathbf{v}$ は S の 1 次結合として一意的に表わされることがわかる．

$$\mathbf{u}=c_1\mathbf{w}_1+c_2\mathbf{w}_2+\cdots+c_n\mathbf{w}_n$$
$$\mathbf{v}=d_1\mathbf{w}_1+d_2\mathbf{w}_2+\cdots+d_n\mathbf{w}_n$$

つまり，
$$(\mathbf{u})_S=(c_1, c_2, \cdots, c_n)$$
$$(\mathbf{v})_S=(d_1, d_2, \cdots, d_n)$$

とすると，
$$\mathbf{u}+\mathbf{v}=(c_1+d_1)\mathbf{w}_1+(c_2+d_2)\mathbf{w}_2+\cdots+(c_n+d_n)\mathbf{w}_n$$
$$k\mathbf{u}=(kc_1)\mathbf{w}_1+(kc_2)\mathbf{w}_2+\cdots+(kc_n)\mathbf{w}_n$$

つまり，
$$(\mathbf{u}+\mathbf{v})_S=(c_1+d_1, c_2+d_2, \cdots, c_n+d_n)$$
$$(k\mathbf{u})_S=(kc_1, kc_2, \cdots, kc_n)$$

となり，結局，
$$(\mathbf{u}+\mathbf{v})_S=(\mathbf{u})_S+(\mathbf{v})_S, (k\mathbf{u})_S=k(\mathbf{u})_S \tag{5.3}$$

が成り立つことがわかる．同様にして，
$$[\mathbf{u}+\mathbf{v}]_S=[\mathbf{u}]_S+[\mathbf{v}]_S, \quad [k\mathbf{u}]_S=k[\mathbf{u}]_S$$

がえられる．

V のベクトル $\mathbf{v}$ に，V の基底 S に関する座標ベクトルを対応させる写像 $T: V \to \boldsymbol{R}^n$ を考える．つまり，
$$T(\mathbf{v})=(\mathbf{v})_S$$

とすれば，(5.3) によって，
$$T(\mathbf{u}+\mathbf{v})=T(\mathbf{u})+T(\mathbf{v})$$
$$T(k\mathbf{u})=kT(\mathbf{u})$$

が成り立つことになり，T が V から $\boldsymbol{R}^n$ への 1 次変換となっていることがわかる．（座標行列を対応させる写像についても同様に考察できる．）

≪例 9≫

V を内積空間，$\mathbf{v}_0$ を V のベクトルとする．V のベクトル $\mathbf{v}$ に $\mathbf{v}$ と $\mathbf{v}_0$ との

内積を対応させる写像 $T: V \to \boldsymbol{R}$ を考える．つまり，

$$T(\mathbf{v}) = \langle \mathbf{v}, \mathbf{v}_0 \rangle$$

とすれば，内積の性質から，T が 1 次変換となっていることがわかる．実際

$$T(\mathbf{u}+\mathbf{v}) = \langle \mathbf{u}+\mathbf{v}, \mathbf{v}_0 \rangle = \langle \mathbf{u}, \mathbf{v}_0 \rangle + \langle \mathbf{v}, \mathbf{v}_0 \rangle = T(\mathbf{u}) + T(\mathbf{v})$$

$$T(k\mathbf{u}) = \langle k\mathbf{u}, \mathbf{v} \rangle = k\langle \mathbf{u}, \mathbf{v}_0 \rangle = kT(\mathbf{u})$$

≪例 10≫♯

閉区間 $0 \leqslant x \leqslant 1$ で連続な実数値関数全体の作る線型空間を $C[0,1]$ とし，閉区間 $0 \leqslant x \leqslant 1$ で連続微分可能な実数値関数全体が $C[0,1]$ 内で作る部分空間を W とする．W にふくまれる関数 $\mathbf{f}$ をその微分した関数 $\mathbf{f}'$ に対応させる写像を $D: W \to C[0,1]$ とする．つまり，

$$D(\mathbf{f}) = \mathbf{f}'$$

とする．このとき，微分の性質から，

$$D(\mathbf{f}+\mathbf{g}) = D(\mathbf{f}) + D(\mathbf{g})$$

$$D(k\mathbf{f}) = kD(\mathbf{f})$$

したがって，D は 1 次変換であることがわかる．

≪例 11≫♯

$V = C[0,1]$ とし（例 10 参照），V にふくまれる関数 $\mathbf{f}$ に閉区間 $[0,1]$ での定積分の値を対応させる写像を $J: V \to \boldsymbol{R}$ とする．つまり，

$$J(\mathbf{f}) = \int_0^1 f(x)dx$$

とする．このとき，定積分の性質から，

$$\begin{aligned} J(\mathbf{f}+\mathbf{g}) &= \int_0^1 (f(x)+g(x))dx \\ &= \int_0^1 f(x)dx + \int_0^1 g(x)dx \\ &= J(\mathbf{f}) + J(\mathbf{g}) \end{aligned}$$

$$J(k\mathbf{f}) = \int_0^1 (kf(x))dx$$

$$=k\int_0^1 f(x)dx$$

$$=kJ(\mathbf{f})$$

したがって，J は1次変換であることがわかる．

練習問題 5.1

1.～8. の写像 $F:\boldsymbol{R}^2\to\boldsymbol{R}^2$ が1次変換かどうか調べよ．

1. $F(x,y)=(2x,y)$
2. $F(x,y)=(x^2,y)$
3. $F(x,y)=(y,x)$
4. $F(x,y)=(0,y)$
5. $F(x,y)=(x,y+1)$
6. $F(x,y)=(2x+y,x-y)$
7. $F(x,y)=(y,y)$
8. $F(x,y)=(\sqrt[3]{x},\sqrt[3]{y})$

9.～12. の写像 $F:\boldsymbol{R}^3\to\boldsymbol{R}^2$ が1次変換かどうか調べよ．

9. $F(x,y,z)=(x,x+y+z)$
10. $F(x,y,z)=(0,0)$
11. $F(x,y,z)=(1,1)$
12. $F(x,y,z)=(2x+y,3y-4z)$

13.～16. の写像 $F:M_{2,3}\to\boldsymbol{R}$ が1次変換かどうか調べよ．

13. $F\left(\begin{bmatrix}a & b\\ c & d\end{bmatrix}\right)=a+d$
14. $F\left(\begin{bmatrix}a & b\\ c & d\end{bmatrix}\right)=\det\left(\begin{bmatrix}a & b\\ c & d\end{bmatrix}\right)$
15. $F\left(\begin{bmatrix}a & b\\ c & d\end{bmatrix}\right)=2a+3b+c-d$
16. $F\left(\begin{bmatrix}a & b\\ c & d\end{bmatrix}\right)=a^2+b^2$

17.～20. の写像 $F:P_2\to P_2$ が1次変換かどうか調べよ．

17. $F(a_0+a_1x+a_2x^2)=a_0+(a_1+a_2)x+(2a_0-3a_1)x^2$
18. $F(a_0+a_1x+a_2x^2)=a_0+a_1(x+1)+a_2(x+1)^2$
19. $F(a_0+a_1x+a_2x^2)=0$
20. $F(a_0+a_1x+a_2x^2)=(a_0+1)+a_1x+a_2x^2$
21. $\boldsymbol{R}^2$上の各ベクトル $\mathbf{v}$ に，$\mathbf{v}$ を y 軸に関して折り返してえられるベクトル $F(\mathbf{v})$ を対応させる写像 $F:\boldsymbol{R}^2\to\boldsymbol{R}^2$ は，$\boldsymbol{R}^2$ 上の1次変換であることを示せ．
22. 2×2 行列 A に，一定の 2×3 行列 B_0 を右からかけてえられる行列を対応させる写像 $T:M_{2,2}\to M_{2,3}$ $(T(A)=AB_0)$ は，$M_{2,2}$ から $M_{2,3}$ への1次変換であることを示せ．
23. $T:\boldsymbol{R}^3\to\boldsymbol{R}^2$ を行列変換とし，

$$T\left(\begin{bmatrix}1\\0\\0\end{bmatrix}\right)=\begin{bmatrix}1\\1\end{bmatrix}\qquad T\left(\begin{bmatrix}0\\1\\0\end{bmatrix}\right)=\begin{bmatrix}3\\0\end{bmatrix}\qquad T\left(\begin{bmatrix}0\\0\\1\end{bmatrix}\right)=\begin{bmatrix}4\\-7\end{bmatrix}$$

が成り立っているとするとき，

(a) T を定義する行列を求めよ．

(b) $T\left(\begin{bmatrix}1\\3\\8\end{bmatrix}\right)$ を求めよ．

(c) $T\left(\begin{bmatrix}x\\y\\z\end{bmatrix}\right)$ を求めよ．

24. $\boldsymbol{R}^3$ から，xz 平面 W 上への正射影を $T:\boldsymbol{R}^3\to W$ とするとき，

(a) $T(2,7,-1)$ を求めよ．　(b) $T(x,y,z)$ を求めよ．

25. $\boldsymbol{R}^3$ から平面 $x+y+z=0$ 上への正射影を $T:\boldsymbol{R}^3\to\{x+y+z=0\}$ とするとき，

(a) $T(3,8,4)$ を求めよ．　(b) $T(x,y,z)$ を求めよ．

26. $\boldsymbol{R}^2$ のベクトルを θ ラジアン回転させる1次変換を $T_\theta:\boldsymbol{R}^2\to\boldsymbol{R}^2$ とするとき，

(a) $T_{\frac{\pi}{4}}(-1,2)$，$T_{\frac{\pi}{4}}(x,y)$ を求めよ．

(b) $T_{\pi}(-1,2)$，$T_{\pi}(x,y)$ を求めよ．

(c) $T_{\frac{\pi}{6}}(-1,2)$，$T_{\frac{\pi}{6}}(x,y)$ を求めよ．

(d) $T_{-\frac{\pi}{3}}(-1,2)$，$T_{-\frac{\pi}{3}}(x,y)$ を求めよ．

27. $T:V\to W$ を1次変換とするとき，V の任意のベクトル $\mathbf{u},\mathbf{v}$ について，

$$T(\mathbf{u}-\mathbf{v})=T(\mathbf{u})-T(\mathbf{v})$$

が成り立つことを示せ．

28. 線型空間 V の基底を $\{\mathbf{v}_1,\mathbf{v}_2,\cdots,\mathbf{v}_n\}$ とし，1次変換 $T:V\to W$ が，

$$T(\mathbf{v}_1)=T(\mathbf{v}_2)=\cdots=T(\mathbf{v}_n)=\mathbf{0}$$

を満たせば，T はゼロ変換であることを示せ．

29. 線型空間 V の基底を $\{\mathbf{v}_1,\mathbf{v}_2,\cdots,\mathbf{v}_n\}$ とし，1次変換 $T:V\to V$ が

$$T(\mathbf{v}_1)=\mathbf{v}_1,\ T(\mathbf{v}_2)=\mathbf{v}_2,\cdots,T(\mathbf{v}_n)=\mathbf{v}_n$$

を満たせば，T は V 上の恒等変換であることを示せ．

30. n次元線型空間 V の基底を S とする．V の1次独立な集合 $\{\mathbf{v}_1,\mathbf{v}_2,\cdots,\mathbf{v}_r\}$ をとるとき，座標ベクトル $(\mathbf{v}_1)_S,(\mathbf{v}_2)_S,\cdots,(\mathbf{v}_r)_S$ は，$\boldsymbol{R}^n$ の1次独立なベクトルの集合となること，およびその逆を示せ．

31. 上の問題30と同じ条件の下で，もし $\mathbf{v}_1,\mathbf{v}_2,\cdots,\mathbf{v}_r$ が V を張るとすれば，座標ベクトル $(\mathbf{v}_1)_S,(\mathbf{v}_2)_S,\cdots,(\mathbf{v}_r)_S$ は $\boldsymbol{R}^n$ を張ることおよびその逆を示せ．

32. (a)〜(c) の多項式の組によって張られる P_2 の部分空間の基底を求めよ．

(a) $-1+x-2x^2$，$3+3x+6x^2$，9

(b) $1+x$，x^2，$-2+2x^2$，$-3x$

(c) $1+x-3x^2$，$2+2x-6x^2$，$3+3x-9x^2$

（**ヒント．** P_2 の標準基底を S として，各多項式の S に関する座標ベクトルを求めよ，このとき，問題30, 31に注意すること．）

5.2　1次変換の性質；核と像

この節では，1次変換のある基本的な性質，特に，1次変換に関しては，基底の像さえわかれば，任意のベクトルの像がわかるという事実について述べる．

定理1

1次変換 $T : V \to W$ について，V の任意のベクトルを $\mathbf{u}, \mathbf{v}$ とするとき，

(a)　$T(\mathbf{0}) = \mathbf{0}$

(b)　$T(-\mathbf{v}) = -T(\mathbf{v})$.

(c)　$T(\mathbf{u}-\mathbf{v}) = T(\mathbf{u}) - T(\mathbf{v})$

証明　(a)　$T(\mathbf{0}) = T(\mathbf{0}+\mathbf{0}) = T(\mathbf{0}) + T(\mathbf{0})$

ゆえに，　$T(\mathbf{0}) = \mathbf{0}$

(b)　$T(-\mathbf{v}) = T((-1)\mathbf{v}) = (-1)T(\mathbf{v}) = -T(\mathbf{v})$

(c)　$T(\mathbf{u}-\mathbf{v}) = T(\mathbf{u}+(-1)\mathbf{v})$

$$= T(\mathbf{u}) + T((-1)\mathbf{v})$$

$$= T(\mathbf{u}) - T(\mathbf{v})$$ ■

定義　1次変換 $T : V \to W$ によって，W のベクトル $\mathbf{0}$ に写像される V のベクトル全体を T の**核**といって $\mathrm{Ker}(T)$ と書き，V の T による**像**の全体を $\mathrm{Im}(T)$ と書く.

≪例12≫

$T : V \to W$ をゼロ変換とすると，T は V のすべてのベクトルを $\mathbf{0}$ に写像するので，$\mathrm{Ker}(T) = V$，$\mathrm{Im}(T) = \mathbf{0}$ となる.

≪例13≫

$T : \boldsymbol{R}^n \to \boldsymbol{R}^m$ を行列

$$A - \begin{bmatrix} a_{11} & a_{12} \cdots a_{1n} \\ a_{21} & a_{22} \cdots a_{2n} \\ \vdots & \vdots \quad\quad \vdots \\ a_{m1} & a_{m2} \cdots a_{mn} \end{bmatrix}$$

によって定まる1次変換とすれば，T の核は連立1次同次方程式

$$A\begin{bmatrix} x_1 \\ x_2 \\ \vdots \\ x_n \end{bmatrix} = \begin{bmatrix} 0 \\ 0 \\ \vdots \\ 0 \end{bmatrix}$$

をみたす $\boldsymbol{R}^n$ のベクトル（つまり解）

$$\mathbf{x}=\begin{bmatrix} x_1 \\ x_2 \\ \vdots \\ x_n \end{bmatrix}$$

全体から成っている．また，T の像は，連立１次方程式

$$A\begin{bmatrix} x_1 \\ x_2 \\ \vdots \\ x_n \end{bmatrix}=\begin{bmatrix} b_1 \\ b_2 \\ \vdots \\ b_m \end{bmatrix}$$

が解を持つような $\boldsymbol{R}^m$ のベクトル

$$\mathbf{b}=\begin{bmatrix} b_1 \\ b_2 \\ \vdots \\ b_m \end{bmatrix}$$

の全体からなっている．

定理 2

$T: V \to W$ を１次変換とすれば，

(a) T の核 ($\mathrm{Ker}(T)$) は V の部分空間を作る．

(b) T の像 ($\mathrm{Im}(T)$) は W の部分空間を作る．

証明 (a) $\mathrm{Ker}(T)$ が和とスカラー倍に関して閉じていることを示せばよい．$\mathbf{v}_1, \mathbf{v}_2$ を共に $\mathrm{Ker}(T)$ のベクトルとし，k をスカラーとすると，

$$T(\mathbf{v}_1+\mathbf{v}_2)=T(\mathbf{v}_1)+T(\mathbf{v}_2)=\mathbf{0}+\mathbf{0}=\mathbf{0}$$
$$T(k\mathbf{v}_1)=kT(\mathbf{v}_1)=k\mathbf{0}=\mathbf{0}$$

したがって，$\mathbf{v}_1+\mathbf{v}_2, k\mathbf{v}_1$ は共に $\mathrm{Ker}(T)$ にふくまれる．

(b) $\mathbf{w}_1, \mathbf{w}_2$ を $\mathrm{Im}(T)$ にふくまれるベクトルとすると，少なくとも１個ずつの V のベクトル $\mathbf{u}_1, \mathbf{u}_2$ が存在して，$T(\mathbf{u}_1)=\mathbf{w}_1, T(\mathbf{u}_2)=\mathbf{w}_2$ となっている．このとき，

$$T(\mathbf{u}_1+\mathbf{u}_2)=T(\mathbf{u}_1)+T(\mathbf{u}_2)=\mathbf{w}_1+\mathbf{w}_2$$
$$T(k\mathbf{u}_1)=kT(\mathbf{u}_1)=k\mathbf{w}_1$$

となることから，$\mathbf{w}_1+\mathbf{w}_2, k\mathbf{w}_1$ は共に V のベクトル $\mathbf{u}_1+\mathbf{u}_2, k\mathbf{u}_1$ の T による

像となっていることがわかる．つまり，$\mathrm{Im}(V)$ は和とスカラー倍に関して閉じている．■

≪例14≫

$T: \boldsymbol{R}^n \to \boldsymbol{R}^m$ を $m \times n$ 行列 A をかけることによってできる1次変換とする，例13で述べたように，$\mathrm{Ker}(T)$ は $A\mathbf{x}=\mathbf{0}$ の解全体からなり，したがって，$\mathrm{Ker}(T)$ は $A\mathbf{x}=\mathbf{0}$ の解空間と一致する．また，$\mathrm{Im}(T)$ は $A\mathbf{x}=\mathbf{b}$ が解けるようなベクトル $\mathbf{b}$ の全体であるから，4.6節の定理14によって，A の列空間と $\mathrm{Im}(T)$ が一致することもわかる．

$\{\mathbf{v}_1, \mathbf{v}_2, \cdots, \mathbf{v}_n\}$ を線型空間 V の基底とし，$T: V \to W$ を1次変換とする．基底を作っているベクトルの T による像，つまり

$$T(\mathbf{v}_1), T(\mathbf{v}_2), \cdots, T(\mathbf{v}_n)$$

がわかれば，V の任意のベクトル $\mathbf{v}$ が，基底の1次結合

$$\mathbf{v}=k_1\mathbf{v}_1+k_2\mathbf{v}_2+\cdots+k_n\mathbf{v}_n$$

と書けることから，(5.1節の (5.2) より)

$$T(\mathbf{v})=k_1T(\mathbf{v}_1)+k_2T(\mathbf{v}_2)+\cdots+k_nT(\mathbf{v}_n)$$

となることがわかる．つまり，スローガン的にいえば，1次変換は，基底の「値」によって完全に決定される，ということになる．

≪例15≫

$\boldsymbol{R}^3$ の基底 $S=\{\mathbf{v}_1, \mathbf{v}_2, \mathbf{v}_3\}$ を考えよう．ただし，$\mathbf{v}_1=(1,1,1)$，$\mathbf{v}_2=(1,1,0)$ $\mathbf{v}_3=(1,0,0)$ とする．このとき，

$$T(\mathbf{v}_1)=(1,0), T(\mathbf{v}_2)=(2,-1), T(\mathbf{v}_3)=(4,3)$$

となる1次変換 $T: \boldsymbol{R}^3 \to \boldsymbol{R}^2$ について，$\boldsymbol{R}^3$ のベクトル $\mathbf{v}=(2,-3,5)$の T による像を求めよ．

解：$\mathbf{v}$ を S の1次結合として表わすためには，

$$(2,-3,5)=k_1(1,1,1)+k_2(1,1,0)+k_3(1,0,0)$$

つまり，

$$\begin{cases} k_1+k_2+k_3=2 \\ k_1+k_2 \qquad =-3 \\ k_1 \qquad\qquad =5 \end{cases}$$

を満たす k_1, k_2, k_3 を求めればいい．そこで上の連立1次方程式を解いて，

$$k_1=5, k_2=-8, k_3=5$$

をうる．したがって，

$$\mathbf{v}=5\mathbf{v}_1-8\mathbf{v}_2+5\mathbf{v}_3$$

となることがわかった．$\mathbf{v}$ の T による像は，

$$\begin{aligned} T(\mathbf{v}) &= T(5\mathbf{v}_1-8\mathbf{v}_2+5\mathbf{v}_3) \\ &= 5T(\mathbf{v}_1)-8T(\mathbf{v}_2)+5T(\mathbf{v}_3) \\ &= 5(1,0)-8(2,-1)+5(4,3) \\ &= (9,23) \end{aligned}$$

定義 1次変換 $T: V \to W$ について，T の像の次元を T の**階数**，T の核の次元を T の**核次元**とよぶ．

≪例16≫

$T: \boldsymbol{R}^2 \to \boldsymbol{R}^2$ を $\boldsymbol{R}^2$（平面）の45° 回転とする．このとき，幾何学的に考えれば明らかなように，T の像は $\boldsymbol{R}^2$ 全体になり，T の核は $\{\mathbf{0}\}$ となる．したがってこの場合，T の階数は2，核次元は0ということがわかる．

≪例17≫

$T: \boldsymbol{R}^n \to \boldsymbol{R}^m$ を $m \times n$ 行列 A をかけることによって定まる1次変換とすると，例14でふれたように，T の像は A の列空間と一致する．したがって，T の階数は，A の列空間の次元（したがって，A の階数）に等しくなる．つまり，

$$\mathrm{rank}(T)=\mathrm{rank}(A)$$

が成り立つ．

また，T の核は $A\mathbf{x}=\mathbf{0}$ の解空間と一致するので（これも例14でふれた），T の核次元は $A\mathbf{x}=\mathbf{0}$ の解空間の次元と等しいことがわかる．

次の定理は，有限次元線型空間から（必ずしも，有限次元でなくてもよい）線型空間への1次変換の階数と核次元との間の関係について述べたものである．証明は節の後の「自由研究」とする．

定理3（次元定理）

n 次元線型空間 V から，線型空間 W への1次変換を $T: V\to W$ とするとき，

$$(T\text{ の階数})+(T\text{ の核次元})=n$$

となる．

とくに，$V=\boldsymbol{R}^n$, $W=\boldsymbol{R}^m$, かつ T が $m\times n$ 行列 A によって定まる1次変換とすると，次元定理から，

$$\begin{aligned}(T\text{ の核次元})&=n-(T\text{ の階数})\\&=(A\text{ の列数})-(T\text{ の階数})\end{aligned} \tag{5.4}$$

となるが，例17で述べたこと，つまり，T の核次元が $A\mathbf{x}=\mathbf{0}$ の解空間の次元に等しく，T の階数が A の階数に等しいことから，(5.4) を書きかえて結局次の定理をうる．

定理4

A を $m\times n$ 行列とするとき，連立1次同次方程式 $A\mathbf{x}=\mathbf{0}$ の解空間の次元は

$$n-\mathrm{rank}(A)$$

に等しい．（ただし，$\mathrm{rank}(A)$ は「Aの階数」を示している．）

≪例18≫

4.5節の例35によると，連立1次同次方程式

$$\begin{cases}2x_1+2x_2-x_3+x_5=0\\-x_1-x_2+2x_3-3x_4+x_5=0\\x_1+x_2-2x_3-x_5=0\\x_3+x_4+x_5=0\end{cases}$$

の解空間の次元は2に等しい．（方程式を解いて基底を作ればよい．）
この連立1次同次方程式の係数行列

$$A=\begin{bmatrix} 2 & 2 & -1 & 0 & 1 \\ -1 & -1 & 2 & -3 & 1 \\ 1 & 1 & -2 & 0 & -1 \\ 0 & 0 & 1 & 1 & 1 \end{bmatrix}$$

の列数は5なので，定理4によって，

$$2=5-\mathrm{rank}(A)$$

つまり，$\mathrm{rank}(A)=3$ をうる．読者は A を実際にガウス行列に変形することによって，その階数が3となっていること，つまり，0以外の成分をふくむ行がちょうど3個あることをチェックしてほしい．

自由研究

定理3の証明．証明したいことは，

$$\dim(\mathrm{Im}(T))+\dim(\mathrm{Ker}(T))=n$$

ということである．（ここで $\dim(U)$ というのは U の次元を示す記号である．）ここでは，$1\leqslant\dim(\mathrm{Ker}(T))<n$ となる場合の証明しか書かないので，読者は $\dim(\mathrm{Ker}(T))=0$，$\dim(\mathrm{Ker}(T))=n$ の場合を確認してほしい．

さて，$\dim(\mathrm{Ker}(T))=r$ とすれば，$\mathrm{Ker}(T)$ の基底として，$\{\mathbf{v}_1, \mathbf{v}_2, \cdots, \mathbf{v}_r\}$ がとれるが，$\{\mathbf{v}_1, \cdots, \mathbf{v}_r\}$ は1次独立なので，第4章の定理9(c)によって，$(n-r)$ 個のベクトル $\mathbf{v}_{r+1}, \mathbf{v}_{r+2}, \cdots, \mathbf{v}_n$ が存在して，$\{\mathbf{v}_1, \cdots, \mathbf{v}_r, \mathbf{v}_{r+1}, \cdots, \mathbf{v}_n\}$ が V の基底となる．このとき，$S=\{T(\mathbf{v}_{r+1}), \cdots, T(\mathbf{v}_n)\}$ が $\mathrm{Im}(T)$ の基底となっていることを示せば，目的の $\dim(\mathrm{Im}(T))+\dim(\mathrm{Ker}(T))=n$ がいえたことになる．

まず，S が $\mathrm{Im}(T)$ を張ることを見る．$\mathbf{b}$ を $\mathrm{Im}(T)$ のベクトルとすると，V のベクトル $\mathbf{v}$ が存在して，$\mathbf{b}=T(\mathbf{v})$ となっているが，ここで $\mathbf{v}$ を V の基底 $\{\mathbf{v}_1, \mathbf{v}_2, \cdots, \mathbf{v}_r, \mathbf{v}_{r+1}, \cdots, \mathbf{v}_n\}$ の1次結合として書き，

$$\mathbf{v}=c_1\mathbf{v}_1+c_2\mathbf{v}_2+\cdots+c_r\mathbf{v}_r+c_{r+1}\mathbf{v}_{r+1}+\cdots+c_n\mathbf{v}_n$$

とすると，$\mathbf{v}_1, \mathbf{v}_2, \cdots, \mathbf{v}_r$ は $\mathrm{Ker}(T)$ のベクトルなので，

$$T(\mathbf{v}_1)=T(\mathbf{v}_2)=\cdots=T(\mathbf{v}_r)=\mathbf{0}$$

したがって，

$$\mathbf{b}=T(\mathbf{v})=c_{r+1}T(\mathbf{v}_{r+1})+\cdots+c_nT(\mathbf{v}_n)$$

と書けることがわかる．

次に，S が1次独立であることを見よう．そのためには，

$$k_{r+1}T(\mathbf{v}_{r+1})+\cdots+k_nT(\mathbf{v}_n)=\mathbf{0} \tag{5.5}$$

から，$k_{r+1}=\cdots=k_n=0$ を出せばよい．さて，(5.5) を書きかえれば，

$$T(k_{r+1}\mathbf{v}_{r+1}+\cdots+k_n\mathbf{v}_n)=\mathbf{0}$$

となるが，これは，$k_{r+1}\mathbf{v}_{r+1}+\cdots+k_n\mathbf{v}_n$ が $\mathrm{Ker}(T)$ にふくまれることを示しており，したがって $\mathrm{Ker}(T)$ の基底 $\{\mathbf{v}_1, \cdots, \mathbf{v}_r\}$ の1次結合として書ける．つまり，スカラー $k_1, \cdots, k_r$ が存在して，

$$k_{r+1}\mathbf{v}_{r+1}+\cdots+k_n\mathbf{v}_n=k_1\mathbf{v}_1+\cdots+k_r\mathbf{v}_r$$

となることになる．つまり，

$$k_1\mathbf{v}_1+\cdots+k_r\mathbf{v}_r-k_{r+1}\mathbf{v}_{r+1}-\cdots-k_n\mathbf{v}_n=\mathbf{0}$$

ここで $\{\mathbf{v}_1, \cdots, \mathbf{v}_r, \mathbf{v}_{r+1}, \cdots, \mathbf{v}_n\}$ が1次独立であることに注意して，$k_1=\cdots=k_r=k_{r+1}=\cdots=k_n=0$ をうる．■

練習問題 5.2

1. 行列 $\begin{bmatrix} 2 & -1 \\ -8 & 4 \end{bmatrix}$ によって定義される1次変換を $T:\boldsymbol{R}^2\to\boldsymbol{R}^2$ とするとき，$\mathrm{Im}(T)$ にふくまれるベクトルを選べ．

(a) $\begin{bmatrix} 1 \\ -4 \end{bmatrix}$　(b) $\begin{bmatrix} 5 \\ 0 \end{bmatrix}$　(c) $\begin{bmatrix} -3 \\ 12 \end{bmatrix}$

2. 問題1と同じ T について，$\mathrm{Ker}(T)$ にふくまれるベクトルを選べ．

(a) $\begin{bmatrix} 5 \\ 10 \end{bmatrix}$　(b) $\begin{bmatrix} 3 \\ 2 \end{bmatrix}$　(c) $\begin{bmatrix} 1 \\ 1 \end{bmatrix}$

3. 行列 $\begin{bmatrix} 4 & 1 & -2 & -3 \\ 2 & 1 & 1 & -4 \\ 6 & 0 & -9 & 9 \end{bmatrix}$ によって定義される1次変換を $T:\boldsymbol{R}^4\to\boldsymbol{R}^3$ とするとき，$\mathrm{Im}(T)$ にふくまれるベクトルを選べ．

(a) $\begin{bmatrix} 0 \\ 0 \\ 6 \end{bmatrix}$　(b) $\begin{bmatrix} 1 \\ 3 \\ 0 \end{bmatrix}$　(c) $\begin{bmatrix} 2 \\ 4 \\ 1 \end{bmatrix}$

4. 問題3と同じ T について，$\mathrm{Ker}(T)$ にふくまれるベクトルを選べ．

(a) $\begin{bmatrix} 3 \\ -8 \\ 2 \\ 0 \end{bmatrix}$　(b) $\begin{bmatrix} 0 \\ 0 \\ 0 \\ 1 \end{bmatrix}$　(c) $\begin{bmatrix} 0 \\ -4 \\ 1 \\ 0 \end{bmatrix}$

5. $T:P_2\to P_3$ を $T(p(x))=xp(x)$ によって定義される1次変換とするとき，$\mathrm{Ker}(T)$ にふくまれる多項式を選べ．

(a) x^2　(b) 0　(c) $1+x$

6.　上の問題5と同じ T について，$\mathrm{Im}(T)$ にふくまれる多項式を選べ．

(a)　$x+x^2$　　(b)　$1+x$　　(c)　$3-x^2$

7.　V を任意の線型空間，$\mathbf{v}$ をそのベクトルとして，$T:V\to V$ を $T(\mathbf{v})=3\mathbf{v}$ によって定義する．

(a)　T の核を求めよ．

(b)　T の像を求めよ．

8.　問題1の1次変換の階数と核次元を求めよ．

9.　問題5の1次変換の階数と核次元を求めよ．

10.　V を n 次元線型空間とするとき，(a)～(c) によって定義される1次変換 $T:V\to V$ の階数と核次元を求めよ．

(a)　$T(\mathbf{x})=\mathbf{x}$　　(b)　$T(\mathbf{x})=\mathbf{0}$　　(c)　$T(\mathbf{x})=3\mathbf{x}$

11.　$\mathbf{v}_1=(1,2,3)$，$\mathbf{v}_2=(2,5,3)$，$\mathbf{v}_3=(1,0,10)$ が $\boldsymbol{R}^3$ の基底を作ることをもちいて，$T(\mathbf{v}_1)=(1,0)$，$T(\mathbf{v}_2)=(1,0)$，$T(\mathbf{v}_3)=(0,1)$ となる1次変換 $T:\boldsymbol{R}^3\to\boldsymbol{R}^2$ を具体的に求めよ．また，ベクトル $(1,1,1)$ の T による像を求めよ．

12.　$T(1)=1+x$，$T(x)=3-x^2$，$T(x^2)=4+2x-3x^2$ となる1次変換 $T:P_2\to P_2$ を具体的に求めよ．また，多項式 $2-2x+3x^2$ の T による像 $T(2-2x+3x^2)$ を求めよ．

13.　与えられた情報 (a)～(d) に応じて，1次変換 T の核次元を求めよ．

(a)　$T:\boldsymbol{R}^5\to\boldsymbol{R}^7$ の階数は3　　(b)　$T:P_4\to P_3$ の階数は1

(c)　$T:\boldsymbol{R}^6\to\boldsymbol{R}^3$ の像は $\boldsymbol{R}^3$　　(d)　$T:M_{2,2}\to M_{2,2}$ の階数は3

14.　7×6 行列 A についての連立1次同次方程式 $A\mathbf{x}=\mathbf{0}$ がただ1個の解しか持たないとして，A をかけることによって定まる1次変換 $T:\boldsymbol{R}^6\to\boldsymbol{R}^7$ の階数と核次元を求めよ．

15.　A を階数4の 5×7 行列とするとき，

(a)　$A\mathbf{x}=\mathbf{0}$ の解空間の次元を求めよ．

(b)　$\boldsymbol{R}^5$ の任意のベクトル $\mathbf{b}$ に対して，$A\mathbf{x}=\mathbf{b}$ は解けるか？

次の 16.～19. の行列をかけることによって定まる1次変換を T とするとき，

(a)　T の像の基底を求めよ．

(b)　T の核の基底を求めよ．

(c)　T の階数と核次元を求めよ．

16.　$\begin{bmatrix}1 & -1 & 3\\ 5 & 6 & -4\\ 7 & 4 & 2\end{bmatrix}$

17.　$\begin{bmatrix}2 & 0 & -1\\ 4 & 0 & -2\\ 0 & 0 & 0\end{bmatrix}$

18.　$\begin{bmatrix}4 & 1 & 5 & 2\\ 1 & 2 & 3 & 0\end{bmatrix}$

19.　$\begin{bmatrix}1 & 4 & 5 & 0 & 9\\ 3 & -2 & 1 & 0 & -1\\ -1 & 0 & -1 & 0 & -1\\ 2 & 3 & 5 & 1 & 8\end{bmatrix}$

20.　$\boldsymbol{R}^3$ から線型空間 V への1次変換 $T:\boldsymbol{R}^3\to V$ について，T の核は，原点のみ，原点を通る直線，原点をふくむ平面，$\boldsymbol{R}^3$ 全体のいずれかに一致することを示せ．

21.　線型空間 V から $\boldsymbol{R}^3$ への1次変換 $T:V\to\boldsymbol{R}^3$ について，T の像は，原点のみ，原点を通る直線，原点をふくむ平面，$\boldsymbol{R}^3$ 全体のいずれかに一致することを示せ．

22.　行列 $\begin{bmatrix} 1 & 3 & 4 \\ 3 & 4 & 7 \\ -2 & 2 & 0 \end{bmatrix}$

をかけることによって定まる1次変換 $T:\boldsymbol{R}^3\to\boldsymbol{R}^3$ について，

(a)　$\mathrm{Im}(T)$ は原点をふくむ平面となることを示し，その方程式を求めよ．

(b)　$\mathrm{Ker}(T)$ は原点を通る直線となることを示し，その方程式を求めよ．

23.　線型空間 V の基底を $\{\mathbf{v}_1, \mathbf{v}_2, \cdots, \mathbf{v}_n\}$，線型空間 W のベクトルを $\mathbf{w}_1, \mathbf{w}_2, \cdots, \mathbf{w}_n$ とするとき，$T(\mathbf{v}_1)=\mathbf{w}_1, T(\mathbf{v}_2)=\mathbf{w}_2, \cdots, T(\mathbf{v}_n)=\mathbf{w}_n$ となる1次変換が常に存在することを証明せよ．

24.　次の場合に「次元定理」を証明せよ．

(a)　$\dim(\mathrm{Ker}(T))=0$

(b)　$\dim(\mathrm{Ker}(T))=n$

25.　有限次元線型空間 V 上の1次変換 $T:V\to V$ について，(a), (b) が同値となることを証明せよ．

(a)　$\mathrm{Im}(T)=V$　　　(b)　$\mathrm{Ker}(T)=\{\mathbf{0}\}$

26#.　微分することによって定まる1次変換 $D:P_3\to P_2$ について，$\mathrm{Ker}(D)$ を求めよ．（つまり，$D(p(x))=p'(x)$）

27#.　積分することによって定まる1次変換 $J:P_1\to\boldsymbol{R}$ について，$\mathrm{Ker}(J)$ を求めよ．（ただし，$J(p(x))=\int_{-1}^{1}p(x)dx$ とする）

5.3　1次変換と行列

この節では，有限次元線型空間の間の1次変換はすべて行列変換と見なせることを証明する．このことによって，一般の1次変換について調べるのに行列変換に関する情報を利用することが可能になる．

まず，$\boldsymbol{R}^n$ から $\boldsymbol{R}^m$ への任意の1次変換が行列変換となることを示そう．つまり，$T:\boldsymbol{R}^n\to\boldsymbol{R}^m$ を任意の1次変換とするときに，$m\times n$ 行列 A が存在して，T が A をかけることによってえられる1次変換に一致することを見よう．

$\mathbf{e}_1, \mathbf{e}_2, \cdots, \mathbf{e}_n$

を $\boldsymbol{R}^n$ の標準基底とし，

$$T(\mathbf{e}_1),\ T(\mathbf{e}_2),\ \cdots,\ T(\mathbf{e}_n)$$

を（成分を縦に並べて考え）列とする $m\times n$ 行列を A とする．（この節では，すべてのベクトルを行列表示してあつかうことにする．）例えば，

$$T\left(\begin{bmatrix} x_1 \\ x_2 \end{bmatrix}\right)=\begin{bmatrix} x_1+2x_2 \\ x_1-\ x_2 \end{bmatrix}$$

によって与えられる1次変換 $T:\boldsymbol{R}^2\to\boldsymbol{R}^2$ についてみれば，

$$T(\mathbf{e}_1)=T\left(\begin{bmatrix} 1 \\ 0 \end{bmatrix}\right)=\begin{bmatrix} 1 \\ 1 \end{bmatrix},\quad T(\mathbf{e}_2)=T\left(\begin{bmatrix} 0 \\ 1 \end{bmatrix}\right)=\begin{bmatrix} 2 \\ -1 \end{bmatrix}$$

となることから，

$$A=\begin{bmatrix} 1 & 2 \\ 1 & -1 \end{bmatrix}$$
$$\quad\ \ \uparrow\qquad\ \uparrow$$
$$T(\mathbf{e}_1)\ \ T(\mathbf{e}_2)$$

となる．もっと一般に，

$$T(\mathbf{e}_1)=\begin{bmatrix} a_{11} \\ a_{21} \\ \vdots \\ a_{m1} \end{bmatrix},\ T(\mathbf{e}_2)=\begin{bmatrix} a_{12} \\ a_{22} \\ \vdots \\ a_{m2} \end{bmatrix},\ \cdots,\ T(\mathbf{e}_n)=\begin{bmatrix} a_{1n} \\ a_{2n} \\ \vdots \\ a_{mn} \end{bmatrix}$$

であれば，

$$A=\begin{bmatrix} a_{11} & a_{12} & \cdots & a_{1n} \\ a_{21} & a_{22} & \cdots & a_{2n} \\ \vdots & \vdots & & \vdots \\ a_{m1} & a_{m2} & \cdots & a_{mn} \end{bmatrix} \tag{5.6}$$
$$\uparrow\qquad\ \uparrow\qquad\quad\ \uparrow$$
$$T(\mathbf{e}_1)\ \ T(\mathbf{e}_2)\ \cdots\ T(\mathbf{e}_n)$$

となる．この A をかけることによって，1次変換 $T:\boldsymbol{R}^n\to\boldsymbol{R}^m$ がえられていることを示そう．このために，

$$\mathbf{x}=\begin{bmatrix} x_1 \\ x_2 \\ \vdots \\ x_n \end{bmatrix}=x_1\mathbf{e}_1+x_2\mathbf{e}_2+\cdots+x_n\mathbf{e}_n$$

とすれば，（これに1次変換 T を作用させて）

$$T(\mathbf{x})=x_1T(\mathbf{e}_1)+x_2T(\mathbf{e}_2)+\cdots+x_nT(\mathbf{e}_n) \tag{5.7}$$

となることがわかるが，他方，

$$A\mathbf{x}=\begin{bmatrix} a_{11} & a_{12} & \cdots & a_{1n} \\ a_{21} & a_{22} & \cdots & a_{2n} \\ \vdots & \vdots & & \vdots \\ a_{m1} & a_{m2} & & a_{mn} \end{bmatrix}\begin{bmatrix} x_1 \\ x_2 \\ \vdots \\ x_n \end{bmatrix}$$

$$=\begin{bmatrix} a_{11}x_1+a_{12}x_2+\cdots+a_{1n}x_n \\ a_{21}x_1+a_{22}x_2+\cdots+a_{2n}x_n \\ \vdots \\ a_{m1}x_1+a_{m2}x_2+\cdots+a_{mn}x_n \end{bmatrix}$$

$$=x_1\begin{bmatrix} a_{11} \\ a_{21} \\ \vdots \\ a_{m1} \end{bmatrix}+x_2\begin{bmatrix} a_{12} \\ a_{22} \\ \vdots \\ a_{m2} \end{bmatrix}+\cdots+x_n\begin{bmatrix} a_{1n} \\ a_{2n} \\ \vdots \\ a_{mn} \end{bmatrix}$$

$$=x_1T(\mathbf{e}_1)+x_2T(\mathbf{e}_2)+\cdots+x_nT(\mathbf{e}_n) \tag{5.8}$$

(5.7) と (5.8) を比較して，$T(\mathbf{x})=A\mathbf{x}$，つまり T が A をかけることによってえられる行列変換になっていることがわかった．

このようにしてえられる (5.6) の行列 A を，1次変換 $T:\boldsymbol{R}^n\to\boldsymbol{R}^m$ の**標準行列**という．

≪例19≫

$$T\left(\begin{bmatrix} x_1 \\ x_2 \\ x_3 \end{bmatrix}\right)=\begin{bmatrix} x_1+x_2 \\ x_1-x_2 \\ x_3 \\ x_1 \end{bmatrix}$$

によって定義される1次変換 $T:\boldsymbol{R}^3\to\boldsymbol{R}^4$ の標準行列を求めよ．

解：

$$T(\mathbf{e}_1)=T\left(\begin{bmatrix} 1 \\ 0 \\ 0 \end{bmatrix}\right)=\begin{bmatrix} 1 \\ 1 \\ 0 \\ 1 \end{bmatrix}\quad T(\mathbf{e}_2)=T\left(\begin{bmatrix} 0 \\ 1 \\ 0 \end{bmatrix}\right)=\begin{bmatrix} 1 \\ -1 \\ 0 \\ 0 \end{bmatrix}\quad T(\mathbf{e}_3)=T\left[\begin{pmatrix} 0 \\ 0 \\ 1 \end{pmatrix}\right]=\begin{bmatrix} 0 \\ 0 \\ 1 \\ 0 \end{bmatrix}$$

となることから，$T(\mathbf{e}_1), T(\mathbf{e}_2), T(\mathbf{e}_3)$ を列ベクトルとして，標準行列

$$A=\begin{bmatrix}1 & 1 & 0\\ 1 & -1 & 0\\ 0 & 0 & 1\\ 1 & 0 & 0\end{bmatrix}$$

をうる．実際

$$A\begin{bmatrix}x_1\\ x_2\\ x_3\end{bmatrix}=\begin{bmatrix}x_1+x_2\\ x_1-x_2\\ x_3\\ x_1\end{bmatrix}$$

となって，T の定義式と一致していることがわかる．

≪例20≫

$\boldsymbol{R}^2$ のベクトルを y 軸に関し折り返す1次変換 $T:\boldsymbol{R}^2\to\boldsymbol{R}^2$（図5.5）の標準行列を求めよ．

解：

$$T(\mathbf{e}_1)=T\left(\begin{bmatrix}1\\ 0\end{bmatrix}\right)=\begin{bmatrix}-1\\ 0\end{bmatrix}$$

$$T(\mathbf{e}_2)=T\left(\begin{bmatrix}0\\ 1\end{bmatrix}\right)=\begin{bmatrix}0\\ 1\end{bmatrix}$$

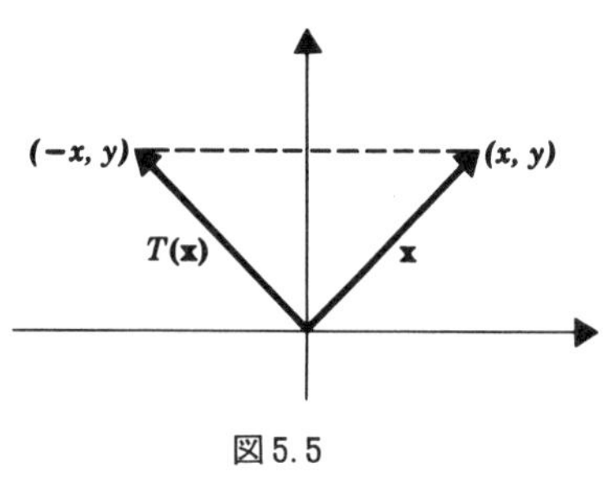

図5.5

これらをもちいて，標準行列は

$$A=\begin{pmatrix}-1 & 0\\ 0 & 1\end{pmatrix}$$

となることがわかる．実際　$\mathbf{x}=\begin{bmatrix}x\\ y\end{bmatrix}$ とすると，

$$A\mathbf{x}=\begin{bmatrix}-1 & 0\\ 0 & 1\end{bmatrix}\begin{bmatrix}x\\ y\end{bmatrix}=\begin{bmatrix}-x\\ y\end{bmatrix}$$

となり，$A\mathbf{x}$ は確かに $\mathbf{x}$ の y 軸に関する折り返しを与えていることがわかる．

さて，次に一般的な有限次元線型空間（$\boldsymbol{R}^n$ や $\boldsymbol{R}^m$ とは限らない）V, W の間の1次変換 $T: V\to W$ について，それがある意味で行列変換とみなせるということについて述べよう．その基本的なアイデアは，まず V, W の基底をとり，ベクトルそのものではなくて，この基底に関する座標行列を利用しようという所にある．いま，V が n 次元で W が m 次元だとし，V, W の基底 B, B' をとったとする．V の任意のベクトルを $\mathbf{x}$ とすれば，座標行列 $[\mathbf{x}]_B$は $\boldsymbol{R}^n$ のベクトルとみなすことができ，また，座標行列 $[T(\mathbf{x})]_{B'}$ は $\boldsymbol{R}^m$ のベクトルとみなすことができる．そこで，$\mathbf{x}$ を $T(\mathbf{x})$ に写像する1次変換 T を，$[\mathbf{x}]_B$ を $[T(\mathbf{x})]_{B'}$ に写像する $\boldsymbol{R}^n$ から $\boldsymbol{R}^m$ への1次変換だと考えることにする．そうすれば，$\boldsymbol{R}^n$ から $\boldsymbol{R}^m$ への1次変換はすでに述べたように，行列変換だと考えることができるので，その行列を（つまり標準行列を）もとの T に対応させようというわけである．つまり，

$$A[\mathbf{x}]_B=[T(\mathbf{x})]_{B'} \tag{5.9}$$

となる A を T に対応させることになる．また，もし行列 A がわかったとすると（図5.6参照），次の3つのステップをふんで $T(\mathbf{x})$ を求めることができる．

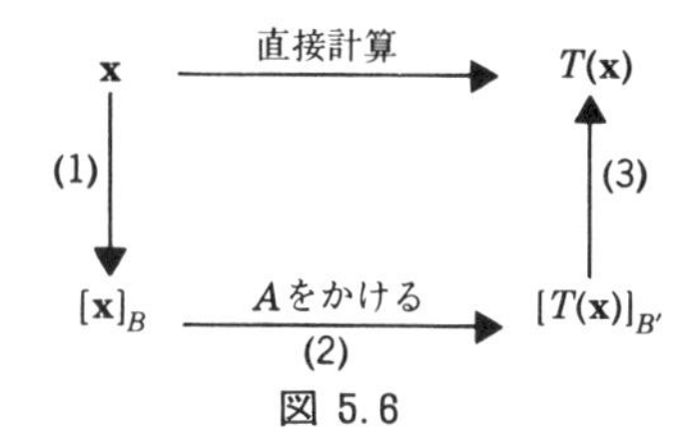

図 5.6

(1)　座標行列 $[\mathbf{x}]_B$ を計算する．

(2)　$[\mathbf{x}]_B$ に左から A をかけて，$[T(\mathbf{x})]_{B'}$ を計算する．

(3)　$[T(\mathbf{x})]_{B'}$ から，$T(\mathbf{x})$ を計算する．

以上のような，間接的方法には，次の2つの利点がある．まず第1には，この方法だとコンピュータのプログラムとして利用できる．第2の利点は理論的な観点からのものではあるが，応用上の利点にもなっている．つまり，行列 A は V, W の基底 B, B' の選び方に依存している．普通は，座標行列が計算しやすくなるような基底を取って話をしてきたが，ここでは，A の成分に0がなるべく多く出現して，A の形がなるべく簡単になるように B, B' を取るようにする．こういう操作ができることが第2の利点である．これがうまく行な

えれば，１次変換の性質が A をみるだけですぐに了解できるようになる．これについては，あとの節で論じる．

(5.9) を満足する行列 A を構成する話にもどろう．V を n 次元線型空間，$B=\{\mathbf{v}_1, \mathbf{v}_2, \cdots, \mathbf{v}_n\}$ をその基底とし，W を m 次元線型空間，$B'=\{\mathbf{w}_1, \mathbf{w}_2, \cdots, \mathbf{w}_m\}$ をその基底とする．V の任意のベクトル $\mathbf{x}$ に対して，(5.9) をみたす $m\times n$ 行列

$$A=\begin{bmatrix} a_{11} & a_{12} & \cdots & a_{1n} \\ a_{21} & a_{22} & \cdots & a_{2n} \\ \vdots & \vdots & & \vdots \\ a_{m1} & a_{m2} & \cdots & a_{mn} \end{bmatrix}$$

を求める方法について述べよう．(5.9) において，$\mathbf{x}$ として特に V の基底 B のベクトル $\mathbf{v}_1$ を代入すると

$$A[\mathbf{v}_1]_B=[T(\mathbf{v}_1)]_{B'} \tag{5.10}$$

ところが，

$$[\mathbf{v}_1]_B=\begin{bmatrix} 1 \\ 0 \\ 0 \\ \vdots \\ 0 \end{bmatrix}$$

なので，

$$A[\mathbf{v}_1]_B=\begin{bmatrix} a_{11} & a_{12} & \cdots & a_{1n} \\ a_{21} & a_{22} & \cdots & a_{2n} \\ \vdots & \vdots & & \vdots \\ a_{m1} & a_{m2} & \cdots & a_{mn} \end{bmatrix}\begin{bmatrix} 1 \\ 0 \\ 0 \\ \vdots \\ 0 \end{bmatrix}=\begin{bmatrix} a_{11} \\ a_{21} \\ \vdots \\ a_{m1} \end{bmatrix}$$

となり，(5.10) は

$$\begin{bmatrix} a_{11} \\ a_{21} \\ \vdots \\ a_{m1} \end{bmatrix}=[T(\mathbf{v}_1)]_{B'}$$

を意味していることになる．つまり，求める A の第１列は，ベクトル $T(\mathbf{v}_1)$ の B' に関する座標行列に等しいことがわかる．同様に，(5.9) で $\mathbf{x}=\mathbf{v}_2$ とすれば，

$$A[\mathbf{v}_2]_B=[T(\mathbf{v}_2)]_{B'}$$

となり，

$$[\mathbf{v}_2]_B=\begin{bmatrix}0\\1\\0\\\vdots\\0\end{bmatrix}$$

に注意すれば，

$$A[\mathbf{v}_2]_B=\begin{bmatrix}a_{11} & a_{12} & \cdots & a_{1n}\\a_{21} & a_{22} & \cdots & a_{2n}\\\vdots & \vdots & & \vdots\\a_{m1} & a_{m2} & \cdots & a_{mn}\end{bmatrix}\begin{bmatrix}0\\1\\0\\\vdots\\0\end{bmatrix}=\begin{bmatrix}a_{12}\\a_{22}\\\vdots\\a_{m2}\end{bmatrix}$$

となることから，

$$\begin{bmatrix}a_{12}\\a_{22}\\\vdots\\a_{m2}\end{bmatrix}=[T(\mathbf{v}_2)]_{B'}$$

がえられる．つまり，A の第2列はベクトル $T(\mathbf{v}_2)$ の B' に関する座標行列に等しいことがわかる．以下，まったく同じようにして，「A の第 j 列は，ベクトル $T(\mathbf{v}_j)$ の B' に関する座標行列に等しい」ことがわかる．このようにしてえられる（一意的な）行列 A を，**基底 B, B' に関する T の行列**とよぶことにする．以上の事情をシンボリックに表現すると次のようになる．

$$A=\begin{pmatrix}\text{基底 } B, B' \text{ に関}\\ \text{する } T \text{ の行列}\end{pmatrix}=\Big[\,[T(\mathbf{v}_1)]_{B'}\;\vdots\;[T(\mathbf{v}_2)]_{B'}\;\vdots\;\cdots\cdots\;\vdots\;[T(\mathbf{v}_n)]_{B'}\,\Big]$$

≪例21≫

$T(p(x))=xp(x)$ によって定まる1次変換 $T: P_1 \to P_2$ について，基底 $B=\{\mathbf{v}_1, \mathbf{v}_2\}, B'=\{\mathbf{v}_1', \mathbf{v}_2', \mathbf{v}_3'\}$ に関する行列を求めよ．ただし，

$$\mathbf{v}_1=1, \mathbf{v}_2=x\ ;\ \mathbf{v}_1'=1, \mathbf{v}_2'=x, \mathbf{v}_3'=x^2$$

とする．

解：T の定義から，

$$T(\mathbf{v}_1)=T(1)=x$$

$$T(\mathbf{v}_2)=T(x)=x^2$$

したがって，すぐにわかるように，$T(\mathbf{v}_1), T(\mathbf{v}_2)$ の B' に関する座標行列は，

$$[T(\mathbf{v}_1)]_{B'}=\begin{bmatrix}0\\1\\0\end{bmatrix}$$

$$[T(\mathbf{v}_2)]_{B'}=\begin{bmatrix}0\\0\\1\end{bmatrix}$$

ゆえに，B, B' に関する T の行列 A は，

$$A=[[T(\mathbf{v}_1)]_{B'} \;\vdots\; [T(\mathbf{v}_2)]_{B'}]$$

$$=\begin{bmatrix}0&0\\1&0\\0&1\end{bmatrix}$$

≪例22≫

上の例 21 と同じ記号の下に，

$$\mathbf{x}=1-2x$$

について，例 21 でえられた行列 A を利用する間接的方法と，直接的計算とによって $T(\mathbf{x})$ を比較せよ．

解：まず， $[\mathbf{x}]_B=\begin{bmatrix}1\\-2\end{bmatrix}$

より，

$$[T(\mathbf{x})]_{B'}=A[\mathbf{x}]_B=\begin{bmatrix}0&0\\1&0\\0&1\end{bmatrix}\begin{bmatrix}1\\-2\end{bmatrix}=\begin{bmatrix}0\\1\\-2\end{bmatrix}$$

したがって，

$$T(\mathbf{x})=0\mathbf{v}_1'+1\mathbf{v}_2'-2\mathbf{v}_3'$$

$$=x-2x^2$$

また，直接（Tの定義にもどって）計算すると，

$$T(\mathbf{x})=T(1-2x)=x(1-2x)=x-2x^2$$

かくして，直接，間接2通りの方法による答は一致していることが，チェックできた．

≪例23≫

特に，1次変換 $T: \boldsymbol{R}^n \to \boldsymbol{R}^m$ について，B, B' を $\boldsymbol{R}^n, \boldsymbol{R}^m$ の標準基底とすれば，「B と B' に関する T の行列」は，すでにこの節の前半で述べた「Tの標準行列」にほかならないことがわかる．（確認は読者にまかせる．）

$V=W$の場合，つまり V 上の1次変換 $T: V \to V$ について考える場合には，$B=B'$ として，T を構成することが多い．この場合，えられる行列のことを，単に，**基底 $\boldsymbol{B}$ に関する $\boldsymbol{T}$ の行列**とよぶことにする．

≪例24≫

$B=\{\mathbf{v}_1, \mathbf{v}_2, \cdots, \mathbf{v}_n\}$ を線型空間 V の基底とし，$I: V \to V$ を V 上の恒等変換とするとき，$I(\mathbf{v}_1)=\mathbf{v}_1, I(\mathbf{v}_2)=\mathbf{v}_2, \cdots, I(\mathbf{v}_n)=\mathbf{v}_n$ となるので，

$$[I(\mathbf{v}_1)]_B=\begin{bmatrix}1\\0\\0\\\vdots\\0\end{bmatrix}, [I(\mathbf{v}_2)]_B=\begin{bmatrix}0\\1\\0\\\vdots\\0\end{bmatrix}, \cdots, [I(\mathbf{v}_n)]_B=\begin{bmatrix}0\\0\\0\\\vdots\\1\end{bmatrix}$$

したがって，Bに関する I の行列は，

$$\begin{bmatrix}1&0&0&\cdots&0\\0&1&0&\cdots&0\\0&0&1&\cdots&0\\\vdots&\vdots&\vdots&&\vdots\\0&0&0&\cdots&1\end{bmatrix}$$

となることがわかる．つまり，恒等変換は，どんな基底に関する行列も $n \times n$ 単位行列 I_n となることがわかった．

≪例25≫

$$T\left(\begin{bmatrix}x_1\\x_2\end{bmatrix}\right)=\begin{bmatrix}x_1+x_2\\-2x_1+4x_2\end{bmatrix}$$

によって定義される1次変換 $T : \boldsymbol{R}^2 \to \boldsymbol{R}^2$ の，基底 $B = \{\mathbf{v}_1, \mathbf{v}_2\}$ に関する行列を求めよ．ただし，

$$\mathbf{v}_1 = \begin{bmatrix} 1 \\ 1 \end{bmatrix} \quad \mathbf{v}_2 = \begin{bmatrix} 1 \\ 2 \end{bmatrix}$$

とする．

解：T の定義から，

$$T(\mathbf{v}_1) = \begin{bmatrix} 2 \\ 2 \end{bmatrix} = 2\mathbf{v}_1$$

$$T(\mathbf{v}_2) = \begin{bmatrix} 3 \\ 6 \end{bmatrix} = 3\mathbf{v}_2$$

ゆえに，

$$[T(\mathbf{v}_1)]_B = \begin{bmatrix} 2 \\ 0 \end{bmatrix} \quad [T(\mathbf{v}_2)]_B = \begin{bmatrix} 0 \\ 3 \end{bmatrix}$$

したがって，求める行列 A は，

$$A = \begin{bmatrix} 2 & 0 \\ 0 & 3 \end{bmatrix}$$

となることがわかる．

練習問題 5.3

1. (a)〜(d) によって定義される1次変換 T の標準行列を求めよ．

(a) $T\left(\begin{bmatrix} x_1 \\ x_2 \end{bmatrix}\right) = \begin{bmatrix} 2x_1 - x_2 \\ x_1 + x_2 \end{bmatrix}$

(b) $T\left(\begin{bmatrix} x_1 \\ x_2 \end{bmatrix}\right) = \begin{bmatrix} x_1 \\ x_2 \end{bmatrix}$

(c) $T\left(\begin{bmatrix} x_1 \\ x_2 \\ x_3 \end{bmatrix}\right) = \begin{bmatrix} x_1 + 2x_2 + x_3 \\ x_1 + 5x_2 \\ x_3 \end{bmatrix}$

(d) $T\left(\begin{bmatrix} x_1 \\ x_2 \\ x_3 \end{bmatrix}\right) = \begin{bmatrix} 4x_1 \\ 7x_2 \\ -8x_3 \end{bmatrix}$

2. (a)〜(d) によって定義される1次変換 T の標準行列を求めよ．

(a) $T\left(\begin{bmatrix} x_1 \\ x_2 \end{bmatrix}\right) = \begin{bmatrix} x_2 \\ -x_1 \\ x_1 + 3x_2 \\ x_1 - x_2 \end{bmatrix}$

(b) $T\left(\begin{bmatrix} x_1 \\ x_2 \\ x_3 \\ x_4 \end{bmatrix}\right) = \begin{bmatrix} 7x_1 + 2x_2 - x_3 + x_4 \\ x_2 + x_3 \\ -x_1 \end{bmatrix}$

(c) $T\left(\begin{bmatrix} x_1 \\ x_2 \\ x_3 \end{bmatrix}\right) = \begin{bmatrix} 0 \\ 0 \\ 0 \\ 0 \\ 0 \end{bmatrix}$

(d) $T\left(\begin{bmatrix} x_1 \\ x_2 \\ x_3 \\ x_4 \end{bmatrix}\right) = \begin{bmatrix} x_4 \\ x_1 \\ x_3 \\ x_2 \\ x_1 - x_3 \end{bmatrix}$

3.　$\boldsymbol{R}^2$ のベクトル $\mathbf{v}=\begin{bmatrix} x \\ y \end{bmatrix}$ に (a)〜(d) のようにして $T(\mathbf{v})$ を対応させる $\boldsymbol{R}^2$ 上の1次変換 $T:\boldsymbol{R}^2\to\boldsymbol{R}^2$ の標準行列を求めよ．

(a)　x 軸に関する折り返し（線対称変換）

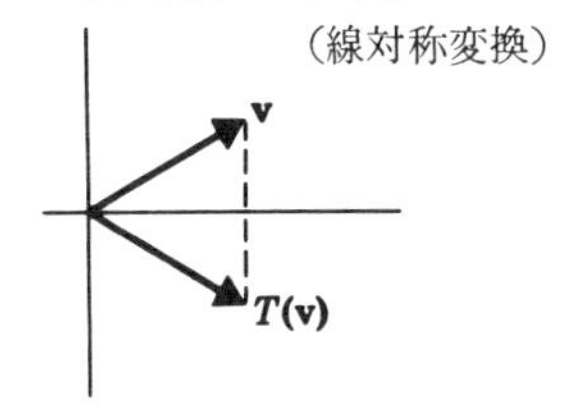

(b)　直線 $y=x$ に関する折り返し（線対称変換）

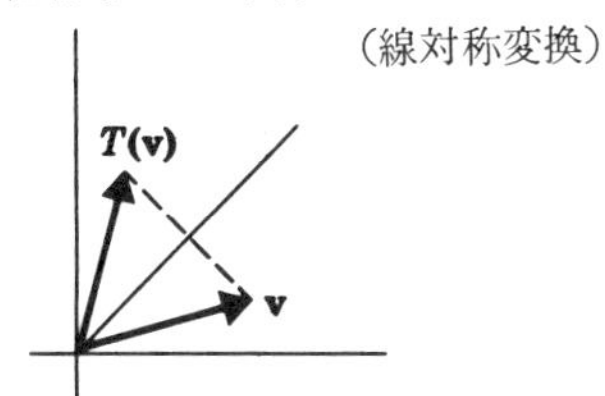

(c)　原点に関する点対称変換

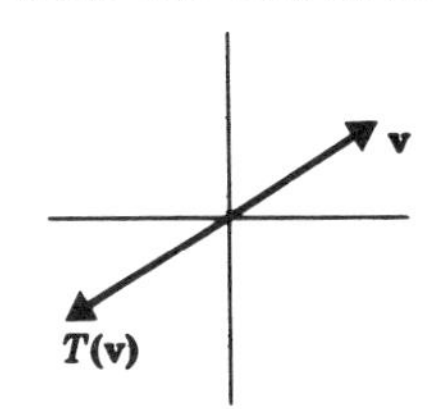

(d)　x 軸上への正射影

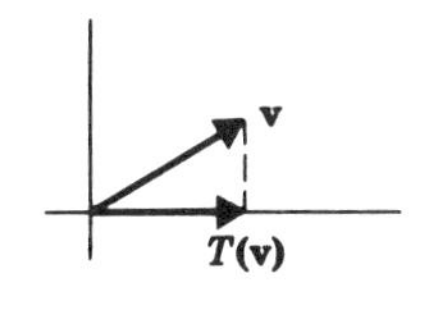

4.　上の問題3でえられた行列をもちいて，

$$T\left(\begin{bmatrix} 2 \\ 1 \end{bmatrix}\right)$$

を計算し，これを幾何学的な直接計算と比較せよ．

5.　$\boldsymbol{R}^3$ のベクトル $\mathbf{v}=\begin{bmatrix} x \\ y \\ z \end{bmatrix}$ に (a)〜(c) のようにして $T(\mathbf{v})$ を対応させる $\boldsymbol{R}^3$ 上の1次変換 $T:\boldsymbol{R}^3\to\boldsymbol{R}^3$ の標準行列を求めよ．

(a)　xy 平面に関する折り返し（面対称変換）

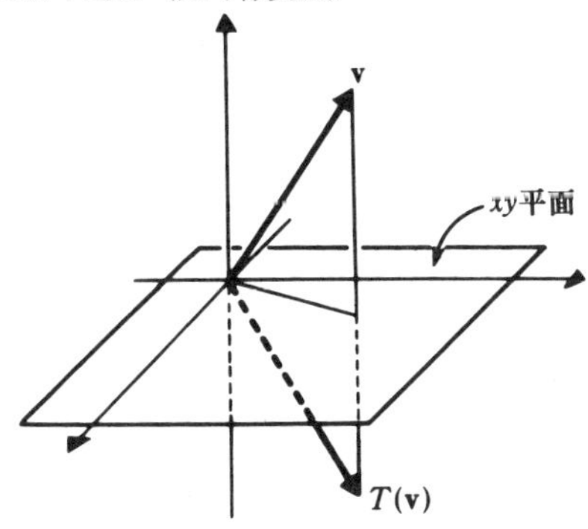

(b)　xz 平面に関する折り返し（面対称変換）

(c)　yz 平面に関する折り返し（面対称変換）

6.　上の問題5でえられた行列をもちいて，

$$T\left(\begin{bmatrix}1\\1\\1\end{bmatrix}\right)$$

を計算し，これを幾何学的な直接計算と比較せよ．

7.　$\boldsymbol{R}^3$ 上の1次変換 $T:\boldsymbol{R}^3\to\boldsymbol{R}^3$ を (a)〜(c) のようにして定義するとき，その標準行列を求めよ．

(a)　z 軸に関して，ベクトルを 90° 回転する．

(b)　x 軸に関して，ベクトルを 90° 回転する．

(c)　y 軸に関して，ベクトルを 90° 回転する．

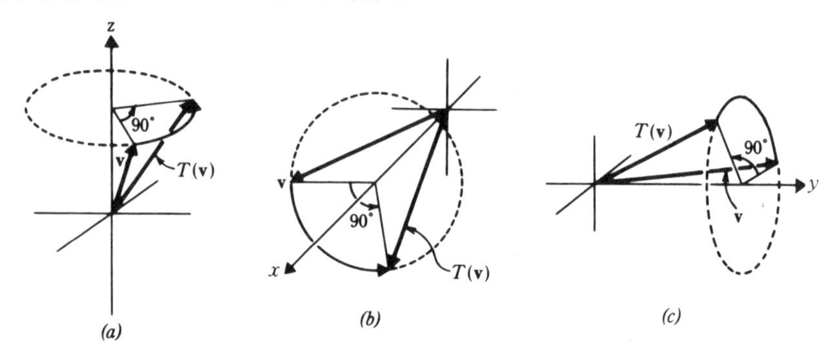

8.　$T(a_0+a_1x+a_2x^2)=(a_0+a_1)-(2a_1+3a_2)x$

によって定義される1次変換 $T:P_2\to P_1$ の P_2，P_1 それぞれの標準基底に関する行列を求めよ．

9.　$T\left(\begin{bmatrix}x_1\\x_2\end{bmatrix}\right)=\begin{bmatrix}x_1+2x_2\\-x_1\\0\end{bmatrix}$

によって定義される1次変換 $T:\boldsymbol{R}^2\to\boldsymbol{R}^3$ について，

(a)　T の $B=\{\mathbf{v}_1,\mathbf{v}_2\}$，$B'=\{\mathbf{v}_1',\mathbf{v}_2',\mathbf{v}_3'\}$ に関する行列を求めよ．ただし，

$$\mathbf{v}_1=\begin{bmatrix}1\\3\end{bmatrix}\quad \mathbf{v}_2=\begin{bmatrix}-2\\4\end{bmatrix}\quad \mathbf{v}_1'=\begin{bmatrix}1\\1\\1\end{bmatrix}\quad \mathbf{v}_2'=\begin{bmatrix}2\\2\\0\end{bmatrix}\quad \mathbf{v}_3'=\begin{bmatrix}3\\0\\0\end{bmatrix}$$

とする．

(b)　(a) の結果をもちいて，

$$T\left(\begin{bmatrix}8\\3\end{bmatrix}\right)$$

を計算せよ．

10.　$T\left(\begin{bmatrix} x_1 \\ x_2 \\ x_3 \end{bmatrix}\right)=\begin{bmatrix} x_1-x_2 \\ x_2-x_1 \\ x_1-x_3 \end{bmatrix}$

によって定義される1次変換 $T: \boldsymbol{R}^3 \to \boldsymbol{R}^3$ について，

(a)　$B=\{\mathbf{v}_1, \mathbf{v}_2, \mathbf{v}_3\}$ に関する T の行列を求めよ．

ただし，

$$\mathbf{v}_1=\begin{bmatrix} 1 \\ 0 \\ 1 \end{bmatrix} \quad \mathbf{v}_2=\begin{bmatrix} 0 \\ 1 \\ 1 \end{bmatrix} \quad \mathbf{v}_3=\begin{bmatrix} 1 \\ 1 \\ 0 \end{bmatrix}$$

(b)　(a)の結果をもちいて，

$$T\left(\begin{bmatrix} 2 \\ 0 \\ 0 \end{bmatrix}\right)$$

を計算せよ．

11.　$T(p(x))=x^2p(x)$ によって定義される1次変換 $T: P_2 \to P_4$ について，

(a)　$B=\{\mathbf{p}_1, \mathbf{p}_2, \mathbf{p}_3\}$，$B'$ に関する T の行列を求めよ．ただし，$\mathbf{p}_1=1+x^2$，$\mathbf{p}_2=1+2x+3x^2$，$\mathbf{p}_3=4+5x+x^2$，B' は P_4 の標準基底とする．

(b)　(a)の結果をもちいて，$T(-3+5x-2x^2)$ を計算せよ．

12.　$\mathbf{v}_1=\begin{bmatrix} 1 \\ 3 \end{bmatrix} \quad \mathbf{v}_2=\begin{bmatrix} -1 \\ 4 \end{bmatrix} \quad A=\begin{bmatrix} 1 & 3 \\ -2 & 5 \end{bmatrix}$

とし，$B=\{\mathbf{v}_1, \mathbf{v}_2\}$ に関する1次変換 $T: \boldsymbol{R}^2 \to \boldsymbol{R}^2$ の行列が A だとして，

(a)　$[T(\mathbf{v}_1)]_B$，$[T(\mathbf{v}_2)]_B$ を求めよ．

(b)　$T(\mathbf{v}_1)$，$T(\mathbf{v}_2)$ を求めよ．

(c)　$T\left(\begin{bmatrix} 1 \\ 1 \end{bmatrix}\right)$ を計算せよ．

13.　$\mathbf{v}_1=\begin{bmatrix} 0 \\ 1 \\ 1 \\ 1 \end{bmatrix} \quad \mathbf{v}_2=\begin{bmatrix} 2 \\ 1 \\ -1 \\ -1 \end{bmatrix} \quad \mathbf{v}_3=\begin{bmatrix} 1 \\ 4 \\ -1 \\ 2 \end{bmatrix} \quad \mathbf{v}_4=\begin{bmatrix} 6 \\ 9 \\ 4 \\ 2 \end{bmatrix}$

$$\mathbf{v}_1'=\begin{bmatrix} 0 \\ 8 \\ 8 \end{bmatrix} \quad \mathbf{v}_2'=\begin{bmatrix} -7 \\ 8 \\ 1 \end{bmatrix} \quad \mathbf{v}_3'=\begin{bmatrix} -6 \\ 9 \\ 1 \end{bmatrix}$$

$$A=\begin{bmatrix} 3 & -2 & 1 & 0 \\ 1 & 6 & 2 & 1 \\ -3 & 0 & 7 & 1 \end{bmatrix}$$

とし，$B=\{\mathbf{v}_1, \mathbf{v}_2, \mathbf{v}_3, \mathbf{v}_4\}$，$B'=\{\mathbf{v}_1', \mathbf{v}_2', \mathbf{v}_3'\}$ に関する1次変換 $T: \boldsymbol{R}^4 \to \boldsymbol{R}^3$ の行列が A だとして

(a) $[T(\mathbf{v}_1)]_{B'}$, $[T(\mathbf{v}_2)]_{B'}$, $[T(\mathbf{v}_3)]_{B'}$, $[T(\mathbf{v}_4)]_{B'}$ を求めよ.

(b) $T(\mathbf{v}_1)$, $T(\mathbf{v}_2)$, $T(\mathbf{v}_3)$, $T(\mathbf{v}_4)$ を求めよ.

(c) $T\left(\begin{bmatrix} 2 \\ 2 \\ 0 \\ 0 \end{bmatrix}\right)$ を計算せよ.

14. $\mathbf{p}_1=3x+3x^2$, $\mathbf{p}_2=-1+3x+2x^2$, $\mathbf{p}_3=3+7x+2x^2$

$$A=\begin{bmatrix} 1 & 3 & -1 \\ 2 & 0 & 5 \\ 6 & -2 & 4 \end{bmatrix}$$

とし, $B=\{\mathbf{p}_1, \mathbf{p}_2, \mathbf{p}_3\}$ に関する1次変換 $T: P_2 \to P_2$ の行列が A だとして,

(a) $[T(\mathbf{p}_1)]_B$, $[T(\mathbf{p}_2)]_B$, $[T(\mathbf{p}_3)]_B$ を求めよ.

(b) $T(\mathbf{p}_1)$, $T(\mathbf{p}_2)$, $T(\mathbf{p}_3)$ を求めよ.

(c) $T(1+x^2)$ を計算せよ.

15. $T: V \to W$ をゼロ変換（例3参照）とすると, V, W のどんな基底に関する T の行列もゼロ行列となることを証明せよ.

16. $T: V \to V$ を比例拡大変換または比例縮小変換（例5参照）とすると, V のどんな基底に関する T の行列も対角行列となることを証明せよ.

17. 線型空間 V の基底を $B=\{\mathbf{v}_1, \mathbf{v}_2, \mathbf{v}_3\}$ とするとき, $T(\mathbf{v}_1)=\mathbf{v}_2$, $T(\mathbf{v}_2)=\mathbf{v}_3$, $T(\mathbf{v}_3)=\mathbf{v}_4$, $T(\mathbf{v}_4)=\mathbf{v}_1$ を満たす V 上の1次変換 $T: V \to V$ の B に関する行列を求めよ.

18#. $D(p(x))=\dfrac{dp(x)}{dx}$ によって定義される微分作用素 $D: P_2 \to P_2$ について,

(a) P_2 の基底 $\{1, x, x^2\}$ に関する D の行列を求めよ.

(b) P_2 の基底 $\{2, 2-3x, 2-3x+8x^2\}$ に関する D の行列を求めよ.

(c) (a)の行列を利用して $T(6-6x+24x^2)$ を計算せよ.

(d) (b)の行列を利用して $T(6-6x+24x^2)$ を計算し, (c)の結果とくらべよ.

19#. 次の B によって張られる空間を V とするとき, 微分作用素 $D: V \to V$ の B に関する行列を求めよ. (B が V の基底となっていることに注意.)

(a) $B=\{1, \sin x, \cos x\}$

(b) $B=\{1, e^x, e^{2x}\}$

(c) $B=\{e^{2x}, xe^{2x}, x^2e^{2x}\}$

5.4 行列の相似性

V 上の1次変換 $T: V \to V$ の行列は, V の基底の選び方によって変化する. V の基底をうまく選んで T の行列がなるべく簡単なものになるようにしようということは, 線型代数学の中心問題の1つだといえる.「標準基底」のような

簡単な基底を選んで T の行列を単純なものにする，という方法がまず考えつく方法であろう．しかし，この手で T の最も単純な行列を発見できることは，ごくまれにしかおこらない．むしろ，とにかく T を行列で表わしておいて，それを単純化すべく，基底を変形してゆくやり方の方が望ましい．ここではこの方法を採用することにして，まず，基底の入れかえが，1次変換の行列にどう影響するか，ということについて調べてみよう．

次の定理は，この節の「鍵」となる定理である．

定理 5

有限次元線型空間 V 上の1次変換を $T: V \to V$ とする．このとき，V の基底 B に関する T の行列を A，基底 B' に関する T の行列を A' とすれば，

$$A' = P^{-1}AP \tag{5.11}$$

が成り立つ．ここで P は B' から B への変換行列とする．

証明　この定理を証明するためには，関係式

$$A\mathbf{u} = \mathbf{v}$$

を

$$\mathbf{u} \xrightarrow{A} \mathbf{v}$$

という記号で表わした方が便利なので，この記号を利用する．

B に関する T の行列が A，B' に関する T の行列が A' であることから，V の任意のベクトル $\mathbf{x}$ に対して，

$$A[\mathbf{x}]_B = [T(\mathbf{x})]_B$$
$$A'[\mathbf{x}]_{B'} = [T(\mathbf{x})]_{B'}$$

となっているわけだから，上の記号で表わすと，

$$\begin{aligned} [\mathbf{x}]_B &\xrightarrow{A} [T(\mathbf{x})]_B \\ [\mathbf{x}]_{B'} &\xrightarrow{A'} [T(\mathbf{x})]_{B'} \end{aligned} \tag{5.12}$$

A と A' の関係を調べるために，B' から B への基底変換行列を P とする．このとき，逆に B から B' への基底変換行列は P^{-1} となっている．つまり，V の任意のベクトル $\mathbf{x}$ に対して，

$$P[\mathbf{x}]_{B'}=[\mathbf{x}]_B$$

さらに,

$$P^{-1}[T(\mathbf{x})]_B=[T(\mathbf{x})]_{B'}$$

上の記号で表わすと,

$$\begin{aligned}[\mathbf{x}]_{B'} &\xrightarrow{P} [\mathbf{x}]_B \\ [T(\mathbf{x})]_B &\xrightarrow{P^{-1}} [T(\mathbf{x})]_{B'}\end{aligned} \tag{5.13}$$

(5.12), (5.13) を統一して,

$$\begin{array}{ccc}[\mathbf{x}]_B & \xrightarrow{A} & [T(\mathbf{x})]_B \\ P\uparrow & & \downarrow P^{-1} \\ [\mathbf{x}]_{B'} & \xrightarrow[A']{} & [T(\mathbf{x})]_{B'}\end{array}$$

という「ダイヤグラム」で表わしておこう. これを見ると, $[\mathbf{x}]_{B'}$ から $[T(\mathbf{x})]_{B'}$ への「道」が2つ存在していることがわかる. まず, すなおに, A' で右に行く道, つまり,

$$A'[\mathbf{x}]_{B'}=[T(\mathbf{x})]_{B'} \tag{5.14}$$

もう1つは, P で上に行き, A で右に折れて, P^{-1} で下に向う道, つまり

$$P^{-1}AP[\mathbf{x}]_{B'}=[T(\mathbf{x})]_{B'} \tag{5.15}$$

(5.14), (5.15) から

$$P^{-1}AP[\mathbf{x}]_{B'}=A'[\mathbf{x}]_{B'} \tag{5.16}$$

この等式 (5.16) は, 任意のベクトル $\mathbf{x}$ に対して成り立っているので,

$$P^{-1}AP=A'$$

をうる. (詳しくは, 練習問題5.4の11参照) ▩

注意　定理5を利用しようとするときに, P が B から B' への変換行列(誤り)を表わしていたのか, B' から B への変換行列(正しい)を表わしていたのか, わからなくなることが多い. そこで, これを覚えやすくするために次のように整理しておこう. B を古い基底, B' を新しい基底, A を古い行列, A'を新しい行列とよぶことにし, 新しい基底のベクトルを古い基底の座標行列として表わしたものを列ベクトルとして並べた行列 (つまり B' からBへの変換行列) を P とすると,

$$(\text{新しい行列})=P^{-1}(\text{古い行列})P$$

≪例26≫

$$T\left(\begin{bmatrix} x_1 \\ x_2 \end{bmatrix}\right)=\begin{bmatrix} x_1+x_2 \\ -2x_1+4x_2 \end{bmatrix}$$

によって定義された1次変換 $T:\boldsymbol{R}^2\to\boldsymbol{R}^2$ について，$\boldsymbol{R}^2$ の基底 $B\{\mathbf{e}_1,\mathbf{e}_2\}$ に関する T の行列 A を求めよ．ここで，

$$\mathbf{e}_1=\begin{bmatrix} 1 \\ 0 \end{bmatrix} \qquad \mathbf{e}_2=\begin{bmatrix} 0 \\ 1 \end{bmatrix}$$

とする．また，定理5をもちいて，行列 A を基底 $B'=\{\mathbf{u}_1,\mathbf{u}_2\}$ に関する T の行列に変換せよ．ここで，

$$\mathbf{u}_1=\begin{bmatrix} 1 \\ 1 \end{bmatrix} \qquad \mathbf{u}_2=\begin{bmatrix} 1 \\ 2 \end{bmatrix}$$

とする．

解：

$$T(\mathbf{e}_1)=T\left(\begin{bmatrix} 1 \\ 0 \end{bmatrix}\right)=\begin{bmatrix} 1 \\ -2 \end{bmatrix}$$

$$T(\mathbf{e}_2)=T\left(\begin{bmatrix} 0 \\ 1 \end{bmatrix}\right)=\begin{bmatrix} 1 \\ 4 \end{bmatrix}$$

となるので，求める行列 A は，

$$A=\begin{bmatrix} 1 & 1 \\ -2 & 4 \end{bmatrix}$$

次に，B' から B への変換行列を求めよう．そのために B' のベクトルを B の1次結合によって表わすと，

$$\mathbf{u}_1=\mathbf{e}_1+\mathbf{e}_2$$

$$\mathbf{u}_2=\mathbf{e}_1+2\mathbf{e}_2$$

つまり，

$$[\mathbf{u}_1]_B=\begin{bmatrix} 1 \\ 1 \end{bmatrix}$$

$$[\mathbf{u}_2]_B=\begin{bmatrix} 1 \\ 2 \end{bmatrix}$$

したがって，

$$P=\begin{bmatrix}1 & 1\\ 1 & 2\end{bmatrix}$$

P の逆行列を求めて，

$$P^{-1}=\begin{bmatrix}2 & -1\\ -1 & 1\end{bmatrix}$$

ここで，定理5をもちいて，B' に関する T の行列 A' は

$$A'=P^{-1}AP=\begin{bmatrix}2 & -1\\ -1 & 1\end{bmatrix}\begin{bmatrix}1 & 1\\ -2 & 4\end{bmatrix}\begin{bmatrix}1 & 1\\ 1 & 2\end{bmatrix}$$

$$=\begin{bmatrix}2 & 0\\ 0 & 3\end{bmatrix}$$

この例を見てもわかるように，基底として簡単なものを選んでも，行列が単純化するとは限らない．上の例では，$\boldsymbol{R}^2$ の「最も簡単」な基底と信じられる標準基底 $\{\mathbf{e}_1, \mathbf{e}_2\}$ に関する行列は，

$$A=\begin{bmatrix}1 & 1\\ -2 & 4\end{bmatrix}$$

にすぎず，基底 $\{\mathbf{u}_1, \mathbf{u}_2\}$ に関する行列

$$A'=\begin{bmatrix}2 & 0\\ 0 & 3\end{bmatrix} \tag{5.17}$$

よりも単純だとは言えそうにない！　行列 (5.17) は**対角行列**とよばれる．（主対角線上以外の成分が0となっている行列を一般に対角行列という．）対角行列は非常に単純な性質を持っている．例えば，対角行列

$$D=\begin{bmatrix}d_1 & 0 & \cdots\cdots & 0\\ 0 & d_2 & \cdots\cdots & 0\\ \vdots & \vdots & & \vdots\\ 0 & 0 & \cdots\cdots & d_n\end{bmatrix}$$

を k 回かけると，

$$D^k=\begin{bmatrix}{d_1}^k & 0 & \cdots\cdots & 0\\ 0 & {d_2}^k & \cdots\cdots & 0\\ \vdots & \vdots & & \vdots\\ 0 & 0 & \cdots\cdots & {d_n}^k\end{bmatrix}$$

となる．つまり，「対角行列を k 乗すると，各成分を k 乗した行列に等しくなる」．対角行列は，これ以外にもいくつかの興味ある性質を持っている．

次の章で，与えられた1次変換が，対角行列として表わされるような基底をみつける方法について述べる．

定理5を基礎として，次の定義を作っておく．

定義 正方行列 A, A' について，可逆行列 P が存在して，

$$A'=P^{-1}AP$$

が成り立つとき，**A' は A に相似**であるという．

すぐわかるように，上の関係式

$$A'=P^{-1}AP$$

は，（左から P，右から P^{-1} をかけて）

$$PA'P^{-1}=A$$

つまり，
$$A=(P^{-1})^{-1}A'P^{-1}$$

ここで $P^{-1}=Q$ とすると，（Q は可逆行列で）

$$A=Q^{-1}A'Q$$

となる．したがって，「A' が A に相似なら，A が A' に相似になる」ことがわかる．つまり，**A と A' は相似である**という言い方ができる．

この用語をもちいると，定理5は，「V 上の1次変換 $T: V \to V$ を表わす行列は，V の基底の選び方にかかわらず，相似である．」と主張していることがわかる．

練習問題 5.4

次の1.～7.について，B に関する T の行列（これを $[T]_B$ と書くことにする）を求め，定理5をもちいて，B' に関する T の行列（つまり $[T]_{B'}$）を求めよ．

1. $T\left(\begin{bmatrix} x_1 \\ x_2 \end{bmatrix}\right)=\begin{bmatrix} x_1-2x_2 \\ -x_2 \end{bmatrix}$

によって $T: \boldsymbol{R}^2 \to \boldsymbol{R}^2$ を定義し，$B=\{\mathbf{u}_1, \mathbf{u}_2\}$，$B'=\{\mathbf{u}_1', \mathbf{u}_2'\}$ とする．ただし，

$$\mathbf{u}_1=\begin{bmatrix} 1 \\ 0 \end{bmatrix} \quad \mathbf{u}_2=\begin{bmatrix} 0 \\ 1 \end{bmatrix} \quad \mathbf{u}_1'=\begin{bmatrix} 2 \\ 1 \end{bmatrix} \quad \mathbf{u}_2'=\begin{bmatrix} -3 \\ 4 \end{bmatrix}$$

2. $T\left(\begin{bmatrix} x_1 \\ x_2 \end{bmatrix}\right)=\begin{bmatrix} x_1+7x_2 \\ 3x_1-4x_2 \end{bmatrix}$

によって，$T: \boldsymbol{R}^2 \to \boldsymbol{R}^2$ を定義し，$B=\{\mathbf{u}_1, \mathbf{u}_2\}$，$B'=\{\mathbf{u}_1', \mathbf{u}_2'\}$ とする．ただし，

$$\mathbf{u}_1=\begin{bmatrix} 2 \\ 2 \end{bmatrix} \quad \mathbf{u}_2=\begin{bmatrix} 4 \\ -1 \end{bmatrix} \quad \mathbf{u}_1'=\begin{bmatrix} 1 \\ 3 \end{bmatrix} \quad \mathbf{u}_2'=\begin{bmatrix} -1 \\ -1 \end{bmatrix}$$

3. 原点のまわりにベクトルを $45°$ 回転する1次変換を $T: \boldsymbol{R}^2 \to \boldsymbol{R}^2$ とし，B, B' は問題1と同じとする．

4. $T\left(\begin{bmatrix} x_1 \\ x_2 \\ x_3 \end{bmatrix}\right)=\begin{bmatrix} x_1+2x_2-x_3 \\ -x_2 \\ x_1+7x_3 \end{bmatrix}$

によって $T: \boldsymbol{R}^3 \to \boldsymbol{R}^3$ を定義し，B は標準基底とし，また $B'=\{\mathbf{u}_1, \mathbf{u}_2, \mathbf{u}_3\}$ とする．ただし，

$$\mathbf{u}_1=\begin{bmatrix} 1 \\ 0 \\ 0 \end{bmatrix} \quad \mathbf{u}_2=\begin{bmatrix} 1 \\ 1 \\ 0 \end{bmatrix} \quad \mathbf{u}_3=\begin{bmatrix} 1 \\ 1 \\ 1 \end{bmatrix}$$

5. xy 平面への正射影をとることによって $T: \boldsymbol{R}^3 \to \boldsymbol{R}^3$ を定義し，B, B' は問題4と同じとする．

6. $T(\mathbf{x})=5\mathbf{x}$ によって $T: \boldsymbol{R}^2 \to \boldsymbol{R}^2$ を定義し，B, B' は問題2と同じとする．

7. $T(a_0+a_1x)=a_0+a_1(x+1)$ によって，$T: P_1 \to P_1$ を定義し，$B=\{6+3x, 10+2x\}$，$B'=\{2, 3+2x\}$ とする．

8. 正方行列 A と B が相似なら，$\det(A)=\det(B)$ となることを証明せよ．

9. 相似な正方行列の階数は等しいことを証明せよ．

10. 正方行列 A と B が相似なら，B と B^2 もまた相似となることを示せ．さらに一般に（正の整数 k について）A^k と B^k も相似となることを示せ．

11. $m \times n$ 行列 C, D について，

(a) $\boldsymbol{R}^n$ の任意のベクトル $\mathbf{x}$（縦ベクトル）に対して，$C\mathbf{x}=D\mathbf{x}$ が成り立てば，$C=D$ となることを示せ．

(b) 線型空間 V の基底を $B=\{\mathbf{v}_1, \mathbf{v}_2, \cdots, \mathbf{v}_n\}$ とし，V の任意のベクトル $\mathbf{x}$ に対して，

$$C[\mathbf{x}]_B=D[\mathbf{x}]_B$$

が成り立てば，$C=D$ となることを示せ．

6. 固有値，固有ベクトル

6.1 固有値と固有ベクトル

1次変換 $T: V \to V$ が与えられているときに，$T(\mathbf{x}) = \lambda\mathbf{x}$ を満足する V の $\mathbf{0}$ でないベクトル $\mathbf{x}$ が存在するようなスカラー λ を決定する問題は，数学，物理学はもちろんのこと，さまざまな分野で出現する．この節では，この問題について一般的に論じる．また，あとの節では，その応用について述べる．

定義 A を $n \times n$ 行列とし，λ をスカラーとするとき，

$$A\mathbf{x} = \lambda\mathbf{x}$$

を満たす $\boldsymbol{R}^n$ のベクトル $\mathbf{x}$ ($\neq \mathbf{0}$) を A の**固有ベクトル**とよび，λ を A の**固有値**とよぶ．このときまた，$\mathbf{x}$ を**固有値** λ **に対応する固有ベクトル**という．

ここでもちいた用語「固有」という形容詞は，本来ドイツ語の "eigen" から来た用語で，"eigen" には，「自身の」，「所有の」，「特有の」，「特殊の」などの意味もあり，「特性」と訳されることもある．

≪例1≫

ベクトル $\mathbf{x} = \begin{bmatrix} 1 \\ 2 \end{bmatrix}$ は $A = \begin{bmatrix} 3 & 0 \\ 8 & -1 \end{bmatrix}$ の，固有値 $\lambda = 3$ に対応する固有ベクトルである．実際

$$A\mathbf{x} = \begin{bmatrix} 3 & 0 \\ 8 & -1 \end{bmatrix} \begin{bmatrix} 1 \\ 2 \end{bmatrix} = \begin{bmatrix} 3 \\ 6 \end{bmatrix} = 3\mathbf{x}$$

が成り立つ．

固有ベクトル，固有値というのは，$\boldsymbol{R}^2$ または $\boldsymbol{R}^3$ で考えると，そのイメージがつかみやすいだろう．A の λ に対応する固有ベクトルを $\mathbf{x}$ とすると $A\mathbf{x}=\lambda\mathbf{x}$ が成り立つ，つまり A をかけると長さが λ 倍になるベクトルが $\mathbf{x}$ である．したがって，λ が 1 より大きければ $\mathbf{x}$ を比例拡大することになり，λ が 0 と 1 の間の値なら $\mathbf{x}$ を比例縮小することになる．また，λ が負であれば $\mathbf{x}$ の向きを逆にして長さを変えることになる．（図 6.1 参照）

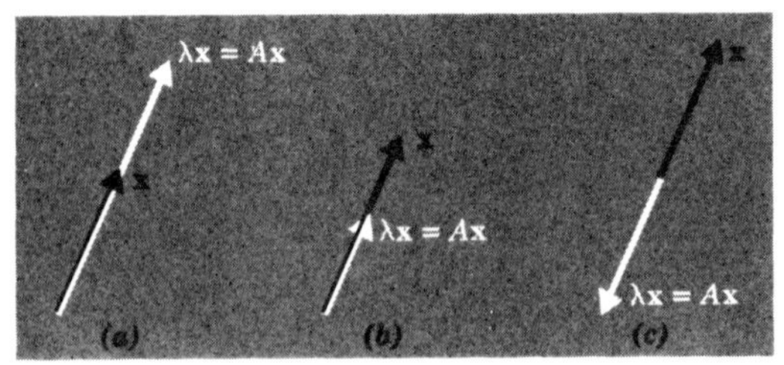

(a) 比例拡大（$\lambda>1$）　(b) 比例縮小（$1>\lambda>0$）　(c) 方向逆転（$\lambda<0$）

図　6.1

$n\times n$ 行列 A の固有値を求めるために，$A\mathbf{x}=\lambda\mathbf{x}$ を書き直して，

$$(\lambda I-A)\mathbf{x}=\mathbf{0} \qquad (6.1)$$

ここで，4.6 節の定理 13 をもちいると，(6.1) が $\mathbf{0}$ でない解 $\mathbf{x}$ を持つための必要十分条件は，

$$\det(\lambda I-A)=0$$

となることである．これは A の**固有方程式**（または特性方程式）とよばれる．この方程式を満たすスカラー λ が A のすべての固有値を与えることがわかる．

≪例 2≫

$$A=\begin{bmatrix} 3 & 2 \\ -1 & 0 \end{bmatrix}$$

の固有値をすべて求めよ．

解：

$$\lambda I-A=\lambda\begin{bmatrix}1 & 0\\0 & 1\end{bmatrix}-\begin{bmatrix}3 & 2\\-1 & 0\end{bmatrix}=\begin{bmatrix}\lambda-3 & -2\\1 & \lambda\end{bmatrix}$$

$$\det(\lambda I-A)=\det\left(\begin{bmatrix}\lambda-3 & -2\\1 & \lambda\end{bmatrix}\right)=\lambda^2-3\lambda+2$$

したがって，A の固有方程式は，

$$\lambda^2-3\lambda+2=0$$

となる．これを解いて，$\lambda=1,2$ をうる．これらが求める固有値である．

≪例3≫

$$A=\begin{bmatrix}-2 & -1\\5 & 2\end{bmatrix}$$

の固有値を求めよ．

解：例2と同様にして，

$$\det(\lambda I-A)=\det\left(\begin{bmatrix}\lambda+2 & 1\\-5 & \lambda-2\end{bmatrix}\right)=\lambda^2+1$$

したがって，A の固有値を求めるには，$\lambda^2+1=0$ を解けばよい．しかし，この方程式は実数解を持たない．つまりAは固有値を持たないことがわかる*.

≪例4≫

$$A=\begin{bmatrix}2 & 1 & 0\\3 & 2 & 0\\0 & 0 & 4\end{bmatrix}$$

の固有値を求めよ．

解．

$$\det(\lambda I-A)=\det\left(\begin{bmatrix}\lambda-2 & -1 & 0\\-3 & \lambda-2 & 0\\0 & 0 & \lambda-4\end{bmatrix}\right)$$

---

* すでに，4.2節でも指摘したように，場合によっては，複素ベクトル，複素線型空間を考えた方がよいこともある．その場合には，固有値も複素数の範囲で考えた方がよい．しかし，ここでは，実数のみをスカラーとするベクトル，線型空間を考えているので，複素数の固有値は考えないことにする．

$$=\lambda^3-8\lambda+17\lambda-4$$

ゆえに，A の固有方程式は，

$$\lambda^3-8\lambda^2+17\lambda-4=0 \tag{6.2}$$

となる．方程式 (6.2) の左辺を因数分解すると，

$$\begin{aligned}&\lambda^3-8\lambda^2+17\lambda-4\\&=(\lambda-4)(\lambda^2-4\lambda+1)\\&=(\lambda-4)(\lambda-(2+\sqrt{3}))(\lambda-(2-\sqrt{3}))\end{aligned}$$

したがって，A の固有値は

$$\lambda=4,\ 2+\sqrt{3},\ 2-\sqrt{3}$$

となることがわかる．

注意　実際的な応用の場面においては，行列 A が非常に大きくなってしまう．したがって，固有方程式も非常に高次の方程式となり，上のような方法をもちいて，固有値を求めることはむつかしくなる．そこで，応用という場合には，さまざまな近似的解法が必要になる．第8章において，こうした近似的方法を紹介する．

以上のことをまとめて，次の定理をうる．

定理 1

A を $n\times n$ 行列とするとき，(a)～(d) は同値．

(a)　λ は A の固有値である．

(b)　(連立1次同次方程式)$(\lambda I-A)\mathbf{x}=\mathbf{0}$ が自明でない解を持つ．

(c)　$\boldsymbol{R}^n$ のベクトル $\mathbf{x}(\neq\mathbf{0})$ が存在して $A\mathbf{x}=\lambda\mathbf{x}$ となる．

(d)　λ は固有方程式 $\det(\lambda I-A)=0$ の実数解である．

ここで，固有値を求める話を一応うち切ることにして，今度は，固有ベクトルの求め方について述べよう．A の固有値 λ に対応する固有ベクトルは $A\mathbf{x}=\lambda\mathbf{x}$ を満たす $\mathbf{0}$ でないベクトルのことであった．したがって，連立1次同次方程式

$$(\lambda I-A)\mathbf{x}=\mathbf{0}$$

の解空間にふくまれる $\mathbf{0}$ 以外のベクトルのことだともいえる．この解空間は，A の固有値 λ に対応する**固有空間**とよばれる．

≪**例 5**≫

$$A=\begin{bmatrix} 3 & -2 & 0 \\ -2 & 3 & 0 \\ 0 & 0 & 5 \end{bmatrix}$$

の固有空間を求めよ.

解：A の固有方程式は $(\lambda-1)(\lambda-5)^2=0$（読者自身でチェックしてほしい）となるので，固有値は $\lambda=1, \lambda=5$ となることがわかる.

定義によって，

$$\mathbf{x}=\begin{bmatrix} x_1 \\ x_2 \\ x_3 \end{bmatrix}$$

が λ に対応する A の固有ベクトルであることと，$\mathbf{x}$ が

$$(\lambda I-A)\mathbf{x}=\mathbf{0}$$

の自明でない解であることとは同値である．この方程式を成分をもちいて表わすと，

$$\begin{bmatrix} \lambda-3 & 2 & 0 \\ 2 & \lambda-3 & 0 \\ 0 & 0 & \lambda-5 \end{bmatrix}\begin{bmatrix} x_1 \\ x_2 \\ x_3 \end{bmatrix}=\begin{bmatrix} 0 \\ 0 \\ 0 \end{bmatrix} \tag{6.3}$$

(6.3) で $\lambda=5$ とすれば，

$$\begin{bmatrix} 2 & 2 & 0 \\ 2 & 2 & 0 \\ 0 & 0 & 0 \end{bmatrix}\begin{bmatrix} x_1 \\ x_2 \\ x_3 \end{bmatrix}=\begin{bmatrix} 0 \\ 0 \\ 0 \end{bmatrix}$$

これを解いて，（読者は確かめてほしい）

$$x_1=-s,\ \ x_2=s,\ \ x_3=t\ \ (s, t \text{ は任意の実数})$$

したがって，A の固有値 $\lambda=5$ に対応する固有ベクトルは次の形の $\mathbf{0}$ でないベクトルの全体である.

$$\mathbf{x}=\begin{bmatrix} -s \\ s \\ t \end{bmatrix}=\begin{bmatrix} -s \\ s \\ 0 \end{bmatrix}+\begin{bmatrix} 0 \\ 0 \\ t \end{bmatrix}=s\begin{bmatrix} -1 \\ 1 \\ 0 \end{bmatrix}+t\begin{bmatrix} 0 \\ 0 \\ 1 \end{bmatrix}$$

ここで，2つのベクトル

$$\begin{bmatrix} -1 \\ 1 \\ 0 \end{bmatrix} \qquad \begin{bmatrix} 0 \\ 0 \\ 1 \end{bmatrix}$$

は1次独立だから，$\lambda=5$ に対応する A の固有空間は，これらを基底とする線型空間となることがわかる．

次に，$\lambda=1$ とすると，(6.3) は，

$$\begin{bmatrix} -2 & 2 & 0 \\ 2 & -2 & 0 \\ 0 & 0 & -4 \end{bmatrix}\begin{bmatrix} x_1 \\ x_2 \\ x_3 \end{bmatrix}=\begin{bmatrix} 0 \\ 0 \\ 0 \end{bmatrix}$$

となる．これを解いて，（読者は確かめてほしい）

$$x_1=t, x_2=t, x_3=0$$

したがって，A の固有値 $\lambda=1$ に対応する固有ベクトルは次の形の $\mathbf{0}$ でないベクトルの全体である．

$$\mathbf{x}=\begin{bmatrix} t \\ t \\ 0 \end{bmatrix}=t\begin{bmatrix} 1 \\ 1 \\ 0 \end{bmatrix}$$

$\lambda=1$ に対応する固有空間は，ベクトル

$$\begin{bmatrix} 1 \\ 1 \\ 0 \end{bmatrix}$$

を基底とする線型空間となることがわかる．

自由研究

固有値や固有ベクトルは，行列についてと同じように，一般の1次変換に対しても考えることができる．線型空間 V 上の1次変換 $T: V\to V$ について，V の $\mathbf{0}$ でないベクトル $\mathbf{x}$ が，

$$T(\mathbf{x})=\lambda\mathbf{x}$$

を満足するとき，λ を T の**固有値**，$\mathbf{x}$ を λ に対応する T の**固有ベクトル**とよぶことにする．また，λ に対応する固有ベクトルは，

$$\mathrm{Ker}(\lambda I-T)$$

の $\mathbf{0}$ でないベクトルを意味しているが（これについては，練習問題6.1の19参照），この核を λ に対応する T の**固有空間**とよぶ．

V を有限次元線型空間，V の基底 B に関する T の行列を A とすると，

(1) T の固有値は A の固有値と一致する．

(2) V のベクトル $\mathbf{x}$ が固有値 λ に対応する T の固有ベクトルであれば，座標行列 $[\mathbf{x}]_B$ は λ に対応する A の固有ベクトルとなり，逆も成立する．

（証明は読者自身にまかせる．）

≪例 6≫

$$T(a+bx+cx^2)=(3a-2b)+(-2a+3b)x+(5c)x^2$$

によって P_2 上の1次変換 $T:P_2\to P_2$ を定義するとき，T の固有値と固有空間の基底を求めよ．

解：標準基底 $B=\{1, x, x^2\}$ に関する T の行列は，

$$A=\begin{bmatrix} 3 & -2 & 0 \\ -2 & 3 & 0 \\ 0 & 0 & 5 \end{bmatrix}$$

となる．例5によれば A の固有値は $\lambda=1, \lambda=5$ となる．例5と同じようにして，$\lambda=5$ に対応する A の固有空間の基底は $\{\mathbf{u}_1, \mathbf{u}_2\}$, $\lambda=1$ に対応する固有空間の基底は $\{\mathbf{u}_3\}$ となることがわかる．ただし，

$$\mathbf{u}_1=\begin{bmatrix} -1 \\ 1 \\ 0 \end{bmatrix} \quad \mathbf{u}_2=\begin{bmatrix} 0 \\ 0 \\ 1 \end{bmatrix} \quad \mathbf{u}_3=\begin{bmatrix} 1 \\ 1 \\ 0 \end{bmatrix}$$

ところで，次に，$\mathbf{u}_1, \mathbf{u}_2, \mathbf{u}_3$ を B に関する座標行列とする多項式は，

$$-1+x,\ \ x^2,\ \ 1+x$$

（つまり，$[-1+x]_B=\mathbf{u}_1$, $[x^2]_B=\mathbf{u}_2$, $[1+x]_B=\mathbf{u}_3$）

したがって，$\lambda=5$ に対応する T の固有空間の基底として $\{-1+x, x^2\}$，また $\lambda=1$ に対応する T の固有空間の基底として，$\{1+x\}$ が選べることがわかる．

練習問題 6.1

1. 次の行列の固有方程式を求めよ．

(a) $\begin{bmatrix} 3 & 0 \\ 8 & -1 \end{bmatrix}$ (b) $\begin{bmatrix} 10 & -9 \\ 4 & -2 \end{bmatrix}$ (c) $\begin{bmatrix} 0 & 3 \\ 4 & 0 \end{bmatrix}$

(d) $\begin{bmatrix} -2 & -7 \\ 1 & 2 \end{bmatrix}$ (e) $\begin{bmatrix} 0 & 0 \\ 0 & 0 \end{bmatrix}$ (f) $\begin{bmatrix} 1 & 0 \\ 0 & 1 \end{bmatrix}$

2.　問題1の行列の固有値を求めよ．

3.　問題1の行列の固有空間の基底を求めよ．

4.　問題1の行列によって定まる1次変換を $T: \boldsymbol{R}^2 \to \boldsymbol{R}^2$ とするとき，$\boldsymbol{R}^2$ 内の直線は T によってどのように変換されるか．

5.　次の行列の固有方程式を求めよ．

(a) $\begin{bmatrix} 4 & 0 & 1 \\ -2 & 1 & 0 \\ -2 & 0 & 1 \end{bmatrix}$　(b) $\begin{bmatrix} 3 & 0 & -5 \\ \frac{1}{5} & -1 & 0 \\ 1 & 1 & -2 \end{bmatrix}$　(c) $\begin{bmatrix} -2 & 0 & 1 \\ -6 & -2 & 0 \\ 19 & 5 & -4 \end{bmatrix}$

(d) $\begin{bmatrix} -1 & 0 & 1 \\ -1 & 3 & 0 \\ -4 & 13 & -1 \end{bmatrix}$　(e) $\begin{bmatrix} 5 & 0 & 1 \\ 1 & 1 & 0 \\ -7 & 1 & 0 \end{bmatrix}$　(f) $\begin{bmatrix} 5 & 6 & 2 \\ 0 & -1 & -8 \\ 1 & 0 & -2 \end{bmatrix}$

6.　問題5の行列の固有値を求めよ．

7.　問題5の行列の固有空間の基底を求めよ．

8.　次の行列の固有方程式を求めよ．

(a) $\begin{bmatrix} 0 & 0 & 2 & 0 \\ 1 & 0 & 1 & 0 \\ 0 & 1 & -2 & 0 \\ 0 & 0 & 0 & 1 \end{bmatrix}$　(b) $\begin{bmatrix} 10 & -9 & 0 & 0 \\ 4 & -2 & 0 & 0 \\ 0 & 0 & -2 & -7 \\ 0 & 0 & 1 & 2 \end{bmatrix}$

9.　問題8の行列の固有値を求めよ．

10.　問題8の行列の固有空間の基底を求めよ．

11.　$T(a_0+a_1x+a_2x^2)=(5a_0+6a_1+2a_2)-(a_1+8a_2)x+(a_0-2a_2)x^2$ によって定義される1次変換 $T: P_2 \to P_2$ について，

(a)　T の固有値を求めよ．

(b)　T の固有空間の基底を求めよ．

12.　$T\left(\begin{bmatrix} a & b \\ c & d \end{bmatrix}\right)=\begin{bmatrix} 2c & a+c \\ b-2c & d \end{bmatrix}$

によって定義される1次変換 $T: M_{2,2} \to M_{2,2}$ について，

(a)　T の固有値を求めよ．

(b)　T の固有空間の基底を求めよ．

13.　正方行列 A が $\lambda=0$ を固有値とすることと，A が可逆でないことが同値であることを証明せよ．

14.　正方行列 A に対して，多項式 $p(\lambda)=\det(\lambda I-A)$ を A の**固有多項式**という．$n\times n$ 行列 A の固有多項式の定数項は $(-1)^n\det(A)$ となることを示せ．（**ヒント**　$p(\lambda)$ の定数項は $p(0)$ に等しい.）

15.　正方行列 A の主対角線上の成分の和を A の**トレース**とよび，$\mathrm{tr}(A)$ と書く．つまり，

$$A=\begin{bmatrix} a_{11} & a_{12}\cdots a_{1n} \\ a_{21} & a_{22}\cdots a_{2m} \\ \vdots & \vdots \quad\quad \vdots \\ a_{n1} & a_{n2}\cdots a_{nn} \end{bmatrix}$$

とするとき，

$$\mathrm{tr}(A)=a_{11}+a_{22}+\cdots+a_{nn}$$

である．2×2 行列 B の固有方程式は，

$$\lambda^2-\mathrm{tr}(B)\lambda+\det(B)=0$$

と書けることを示せ．

16. 3角行列 A の固有値は，A の主対角線上の成分に等しいことを証明せよ．

17. 正方行列 A の固有値を λ とすれば，λ^2 は A^2 の固有値となることを証明し，さらに一般に，λ^n は A^n の固有値となることを証明せよ．（ただし，n は自然数とする．）

18. 問題16,17の結果を利用して，A^9 の固有値を求めよ．ただし，

$$A=\begin{bmatrix} 1 & 3 & 7 & 11 \\ 0 & -1 & 3 & 8 \\ 0 & 0 & -2 & 4 \\ 0 & 0 & 0 & 2 \end{bmatrix}$$

19#. λ を V 上の1次変換 $T:V\to V$ の固有値とするとき，λ に対応する T の固有ベクトルは $\mathrm{Ker}(\lambda I-T)$ の $\mathbf{0}$ でないベクトルとなることを証明せよ．

6.2 対角化法

この節および次の節では，次の2つの問題について論じる．

問題 I

有限次元線型空間 V 上の1次変換 $T:V\to V$ が与えられたとして，T の行列が対角行列となるような V の基底は存在するか？

問題 II

有限次元内積空間 V 上の1次変換 $T:V\to V$ が与えられたとして，T の行列が対角行列となるような V の正規直交基底は存在するか？

1次変換 $T:V\to V$ の（適当な V の基底に関する）行列を A とすれば，問題 I は，「新しい行列が対角行列となるような，基底変換は存在するか？」といいなおすことができる．ここで，5.4節の定理5をもちいれば，T の新しい行列は $P^{-1}AP$（P は基底変換行列とする．）と書けることがわかる．さらに，V

を内積空間とし，基底を正規直交基底とすれば，4.10 節の定理 27 によって，P は直交行列となる．かくして，上の 2 つの問題は，行列の言葉をもちいていいかえると次のようになることがわかる．

問題 I（行列形）

正方行列 A について，$P^{-1}AP$ が対角行列となるような可逆行列 P は存在するか？

問題 II（行列形）

正方行列 A について，$P^{-1}AP(=P^{t}AP)$ が対角行列となるような直交行列 P は存在するか？

この問題 I，II と関連して，次のような言葉を準備しておこう．

定義　可逆行列 P が存在して，$P^{-1}AP$ が対角行列となるとき，A は**対角化可能**であるという．また，そのような P を A の**対角化行列**という．

次の定理は，対角化可能性を調べるための基本的な道具となる．また，その証明は，対角化するための手段を与える．

定理 2

$n\times n$ 行列 A について，次の (a), (b) は同値．

n 2.

(a)　A は対角化可能．

(b)　A は n 個の 1 次独立な固有ベクトルを持つ．

証明　(a)⇒(b)　　A が対角化可能だとすると，可逆行列

$$P=\begin{bmatrix} p_{11} & p_{12} & \cdots & p_{1n} \\ p_{21} & p_{22} & \cdots & p_{2n} \\ \vdots & \vdots & & \vdots \\ p_{n1} & p_{n2} & \cdots & p_{nn} \end{bmatrix}$$

が存在して，$P^{-1}AP$ が対角行列となる．$P^{-1}AP=D$ とおく．ここで

$$D=\begin{bmatrix}\lambda_1 & 0 & \cdots & 0\\ 0 & \lambda_2 & \cdots & 0\\ \vdots & \vdots & & \vdots\\ 0 & 0 & \cdots & \lambda_n\end{bmatrix}$$

とする．このとき，$AP=PD$ となる．つまり

$$AP=\begin{bmatrix}p_{11} & p_{12} & \cdots & p_{1n}\\ p_{21} & p_{22} & \cdots & p_{2n}\\ \vdots & \vdots & & \vdots\\ p_{n1} & p_{n2} & \cdots & p_{nn}\end{bmatrix}\begin{bmatrix}\lambda_1 & 0 & \cdots & 0\\ 0 & \lambda_2 & \cdots & 0\\ \vdots & \vdots & & \vdots\\ 0 & 0 & \cdots & \lambda_n\end{bmatrix}=\begin{bmatrix}\lambda_1 p_{11} & \lambda_2 p_{12} & \cdots & \lambda_n p_{1n}\\ \lambda_1 p_{21} & \lambda_2 p_{22} & \cdots & \lambda_n p_{2n}\\ \vdots & \vdots & & \vdots\\ \lambda_1 p_{n1} & \lambda_2 p_{n2} & \cdots & \lambda_n p_{nn}\end{bmatrix} \quad (6.4)$$

P の列ベクトルを $\mathbf{p}_1, \mathbf{p}_2, \cdots, \mathbf{p}_n$ とすると，(6.4) によって，AP の列ベクトルは $\lambda_1\mathbf{p}_1, \lambda_2\mathbf{p}_2\cdots, \lambda_n\mathbf{p}_n$ となる．ところで（1.4 節の例 17 参照），AP の列ベクトルは（一般に）$A\mathbf{p}_1, A\mathbf{p}_2, \cdots, A\mathbf{p}_n$ となる．したがって，

$$A\mathbf{p}_1=\lambda_1\mathbf{p}_1, A\mathbf{p}_2=\lambda_2\mathbf{p}_2, \cdots, A\mathbf{p}_n=\lambda_n\mathbf{p}_n \quad (6.5)$$

をうる．P は可逆なので，どの列も $\mathbf{0}$ ではない．ゆえに，(6.5) により，$\lambda_1, \lambda_2, \cdots, \lambda_n$ は A の固有値で，$\mathbf{p}_1, \mathbf{p}_2, \cdots, \mathbf{p}_n$ はそれぞれの固有値に対応する A の固有ベクトルであることがわかる．また，P の可逆性から，その列ベクトルは 1 次独立でなければならない（4.6 節の定理 13 参照），つまり，$\mathbf{p}_1, \mathbf{p}_2, \cdots, \mathbf{p}_n$ は 1 次独立である．かくして，A が n 個の 1 次独立な固有ベクトルを持つことがわかった．

(b)⇒(a)　A が，固有値 $\lambda_1, \lambda_2, \cdots, \lambda_n$ に対応する n 個の 1 次独立な固有ベクトル，$\mathbf{p}_1, \mathbf{p}_2, \cdots, \mathbf{p}_n$ を持っているとする．これらを列ベクルトとする行列 P をつくり，

$$P=\begin{bmatrix}p_{11} & p_{12} & \cdots & p_{1n}\\ p_{21} & p_{22} & \cdots & p_{2n}\\ \vdots & \vdots & & \vdots\\ p_{n1} & p_{n2} & \cdots & p_{nn}\end{bmatrix}$$

とする．このとき（1.4 節の例 17 より）AP の列ベクトルは，

$$A\mathbf{p}_1, A\mathbf{p}_2, \cdots, A\mathbf{p}_n$$

となる．ところで，

$$A\mathbf{p}_1=\lambda_1\mathbf{p}_1, A\mathbf{p}_2=\lambda_2\mathbf{p}_2, \cdots, A\mathbf{p}_n=\lambda_n\mathbf{p}_n$$

であるから，結局，

$$AP=\begin{bmatrix} \lambda_1 p_{11} & \lambda_2 p_{12} & \cdots & \lambda_n p_{1n} \\ \lambda_1 p_{21} & \lambda_2 p_{22} & \cdots & \lambda_n p_{2n} \\ \vdots & \vdots & & \vdots \\ \lambda_1 p_{n1} & \lambda_2 p_{n2} & \cdots & \lambda_n p_{nn} \end{bmatrix} = \begin{bmatrix} p_{11} & p_{12} & \cdots & p_{1n} \\ p_{21} & p_{22} & \cdots & p_{2n} \\ \vdots & \vdots & & \vdots \\ p_{n1} & p_{n2} & \cdots & p_{nn} \end{bmatrix} \begin{bmatrix} \lambda_1 & 0 & \cdots & 0 \\ 0 & \lambda_2 & \cdots & 0 \\ \vdots & \vdots & & \vdots \\ 0 & 0 & \cdots & \lambda_n \end{bmatrix}$$

$$=PD \tag{6.6}$$

と書けることがわかる，（ここで D は対角成分が $\lambda_1, \lambda_2, \cdots, \lambda_n$ の対角行列とする.）P の列ベクトルは1次独立であるから，P は可逆である．(6.6) の両辺に左から P^{-1} をかけると，$P^{-1}AP=D$ をうる．つまり，A は対角化可能である．■

以上の証明法を見れば，対角化可能な $n\times n$ 行列 A を対角化する方法を確立することができる．つまり，次の3つのステップをふめばいいことがわかる．

《対角化》

ステップ1　A の n 個の1次独立な固有ベクトル $\mathbf{p}_1, \mathbf{p}_2, \cdots, \mathbf{p}_n$ をみつける．

ステップ2　$\mathbf{p}_1, \mathbf{p}_2, \cdots, \mathbf{p}_n$ を列ベクトルとする行列を P とする．

つまり，$P=[\mathbf{p}_1 \mid \mathbf{p}_2 \mid \cdots\cdots \mid \mathbf{p}_n]$ とする．

ステップ3　$\mathbf{p}_i$ に関する固有値を $\lambda_i (i=1, 2, \cdots, n)$ とすれば，

$$P^{-1}AP=\begin{bmatrix} \lambda_1 & 0 & \cdots & 0 \\ 0 & \lambda_2 & \cdots & 0 \\ \vdots & \vdots & & \vdots \\ 0 & 0 & \cdots & \lambda_n \end{bmatrix}$$

となる．

≪例7≫

$$A=\begin{bmatrix} 3 & -2 & 0 \\ -2 & 3 & 0 \\ 0 & 0 & 5 \end{bmatrix}$$

を対角化する行列 P を求めよ．

解．例5により，A の固有値は $\lambda=1, \lambda=5$ である．$\lambda=5$ に対応する固有空間は，

$$\mathbf{p}_1=\begin{bmatrix} -1 \\ 1 \\ 0 \end{bmatrix} \qquad \mathbf{p}_2=\begin{bmatrix} 0 \\ 0 \\ 1 \end{bmatrix}$$

を基底にもつ線型空間で，$\lambda=1$ に対応する固有空間は，

$$\mathbf{p}_3=\begin{bmatrix}1\\1\\0\end{bmatrix}$$

を基底にもつ線型空間であることも，例5によって明らかになっている．$\{\mathbf{p}_1, \mathbf{p}_2, \mathbf{p}_3\}$ が1次独立なことはすぐにわかるので，

$$P=\begin{bmatrix}-1&0&1\\1&0&1\\0&1&0\end{bmatrix}$$

が求める行列となっていることがわかる．実際，

$$P^{-1}AP=\begin{bmatrix}-\frac{1}{2}&\frac{1}{2}&0\\0&0&1\\\frac{1}{2}&\frac{1}{2}&0\end{bmatrix}\begin{bmatrix}3&-2&0\\-2&3&0\\0&0&5\end{bmatrix}\begin{bmatrix}-1&0&1\\1&0&1\\0&1&0\end{bmatrix}$$

$$=\begin{bmatrix}5&0&0\\0&5&0\\0&0&1\end{bmatrix}$$

P の列ベクトルの順序は本質的ではない．P の第 j 列を固有ベクトルとする固有値が，$P^{-1}AP$ の第 j 対角成分として出現するわけだから，P の列ベクトルの順序をかえれば，それに応じて $P^{-1}AP$ の対角成分の順序もかわる．例えば，

$$P=\begin{bmatrix}-1&1&0\\1&1&0\\0&0&1\end{bmatrix}$$

とすると，

$$P^{-1}AP=\begin{bmatrix}5&0&0\\0&1&0\\0&0&5\end{bmatrix}$$

となることがわかる．

≪例 8≫

$$A=\begin{bmatrix}-3 & 2\\ -2 & 1\end{bmatrix}$$

の固有方程式は，

$$\det(\lambda I-A)=\det\left(\begin{bmatrix}\lambda+3 & -2\\ 2 & \lambda-1\end{bmatrix}\right)=(\lambda+1)^2=0$$

となるので，A の固有値は $\lambda=-1$．また，これに対応する固有ベクトルは，

$$(-I-A)\mathbf{x}=\mathbf{0}$$

の解 $\mathbf{x}(\neq\mathbf{0})$ だがこれを成分で書くと，

$$\begin{cases}2x_1-2x_2=0\\ 2x_1-2x_2=0\end{cases}$$

となり，$x_1=t, x_2=t$ が解となることから，固有空間は，

$$\begin{bmatrix}t\\ t\end{bmatrix}=t\begin{bmatrix}1\\ 1\end{bmatrix}$$

という形のベクトル全体からなることがわかる．つまり，A の固有空間は1次元である．したがって，A は2個の1次独立な固有ベクトルを持ちえず，対角化不可能であることがわかる．

≪例 9≫

$$T\left(\begin{bmatrix}x_1\\ x_2\\ x_3\end{bmatrix}\right)=\begin{bmatrix}3x_1-2x_2\\ -2x_1+3x_2\\ 5x_3\end{bmatrix}$$

によって定義される $\boldsymbol{R}^3$ 上の1次変換 $T:\boldsymbol{R}^3\to\boldsymbol{R}^3$ について，$\boldsymbol{R}^3$ のうまい基底を見つけて，T の行列が対角行列となるようにせよ．

解：$\boldsymbol{R}^3$ の標準基底を $B=\{\mathbf{e}_1, \mathbf{e}_2, \mathbf{e}_3\}$ とすると，

$$T(\mathbf{e}_1)=T\left(\begin{bmatrix}1\\ 0\\ 0\end{bmatrix}\right)=\begin{bmatrix}3\\ -2\\ 0\end{bmatrix}$$

$$T(\mathbf{e}_2)=T\left(\begin{bmatrix}0\\ 1\\ 0\end{bmatrix}\right)=\begin{bmatrix}-2\\ 3\\ 0\end{bmatrix}$$

$$T(\mathbf{e}_3)=T\left(\begin{bmatrix}0\\0\\1\end{bmatrix}\right)=\begin{bmatrix}0\\0\\5\end{bmatrix}$$

したがって，T の B に関する行列（つまり標準行列）は

$$A=\begin{bmatrix}3 & -2 & 0\\-2 & 3 & 0\\0 & 0 & 5\end{bmatrix}$$

次に，$\boldsymbol{R}^3$ の基底を $B'=\{\mathbf{u}_1', \mathbf{u}_2', \mathbf{u}_3'\}$ にとりかえて対角行列 A' となるようにしよう．B' から B への変換行列を P とすれば（5.4節の定理5によって）

$$A'=P^{-1}AP$$

となっているはずである．つまり，P は A を対角化する行列となっている．例7によると，

$$P=\begin{bmatrix}-1 & 0 & 1\\1 & 0 & 1\\0 & 1 & 0\end{bmatrix} \qquad A'=\begin{bmatrix}5 & 0 & 0\\0 & 5 & 0\\0 & 0 & 1\end{bmatrix}$$

ここで P は $B'=\{\mathbf{u}_1', \mathbf{u}_2', \mathbf{u}_3'\}$ から $B=\{\mathbf{e}_1, \mathbf{e}_2, \mathbf{e}_3\}$ への変換行列となっていると考えられるので，

$$[\mathbf{u}_1']_B=\begin{bmatrix}-1\\1\\0\end{bmatrix} \quad [\mathbf{u}_2']_B=\begin{bmatrix}0\\0\\1\end{bmatrix} \quad [\mathbf{u}_3']_B=\begin{bmatrix}1\\1\\0\end{bmatrix}$$

と考えることができる．

このとき，

$$\mathbf{u}_1'=-\mathbf{e}_1+\mathbf{e}_2=\begin{bmatrix}-1\\1\\0\end{bmatrix}$$

$$\mathbf{u}_2'=\mathbf{e}_3=\begin{bmatrix}0\\0\\1\end{bmatrix}$$

$$\mathbf{u}_3'=\mathbf{e}_1+\mathbf{e}_2=\begin{bmatrix}1\\1\\0\end{bmatrix}$$

かくして，T を「対角化」する基底 $\{\mathbf{u}_1', \mathbf{u}_2', \mathbf{u}_3'\}$ がみつかった．

いままで，対角化可能な行列は対角化する方法について述べてきたが，ここで問題をもとにもどして，「どういう行列が対角化可能か？」ということについて考えてみよう．次の定理は，この問題を考察する上で非常に有用である．（ただし証明は，「自由研究」にまわしておく．）

定理 3

A が相異なる固有値 $\lambda_1, \lambda_2, \cdots, \lambda_k$ を持てば，それらに対応する k 個の固有ベクトル $\mathbf{v}_1, \mathbf{v}_2, \cdots, \mathbf{v}_k$ は1次独立な集合を作る．

この定理の結果として，ただちに次の定理がえられる．

定理 4

$n\times n$ 行列 A が，n 個の相異なる固有値を持てば，対角化可能である．

証明．　相異なる固有値を $\lambda_1, \lambda_2, \cdots \lambda_n$ それらに対応する固有ベクトルを $\mathbf{v}_1, \mathbf{v}_2, \cdots, \mathbf{v}_n$ とすると，定理3によって，$\{\mathbf{v}_1, \mathbf{v}_2, \cdots \mathbf{v}_n\}$ は1次独立である．したがって，定理2をもちいて，A が対角化可能であることがわかる．　■

≪例10≫

すでに例4でみたように，

$$A=\begin{bmatrix}2 & 1 & 0\\ 3 & 2 & 0\\ 0 & 0 & 4\end{bmatrix}$$

は，3個の相異なる固有値 $\lambda=4, \lambda=2+\sqrt{3}, \lambda=2-\sqrt{3}$ を持っていた．したがって A は対角化可能であり，

$$P^{-1}AP=\begin{bmatrix}4 & 0 & 0\\ 0 & 2+\sqrt{3} & 0\\ 0 & 0 & 2-\sqrt{3}\end{bmatrix}$$

となる可逆行列 P が存在する．必要であれば，例7と同じ方法で，P を具体的に求めることもできる．

≪例11≫

定理4の逆は成り立たない．つまり，n 個の相異なる固有値を持たなくても対角化可能な $n\times n$ 行列が存在する．例えば，（$n=2$ の場合で）

$$A=\begin{bmatrix}3 & 0\\0 & 3\end{bmatrix}$$

とすると，A の固有方程式は，

$$\det(\lambda I-A)=(\lambda-3)^2=0$$

となり，A の相異なる固有値は $\lambda=3$ 以外には存在しない．しかし，A が対角化可能であることはいうまでもない，（例えば，$P=I$ とすればいい．）

注意　定理3は，もっと一般的な結果の特別な場合である．$\lambda_1,\lambda_2,\cdots,\lambda_k$ を相異なる固有値とするとき，それぞれに対応する固有空間から1次独立な集合を選び，それらのベクトルを集めた集合を考えれば，その集合が1次独立になることがわかる．したがって，定理3は，それぞれの固有空間から1個ずつの固有ベクトルを選んだ場合にあたっている．しかし，ここでは，その一般的な定理の証明は省略する．

―――― 自由研究 ――――

定理3の証明を追加しておこう．

証明　$\{\mathbf{v}_1,\mathbf{v}_2,\cdots,\mathbf{v}_k\}$ が1次従属であるとして矛盾を導こう．(そうすれば $\{\mathbf{v}_1,\mathbf{v}_2,\cdots,\mathbf{v}_k\}$ の1次独立性が示せたことになる．)

固有ベクトルはその定義から $\mathbf{0}$ ではないので，$\{\mathbf{v}_1\}$ は1次独立な集合となる．$\{\mathbf{v}_1,\mathbf{v}_2,\cdots,\mathbf{v}_r\}$ が1次独立であるような $1\leqslant r<k$ のうち最大のものを l とすれば，$\{\mathbf{v}_1,\mathbf{v}_2,\cdots,\mathbf{v}_{l+1}\}$ は1次従属である．したがって，少くとも1つは0でない $c_1,c_2,\cdots,c_{l+1}$ が存在して

$$c_1\mathbf{v}_1+c_2\mathbf{v}_2+\cdots+c_{l+1}\mathbf{v}_{l+1}=\mathbf{0} \tag{6.7}$$

が成立する．ここで

$$A\mathbf{v}_1=\lambda_1\mathbf{v}_1,\ A\mathbf{v}_2=\lambda_2\mathbf{v}_2,\cdots,A\mathbf{v}_{l+1}=\lambda_{l+1}\mathbf{v}_{l+1}$$

であることを利用して，((6.7)の両辺に左から A をかけて)

$$c_1\lambda_1\mathbf{v}_1+c_2\lambda_2\mathbf{v}_2+\cdots+c_{l+1}\lambda_{l+1}\mathbf{v}_{l+1}=\mathbf{0} \tag{6.8}$$

(6.7) の両辺に λ_{l+1} をかけて (6.8) をひくと，

$$c_1(\lambda_{l+1}-\lambda_1)\mathbf{v}_1+c_2(\lambda_{l+1}-\lambda_2)\mathbf{v}_2+\cdots+c_l(\lambda_{l+1}-\lambda_l)\mathbf{v}_l=\mathbf{0}$$

となるが，$\{\mathbf{v}_1,\mathbf{v}_2,\cdots,\mathbf{v}_l\}$ は1次独立だと仮定されているので，

$$c_1(\lambda_{l+1}-\lambda_1)==c_2(\lambda_{l+1}-\lambda_2)=\cdots=c_l(\lambda_{l+1}-\lambda_l)=0$$

とならなければならない．しかも，$\lambda_1,\lambda_2,\cdots,\lambda_{l+1}$ は相異なっているはずであるから，結局，

$$c_1=c_2=\cdots=c_l=0 \tag{6.9}$$

がえられる．これを(6.7)に代入すると

$$c_{l+1}\mathbf{v}_{l+1}=\mathbf{0}$$

ここで，$\mathbf{v}_{l+1}\neq\mathbf{0}$ から

$$c_{l+1}=0 \tag{6.10}$$

したがって，(6.9),(6.10)より，$c_1, c_2, \cdots, c_{l+1}$ のすべてが0となり，「少くとも1つは0ではない」ということに矛盾する．これで証明が完了した．■

練習問題 6.2

次の1.～4.の行列は対角化可能でないことを示せ．

1. $\begin{bmatrix} 2 & 0 \\ 1 & 2 \end{bmatrix}$　2. $\begin{bmatrix} 2 & -3 \\ 1 & -1 \end{bmatrix}$　3. $\begin{bmatrix} 3 & 0 & 0 \\ 0 & 2 & 0 \\ 0 & 1 & 2 \end{bmatrix}$　4. $\begin{bmatrix} -1 & 0 & 1 \\ -1 & 3 & 0 \\ -4 & 13 & -1 \end{bmatrix}$

次の5.～8.の行列 A を対角化する行列 P および $P^{-1}AP$ を求めよ．

5. $A=\begin{bmatrix} -14 & 12 \\ -20 & 17 \end{bmatrix}$　6. $A=\begin{bmatrix} 1 & 0 \\ 6 & -1 \end{bmatrix}$

7. $A=\begin{bmatrix} 1 & 0 & 0 \\ 0 & 1 & 1 \\ 0 & 1 & 1 \end{bmatrix}$　8. $A=\begin{bmatrix} 2 & 0 & -2 \\ 0 & 3 & 0 \\ 0 & 0 & 3 \end{bmatrix}$

次の9.～14.の行列 A が対角化可能かどうかを判定し，可能なものについては，その対角化行列 P を求め，$P^{-1}AP$ を決定せよ．

9. $A=\begin{bmatrix} 19 & -9 & -6 \\ 25 & -11 & -9 \\ 17 & -9 & -4 \end{bmatrix}$　10. $A=\begin{bmatrix} -1 & 4 & -2 \\ -3 & 4 & 0 \\ -3 & 1 & 3 \end{bmatrix}$　11. $A=\begin{bmatrix} 5 & 0 & 0 \\ 1 & 5 & 0 \\ 0 & 1 & 5 \end{bmatrix}$

12. $A=\begin{bmatrix} 0 & 0 & 0 \\ 0 & 0 & 0 \\ 3 & 0 & 1 \end{bmatrix}$　13. $A=\begin{bmatrix} -2 & 0 & 0 & 0 \\ 0 & -2 & 0 & 0 \\ 0 & 0 & 3 & 0 \\ 0 & 0 & 1 & 3 \end{bmatrix}$　14. $A=\begin{bmatrix} -2 & 0 & 0 & 0 \\ 0 & -2 & 5 & -5 \\ 0 & 0 & 3 & 0 \\ 0 & 0 & 0 & 3 \end{bmatrix}$

15. $T\left(\begin{bmatrix} x_1 \\ x_2 \end{bmatrix}\right)=\begin{bmatrix} 3x_1+4x_2 \\ 2x_1+x_2 \end{bmatrix}$

によって定義される1次変換 $T:\boldsymbol{R}^2\to\boldsymbol{R}^2$ について，T の行列が対角行列となるような $\boldsymbol{R}^2$ の基底を求めよ．

16. $T\left(\begin{bmatrix} x_1 \\ x_2 \\ x_3 \end{bmatrix}\right)=\begin{bmatrix} 2x_1-x_2-x_3 \\ x_1-x_3 \\ -x_1+x_2+2x_3 \end{bmatrix}$

によって定義される1次変換 $T:\boldsymbol{R}^3\to\boldsymbol{R}^3$ について，T の行列が対角行列となるような $\boldsymbol{R}^3$ の基底を求めよ．

17. $T(a_0+a_1x)=a_0+(6a_0-a_1)x$

によって定義される1次変換 $T: P_1 \to P_1$ について，T の行列が対角行列となるような P_1 の基底を求めよ．

18. A, P を $n \times n$ 行列，P は可逆するとき，(a), (b) を示せ．
 (a) $(P^{-1}AP)^2 = P^{-1}A^2P$
 (b) $(P^{-1}AP)^k = P^{-1}A^kP$（$k$ は任意の正整数とする．）

19. 問題18を利用して，A^{10} を計算せよ．ここで
$$A = \begin{bmatrix} 1 & 0 \\ -1 & 2 \end{bmatrix}$$
とする．（**ヒント**　A を対角化する行列 P を求めて，$(P^{-1}AP)^{10}$ を計算せよ．）

20. $A = \begin{bmatrix} a & b \\ c & d \end{bmatrix}$

について，
 (a) $(a-d)^2 + 4bc > 0$ ならば，A は対角化可能であることを示せ．
 (b) $(a-d)^2 + 4bc < 0$ ならば，A は対角化可能でないことを示せ．

6.3　直交対角化法；対称行列

この節では，6.2節のはじめに述べた問題IIについて考えよう．この考察の結果として，対称行列とよばれるある重要な一群の行列に行きつくことになる．

この節では，「直交」という用語をつねに，ユークリッド内積を持った $\boldsymbol{R}^n$ に関してもちいることにする．

定義　直交行列 P によって，$P^{-1}AP(=P^tAP)$ が対角行列となるとき，正方行列 A は直交対角化可能な行列とよばれる．このとき，「P は A を直交対角化する」とか「A は P によって**直交対角化可能**である」とかいう．

2つの問題について考える．まず第1に，「どういう行列が直交対角化可能か？」という問題，第2に「直交対角化の方法はどうか？」という問題をとりあげよう．次の定理は，第1の問題に関係している．

定理 5

$n\times n$ 行列 A について，(a), (b) は同値である．

(a) A は直交対角化可能である．

(b) A は正規直交する n 個の固有ベクトルを持つ．

証明　(a)⇒(b)　A が直交対角化可能だとすれば，直交行列 P が存在して，$P^{-1}AP$ が対角行列となるようにできる．したがって定理 2 の証明をみればわかるように，P の列ベクトルは A の固有ベクトルでなければならない．また，P は直交行列なのでその列ベクトルは互いに正規直交していなければならない（4.10 節の定理28参照）．つまり，A は正規直交する n 個の固有ベクトルを持つことがわかる．

(b)⇒(a)　A の正規直交する n 個の固有ベクトルを $\mathbf{p}_1, \mathbf{p}_2, \cdots, \mathbf{p}_n$ とすると，これらを列ベクトルとする行列 P は（定理 2 の証明参照）A の対角化行列となる．また，これらは正規直交しているので，P は直交行列となっている．つまり，A は直交対角化可能である．

定理の証明を見ればわかるように，直交対角化可能な $n\times n$ 行列 A は，A の固有ベクトルの作る正規直交集合を列ベクトルとするような任意の $n\times n$ 直交行列によって，直交対角化することができる．D を対角行列で，

$$D=P^{-1}AP$$

とすると，

$$A=PDP^{-1}$$

また，P は直交行列なので $P^{-1}=P^t$ が成り立ち

$$A=PDP^t$$

と書くこともできる．

これをもちいて A の転置行列を求めると，（$D^t=D$ に注意して）

$$A^t=(PDP^t)^t=PD^tP^t=PDP^t=A$$

となることがわかる．

一般に，$A^t=A$ となる正方行列は，**対称行列**とよばれる．この用語を使えば，上で見たことから，「直交対角化可能な行列は対称行列である」ことが

わかる．実は，この逆も正しい．ただし，その証明は，この本の水準を越えるので省略する．以上のことを，定理としてまとめておこう．

定理 6

$n \times n$ 行列 A について，(a), (b) は同値．

(a) A は直交対角化可能．

(b) A は対称．

≪例12≫

$$A=\begin{bmatrix} 1 & -4 & 5 \\ -4 & 3 & 0 \\ 5 & 0 & 7 \end{bmatrix}$$

は $A=A^t$ となっているので，対称行列である．

次に，対称行列を対角化する直交行列 P を求める方法について述べよう．そのためには，次の定理が重要である．（証明は，「自由研究」とする.）

定理 7

対称行列 A について，A の相異なる固有空間の固有ベクトルは，たがいに直交する．

この定理を利用すれば，次のような，対称行列の直交対角化法がえられる．

ステップ 1 A の固有空間の基底を求める．

ステップ 2 各固有空間ごとで，グラム・シュミットの直交化法をもちいて，正規直交基底を求める．

ステップ 3 上で作った正規直交基底にふくまれるベクトルを列ベクトルに持つ行列 P を作る．このとき，P は A を直交対角化する．

このやり方が正しいことはすぐにわかる．まず，定理 7 によると，異なる固有空間にふくまれるベクトルはたがいに直交するので，ステップ 2 で作った固有空間ごとの正規直交基底の全体は，また，正規直交集合となっていることがわかる．

≪例13≫

$$A=\begin{bmatrix}4&2&2\\2&4&2\\2&2&4\end{bmatrix}$$

を対角化する直交行列 P を求めよ．

解：A の固有方程式を計算すると，

$$\det(\lambda I-A)=\det\left(\begin{bmatrix}\lambda-4&-2&-2\\-2&\lambda-4&-2\\-2&-2&\lambda-4\end{bmatrix}\right)$$

$$=(\lambda-2)^2(\lambda-8)=0$$

したがって，A の固有値は，$\lambda=2,\lambda=8$ となる．例5の方法をもちいると，

$$\mathbf{u}_1=\begin{bmatrix}-1\\1\\0\end{bmatrix}\qquad \mathbf{u}_2=\begin{bmatrix}-1\\0\\1\end{bmatrix}$$

が $\lambda=2$ に対応する固有空間の基底となっていることがわかる．$\{\mathbf{u}_1,\mathbf{u}_2\}$ にグラム・シュミットの直交化法を適用して，正規直交基底 $\{\mathbf{v}_1,\mathbf{v}_2\}$ をうる．ただし，

$$\mathbf{v}_1=\begin{bmatrix}-\frac{1}{\sqrt{2}}\\\frac{1}{\sqrt{2}}\\0\end{bmatrix}\qquad \mathbf{v}_2=\begin{bmatrix}-\frac{1}{\sqrt{6}}\\-\frac{1}{\sqrt{6}}\\\frac{2}{\sqrt{6}}\end{bmatrix}$$

（これは読者自身でチェックしてほしい．）

$\lambda=8$ に対応する固有空間の基底は，

$$\mathbf{u}_3=\begin{bmatrix}1\\1\\1\end{bmatrix}$$

となることがわかり，$\{\mathbf{u}_3\}$ に対してもグラム・シュミットの直交化法を適用して，正規直交基底 $\{\mathbf{v}_3\}$ がえられる．ただし，

$$\mathbf{v}_3=\begin{bmatrix}\frac{1}{\sqrt{3}}\\ \frac{1}{\sqrt{3}}\\ \frac{1}{\sqrt{3}}\end{bmatrix}$$

以上の $\mathbf{v}_1, \mathbf{v}_2, \mathbf{v}_3$ を列ベクトルとする．

$$P=\begin{bmatrix}-\frac{1}{\sqrt{2}} & -\frac{1}{\sqrt{6}} & \frac{1}{\sqrt{3}}\\ \frac{1}{\sqrt{2}} & -\frac{1}{\sqrt{6}} & \frac{1}{\sqrt{3}}\\ 0 & \frac{2}{\sqrt{6}} & \frac{1}{\sqrt{3}}\end{bmatrix}$$

を作れば，これが A を対角化する直交行列となることがわかる．（読者は，実際に P^tAP が対角行列となることを確認してほしい．）

最後に，対称行列についての興味深い定理を紹介しておこう．（これも証明は省略する．）

定理 8

(a) 対称行列の固有方程式の解はすべて実数である．

(b) 対称行列の固有値 λ が固有方程式の k 重の解となっているとすると，λ に対応する固有空間の次元は k に等しくなる．

≪例14≫ 対称行列

$$A=\begin{bmatrix}3 & 1 & 0 & 0 & 0\\ 1 & 3 & 0 & 0 & 0\\ 0 & 0 & 2 & 1 & 1\\ 0 & 0 & 1 & 2 & 1\\ 0 & 0 & 1 & 1 & 2\end{bmatrix}$$

の固有方程式は，

$$(\lambda-4)^2(\lambda-1)^2(\lambda-2)=0$$

となる．（読者はこれを確認してほしい．）ここで $\lambda=4, \lambda=1$ は固有方程式の

2重解，$\lambda=2$ は1重解となっていることから，$\lambda=4, \lambda=1$ に対応する固有空間の次元は $2, \lambda=2$ に対応する固有空間の次元は1となることがわかる．

自由研究

定理7の証明　$n\times n$ 対称行列 A の異なる固有値を λ, λ' とし，これらに対応する固有ベクトルを

$$\mathbf{v}=\begin{bmatrix} v_1 \\ v_2 \\ \vdots \\ v_n \end{bmatrix} \qquad \mathbf{v}'=\begin{bmatrix} v_1' \\ v_2' \\ \vdots \\ v_n' \end{bmatrix}$$

とする．示したいことは，

$$\langle \mathbf{v}, \mathbf{v}' \rangle = v_1v_1' + v_2v_2' + \cdots + v_nv_n' = 0$$

である．ところで $\langle \mathbf{v}, \mathbf{v}' \rangle = \mathbf{v}^t\mathbf{v}'$ であるから，結局 $\mathbf{v}^t\mathbf{v}'=0$ を言えばよいことになる．

さて，$\mathbf{v}^tA\mathbf{v}'$ は 1×1 行列となるが，1×1 行列は常に対称行列である．つまり

$$\begin{aligned} \mathbf{v}^tA\mathbf{v}' &= (\mathbf{v}^tA\mathbf{v}')^t \\ &= \mathbf{v}'^tA^t\mathbf{v} \quad (\text{転置行列の性質より}) \\ &= \mathbf{v}'^tA\mathbf{v} \quad (A^t=A\ \text{より}) \end{aligned}$$

また，$(\text{左辺}) = \mathbf{v}^tA\mathbf{v}' = \mathbf{v}^t\lambda'\mathbf{v}' = \lambda'\mathbf{v}^t\mathbf{v}'$

$$\begin{aligned} (\text{右辺}) &= \mathbf{v}'^tA\mathbf{v} = \mathbf{v}'^t\lambda\mathbf{v} = \lambda\mathbf{v}'^t\mathbf{v} \\ &= \lambda(\mathbf{v}'^t\mathbf{v})^t \\ &= \lambda\mathbf{v}^t\mathbf{v}' \end{aligned}$$

となることがわかるので，

$$\lambda'\mathbf{v}^t\mathbf{v}' = \lambda\mathbf{v}^t\mathbf{v}'$$

つまり $(\lambda'-\lambda)\mathbf{v}^t\mathbf{v}'=0$

となり，条件 $\lambda'\neq\lambda$ を適用して，$\mathbf{v}^t\mathbf{v}'=0$ をうる． ■

練習問題　6.3

1. 定理8(b)をもちいて，次の対称行列の固有空間の次元を求めよ．

(a) $\begin{bmatrix} 1 & 1 \\ 1 & 1 \end{bmatrix}$　(b) $\begin{bmatrix} \frac{7}{25} & 0 & -\frac{24}{25} \\ 0 & -1 & 0 \\ -\frac{24}{25} & 0 & \frac{7}{25} \end{bmatrix}$　(c) $\begin{bmatrix} 1 & 1 & 1 \\ 1 & 1 & 1 \\ 1 & 1 & 1 \end{bmatrix}$

(d) $\begin{bmatrix} 6 & 0 & 0 \\ 0 & 3 & 3 \\ 0 & 3 & 3 \end{bmatrix}$　(e) $\begin{bmatrix} 4 & 4 & 0 & 0 \\ 4 & 4 & 0 & 0 \\ 0 & 0 & 0 & 0 \\ 0 & 0 & 0 & 0 \end{bmatrix}$　(f) $\begin{bmatrix} \frac{10}{3} & -\frac{4}{3} & 0 & -\frac{4}{3} \\ -\frac{4}{3} & -\frac{5}{3} & 0 & \frac{1}{3} \\ 0 & 0 & -2 & 0 \\ -\frac{4}{3} & \frac{1}{3} & 0 & -\frac{5}{3} \end{bmatrix}$

次の 2.～9. の行列 A について，A を直交対角化する行列 P を求め，かつ $P^{-1}AP$ を決定せよ．

2. $A=\begin{bmatrix}3 & 1\\1 & 3\end{bmatrix}$ **3.** $A=\begin{bmatrix}5 & 3\sqrt{3}\\3\sqrt{3} & -1\end{bmatrix}$ **4.** $A=\begin{bmatrix}-7 & 24\\24 & 7\end{bmatrix}$

5. $A=\begin{bmatrix}-2 & 0 & -36\\0 & -3 & 0\\-36 & 0 & -23\end{bmatrix}$ **6.** $A=\begin{bmatrix}1 & 1 & 0\\1 & 1 & 0\\0 & 0 & 0\end{bmatrix}$ **7.** $A=\begin{bmatrix}2 & -1 & -1\\-1 & 2 & -1\\-1 & -1 & 2\end{bmatrix}$

8. $A=\begin{bmatrix}3 & 1 & 0 & 0\\1 & 3 & 0 & 0\\0 & 0 & 0 & 0\\0 & 0 & 0 & 0\end{bmatrix}$ **9.** $A=\begin{bmatrix}5 & -2 & 0 & 0\\-2 & 2 & 0 & 0\\0 & 0 & 5 & -2\\0 & 0 & -2 & 2\end{bmatrix}$

10. $\begin{bmatrix}a & b\\b & a\end{bmatrix}$

を直交対角化する行列を求めよ．（ただし $b\neq 0$ とする．）

11. 2つの $n\times n$ 行列 A, B は，直交行列 P が存在して，$B=P^{-1}AP$ となるとき，**直交相似**であるとよばれる．A が対称行列だとすると，A に直交相似な行列はすべて対称行列となることを証明せよ．

12. 2×2 対称行列に対して，定理 7 を証明せよ．

13. 2×2 対称行列に対して，定理 8(a) を証明せよ．

7. 応　　用

7.1 微分方程式への応用*

物理学,化学,生物学それに経済学などにおいて成り立つ法則の多くは「微分方程式」をもちいて記述される.(「微分方程式」というのは,関数とその微分をふくむ方程式を意味する.) この節では,ある種の微分方程式を線型代数を利用して解くことを目的としている.ここではあまり多くのことは述べられないが,線型代数の応用範囲の拡がりを知る上では充分役に立つことだろう.

簡単な微分方程式の例として,まず

$$y'=ay \tag{7.1}$$

について考えてみよう.ここで a は定数,$y=y(x)$ は x の未知関数,y' は dy/dx を示している.大部分の微分方程式がそうであるように,微分方程式 (7.1) も無限に多くの解を持っている.

$$y=ce^{ax} \tag{7.2}$$

が (7.1) の解のすべてを与えていることはすぐにわかる(ここで c は任意定数).実際,

$$y'=cae^{ax}=ay$$

であるから,(7.2) が (7.1) を満足することがわかり,逆に $y'=ay$ の解は (7.2) の形をしていなければならないことがわかる(これについては,練習問題7.1の7をみてほしい).(7.2) は,微分方程式 $y'=ay$ の**一般解**とよばれる.

微分方程式の応用ということをいうときには,ある条件の下で与えられた微

* この節では微分積分学の知識を仮定する.

分方程式を解くことが必要になることが多い．その場合には，一般解の中から条件に合った**特別な解**をとり出すことになる．例えば，$x=0$ の場合に y の値が3になる，つまり

$$y(0)=3 \tag{7.3}$$

というような条件の下で，微分方程式 $y'=ay$ を解いてみよう．一般解(7.2)において $x=0$ とすると

$$y(0)=ce^{0x}=c=3$$

とならねばならないので，$c=3$ となり，結局，

$$y=3e^{ax}$$

のみが求める解だということになる．(7.3)のような，ある点(つまり x の値)での解のとるべき値（y の値）などを指定することを一般に**初期条件**を与えるといい，ある初期条件の下で与えられた微分方程式を解くことを，「**初期値問題**を解く」と言い表わすこともある．

この節では，$a_{ij}(1\leqq i,j\leqq n)$ を定数としたときに

$$\begin{cases} y'_1=a_{11}y_1+a_{12}y_2+\cdots+a_{1n}y_n \\ y_2'=a_{21}y_1+a_{22}y_2+\cdots+a_{2n}y_n \\ \vdots \qquad \vdots \qquad \vdots \qquad \qquad \vdots \\ y_n'=a_{n1}y_1+a_{n2}y_2+\cdots+a_{nn}y_n \end{cases} \tag{7.4}$$

という形の連立微分方程式のみを取り扱う．（ここで $y_1=y_1(x)$，$y_2=y_2(x)$，$\cdots, y_n=y_n(x)$ は未知関数，つまり決定すべき関数を示している．）行列を利用して，(7.4)を書きかえると

$$\begin{bmatrix} y_1' \\ y_2' \\ \vdots \\ y_n' \end{bmatrix}=\begin{bmatrix} a_{11} & a_{12} & \cdots & a_{1n} \\ a_{21} & a_{22} & \cdots & a_{2n} \\ \vdots & \vdots & & \vdots \\ a_{n1} & a_{n2} & \cdots & a_{nn} \end{bmatrix}\begin{bmatrix} y_1 \\ y_2 \\ \vdots \\ y_n \end{bmatrix}$$

となるが，これはさらに

$$\mathbf{y}'=A\mathbf{y}$$

と表わすこともできる．

≪例1≫

(a)　連立微分方程式

$$\begin{cases} {y_1}'=3y_1 \\ {y_2}'=-2y_2 \\ {y_3}'=5y_3 \end{cases}$$

を行列の形で表わせ.

(b) 上の連立微分方程式を解け.

(c) 初期条件 $y_1(0)=1$, $y_2(0)=4$, $y_3(0)=-2$ を満たす解を求めよ.

解：(a)

$$\begin{bmatrix} {y_1}' \\ {y_2}' \\ {y_3}' \end{bmatrix}=\begin{bmatrix} 3 & 0 & 0 \\ 0 & -2 & 0 \\ 0 & 0 & 5 \end{bmatrix}\begin{bmatrix} y_1 \\ y_2 \\ y_3 \end{bmatrix} \tag{7.5}$$

または

$$\mathbf{y}'=A\mathbf{y} \quad \text{ただし} \quad \mathbf{y}=\begin{bmatrix} y_1 \\ y_2 \\ y_3 \end{bmatrix} \quad A=\begin{bmatrix} 3 & 0 & 0 \\ 0 & -2 & 0 \\ 0 & 0 & 5 \end{bmatrix}$$

(b) それぞれの微分方程式は，1つの $y_i, {y_i}'$ 以外はふくんでいないので，それぞれを単独に解くことができる．((7.2) を利用して),

$$y_1=c_1e^{3x}$$

$$y_2=c_2e^{-2x}$$

$$y_3=c_3e^{5x}$$

つまり

$$y=\begin{bmatrix} y_1 \\ y_2 \\ y_3 \end{bmatrix}=\begin{bmatrix} c_1e^{3x} \\ c_2e^{-2x} \\ c_3e^{5x} \end{bmatrix}$$

をうる.

(c) 初期条件から

$$1=y_1(0)-c_1e^0-c_1$$

$$4=y_2(0)=c_2e^0=c_2$$

$$-2=y_3(0)=c_3e^0=c_3$$

したがって，初期条件を満たす解は

$$y_1=e^{3x}, \quad y_2=4e^{-2x}, \quad y_3=-2e^{5x}$$

行列（縦型のベクトル）的に書くと

$$\mathbf{y}=\begin{bmatrix} y_1 \\ y_2 \\ y_3 \end{bmatrix}=\begin{bmatrix} e^{3x} \\ 4e^{-2x} \\ -2e^{5x} \end{bmatrix}$$

この例で与えられた連立微分方程式は，それぞれの方程式が1つの y_i, y_i' 以外はふくまなかったので，非常に簡単に解くことができた．つまり，

$$\mathbf{y}'=A\mathbf{y}$$

と書いたときに，行列 A が対角行列となっていた ((7.5) 参照) ことが，簡単に解けた理由である．しかし，もし A が対角行列ではないとしたら，どのようにして解けばいいのだろう．答は簡単，A を対角化すればよい！ そのために $y_i(i=1, 2, \cdots, n)$ を別の関数 $\{u_1, u_2, \cdots, u_n\}$ の1次結合で表わしたとして，そのときに出現する行列が対角行列となるように1次結合の係数を決める．そして，変換した連立方程式を解いてから，もとの y_i を決定すればよい．

以上述べたことをもう一度，今度は具体的に表示しながら，述べてみよう．まず

$$\begin{aligned} y_1 &= p_{11}u_1 + p_{12}u_2 + \cdots + p_{1n}u_n \\ y_2 &= p_{21}u_1 + p_{22}u_2 + \cdots + p_{2n}u_n \\ \vdots \quad & \quad \vdots \qquad\quad \vdots \qquad\qquad\quad \vdots \\ y_n &= p_{n1}u_1 + p_{n2}u_2 + \cdots + p_{nn}u_n \end{aligned} \tag{7.6}$$

つまり

$$\begin{bmatrix} y_1 \\ y_2 \\ \vdots \\ y_n \end{bmatrix}=\begin{bmatrix} p_{11} & p_{12} & \cdots & p_{1n} \\ p_{21} & p_{22} & \cdots & p_{2n} \\ \vdots & \vdots & & \vdots \\ p_{n1} & p_{n2} & \cdots & p_{nn} \end{bmatrix}\begin{bmatrix} u_1 \\ u_2 \\ \vdots \\ u_n \end{bmatrix}$$

これを行列的に，$\mathbf{y}=P\mathbf{u}$ と書くことにする．

次に，未知関数 $u_1, u_2, \cdots, u_n$ からなる新しい連立微分方程式の「係数行列」が対角行列となるように P_{ij} を決定すればよい．ところですぐにわかるように，(7.6) を微分して

$$\mathbf{y}'=P\mathbf{u}'$$

をうる．この「関係式」と

$$\mathbf{y}=P\mathbf{u}$$

をもとの連立微分方程式

$$\mathbf{y}'=A\mathbf{y}$$

に代入しよう.（P の可逆性を仮定しておく. ここで A が対角化できる場合しかあつかわないので，この仮定は無理なものではないことがすぐにわかる.）そうすると

$$P\mathbf{u}'=A(P\mathbf{u})$$

つまり

$$\mathbf{u}'=(P^{-1}AP)\mathbf{u}$$

したがって

$$\mathbf{u}'=D\mathbf{u}$$

ここで $D=P^{-1}AP$ が対角行列になってほしい. かくして，行列 P のとり方は明白なものとなった. つまり A を対角化するように P を選べばよい！

上の考察によって，連立微分方程式

$$\mathbf{y}'=A\mathbf{y}$$

の解法に到達できたことがわかる. 次にこれを要約しておこう.（ただし行列 A は対角化可能であると仮定する.）

《$\mathbf{y}'=A\mathbf{y}$ の解き方》

ステップ 1

A を対角化する行列 P をみつける.

ステップ 2

$\mathbf{y}=P\mathbf{u}$, $\mathbf{y}'=P\mathbf{u}'$ を代入して,「対角型」の連立微分方程式

$$\mathbf{u}'=D\mathbf{u}$$

を作る.（ここで $D=P^{-1}AP$ は対角行列）

ステップ 3

$\mathbf{u}'=D\mathbf{u}$ を解く.

ステップ 4

$\mathbf{y}=P\mathbf{u}$ から $\mathbf{y}$ を決定する.

≪**例 2**≫

(a) $\begin{cases} y_1'=y_1+y_2 \\ y_2'=4y_1-2y_2 \end{cases}$ を解け．

(b) 初期条件 $y_1(0)=1$，$y_2(0)=6$ を満たす解を求めよ．

解：(a) 与えらた連立微分方程式の「係数行列」は，

$$A=\begin{bmatrix} 1 & 1 \\ 4 & -2 \end{bmatrix}$$

である．6.2 節での議論により，A の 2 個の 1 次独立な固有ベクトルを求めてそれを列ベクトルとする行列 P を作れば，それが A を対角化する行列を与えてくれることがわかる．そこでまず，固有方程式

$$\det(\lambda I-A)=\begin{vmatrix} \lambda-1 & -1 \\ -4 & \lambda+2 \end{vmatrix}=\lambda^2+\lambda-6=(\lambda+3)(\lambda-2)=0$$

を解いて，A の固有値 $\lambda=-3$，$\lambda=2$ をうる．
定義によると，

$$\mathbf{x}=\begin{bmatrix} x_1 \\ x_2 \end{bmatrix}$$

が A の固有値 λ に対応する固有ベクトルとなるために必要かつ十分な条件は，$\mathbf{x}$ が $(\lambda I-A)\mathbf{x}=\mathbf{0}$ の $\mathbf{0}$ でない解となることであった．
さて，$\lambda=2$ とすれば，$(2I-A)\mathbf{x}=\mathbf{0}$ は

$$\begin{bmatrix} 1 & -1 \\ -4 & 4 \end{bmatrix}\begin{bmatrix} x_1 \\ x_2 \end{bmatrix}=\begin{bmatrix} 0 \\ 0 \end{bmatrix}$$

つまり

$$\begin{cases} x_1-x_2=0 \\ -4x_1+4x_2=0 \end{cases}$$

を意味しているが，これを解くと，

$$x_1=t,\quad x_2=t \qquad (t \text{ は任意})$$

つまり

$$\begin{bmatrix} x_1 \\ x_2 \end{bmatrix}=\begin{bmatrix} t \\ t \end{bmatrix}=t\begin{bmatrix} 1 \\ 1 \end{bmatrix}$$

となるので，$\lambda=2$ に対応する A の固有空間の基底として

$$\mathbf{p}_1=\begin{bmatrix}1\\1\end{bmatrix}$$

がとれる．同じようにして，$\lambda=-3$ に対応する A の固有空間の 基底としては，

$$\mathbf{p}_2=\begin{bmatrix}-\dfrac{1}{4}\\1\end{bmatrix}$$

がとれることがわかる．したがって，$\mathbf{p}_1, \mathbf{p}_2$ を列ベクトルとする行列，

$$P=\begin{bmatrix}1 & -\dfrac{1}{4}\\1 & 1\end{bmatrix}$$

は A を対角化する行列である．

このとき，（詳しくは，読者にまかせる）

$$D=P^{-1}AP=\begin{bmatrix}2 & 0\\0 & -3\end{bmatrix}$$

かくして，もとの連立微分方程式に

$$\mathbf{y}=P\mathbf{u}, \quad \mathbf{y}'=P\mathbf{u}'$$

を代入して新しい「対角型」の連立微分方程式

$$\mathbf{u}'=D\mathbf{u}$$

つまり，

$$\begin{cases}u_1'=2u_1\\u_2'=-3u_2\end{cases}$$

がえられる．これはすぐにとけて，((7.2) 参照)

$$\begin{cases}u_1=c_1e^{2x}\\u_2=c_2e^{-3x}\end{cases}$$

つまり，

$$\mathbf{u}=\begin{bmatrix}c_1e^{2x}\\c_2e^{-3x}\end{bmatrix}$$

これを $\mathbf{y}=P\mathbf{u}$ に代入して

$$\mathbf{y}=\begin{bmatrix}y_1\\y_2\end{bmatrix}=\begin{bmatrix}1&-\frac{1}{4}\\1&1\end{bmatrix}\begin{bmatrix}c_1e^{2x}\\c_2e^{-3x}\end{bmatrix}=\begin{bmatrix}c_1e^{2x}-\frac{1}{4}c_2e^{-3x}\\c_1e^{2x}+c_2e^{-3x}\end{bmatrix}$$

つまり，

$$\begin{cases}y_1=c_1e^{2x}-\dfrac{1}{4}c_2e^{-3x}\\y_2=c_1e^{2x}+c_2e^{-3x}\end{cases}\tag{7.7}$$

というもとの連立微分方程式の一般解がえられる．

(b) (7.7) に与えられた初期値を代入すると，

$$\begin{cases}c_1-\dfrac{1}{4}c_2=1\\c_1+\quad c_2=6\end{cases}$$

つまり，　$c_1=2,\quad c_2=4$

したがって，初期条件を満たす解は

$$\begin{cases}y_1=2e^{2x}-e^{-3x}\\y_2=2e^{2x}+4e^{-3x}\end{cases}$$

この節では，話を簡単にするために，$\mathbf{y}'=A\mathbf{y}$ の「係数行列」は対角化可能であると仮定した．A がもっと一般の行列で，必ずしも対角化可能とは限らない場合については，さらに進んだテキストを参照してほしい．

練習問題 7.1

1. (a) $\begin{cases}y'_1=\ y_1+4y_2\\y'_2=2y_1+3y_2\end{cases}$

を解け．

(b) 初期条件 $y_1(0)=y_2(0)=0$ を満たす解を求めよ．

2. (a) $\begin{cases}y'_1=\ y_1+3y_2\\y'_2=4y_1+5y_2\end{cases}$

を解け．

(b) 初期条件 $y_1(0)=2$，$y'_2(0)=1$ を満たす解を求めよ．

3. (a) $\begin{cases}y'_1=\quad 4y_1+y_3\\y'_2=-2y_1+y_2\\y'_3=-2y_1+y_3\end{cases}$

を解け．

(b) 初期条件 $y_1(0)=-1$, $y_2(0)=1$, $y_3(0)=0$ を満たす解を求めよ．

4. $$\begin{cases} y'_1=4y_1+2y_2+2y_3 \\ y'_2=2y_1+4y_2+2y_3 \\ y'_3=2y_1+2y_2+4y_3 \end{cases}$$

を解け．

5. 微分方程式 $y''-y'-6y=0$ を解け．ただし，この方程式は，$y_1=y$, $y_2=y'$ とおくと，

$$\begin{cases} y'_1=y_2 \\ y'_2=y''=y'+6y=y_2+6y_1=6y_1+y_2 \end{cases}$$

とかけることを利用せよ．

6. 微分方程式 $y'''-6y''+11y'-6y=0$ を解け．ただし，この方程式は，$y_1=y$, $y_2=y'$, $y_3=y''$ とおくと，

$$\begin{cases} y'_1=y_2 \\ y'_2=y_3 \\ y'_3=6y_1-11y_2+6y_3 \end{cases}$$

とかけることを利用せよ．

7. $y'=ay$ の任意の解は，$y=ce^{ax}$ の型をしていることを証明せよ．

（**ヒント** $y=y(x)$ を解とすると，$y(x)e^{-ax}$ が定数となることを示せ.）

8. A が対角化可能な $n\times n$ 行列であれば，

$$\mathbf{y}'=A\mathbf{y}$$

の解 $y_1, y_2, \cdots, y_n$ は，$e^{\lambda_1 x}$, $e^{\lambda_2 x}, \cdots, e^{\lambda_n x}$ の一次結合となることを証明せよ．ただし，λ_1, $\lambda_2, \cdots, \lambda_n$ は A の固有値で，

$$\mathbf{y}=\begin{bmatrix} y_1 \\ y_2 \\ \vdots \\ y_n \end{bmatrix}$$

とする．

7.2 近似問題への応用；フーリエ級数*

ある実数の区間で定義された関数を，特別な種類の関数によって，近似するという問題は，応用上たびたび出会う問題である．次に，その例をあげてみよう．

(a) $[0,1]$ 上で e^x を最も良く近似する $a_0+a_1x+a_2x^2$ の形の多項式を求める．

---

* この節では微分積分学の知識を仮定する．

(b)　$[-1,1]$ 上で $\sin \pi x$ を最も良く近似する $a_0+a_1e^x+a_2e^{2x}+a_3e^{3x}$ の形の関数を求める．

(c)　$[0,2\pi]$ 上で，$|x|$ を最も良く近似する

$$a_0+a_1 \sin x+a_2 \sin 2x+b_1 \cos x+b_2 \cos 2x$$

の形の関数を求める．

これらの例では，近似にもちいる関数はいずれも，$[a,b]$ 上の連続関数の作る線型空間 $C[a,b]$ の適当な部分空間にふくまれるものになっている．

(a) では，$\{1,x,x^2\}$ によって張られる $C[0,1]$ の部分空間のベクトルをもちいて近似することになっており，(b) では $\{1,e^x,e^{2x},e^{3x}\}$ によって張られる $C[-1,1]$ の部分空間のベクトルをもちいて近似することになっており，また (c) では $\{1,\sin x,\sin 2x,\cos x,\cos 2x\}$ によって張られる $C[0,2\pi]$ の部分空間のベクトルをもちいて近似することになっている．これらを一般化して，次のような問題を提出しよう．

近似問題

$[a,b]$ 上で定義された連続関数 $f(x)$ を $[a,b]$ 上で最も良く近似する関数を，与えられた $C[a,b]$ の部分空間 W にふくまれる関数のうちから選ぶ方法を求めよ．

この問題を解くためには，「$[a,b]$ 上で最も良く近似する」という言葉を正確に定義しておく必要がある．直感的にいえば，「誤差を最小にする」というように解釈することが望ましい．しかし，「誤差」の意味がはっきりしない．ある点（$x=x_0$）での「誤差」ということなら，近似すべきもとの関数を $f(x)$，近似にもちいる関数を $g(x)$ とするとき，

$$x_0 \text{ での「誤差」}=|f(x_0)-g(x_0)|$$

と考えるのが自然だろう．（図 7.1 参照）しかし，ある 1 点における「誤差」ではなく，もっと一般に，区間 $[a,b]$ における「誤差」を問題にしなければならない．

ところが，$[a,b]$ 内のある点 $x=\alpha$ では $g_1(x)$ の方が $g_2(x)$ よりも $f(x)$ に

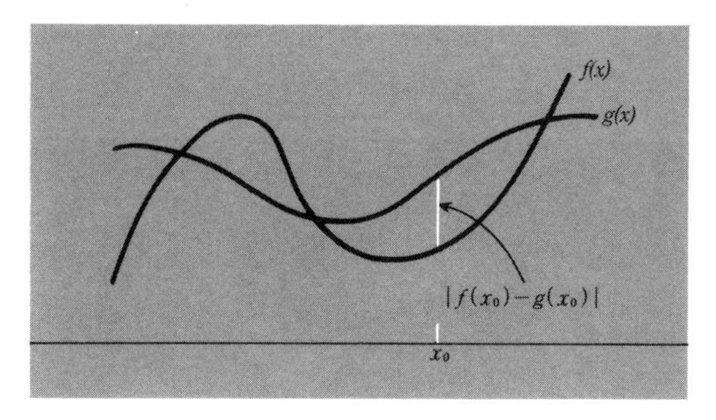

図 7.1

「近い」，つまり $|f(\alpha)-g_1(\alpha)|<|f(\alpha)-g_2(\alpha)|$ としても，別の点 $x=\beta$ では，$g_2(x)$ の方が $g_1(x)$ よりも $f(x)$ に「近い」，つまり $|f(\alpha)-g_2(\alpha)|<|f(\alpha)-g_1(\alpha)|$ となっていることがおこりうる（図 7.2 参照）．

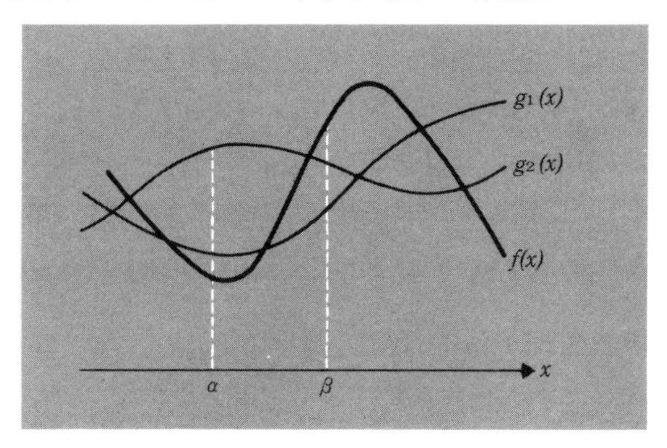

図 7.2

それでは一体，どうすれば，この各点ごとの「誤差」の考えを生かした区間全体での「誤差」の概念が定義できるようになるのだろうか？

各点ごとの「誤差」を区間全体で「合計」して，その「合計」が小さいものほど，もとの関数に「近い」とよぶことにしてはどうか．そのためには，各点ごとの「誤差」を区間全体で積分すればよい．すなわち，

$$[a,b] \text{ での誤差} = \int_a^b |f(x)-g(x)|\,dx \tag{7.8}$$

と定義することにしよう．幾何学的に言えば，(7.8) は，$[a,b]$ 上で $f(x)$ と $g(x)$ のグラフが「囲む部分」の面積を求めていることになる（図 7.3 参照）

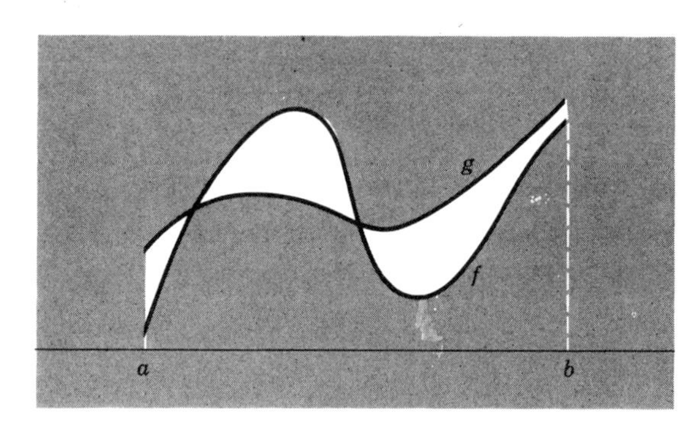

図 7.3

この面積の大小が，誤差の大小を示している．

(7.8) の考え方はいかにも自然で，幾何学的な意味も明らかで，文句のない「誤差」の定義のようではあるが，実際にこれを計算するとなるとグラフの交点の計算などが大変になって，実用的ではないということが少なくない．そこでこのかわりとして，数学やその他の科学では，次のいわゆる**2 乗平均誤差**が利用されることが多い．

$$2\text{ 乗平均誤差}=\int_a^b(f(x)-g(x))^2dx$$

2 乗平均誤差の便利な所は，内積空間中における「近似問題」に深くかかわっているところである．これを見るために，線型空間 $C[a,b]$ 上の内積

$$\langle \mathbf{f}, \mathbf{g}\rangle=\int_a^b f(x)g(x)dx \tag{7.9}$$

を考えると，

$$\begin{aligned}||\mathbf{f}-\mathbf{g}||^2&=\langle \mathbf{f}-\mathbf{g},\ \mathbf{f}-\mathbf{g}\rangle\\&=\int_a^b(f(x)-g(x))^2dx\end{aligned}$$

つまり，$[a,b]$ 上での $\mathbf{f}$ の $\mathbf{g}$ による近似問題にかかわる 2 乗平均誤差が，この内積空間内での $\mathbf{f}$ と $\mathbf{g}$ の距離の 2 乗に一致していることになる．したがって，

内積(7.9)を持った$C[a,b]$に関する近似問題，すなわち，$[a,b]$上で定義された連続関数$\mathbf{f}$を2乗平均誤差の意味で「最も良く近似する」$\mathbf{g}$($C[a,b]$の部分空間Wにふくまれる関数)を求めることと，$\mathbf{f}$に「最も近い」(つまり$\|\mathbf{f}-\mathbf{g}\|^2$が最小になるような) Wにふくまれる関数$\mathbf{g}$を求めることとが一致する！ 短く言うと，「$\mathbf{f}$との2乗平均誤差が最小になる$\mathbf{g}$は(7.9)の内積を入れて考えると，$\mathbf{f}$に最も近い$\mathbf{g}$に一致する.」ということになる. ところで，すでに(4.9節の定理23参照)，そのような$\mathbf{g}$は，$\mathbf{f}$のWへの正射影に一致することを知っている.(図7.4参照)

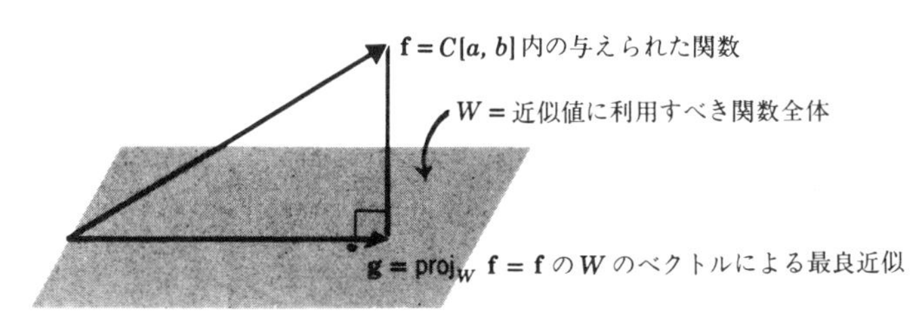

図 7.4

したがって，次の結論をうる.

最小2乗問題の解答

$\mathbf{f}$を$[a,b]$上の連続関数，Wを$C[a,b]$内の有限次元部分空間とする．このとき，2乗平均誤差

$$\int_a^b (f(x)-g(x))^2 dx$$

を最小にするW内の関数$\mathbf{g}$は，

$$\mathbf{g}=\mathrm{proi}_W\mathbf{f}$$

つまり，$\mathbf{f}$のWへの正射影によって与えられる．(ただし，$C[a,b]$の内積は(7.9)によって定める.) 関数$\mathbf{g}=\mathrm{proj}_W\mathbf{f}$は，$W$内の$\mathbf{f}$の**最小2乗近似関数**とよばれる.

フーリエ級数

$$t(x)=c_0+c_1\cos x+c_2\cos 2x+\cdots+c_n\cos nx$$
$$+d_1\sin x+d_2\sin 2x+\cdots+d_n\sin nx \qquad (7.10)$$

の形をした関数は，**3 角多項式**とよばれる．もし c_n または d_n が 0 でないときには，その**次数**が n に等しいということにする．

≪**例 3**≫

$$t(x)=2+\cos x-3\cos 2x+7\sin 4x$$

は，(7.10) で $n=4$ としたときの

$$c_0=2,\ \ c_1=1,\ \ c_2=-3,\quad c_3=c_4=d_1=d_2=d_3=0,\ \ d_4=7$$

の場合になっているので，4 次の 3 角多項式ということになる．

(7.10) の表示から明らかなように，n 次，またはそれより小さな次数の 3 角多項式の全体は，

$$\{1,\ \cos x,\ \cos 2x, \cdots, \cos nx,\ \sin x, \cdots, \sin nx\} \tag{7.11}$$

の 1 次結合の全体，つまり (7.11) の張る連続関数全体の作る線型空間の部分空間 W に一致する．ここでは証明は省略するが，(7.11) は 1 次独立な集合となるので，結局，W の基底となっていることがわかる．

区間 $[0, 2\pi]$ 上の連続関数 $f(x)$ を，n 次以下の 3 角多項式によって近似する問題について考えよう．すでに注意したように，W にふくまれる $\mathbf{f}$ の最小 2 乗近似関数は $\mathbf{f}$ の W 上への正射影によって与えられる．$\mathbf{f}$ の W 上への正射影を求めるには，W の正規直交基底 $\{\mathbf{g}_0, \mathbf{g}_1, \cdots, \mathbf{g}_{2n}\}$ を構成しておくことが望ましい．そのとき，$\mathbf{f}$ の W への正射影は，

$$\mathrm{proj}_W\mathbf{f}=\langle\mathbf{f}, \mathbf{g}_0\rangle\mathbf{g}_0+\langle\mathbf{f}, \mathbf{g}_1\rangle\mathbf{g}_1+\cdots+\langle\mathbf{f}, \mathbf{g}_{2n}\rangle\mathbf{g}_{2n} \tag{7.12}$$

によって求まる．(これについては 4.9 節の定理 20 を参照のこと．)

ところで，W の正規直交基底は (7.11) の基底をグラム•シュミットの方法によって正規直交化すれば構成することができる．ただし，内積は，

$$\langle\mathbf{u}, \mathbf{v}\rangle=\int_0^{2\pi} u(x)v(x)dx$$

を利用する．途中の計算は練習問題にまわして，結果のみ書けば，

$$\mathbf{g}_0=\frac{1}{\sqrt{2\pi}}$$

$$\mathbf{g}_1=\frac{1}{\sqrt{\pi}}\cos x,\ \cdots,\ \mathbf{g}_n=\frac{1}{\sqrt{\pi}}\cos nx$$

$$\mathbf{g}_{n+1}=\frac{1}{\sqrt{\pi}}\sin x,\ \cdots,\ \mathbf{g}_{2n}=\frac{1}{\sqrt{\pi}}\sin nx \tag{7.13}$$

また，

$$a_0=\frac{2}{\sqrt{2\pi}}\langle\mathbf{f},\mathbf{g}_0\rangle$$

$$a_1=\frac{1}{\sqrt{\pi}}\langle\mathbf{f},\mathbf{g}_1\rangle,\ \cdots,\ a_n=\frac{1}{\sqrt{\pi}}\langle\mathbf{f},\mathbf{g}_n\rangle$$

$$b_1=\frac{1}{\sqrt{\pi}}\langle\mathbf{f},\mathbf{g}_{n+1}\rangle,\ \cdots,\ b_n=\frac{1}{\sqrt{\pi}}\langle\mathbf{f},\mathbf{g}_{2n}\rangle$$

という記号をもちいることにすれば，(7.13) を (7.12) に代入して，

$$\mathrm{proj}_W\mathbf{f}=\frac{a_0}{2}+(a_1\cos x+\cdots\cdots+a_n\cos nx)$$
$$+(b_1\sin x+\cdots+b_n\sin nx)$$

ここで，

$$a_0=\frac{2}{\sqrt{2\pi}}\langle\mathbf{f},\mathbf{g}_0\rangle=\frac{2}{\sqrt{2\pi}}\int_0^{2\pi}f(x)\frac{1}{\sqrt{2\pi}}dx=\frac{1}{\pi}\int_0^{2\pi}f(x)dx$$

$$a_1=\frac{1}{\sqrt{\pi}}\langle\mathbf{f},\mathbf{g}_1\rangle=\frac{1}{\sqrt{\pi}}\int_0^{2\pi}f(x)\frac{1}{\sqrt{\pi}}\cos x\,dx=\frac{1}{\pi}\int_0^{2\pi}f(x)\cos x\,dx$$
$$\vdots$$
$$a_n=\frac{1}{\sqrt{\pi}}\langle\mathbf{f},\mathbf{g}_n\rangle=\frac{1}{\sqrt{\pi}}\int_0^{2\pi}f(x)\frac{1}{\sqrt{\pi}}\cos nx\,dx=\frac{1}{\pi}\int_0^{2\pi}f(x)\cos nx\,dx$$

$$b_1=\frac{1}{\sqrt{\pi}}\langle\mathbf{f},\mathbf{g}_{n+1}\rangle=\frac{1}{\sqrt{\pi}}\int_0^{2\pi}f(x)\frac{1}{\sqrt{\pi}}\sin x\,dx=\frac{1}{\pi}\int_0^{2\pi}f(x)\sin x\,dx$$
$$\vdots$$
$$b_n=\frac{1}{\sqrt{\pi}}\langle\mathbf{f},\mathbf{g}_{2n}\rangle=\frac{1}{\sqrt{\pi}}\int_0^{2\pi}f(x)\frac{1}{\sqrt{\pi}}\sin nx\,dx=\frac{1}{\pi}\int_0^{2\pi}f(x)\sin nx\,dx$$

まとめて，

$$a_k=\frac{1}{\pi}\int_0^{2\pi}f(x)\cos kx\,dx$$

$$b_k=\frac{1}{\pi}\int_0^{2\pi}f(x)\sin kx\,dx$$

ここでもちいた，$a_0, a_1, \cdots, a_n$，$b_1, \cdots, b_n$ を $\mathbf{f}$ のフーリエ*係数という．

≪例 4≫

$[0, 2\pi]$ 上で関数 $f(x)=x$ を最小 2 乗近似する次の関数を求めよ．

(a)　2 次以下の 3 角多項式

(b)　n 次以下の 3 角多項式

解：

$$a_0=\frac{1}{\pi}\int_0^{2\pi} f(x)dx=\frac{1}{\pi}\int_0^{2\pi} x\,dx=2\pi$$

$$\begin{aligned} a_k&=\frac{1}{\pi}\int_0^{2\pi} f(x)\cos kx\,dx=\frac{1}{\pi}\int_0^{2\pi} x\cos kx\,dx=0 \\ b_k&=\frac{1}{\pi}\int_0^{2\pi} f(x)\sin kx\,dx=\frac{1}{\pi}\int_0^{2\pi} x\sin kx\,dx=-\frac{2}{k} \end{aligned} \tag{7.14}$$

（ここで $k=1, 2, 3, \cdots,$）

ということがわかる（計算は省略するが，チェックしてほしい）．

したがって，$[0, 2\pi]$ 上で x を最小 2 乗近似する 2 次以下の 3 角多項式は，

$$\begin{aligned} &\frac{a_0}{2}+a_1\cos x+a_2\cos 2x+b_1\sin x+b_2\sin 2x \\ &=\pi-2\sin x-\sin 2x \end{aligned}$$

つまり，$[0, 2\pi]$ 上で

$$x \sim \pi-2\sin x-\sin 2x \qquad \text{（図 7.5 参照）}$$

(b)　一般に，$[0, 2\pi]$ 上で x を最小 2 乗近似する n 次以下の 3 角多項式は，(7.14) をもちいて，

$$\begin{aligned} &\frac{a_0}{2}+a_1\cos x+\cdots+a_n\cos nx \\ &\quad +b_1\sin x+\cdots\cdots+b_n\sin nx \\ &=\pi-2\left(\sin x+\frac{\sin 2x}{2}+\frac{\sin 3x}{3}+\cdots+\frac{\sin nx}{n}\right) \end{aligned}$$

---

*　J. B. J. フーリエ（1768-1830）　フランスの数学者かつ物理学者．フーリエは熱の拡散に関する問題を扱っている間に，「フーリエ級数」やそれに関連した諸概念に到達した．この発見は，後の数学の発展に大きな影響を与えた．それらは数学のいくつかの分野の基礎となると同時に，工学などにも有用性を発揮した．フランス革命の時期に政治的活動家であったフーリエは，恐怖政治の時代に多くの「犠牲者」を擁護したためにしばしば投獄された．しかし，後に，ナポレオンのお気に入りとなって，男爵そして伯爵とよばれるまでに出世した．

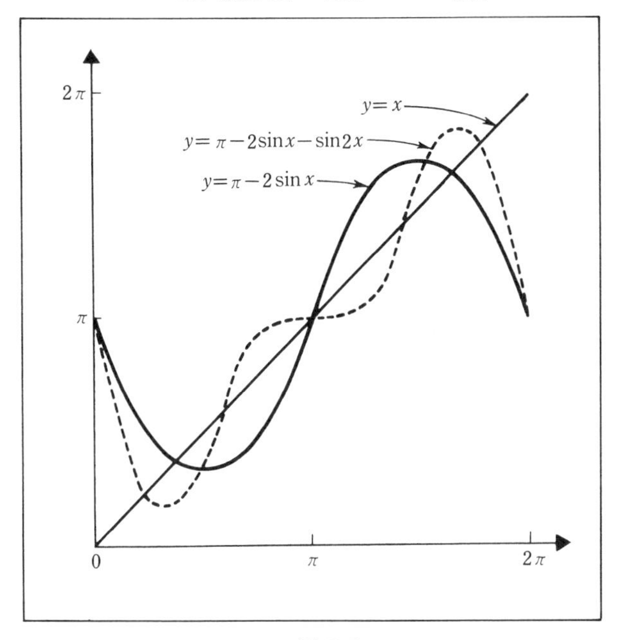

図 7.5

となることがわかる．つまり，$[0,2\pi]$ 上で

$$x\sim\pi-2\left(\sin x+\frac{\sin 2x}{2}+\frac{\sin 3x}{3}+\cdots+\frac{\sin nx}{n}\right)$$

上の近似式で，n の値を大きくすれば，2乗平均誤差が小さくなることは期待される所だと思うが，実際 $n\to\infty$ とすれば，2乗平均誤差は0に収束することが証明できる．図7.5を見ても推察できるように，$x=0$，$x=2\pi$ の2点をのぞいた開区間 $(0,2\pi)$ 上では

$$x=\pi-2\sum_{k=1}^{\infty}\frac{\sin kx}{k}$$

と書くことができる．さらにもし，$[0,2\pi]$ 上で連続な関数 $f(x)$ が，端の2点で等しい値を持てば（つまり $f(0)=f(2\pi)$ となっていれば），$[0,2\pi]$ 上で

$$f(x)=\frac{a_0}{2}+\sum_{k=1}^{\infty}(a_k\cos kx+b_k\sin kx)$$

と書けることが証明できる．これは，$f(x)$ の**フーリエ級数展開**とよばれ，さ

まざまな分野で広く応用されている.

練習問題 7.2

1. 区間 $[0,2\pi]$ 上で，$f(x)=1+x$ を，次の関数をもちいて，最小２乗近似せよ.
   (a) ２次以下の３角多項式.
   (b) n 次以下の３角多項式.
2. 区間 $[0,2\pi]$ 上で，$f(x)=x^2$ を，次の関数をもちいて，最小２乗近似せよ.
   (a) ３次以下の３角多項式.
   (b) n 次以下の３角多項式.
3. (a) 区間 $[0,1]$ 上で x を，$a+be^x$ の形の関数をもちいて，最小２乗近似せよ.
   (b) (a)の２乗平均誤差を求めよ.
4. (a) 区間 $[0,1]$ 上で e^x を，a_0+a_1x の形の多項式をもちいて，最小２乗近似せよ.
   (b) (a)の近似のようすをグラフによって確かめよ．また２乗平均誤差を求めよ.
5. (a) 区間 $[-1,1]$ 上で $\sin \pi x$ を，$a_0+a_1x+a_2x^2$ の形の多項式をもちいて，最小２乗近似せよ.
   (b) (a)の近似のようすをグラフによって確かめよ．また２乗平均誤差を求めよ.
6. 基底(7.11)にグラム・シュミットの直交化法をもちいて，正規直交基底(7.13)を構成せよ.
7. (7.14)の積分計算を実行せよ．(**ヒント**　部分積分法をもちいる.)
8. 区間 $[0,2\pi]$ 上で，$f(x)=\pi-x$ をフーリエ級数に展開せよ.

7.3　２次形式と２次曲線

この節では，直交座標変換の応用として，２元２次形式と２次曲線（円錐曲線）つまり，x と y をふくむ２次の同次多項式または２元２次方程式の解の軌跡について述べる．２次形式の概念は，振動論，相対論，統計学，そして幾何学など多くの分野と関係があり，重要である.

$$ax^2+2bxy+cy^2+dx+ey+f=0 \tag{7.15}$$

（ここで $a,b,\cdots,f$ は実数，a,b,c のうち少くとも１つは０ではないとする）を x と y の２次方程式（**２元２次方程式**）とよび，(7.15)の左辺の２次の項

$$ax^2+2bxy+cy^2$$

（つまり，２元２次同次多項式）を**２元２次形式**とよぶ.

≪例5≫

2元2次方程式

$$3x^2+5xy-7y^2+2x+7=0$$

は，(7.15) で

$$a=3 \quad b=\frac{5}{2} \quad c=-7 \quad d=2 \quad e=0 \quad f=7$$

とおいたものになっている．

≪例6≫

2次方程式	$\longrightarrow$	2次形式
$3x^2+5xy-7y^2+2x+7=0$		$3x^2+5xy-7y^2$
$4x^2-5y^2+8y+9=0$		$4x^2-5y^2$
$xy-x+y=0$		xy

このように，2次方程式が与えられると，その2次の項を抽出して2次形式を作ることができる．

2元2次方程式の解の全体が作る集合は，2次曲線または円錐曲線とよばれている．本質的な2次曲線は，楕円(円),双曲線,放物線の3種類で，これらを**非退化**2次曲線とよび，それ以外（例えば，2直線）を**退化**2次曲線とよぶ．（退化2次曲線については，練習問題7.3の13を参照されたい．）非退化2次曲線が図7.6の位置にあるとき，**標準の位置**にあるという．

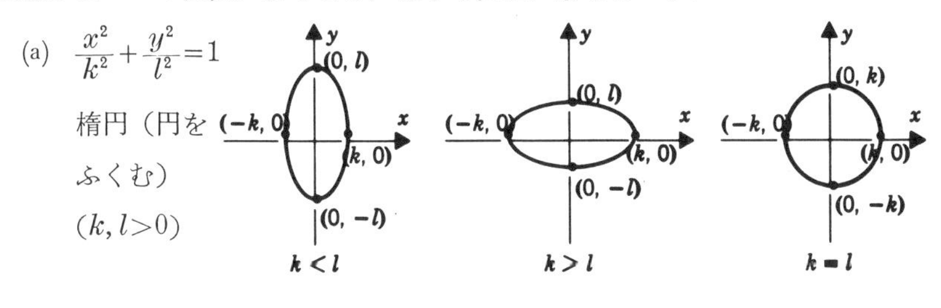

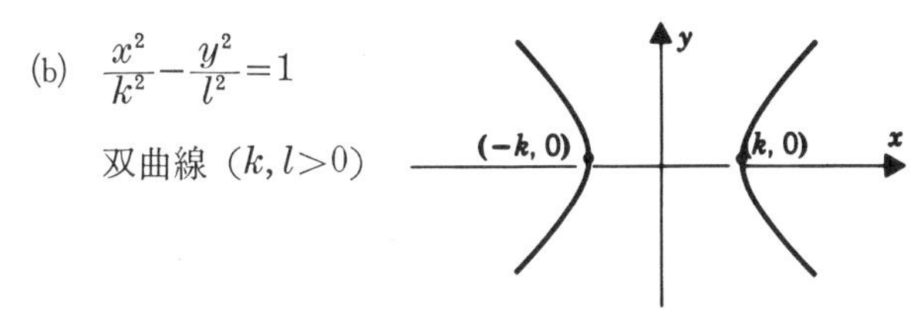

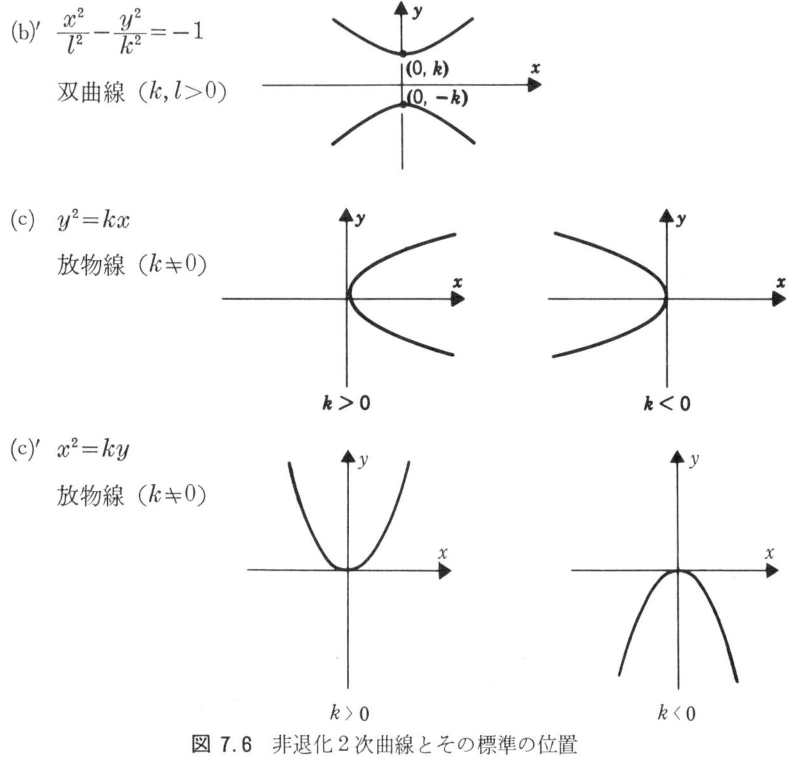

図 7.6　非退化 2 次曲線とその標準の位置
（左の方程式はそれぞれの曲線を定義する方程式を示す）

≪例 7≫

2 元 2 次方程式 $9x^2+4y^2-36=0$ は $\dfrac{x^2}{k^2}+\dfrac{y^2}{l^2}=1$ で $k=2$, $l=3$ とおけばえられる．したがって，その解の全体は標準の位置にある楕円を与える．

2 元 2 次方程式，$x^2-8y^2+16=0$ は $x^2/4^2-y^2/(\sqrt{2})^2=-1$ と変形できるので，その解の全体は，標準の位置にある双曲線を与える．

2 元 2 次方程式，$5x^2+2y=0$ は $x^2=-(2/5)y$ と変形できるので，その解の全体は，標準の位置にある放物線を与える．

標準の位置にある非退化 2 次曲線（図 7.6 参照）を定義する方程式は xy の項（**混合項**とよぶ）を持たないことに注意してほしい．標準の位置にある非退化2次曲線を定義する方程式に xy の項を追加すると，標準の位置から「回転」させたものが解の集合となる（図7.7(a)参照）

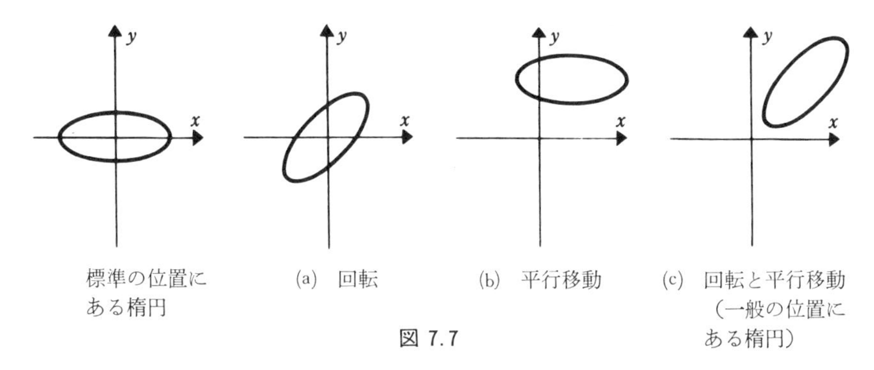

図 7.7

また，標準の位置にある非退化2次曲線を定義する方程式は，x と x^2，y と y^2 の項を同時に持つことはない．これらを追加すると，標準の位置から「平行移動」させたものが解の集合となる（図7.7(b)参照）

一般の非退化2次曲線は，標準の位置から「回転」と「平行移動」を合成してえられる．つまり，一般の位置にある非退化2次曲線が与えられたとすると，新しい $x'y'$ 直交座標を作って，この座標に関して，標準の位置になるようにすれば，もとの非退化2次曲線を定義する方程式を「標準化」することができる．

≪例8≫

2元2次方程式

$$2x^2+y^2-12x-4y+18=0$$

は混合項（xy の項）をふくまないので，「平行移動」のみによって標準化する（つまり標準の位置にもちこむ）ことができる．実際，

$$\begin{aligned}&2x^2+y^2-12x-4y+18\\&=2(x^2-6x)+(y^2-4y)+18\\&=2(x-3)^2+(y-2)^2-4\end{aligned}$$

となることから，もとの方程式は

$$2(x-3)^2+(y-2)^2=4 \tag{7.16}$$

という形にできる．ここで

$$\begin{cases} x'=x-3 \\ y'=y-2 \end{cases}$$

という座標軸の平行移動を行なえば，(7.16) から

$$2x'^2+y'^2=4$$

つまり

$$\frac{x'^2}{(\sqrt{2})^2}+\frac{y'^2}{2^2}=1$$

がえられる．これは，$x'y'$ 座標における標準の位置にある楕円を示している．したがって，もとの方程式を満たす解の集合は図 7.8 のようになる．

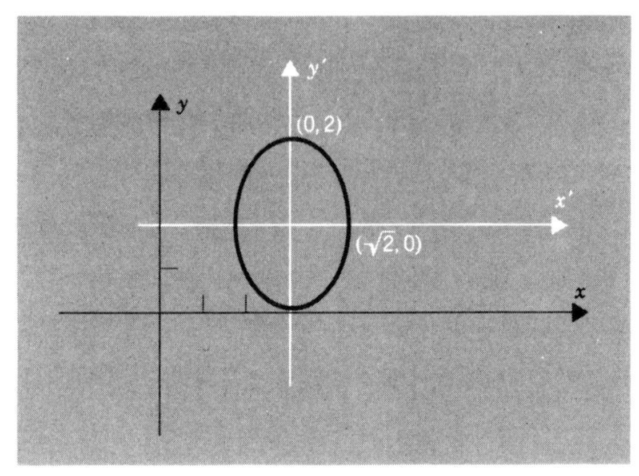

図 7.8

次に，標準の位置から回転した非退化 2 次曲線について述べよう．この節の残りの部分では 1×1 行列をスカラー的に表示することにした方が都合がいいのでそうすることにする．つまり，例えば 5 とあれば，それは単なるスカラーの 5 または 1×1 行列 [5] を示していると考えてほしい．どちらを示しているかは，個々の場合について見れば明らかなので気にする必要はない．さて，(7.15) を，行列の形で表わしておこう．(7.15) は

$$\mathbf{x}^t A\mathbf{x}+K\mathbf{x}+f=0 \tag{7.17}$$

となることがわかる．ただし

$$\mathbf{x}=\begin{bmatrix} x \\ y \end{bmatrix} \qquad A=\begin{bmatrix} a & b \\ b & c \end{bmatrix} \qquad K=[d, e]$$

とする．このとき，2元2次形式 $ax^2+2bxy+cy^2$ は

$$\mathbf{x}^t A\mathbf{x}$$

と書ける． ここにあらわれる対称行列Aは**2元2次形式 $\mathbf{x}^t A\mathbf{x}$ の行列**とよばれる．

≪例9≫

2元2次形式

$$3x^2+5xy+7y^2, \qquad 8x^2-4y^2$$

の行列は，それぞれ

$$\begin{bmatrix} 3 & \frac{5}{2} \\ \frac{5}{2} & 7 \end{bmatrix} \qquad \begin{bmatrix} 8 & 0 \\ 0 & -4 \end{bmatrix}$$

となる．

方程式

$$\mathbf{x}^t A\mathbf{x}+K\mathbf{x}+f=0 \tag{7.18}$$

で表わされる2次曲線Cについて考えよう．まず，xy座標軸を回転させて，その座標系で表わすと混合項が消えるような，$x'y'$座標軸が作れることを示そう．

ステップ1

Aを対角化する直交行列

$$P=\begin{bmatrix} p_{11} & p_{12} \\ p_{21} & p_{22} \end{bmatrix}$$

を作る．（Aは対称行列なので，これは常に可能．）

ステップ2

もし必要ならPの列を交換して，$\det(P)=1$となるようにする．そのとき，

$$\mathbf{x}=P\mathbf{x}' \quad \text{つまり} \quad \begin{cases} x=p_{11}x'+p_{12}y' \\ y=p_{21}x'+p_{22}y' \end{cases} \tag{7.19}$$

は「回転」を意味している．(4.10 節参照)

ステップ 3

$x'y'$ 座標系で C をあらわそう．まず (7.19) を (7.18) に代入して

$$(P\mathbf{x}')^tA(P\mathbf{x}')+K(P\mathbf{x}')+f=0$$

$$\mathbf{x}'^t(P^tAP)\mathbf{x}'+(KP)\mathbf{x}'+f=0 \tag{7.20}$$

ここで，P が A を直交対角化することから

$$P^tAP=\begin{bmatrix} \lambda_1 & 0 \\ 0 & \lambda_2 \end{bmatrix}$$

（ここで，λ_1, λ_2 は A の固有値）となることがわかるが，これを (7.20) に代入して，

$$[x' \quad y']\begin{bmatrix} \lambda_1 & 0 \\ 0 & \lambda_2 \end{bmatrix}\begin{bmatrix} x' \\ y' \end{bmatrix}+[d \quad e]\begin{bmatrix} p_{11} & p_{12} \\ p_{21} & p_{22} \end{bmatrix}\begin{bmatrix} x' \\ y' \end{bmatrix}+f=0$$

すなわち，

$$\lambda_1x'^2+\lambda_2y'^2+d'x'+e'y'+f=0$$

（ここで，$d'=dp_{11}+ep_{21}$，$e'=dp_{12}+ep_{22}$ とする）

かくして，混合項（$x'y'$ の項）を消去することができた！

以上をまとめて，次の定理をうる．

定理 9（2 次曲線に関する**主軸定理**）

$$ax^2+2bxy+cy^2+dx+ey+f=0$$

で与えられる 2 次曲線を C とし，

$$A=\begin{bmatrix} a & b \\ b & c \end{bmatrix}$$

とする．このとき，A を対角化する直交行列 P で $\det(P)=1$ となるものをとり

$$\mathbf{x}=P\mathbf{x}' \qquad \mathbf{x}=\begin{bmatrix} x \\ y \end{bmatrix} \qquad \mathbf{x}'=\begin{bmatrix} x' \\ y' \end{bmatrix}$$

という回転を行なうと，$x'y'$ 座標での C の方程式は

$$\lambda_1x'^2+\lambda_2y'^2+d'x'+e'y'+f=0$$

の形になる．（ここで λ_1, λ_2 は A の固有値）

≪例10≫

$$5x^2-4xy+8y^2-36=0$$

によって定義される2次曲線のグラフを画け．

解：与えられた方程式を行列の形で書くと

$$\mathbf{x}^t A\mathbf{x}-36=0 \tag{7.21}$$

ここで，　$A=\begin{bmatrix} 5 & -2 \\ -2 & 8 \end{bmatrix}$　　$\mathbf{x}=\begin{bmatrix} x \\ y \end{bmatrix}$

A の固有方程式は

$$\det(\lambda I-A)=\det\left(\begin{bmatrix} \lambda-5 & 2 \\ 2 & \lambda-8 \end{bmatrix}\right)=(\lambda-4)(\lambda-9)=0$$

したがって，A の固有値は $\lambda=4$，$\lambda=9$

$\lambda=4$ に対応する固有ベクトルは，

$$\begin{bmatrix} -1 & 2 \\ 2 & -4 \end{bmatrix}\begin{bmatrix} x \\ y \end{bmatrix}=\begin{bmatrix} 0 \\ 0 \end{bmatrix}$$

の $\mathbf{0}$ でない解の全体に一致する．この連立1次方程式を解くと

$$\begin{bmatrix} x \\ y \end{bmatrix}=\begin{bmatrix} 2t \\ t \end{bmatrix}=t\begin{bmatrix} 2 \\ 1 \end{bmatrix}$$

つまり，

$$\begin{bmatrix} 2 \\ 1 \end{bmatrix}$$

が $\lambda=4$ に対応する固有空間の基底となることがわかる．これを正規化すると，

$$\mathbf{v}_1=\begin{bmatrix} \dfrac{2}{\sqrt{5}} \\ \dfrac{1}{\sqrt{5}} \end{bmatrix}$$

同様に，$\lambda=9$ に対応する固有空間の正規（直交）基底として，ベクトル

$$\mathbf{v}_2=\begin{bmatrix}-\dfrac{1}{\sqrt{5}}\\ \dfrac{2}{\sqrt{5}}\end{bmatrix}$$

をうる．

かくして，A を対角化する直交行列は

$$P=\begin{bmatrix}\dfrac{2}{\sqrt{5}} & -\dfrac{1}{\sqrt{5}}\\ \dfrac{1}{\sqrt{5}} & \dfrac{2}{\sqrt{5}}\end{bmatrix}$$

となることがわかる．しかも $\det(P)=1$ となっているので，直交座標変換

$$\mathbf{x}=P\mathbf{x}' \tag{7.22}$$

は「回転」を意味している．(7.22) を (7.21) に代入して

$$(P\mathbf{x}')^tA(P\mathbf{x}')-36=0$$

$$\mathbf{x}'^t(P^tAP)\mathbf{x}'-36=0$$

ここで

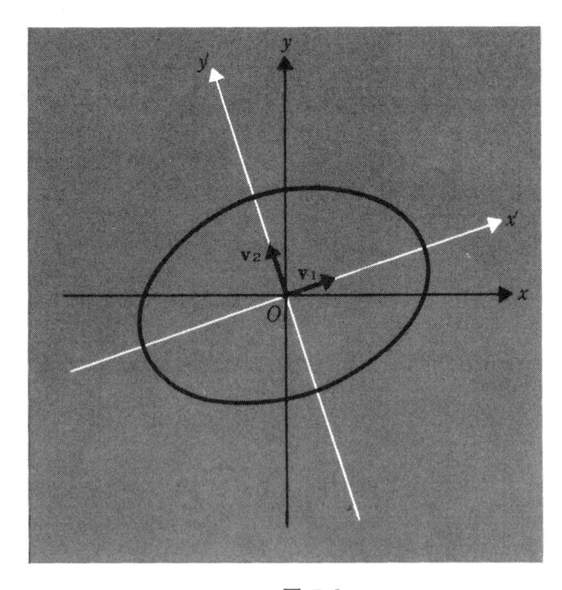

図 7.9

$$P^tAP=P^{-1}AP=\begin{bmatrix}4 & 0\\0 & 9\end{bmatrix}$$

となっていることに注意して書きなおせば

$$[x' \quad y']\begin{bmatrix}4 & 0\\0 & 9\end{bmatrix}\begin{bmatrix}x'\\y'\end{bmatrix}-36=0$$

$$4x'^2+9y'^2=36$$

したがって

$$\frac{x'^2}{3^2}+\frac{y'^2}{2^2}=1$$

となり，もとの方程式は図7.9のような楕円を表わすことがわかる．

≪例11≫

$$5x^2-4xy+8y^2+\frac{20}{\sqrt{5}}x-\frac{80}{\sqrt{5}}y+4=0$$

によって定義される2次曲線のグラフを画け．

解：　与えられた方程式を行列の形で書くと，

$$\mathbf{x}^tA\mathbf{x}+K\mathbf{x}+4=0 \tag{7.23}$$

ここで

$$A=\begin{bmatrix}5 & -2\\-2 & 8\end{bmatrix} \qquad K=\begin{bmatrix}\frac{20}{\sqrt{5}} & -\frac{80}{\sqrt{5}}\end{bmatrix} \qquad \mathbf{x}=\begin{bmatrix}x\\y\end{bmatrix}$$

すでに，例10で調べたように，A を対角化する直交行列

$$P=\begin{bmatrix}\frac{2}{\sqrt{5}} & -\frac{1}{\sqrt{5}}\\ \frac{1}{\sqrt{5}} & \frac{2}{\sqrt{5}}\end{bmatrix}$$

は，直交座標の回転

$$\mathbf{x}=P\mathbf{x}'$$

を与える．これを(7.23)に代入して，

$$(P\mathbf{x}')^tA(P\mathbf{x}')+K(P\mathbf{x}')+4=0$$

$$\mathbf{x}'^t(P^tAP)\mathbf{x}'+(KP)\mathbf{x}'+4=0 \tag{7.24}$$

ここで,

$$P^tAP=\begin{bmatrix}4 & 0\\0 & 9\end{bmatrix}$$

$$KP=\begin{bmatrix}\frac{20}{\sqrt{5}} & -\frac{80}{\sqrt{5}}\end{bmatrix}\begin{bmatrix}\frac{2}{\sqrt{5}} & -\frac{1}{\sqrt{5}}\\ \frac{1}{\sqrt{5}} & \frac{2}{\sqrt{5}}\end{bmatrix}=[-8 \quad -36]$$

を (7.24) に代入すると

$$4x'^2+9y'^2-8x'-36y'+4=0 \qquad (7.25)$$

この2次曲線を, 標準の位置にもちこむためには, なお $x'y'$ 座標の平行移動が必要である. そのために, 例 8 と同じように (7.25) を変形すると,

$$4(x'^2-2x')+9(y'^2-4y')+4=0$$

$$4(x'-1)^2-4+9(y'-2)^2-36+4=0$$

$$4(x'-1)^2+9(y'-2)^2=36 \qquad (7.26)$$

ここで

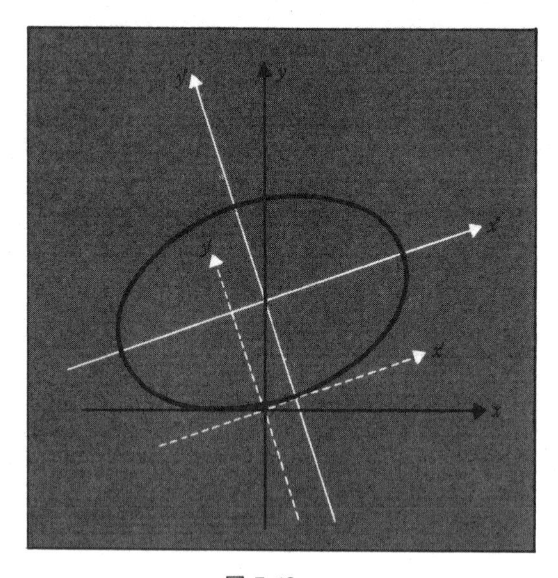

図 7.10

$$x''=x'-1 \qquad y''=y'-2$$

とおけば（つまり，$x'y'$ 座標を右に1，上に2平行移動して $x''y''$ 座標を作る），(7.26)は

$$4x''^2+9y''^2=36$$

$$\frac{x''^2}{3^2}+\frac{y''^2}{2^2}=1$$

となり，はじめに与えられた方程式は，図7.10のような楕円を表わすことがわかる．

練習問題 7.3

1. 次の2元2次方程式から2次の項をとり出して，2次形式を作れ．
   (a) $2x^2-3xy+4y^2-7x+2y+7=0$
   (b) $x^2-xy+5x+8y-3=0$
   (c) $5xy=8$
   (d) $4x^2-2y^2=7$
   (e) $y^2+7x-8y-5=0$
2. 問題1の2次形式を定義する行列を求めよ．
3. 問題1の2元2次方程式を，行列の形

   $$\mathbf{x}^tA\mathbf{x}+K\mathbf{x}+f=0$$

   で表わせ．
4. 次の2次曲線の名称を言え．
   (a) $2x^2+5y^2=20$　(b) $4x^2+9y^2=1$
   (c) $x^2-y^2-8=0$　(d) $4y^2-5x^2=20$
   (e) $x^2+y^2-25=0$　(f) $7y^2-2x=0$
   (g) $-x^2=2y$　(h) $3x-11y^2=0$
   (i) $y-x^2=0$　(j) $x^2-3=-y^2$
5. (a)～(f)の2次曲線を標準の位置にもちこむように直交座標を平行移動し，新しい $x'y'$ 座標についての方程式を書き，その名称を言え．
   (a) $9x^2+4y^2-36x-24y+36=0$　(b) $x^2-16y^2+8x+128y-256=0$
   (c) $y^2-8x-14y+49=0$　(d) $x^2+y^2+6x-10y+18=0$
   (e) $2x^2-3y^2+6x+20y+41=0$　(f) $x^2+10x+7y+32=0$
6. 次の非退化2次曲線は，いずれも標準の位置から，座標を回転して（(b)は平行移動もして）えられたものである．それぞれについて，xy の項（混合項）を座標の回転によって消去し，(b)については平行移動も行なって，標準の位置におきなおし，その方

程式と名称を求めよ．

(a)　$2x^2-4xy-y^2+8=0$　　(b)　$x^2+2xy+y^2-8x+y=0$

(c)　$5x^2+4xy+5y^2-9=0$　　(d)　$11x^2+24xy+4y^2-15=0$

次の **7.**〜**12.** の方程式によって定義される2次曲線を，回転と（必要ならば）平行移動によって，標準の位置にもちこみ，その方程式の形と2次曲線の名称を求めよ．

7.　$9x^2-4xy+6y^2-10x-20y-5=0$

8.　$3x^2-8xy-12y^2-30x-64y=0$

9.　$2x^2-4xy-y^2-4x-8y+14=0$

10.　$21x^2+6xy+13y^2-114x+34y+73=0$

11.　$x^2-6xy-7y^2+10x+2y+9=0$

12.　$4x^2-20xy+25y^2-15x-6y=0$

13.　xとyの2次方程式のグラフは，場合によると，1点だけになったり，1直線になったり，2直線になったりすることがある．この場合は，そのグラフを**退化2次曲線**とよぶ．さらに，グラフがまったく存在しない，つまりもとの2次方程式が実解をまったくもたないこともある．この場合は，**虚2次曲線**とよぶことにする．次の(a)〜(f)について，退化か虚かを決定し，グラフが存在するときにはそれを画け．

(a)　$x^2-y^2=0$　　(b)　$x^2+3y^2+7=0$

(c)　$8x^2+7y^2=0$　　(d)　$x^2-2xy+y^2=0$

(e)　$9x^2+12xy+4y^2-9=0$　　(f)　$x^2+y^2-2x-4y+5=0$

7.4　2次曲面への応用

この節では，前節でおこなったことを，3元2次形式の場合，したがってまた3変数の2次方程式の場合に拡張する．

$$ax^2+by^2+cz^2+2dxy+2exz+2fyz+gx+hy+iz+j=0 \tag{7.27}$$

（ここで，a,b,c,d,e,fのうち少なくとも1つは0ではないとする）の形をした方程式を **x, y, z に関する2次方程式**とよび，

$$ax^2+by^2+cz^2+2dxy+2exz+2fyz$$

を**3元2次形式**という．

(7.27) を行列をもちいて表わすと

$$[x \quad y \quad z]\begin{bmatrix} a & d & e \\ d & b & f \\ e & f & c \end{bmatrix}\begin{bmatrix} x \\ y \\ z \end{bmatrix}+[g \quad h \quad i]\begin{bmatrix} x \\ y \\ z \end{bmatrix}+j=0$$

ここで

$$\mathbf{x}=\begin{bmatrix} x \\ y \\ z \end{bmatrix} \qquad A=\begin{bmatrix} a & d & e \\ d & b & f \\ e & f & c \end{bmatrix} \qquad K=[g \quad h \quad i]$$

と書けば（前節と同じように）

$$\mathbf{x}^t A\mathbf{x}+K\mathbf{x}+j=0$$

となる．対称行列 A は，**3元2次形式**

$$\mathbf{x}^t A\mathbf{x}=ax^2+by^2+cz^2+2dxy+2exz+2fyz$$

の行列とよばれる．

≪例12≫

2次方程式

$$3x^2+2y^2-z^2+4xy+3xz-8yz+7x+2y+3z-7=0$$

の2次形式は

$$3x^2+2y^2-z^2+4xy+3xz-8yz$$

また，この2次形式の行列は

$$\begin{bmatrix} 3 & 2 & \frac{3}{2} \\ 2 & 2 & -4 \\ \frac{3}{2} & -4 & -1 \end{bmatrix}$$

x, y, z の2次方程式の解全体の作る集合（グラフ）は，**2次曲面**とよばれる．具体例についてみるまえに，代表的な2次曲面の概形を図7.11で紹介する．図7.11の2次曲面の方程式には，**混合項**（xy, xz, yz の項）が存在しないが，これらを回転すれば混合項が現われる．（2次曲線の場合と同様である．）また，x, y, z のいずれかをまったくふくまない場合の例を図7.12にあげておく．（ここでは z がふくまれないとした．）

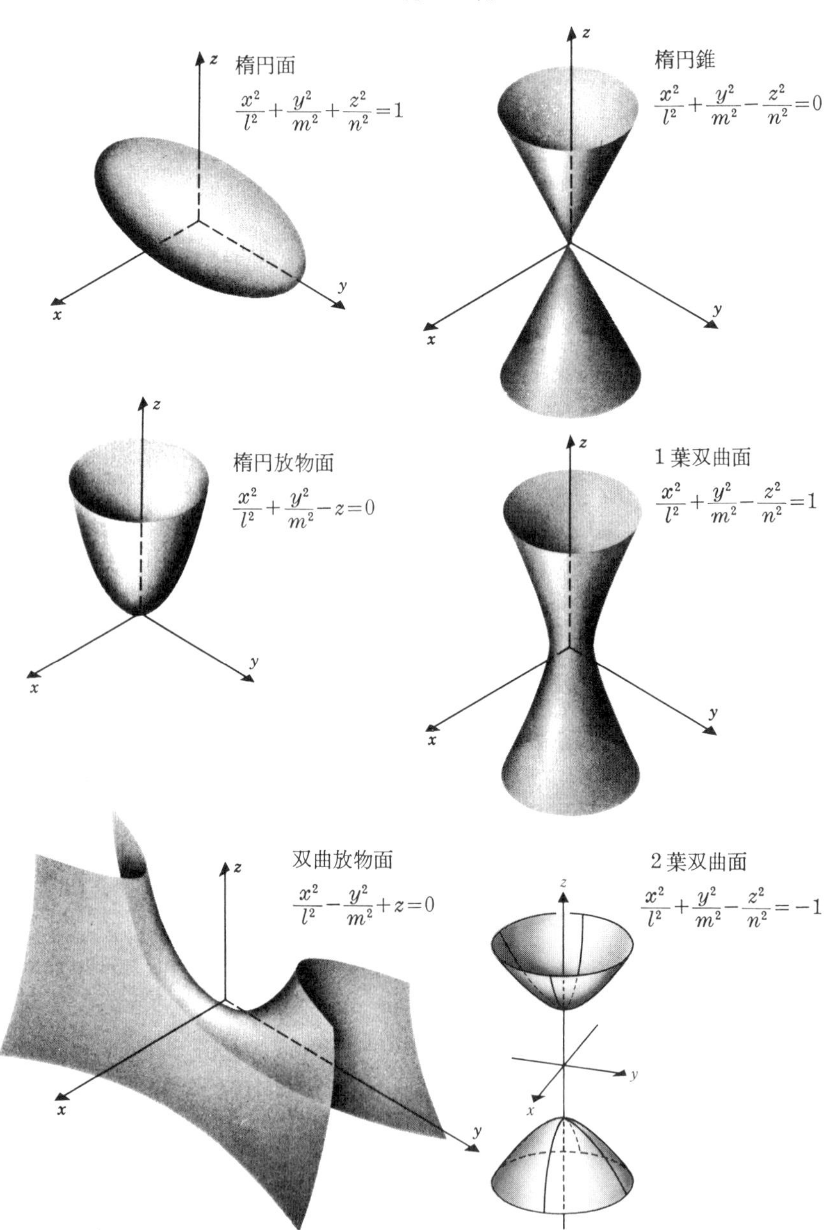

図 7.11　標準の位置にある2次曲面

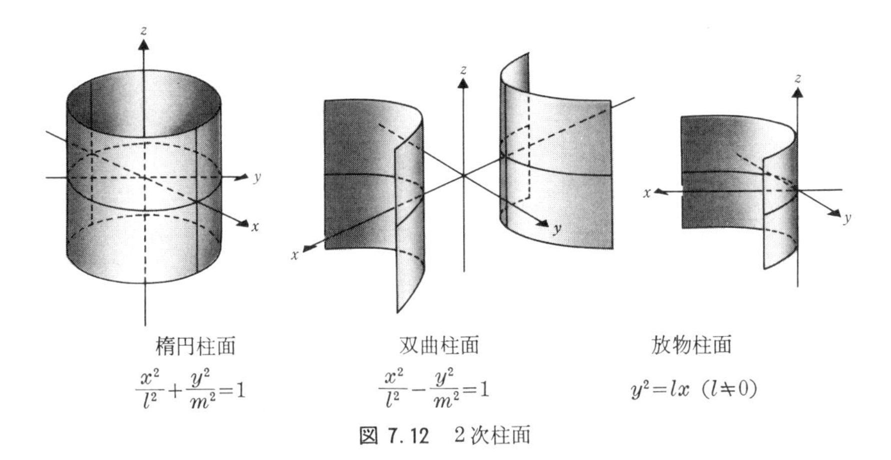

図 7.12　2次柱面

≪例13≫

$$4x^2+36y^2-9z^2-16x-216y+304=0$$

によって表わされる2次曲面の名称をいえ．

解：項を整理すると，

$$4(x^2-4x)+36(y^2-6y)-9z^2=-304$$

$$4(x-2)^2+36(y-3)^2-9z^2=36$$

$$\frac{(x-2)^2}{3^2}+(y-3)^2-\frac{z^2}{2^2}=1$$

ここで

$$x'=x-2,\quad y'=y-3,\quad z'=z$$

とすれば

$$\frac{x'^2}{3^2}+y^2-\frac{z'^2}{2^2}=1$$

したがって，1葉双曲面である．

次の定理は，座標系の回転によって，一般の3元2次方程式から混合項を消去しうることおよびその方法を示している．

定理10（2次曲面に関する**主軸定理**）

$$ax^2+by^2+cz^2+2dxy+2exz+2fyz+gx+hy+iz+j=0 \qquad (7.28)$$

で与えられる2次曲面を Q,

$$A=\begin{bmatrix} a & d & e \\ d & b & f \\ e & f & c \end{bmatrix}$$

とする．このとき，A を対角化する直交行列 P で $\det(P)=1$ となるものをとり

$$\mathbf{x}=P\mathbf{x}', \qquad \mathbf{x}=\begin{bmatrix} x \\ y \\ z \end{bmatrix} \qquad \mathbf{x}'=\begin{bmatrix} x' \\ y' \\ z' \end{bmatrix}$$

という回転を行なうと，$x'y'z'$ 座標での Q の方程式は

$$\lambda_1 x'^2+\lambda_2 y'^2+\lambda_3 z'^2+g'x'+h'y'+i'z'+j=0 \tag{7.29}$$

の形になる．(ここで $\lambda_1, \lambda_2, \lambda_3$ は A の固有値)

与えられた3元2次方程式(7.28)から項合項(xy, xz, yz の項)を消去する回転は次のようにして構成すればよいことが，上の定理からわかる．

ステップ1

A を対角化する直交行列 P を求める．

ステップ2

もし必要なら，P の列を交換して，$\det(P)=1$ となるようにする．

このとき，座標変換

$$\begin{bmatrix} x \\ y \\ z \end{bmatrix}=P\begin{bmatrix} x' \\ y' \\ z' \end{bmatrix} \tag{7.30}$$

は回転となっている．

ステップ3

(7.30)を与えられた方程式(7.29)に代入する．

これらの証明は，2元2次方程式の場合とまったく同様にすればよいので，読者への練習問題とする．

≪**例14**≫

$$4x^2+4y^2+4z^2+4xy+4xz+4yz-3=0$$

で表わされる2次曲面の名称を述べよ．

解：与えられた方程式は

$$\mathbf{x}^t A\mathbf{x}-3=0 \tag{7.31}$$

とかける．ここに，

$$A=\begin{bmatrix}4 & 2 & 2\\ 2 & 4 & 2\\ 2 & 2 & 4\end{bmatrix}$$

6.3節の例13で計算したように，A の固有値は $\lambda=2$，$\lambda=8$ となる．また A を対角化する直交行列 P が，

$$P=\begin{bmatrix}-\frac{1}{\sqrt{2}} & -\frac{1}{\sqrt{6}} & \frac{1}{\sqrt{3}}\\ \frac{1}{\sqrt{2}} & -\frac{1}{\sqrt{6}} & \frac{1}{\sqrt{3}}\\ 0 & \frac{2}{\sqrt{6}} & \frac{1}{\sqrt{3}}\end{bmatrix}$$

となることもすでに見た．(P の第1，第2列が $\lambda=2$ に対応する固有空間の正規直交基底，第3列が $\lambda=8$ に対応する固有空間の正規直交基底をなす固有ベクトルである．)

$\det(P)=1$ となっている（チェックせよ）ので，直交座標変換

$$\mathbf{x}=P\mathbf{x}' \tag{7.32}$$

は回転を与えている．(7.32) を (7.31) に代入すると

$$(P\mathbf{x}')^t A(P\mathbf{x}')-3=0$$

$$\mathbf{x}'^t(P^tAP)\mathbf{x}'-3=0 \tag{7.33}$$

ここで

$$P^tAP=\begin{bmatrix}2 & 0 & 0\\ 0 & 2 & 0\\ 0 & 0 & 8\end{bmatrix}$$

となることから，(7.33) は

$$[x' \quad y' \quad z']\begin{bmatrix}2 & 0 & 0\\0 & 2 & 0\\0 & 0 & 8\end{bmatrix}\begin{bmatrix}x'\\y'\\z'\end{bmatrix}-3=0$$

$$2x'^2+2y'^2+8z'^2=3$$

したがって

$$\frac{x'^2}{\left(\sqrt{\frac{3}{2}}\right)^2}+\frac{y'^2}{\left(\sqrt{\frac{3}{2}}\right)^2}+\frac{z'^2}{\left(\sqrt{\frac{3}{8}}\right)^2}=1$$

となり，楕円面であることがわかる．

練習問題 7.4

1. 次の3元2次方程式の3元2次形式を求めよ．
   (a) $x^2+2y^2-z^2+4xy-5yz+7x+2z-3=0$
   (b) $3x^2+7z^2+2xy-3xz+4yz-3x-4=0$
   (c) $xy+xz+yz-1=0$
   (d) $x^2+y^2-z^2-7=0$
   (e) $3z^2+3xz-14y+9=0$
   (f) $2z^2+2xz+y^2+2x-y+3z=0$
2. 問題1で求めた3元2次形式の行列を求めよ．
3. 問題1の3元2次方程式を行列の形，つまり

$$\mathbf{x}^t A\mathbf{x}+K\mathbf{x}+f=0$$

の形で表わせ．

4. 次の2次曲面の名称を述べよ．
   (a) $36x^2+9y^2+4z^2-36=0$　　(b) $2x^2+6y^2-3z^2-18=0$
   (c) $6x^2-3y^2-2z^2-6=0$　　(d) $9x^2+4y^2-z^2=0$
   (e) $16x^2+y^2-16z=0$　　(f) $7x^2-3y^2+z=0$　　(g) $x^2+y^2+z^2-25=0$
5. 座標の平行移動によって，次の2次曲面を標準の位置に変換し，その方程式と，2次曲面の名称を述べよ．
   (a) $9x^2+36y^2+4z^2-18x-144y-24z+153=0$
   (b) $6x^2+3y^2-2z^2+12x-18y-8z+7=0$
   (c) $3x^2-3y^2-z^2+42x+144=0$
   (d) $4x^2+9y^2-z^2-54y-50z-544=0$
   (e) $x^2+16y^2+2x-32y-16z-15=0$
   (f) $7x^2-3y^2+126x+72y+z+135=0$
   (g) $x^2+y^2+z^2-2x+4y-6z-11=0$

6.　次の3元2次方程式の混合項を消去する回転 $\mathbf{x}=P\mathbf{x}'$ を求め，$x'y'z'$ 座標をもちいてもとの方程式を書きなおし，もとの方程式によって定まる2次曲面の名称を述べよ．

(a)　$2x^2+3y^2+23z^2+7xz+150=0$

(b)　$4x^2+4y^2+4z^2+4xy+4xz+4yz-5=0$

(c)　$144x^2+100y^2+81z^2-216xy-540x-720z=0$

(d)　$2xy+z=0$

次の 7. ～10. の方程式によって定義される2次曲面を回転と平行移動によって，標準の位置にもちこみ，その方程式の形と2次曲面の名称を言え．

7.　$2xy+2xz+2yz-6x-6y-6z+9=0$

8.　$7x^2+7y^2+10z^2-2xy-4xz+4yz-12x+12y+60z-24=0$

9.　$2xy-6x+10y+z-31=0$

10.　$2x^2+2y^2+5z^2-4xy-2xz+2yz+10x-26y-2z=0$

11.　定理10を証明せよ．

8.　線型代数と数値計算

8.1　枢軸選択法

この節では，n 変数の n 個の1次方程式からなる連立1次方程式を，数値計算によって具体的に解く場合の注意について述べる．最近では，連立1次方程式を解くために，コンピュータが利用されることが多い．よく知られているように，コンピュータは，ある有限個の数字の集まり以外は処理することができない．無限小数などが出現すると，定まったケタ数の所で「四捨五入する」（一般には，「丸める」という）なり「切り捨てる」なりせざるをえない．例えば，小数点以下8ケタまでしか処理できないコンピュータを利用するとすれば，2/3という分数は，0.66666667（四捨五入）または0.66666666（切り捨て）として処理される．いずれの場合にも，誤差が生じるが，これを**丸め誤差**という．

コンピュータをもちいて，連立1次方程式を解こうという場合の問題は，次の2つである．

(1)　丸め誤差のために生じる不都合を最小限に留めること．

(2)　必要な計算時間（したがって費用）をなるべく減らすこと．

係数行列がよほど特別な形（例えば，大部分の成分が0）をしていない限り，連立1次方程式を解く最良の方法は，ガウスの消去法である．この節では，丸め誤差からの影響が少なくなるような工夫を加えた「ガウスの消去法」を紹介する．

大部分のコンピュータでは，**浮動小数点方式**を採用している．つまり，

$$\pm M \times 10^k \tag{8.1}$$

という形で実数を表わす.* ただし k は整数で,

$$0.1 \leqslant M < 1$$

とする. M は**仮数**, k は**尺度指数**とよばれる.

≪例 1≫

右側の表示が, 左の数の浮動小数点方式による表示になっている.

$$273 = 0.273 \times 10^3$$

$$-0.000052 = -0.52 \times 10^{-4}$$

$$1979 = 0.1979 \times 10^4$$

$$-\frac{1}{4} = -0.25 \times 10^0$$

仮数の大きさ, 尺度指数の限界は, コンピュータごとで違っている. 例えば IBM360 の場合, 仮数は (10 進小数で) 7 ケタ, 尺度指数は $-75 \leqslant k \leqslant 75$ となっている. 一般に仮数が n ケタだというのは, 小数点以下 n ケタ目が丸められていることを意味する. (次の例 2 を参照してほしい.)

≪例 2≫

仮数が 3 ケタの場合

数	上から 3 ケタ目を丸めた値	浮動小数点方式
$\frac{7}{3}$	2.33	0.233×10^1
1.4142	1.41	0.141×10^1
1985	1980	0.198×10^4
−0.12	−0.12	-0.120×10^0
23.96	24	0.240×10^2
−0.0291219	−0.0291	-0.291×10^{-1}

(**注意**　ここでは「四捨五入」によって丸めたが, ちょうど 5 の場合に「5」

---

* 正確にいうと, 10 進法ではなく, 2 進法が利用されているが, ここでは, 10 進法をもちいて話を進めることにする.

を捨てるか入れるかを決めるのに，「5」の前の数字が偶数なら捨て，奇数なら入れるという方式を採用する．この方式で行くと，1975，1985とも1980となる．これはコンピュータごとで違っている．）

以上の準備の下に，「ガウスの消去法」の改定版ともいうべき，**枢軸選択法**（または，枢軸付ガウス消去法）について述べよう．すでにふれたように，それは数値計算のために改良されたガウスの消去法である．（ここでは，連立1次方程式が，ただ1つの解を持っている場合のみをあつかう．）その方法を説明するために，連立1次方程式

$$\begin{cases} 3x_1+2x_2-\ x_3=1 \\ 6x_1+6x_2+2x_3=12 \\ 3x_1-2x_2+\ x_3=11 \end{cases}$$

を例にとる．

ステップ1

与えられた連立1次方程式の拡大係数行列の第1列の成分中，絶対値が最大のもの（これを**枢軸**とよぶ）をみつける．

第1列

$$\begin{bmatrix} 3 & 2 & -1 & 1 \\ \textcircled{6} & 6 & 2 & 12 \\ 3 & -2 & 1 & 11 \end{bmatrix}$$

枢軸成分

ステップ2

枢軸成分をふくむ行が第1行になるように（もし必要なら）行を交換する．

$$\begin{bmatrix} 6 & 6 & 2 & 12 \\ 3 & 2 & -1 & 1 \\ 3 & -2 & 1 & 11 \end{bmatrix}$$
第1行と第2行を交換した

ステップ3

枢軸成分を a（仮定によって $a \neq 0$）とするとき，第1行を $\dfrac{1}{a}$ 倍する．

$$\begin{bmatrix} 1 & 1 & \frac{1}{3} & 2 \\ 3 & 2 & -1 & 1 \\ 3 & -2 & 1 & 11 \end{bmatrix}$$ 第1行を $\frac{1}{6}$ 倍した

ステップ4

第1行に適当な数をかけて，第2行以下に加え，第1列の第2成分以下をすべて0にする．

$$\begin{bmatrix} 1 & 1 & \frac{1}{3} & 2 \\ 0 & -1 & -2 & -5 \\ 0 & -5 & 0 & 5 \end{bmatrix}$$ 第1行を(−3)倍して，第2,第3行に加えた

ステップ5

第1行,第1列を忘れて，残った行列について，ステップ1以下を，全体がガウス行列になるまで，くりかえす．

$$\begin{bmatrix} 1 & 1 & \frac{1}{3} & 2 \\ 0 & -1 & -2 & -5 \\ 0 & \boxed{-5} & 0 & 5 \end{bmatrix}$$

↑枢軸成分（−5）

$$\begin{bmatrix} 1 & 1 & \frac{1}{3} & 2 \\ 0 & -5 & 0 & 5 \\ 0 & -1 & -2 & -5 \end{bmatrix}$$ 第1行と第2行を交換した

$$\begin{bmatrix} 1 & 1 & \frac{1}{3} & 2 \\ 0 & 1 & 0 & -1 \\ 0 & -1 & -2 & -5 \end{bmatrix}$$ 第1行を $\left(-\frac{1}{5}\right)$ 倍した

$$\begin{bmatrix} 1 & 1 & \frac{1}{3} & 2 \\ 0 & 1 & 0 & -1 \\ 0 & 0 & -2 & -6 \end{bmatrix}$$ 第1行を(1倍して)第2行に加えた

$$\begin{bmatrix} 1 & 1 & \frac{1}{3} & 2 \\ 0 & 1 & 0 & -1 \\ 0 & 0 & \textcircled{-2} & -6 \end{bmatrix}$$

枢軸成分

$$\begin{bmatrix} 1 & 1 & \frac{1}{3} & 2 \\ 0 & 1 & 0 & -1 \\ 0 & 0 & 1 & 3 \end{bmatrix}$$ 第1行を$\left(-\frac{1}{2}\right)$倍した

かくして，ガウス行列

$$\begin{bmatrix} 1 & 1 & \frac{1}{3} & 2 \\ 0 & 1 & 0 & -1 \\ 0 & 0 & 1 & 3 \end{bmatrix}$$

がえられた．

ステップ6

後部代入法をもちいて，ガウス行列に対応する連立1次方程式を解く．

ガウス行列に対応する連立1次方程式は，

$$\begin{cases} x_1+x_2+\frac{1}{3}x_3= \ \ 2 \\ \quad x_2 \qquad\quad =-1 \\ \qquad\qquad x_3= \ \ 3 \end{cases}$$

後部代入法（下から順に解を求めること）によって，

$$x_3=3, \quad x_2=-1, \quad x_1=2$$

がえられる．

上の例では，正確な解が計算できたので，丸め誤差が解に与える影響や，枢軸選択法の意義がわからなかった．次に，これらがわかる例をあげよう．

≪例3≫

次の連立1次方程式を枢軸選択法で解け．なお，各計算結果は，3ケタ目を丸めよ．（例2で述べた方式を利用すること．）

$$
\begin{cases}
0.00044x_1+0.0003x_2-0.0001x_3=0.00046 \\
4x_1+x_2+x_3=1.5 \\
3x_1-9.2x_2-0.5x_3=-8.2
\end{cases}
\tag{8.2}
$$

解：(枢軸選択法) (8.2) の拡大係数行列は,

$$
\begin{bmatrix}
0.00044 & 0.0003 & -0.0001 & 0.00046 \\
4 & 1 & 1 & 1.5 \\
3 & -9.2 & -0.5 & -8.2
\end{bmatrix}
$$

枢軸成分が第1行にくるように，第1行と第2行を交換する．

$$
\begin{bmatrix}
4 & 1 & 1 & 1.5 \\
0.00044 & 0.0003 & -0.0001 & 0.00046 \\
3 & -9.2 & -0.5 & -8.2
\end{bmatrix}
$$

第1行を $\dfrac{1}{4}$ 倍する．

$$
\begin{bmatrix}
1 & 0.25 & 0.25 & 0.375 \\
0.00044 & 0.0003 & -0.0001 & 0.00046 \\
3 & -9.2 & -0.5 & -8.2
\end{bmatrix}
$$

第1行を -0.00044 倍して，第2行に加え，第1行を -3 倍して第3行に加える．

$$
\begin{bmatrix}
1 & 0.25 & 0.25 & 0.375 \\
0 & 0.00019 & -0.00021 & 0.000295 \\
0 & -9.95 & -1.25 & -9.32
\end{bmatrix}
$$

枢軸成分を上昇させるために，第2行と第3行を交換する．

$$
\begin{bmatrix}
1 & 0.25 & 0.25 & 0.375 \\
0 & -9.95 & -1.25 & -9.32 \\
0 & 0.00019 & -0.00021 & 0.000295
\end{bmatrix}
$$

第2行を -9.95 で割る．

$$
\begin{bmatrix}
1 & 0.25 & 0.25 & 0.375 \\
0 & 1 & 0.126 & 0.937 \\
0 & 0.00019 & -0.00021 & 0.000295
\end{bmatrix}
$$

第2行を -0.00019 倍して，第3行に加える．

$$\begin{bmatrix} 1 & 0.25 & 0.25 & 0.375 \\ 0 & 1 & 0.126 & 0.937 \\ 0 & 0 & -0.000234 & 0.000117 \end{bmatrix}$$

第3行を -0.000234 で割って，ガウス行列がえられる．

$$\begin{bmatrix} 1 & 0.25 & 0.25 & 0.375 \\ 0 & 1 & 0.126 & 0.937 \\ 0 & 0 & 1 & -0.5 \end{bmatrix}$$

これに対応する連立1次方程式は，

$$\begin{cases} x_1+0.25x_2+\ 0.25x_3=0.375 \\ \qquad\qquad x_2+0.126x_3=0.937 \\ \qquad\qquad\qquad\qquad x_3=-0.5 \end{cases}$$

後部代入法により（3ケタ表示する），

$$x_1=0.250 \qquad x_2=1.00 \qquad x_3=-0.500 \tag{8.3}$$

ところで，(8.2) を枢軸選択法を利用せずに単純に「ガウスの消去法」によって解くと，（各計算結果は上から3ケタ目を丸める）

$$x_1=0.245 \qquad x_2=1.01 \qquad x_3=-0.492 \tag{8.4}$$

となる．（詳しい計算は，読者自身で確認してほしい．）

(8.2) の正確な答は，

$$x_1=\frac{1}{4} \qquad x_2=1 \qquad x_3=-\frac{1}{2}$$

であるから，(8.4) よりも (8.3) の方がすぐれていることがわかる．

枢軸選択法をもちいれば，丸め誤差の累積効果としての不都合をある程度まではさけることができる．とはいえ，連立1次方程式の中には係数をほんの少し変化させただけでも，えられる解に非常に大きな影響が現われるものも存在する．これらは**病的な連立1次方程式**とよばれることがある．例えば

$$\begin{cases} x_1+\qquad\ x_2=-3 \\ x_1+1.016x_2=5 \end{cases} \tag{8.5}$$

を考えよう．かりに，3ケタ目を丸めるコンピュータをもちいて，これを解くとすると，そのコンピュータは，(8.5) のかわりに，実は，

$$\begin{cases} x_1 + \quad x_2 = -3 \\ x_1 + 1.02x_2 = 5 \end{cases} \tag{8.6}$$

を解くことになる．ところで，(8.5) の（正確な）解は，$x_1=-503$，$x_2=500$ であり，(8.6) の（正確な）解は，$x_1=-403$，$x_2=400$ である．この例では，丸め誤差はわずかに 0.004 にしかすぎなかったのに，解の方には非常に大きな誤差が現われている．

病的な連立1次方程式をコンピュータによって解く場合，非常な困難があることが推察できるだろう．しかも，その困難はさけることがむずかしい．とはいえ，物理学との関連分野などでは，問題のとらえ方を変えることによって，病的な連立1次方程式が出現したとしても，それをうまくさけうることがある．(病的な連立1次方程式をどうとらえるかについては，「訳者あとがき」にあげたテキストを参照してほしい.）

練習問題 8.1

1. 次の数を浮動小数点方式で表わせ．

(a) $\frac{14}{5}$　(b) 3452　(c) 0.000003879　(d) −0.135　(e) 17.921

(f) −0.0863

2. 問題1の各数を3ケタ目を丸めて浮動小数点方式で表わせ．

3. 問題1の各数を2ケタ目を丸めて浮動小数点方式で表わせ．

次の**4.**～**7.** の連立1次方程式を枢軸選択法をもちいて（正確に）解け．また，単なるガウスの消去法による解も求めてそれらを比較せよ．

4. $\begin{cases} 3x_1 + x_2 = -2 \\ -5x_1 + x_2 = 22 \end{cases}$

5. $\begin{cases} x_1 + x_2 + x_3 = 6 \\ 2x_1 - x_2 + 4x_3 = 12 \\ -3x_1 + 2x_2 - x_3 = -4 \end{cases}$

6. $\begin{cases} 2x_1 + 3x_2 - x_3 = 5 \\ 4x_1 + 4x_2 - 3x_3 = 3 \\ 2x_1 - 3x_2 + x_3 = -1 \end{cases}$

7. $\begin{cases} 5x_1 + 6x_2 - x_3 + 2x_4 = -3 \\ 2x_1 - x_2 + x_3 + x_4 = 0 \\ -8x_1 + x_2 + 2x_3 - x_4 = 3 \\ 5x_1 + 2x_2 + 3x_3 - x_4 = 4 \end{cases}$

次の**8.**，**9.** の連立1次方程式を枢軸選択法によって解け．ただし，各計算はすべて3ケタ目を丸めよ．

8. $\begin{cases} 0.21x_1 + 0.33x_2 = 0.54 \\ 0.70x_1 + 0.24x_2 = 0.94 \end{cases}$

9. $\begin{cases} 0.11x_1 - 0.13x_2 + 0.20x_3 = -0.02 \\ 0.10x_1 + 0.36x_2 + 0.45x_3 = 0.25 \\ 0.50x_1 - 0.01x_2 + 0.30x_3 = -0.70 \end{cases}$

10. 連立1次方程式

$$\begin{cases} 0.0001x_1+x_2=1 \\ \quad\quad\quad x_1+x_2=2 \end{cases}$$

を単なるガウスの消去法，および枢軸選択法によって解け．このとき，各計算は3ケタ目を丸めつつ行なえ．また，正確な解を求めて，それらと比較せよ．

8.2 ガウス・ザイデルの反復法；ヤコビの反復法

ガウスの消去法は，「枢軸選択法」的に改良する必要がある．しかし，方程式の数が非常に多い（例えば100，またはそれ以上）場合とか，係数行列の成分の大半が0となっている場合などは，別の方法をもちいた方が便利なことが多い．この節では，そのような場合をとり扱う．

n 変数で n 個の方程式からなる連立1次方程式

$$\begin{cases} a_{11}x_1+a_{12}x_2+\cdots+a_{1n}x_n=b_1 \\ a_{21}x_1+a_{22}x_2+\cdots+a_{2n}x_n=b_2 \\ \quad\vdots \quad\quad\quad \vdots \quad\quad\quad\quad\quad \vdots \quad\quad \vdots \\ a_{n1}x_1+a_{n2}x_2+\cdots+a_{nn}x_n=b_n \end{cases} \tag{8.7}$$

において，係数行列の対角成分 $a_{11}, a_{22}, \cdots, a_{nn}$ はいずれも0ではないとし，さらに(8.7)はただ1つの解を持っていると仮定する．

最初に述べる方法は，**ヤコビの反復法***とよばれる方法である．まず，(8.7)の第1の方程式で，x_1 を $x_2, x_3, \cdots, x_n$ で表わす．次に第2の方程式で，x_2 を $x_1, x_3, \cdots, x_n$ で表わす．以下これをくり返して，

$$\begin{cases} x_1=\dfrac{1}{a_{11}}(b_1-a_{12}x_2-a_{13}x_3-\cdots-a_{1n}x_n) \\ x_2=\dfrac{1}{a_{22}}(b_2-a_{21}x_1-a_{23}x_3-\cdots-a_{2n}x_n) \\ \vdots \\ x_n=\dfrac{1}{a_{nn}}(b_n-a_{n1}x_1-a_{n2}x_2-\cdots-a_{nn-1}x_{n-1}) \end{cases} \tag{8.8}$$

をうる．例えば，与えられた連立方程式を

---

* C.G.J. ヤコビ（1804-1851）ドイツのユダヤ人数学者．「オリジナルな仕事もないのに出世が早い」と悪口を言われたこともあったが，楕円関数論に関する研究で，周囲を沈黙させた．計算法の「発明家」として，オイラーと並び有名．教えることもうまかった．

$$\begin{cases} 20x_1+\ \ x_2\ \ -x_3=17 \\ x_1-10x_2+\ \ x_3=13 \\ -x_1+\ \ x_2+10x_3=18 \end{cases} \tag{8.9}$$

とすると，

$$\begin{cases} x_1=\dfrac{17}{20}-\dfrac{1}{20}x_2+\dfrac{1}{20}x_3 \\ x_2=-\dfrac{13}{10}+\dfrac{1}{10}x_1+\dfrac{1}{10}x_3 \\ x_3=\dfrac{18}{10}+\dfrac{1}{10}x_1-\dfrac{1}{10}x_2 \end{cases}$$

つまり

$$\begin{cases} x_1=0.85-0.05x_2+0.05x_3 \\ x_2=-1.3+0.1x_1+0.1x_3 \\ x_3=1.8+0.1x_1-0.1x_2 \end{cases} \tag{8.10}$$

さて，(8.7) の近似解が1つえられたとすると，これらを (8.8) の右辺に代入して新しい $x_1, x_2, \cdots, x_n$ を作る．このとき，はじめの近似解よりもさらに良い近似解になっていることがある．このことが，ヤコビの反復法への鍵を与えている．

ヤコビの反復法によって，(8.7) を解くためには，まず1つの近似解を作っておく必要がある．うまい近似解を思いつかないときは，$x_1=x_2=\cdots=x_n=0$ としてみればよい．そしてこれを (8.8) の右辺に代入し，新しく $x_1=\dfrac{b_1}{a_{11}}$，$x_2=\dfrac{b_2}{a_{22}}, \cdots, x_n=\dfrac{b_n}{a_{nn}}$ がえられるが これを 第1近似解とすればよい．さらにこれをまた (8.8) の右辺に代入して，以下これを反復すればよい．

例えば，(8.9) の第1近似解を作るために，$x_1=x_2=x_3=0$ とおき，これを (8.10) の右辺に代入して，

$$x_1=0.85 \qquad x_2=-1.3 \qquad x_3=1.8 \tag{8.11}$$

をうる．(8.11) をまた (8.10) の右辺に代入して，第2近似解を求めると，

$$\begin{aligned} x_1&=0.85-0.05\times(-1.3)+\quad 0.05\times1.8=1.005 \\ x_2&=-1.3+\quad 0.1\times0.85+\quad 0.1\times1.8=-1.035 \\ x_3&=\ \ 1.8+\quad 0.1\times0.85-0.1\ \times(-1.3)=2.015 \end{aligned}$$

詳しくは述べないが，ある条件を満たす場合には，これを反復して，近似の度合をいくらでも高めることができる．連立1次方程式(8.9)は，それがうまく行く場合になっていて，どんどんと真の解 $x_1=1$, $x_2=-1$, $x_3=2$ に近づいて行く．そのようすを図8.1に示しておこう．計算はすべて，5ケタ目を丸めた．この場合には，反復を6回くりかえして，真の解が（5ケタ目を丸める限りで）えられている．

	スタート	第1近似	第2近似	第3近似	第4近似	第5近似	第6近似
x_1	0	0.85	1.005	1.0025	1.0001	0.99997	1.0000
x_2	0	−1.3	−1.035	−0.9980	−0.99935	−0.99999	−1.0000
x_3	0	1.8	2.015	2.004	2.0000	1.9999	2.0000

図8.1 ヤコビの反復法による(8.9)の解の近似状態

ヤコビの反復法の「改良型」として，**ガウス・ザイデルの反復法***とよばれる方法がある．次にこれを紹介しよう．

ヤコビの反復法では，近似度を高めるために，(8.8)の右辺に古い近似解を代入して，新しい近似解を構成したが，このとき，古い $x_1, x_2, \cdots, x_n$ をもちいて，新しい $x_1, x_2, \cdots, x_n$ を同時に計算した．しかし，新しい近似解が古いものよりもさらに真の解に近づいていると仮定すると，新しい x_2 を作るときの x_1 として，新しい x_1 を利用した方がよいのではないかと推定される．以下一般に，新しい x_k を作るときに，$x_1, x_2, \cdots, x_{k-1}$ としては新しい近似解を利用し，x_{k+1}, $x_{k+2}, \cdots, x_n$ のみを古い近似解とする方法が，よりよい近似解の計算法ではないかと推定することができる．(8.9)を例にとってこれを説明しよう．ヤコビの反復法では，スタートとして $x_1=x_2=x_3=0$ として，(8.10)の右辺に代入して，第1近似解

$$x_1=0.85 \qquad x_2=-1.3 \qquad x_3=1.8 \tag{8.12}$$

を作った．

ガウス・ザイデルの反復法の場合には，代入を次のようにおこなう．まず

* P.L. ザイデル（1821-1896）ベッセル，ヤコビの下で学んだドイツの応用数学者．晩年は両眼を病んだために，研究・教育活動を中止せざるをえなくなった．

(8.10)の第1式の右辺に $x_1=0$, $x_2=0$, $x_3=0$ を代入して $x_1=0.85$ を作る. そして, (8.10) の第2式の右辺に代入する値は,

$$x_1=0.85 \qquad x_2=0 \qquad x_3=0$$

とする. そして, 新しい $x_2=-1.215$ を作る. その次には,

$$x_1=0.85 \qquad x_2=-1.215 \qquad x_3=0$$

を (8.10) の第3式の右辺に代入して, 新しい $x_3=2.0065$ を作る.

このようにして, ガウス•ザイデルの第1近似解として,

$$x_1=0.85 \qquad x_2=-1.215 \qquad x_3=2.0065 \tag{8.13}$$

がえられる. さらに, 第2近似解の構成手順も述べよう. (上と同様であるが) まず, (8.13) を (8.10) の第1式の右辺に代入して,

$$x_1=0.85-0.05\times(-1.215)+0.05\times 2.0065=1.0111$$

を作り, 次に

$$x_1=1.0111 \qquad x_2=-1.215 \qquad x_3=2.0065$$

を (8.10) の第2式の右辺に代入して

$$x_2=-1.3+0.1\times 1.0111+0.1\times 2.0065=-0.99824$$

を作る. さらに, (8.10) の第3式の右辺に

$$x_1=1.0111 \qquad x_2=-0.99824 \qquad x_3=2.0065$$

を代入して

$$x_3=1.8+0.1\times 1.0111-0.1\times(-0.99824)=2.0009$$

を作る. これで, ガウス•ザイデルの反復法による第2近似解

$$x_1=1.0111 \qquad x_2=-0.99824 \qquad x_3=2.0009$$

が構成できた. ガウス•ザイデルの反復法で第4近似まで計算した結果が, 図8.2である. (計算はすべて上から5ケタ目を丸めた.)

	スタート	第1近似	第2近似	第3近似	第4近似
x_1	0	0.85	1.0111	0.99995	1.0000
x_2	0	−1.215	−0.99824	−0.99992	−1.0000
x_3	0	2.0065	2.0009	2.0000	2.0000

図8.2　ガウス•ザイデルの反復法による (8.9) の解の近似状態

2つの表（図8.1，図8.2）を比べると，確かにヤコビの反復法よりも，ガウス・ザイデルの反復法の方が，早く真の値に近づくことができるという意味で，すぐれていることがわかる．しかし，だからといって，一般的にガウス・ザイデルの反復法が，ヤコビの反復法よりもすぐれているかというと，それは正しくない．おどろくべきことには，ヤコビの反復法の方がすぐれている例が存在している！

ガウス・ザイデルの反復法，ヤコビの反復法は，いつでも有効というわけではない．ある場合には，その一方または双方とも，何度反復をくり返しても，真の解に，接近することができないことがある．そういう場合には，「近似値」が**発散**するといい，逆に，反復の回数さえふやせば，いくらでも真の解に接近できる．つまり，いくらでも近似を精密化できるという場合には近似値が**収束**するという．

最後に，2つの反復法によって構成される近似解が，収束するための保証，つまり十分条件を1つ紹介しておこう．

正方行列

$$A=\begin{bmatrix} a_{11} & a_{12} & \cdots & a_{1n} \\ a_{21} & a_{22} & \cdots & a_{2n} \\ \vdots & \vdots & & \vdots \\ a_{n1} & a_{n2} & \cdots & a_{nn} \end{bmatrix}$$

において，対角成分の絶対値が同じ行の他のすべての成分の絶対値の和よりも大きいとき，つまり

$$\begin{aligned} |a_{11}| &> |a_{12}|+|a_{13}|+\cdots+|a_{1n}| \\ |a_{22}| &> |a_{21}|+|a_{23}|+\cdots+|a_{2n}| \\ \vdots\ \ & \qquad \vdots \qquad\quad \vdots \qquad\qquad\quad \vdots \\ |a_{nn}| &> |a_{n1}|+|a_{n2}|+\cdots+|a_{nn-1}| \end{aligned}$$

が成り立つとき，A を**準対角行列**とよぶ．

≪例4≫

$$\begin{bmatrix} 7 & -2 & 3 \\ 4 & 1 & -6 \\ 5 & 12 & -4 \end{bmatrix}$$

は，$|1|<|4|+|-6|$，$|-4|<|5|+|12|$ となるので，準対角行列ではない．

しかし，第2行と第3行を交換すると，

$$\begin{bmatrix} 7 & -2 & 3 \\ 5 & 12 & -4 \\ 4 & 1 & -6 \end{bmatrix}$$

$$|7|>|-2|+|3|$$

$$|12|>|5|+|-4|$$

$$|-6|>|4|+|1|$$

となるので，準対角行列となる．

このとき，次の事実が証明されている．

準対角行列 A を係数行列とする連立1次方程式

$$A\mathbf{x}=\mathbf{b}$$

の近似解法には，ガウス・ザイデルおよびヤコビの反復法が適用できる．

練習問題 8.2

次の1.～4. の連立1次方程式をヤコビの反復法によって解け．ただし，$x_1=0$，$x_2=0$ からスタートし，各計算は3ケタ目を丸め，第4近似解まで求めよ．また，その解を「正確な解」と比較せよ．

1. $\begin{cases} 2x_1+x_2=7 \\ x_1-2x_2=1 \end{cases}$

2. $\begin{cases} 2x_1-x_2=5 \\ 2x_1+3x_2=-4 \end{cases}$

3. $\begin{cases} 5x_1-2x_2=-13 \\ x_1+7x_2=-10 \end{cases}$

4. $\begin{cases} 0.4x_1+0.1x_2=0.2 \\ 0.3x_1+0.7x_2=1.4 \end{cases}$

次の5.～8. の連立1次方程式をガウス・ザイデルの反復法によって解け．ただし $x_1=0$，$x_2=0$ からスタートし，各計算は3ケタ目を丸め，第3近似解まで求めよ．また，その解を「正確な解」と比較せよ．

5. 問題1と同じ．
6. 問題2と同じ．
7. 問題3と同じ．
8. 問題4と同じ．

次の 9.，10. の連立1次方程式をヤコビの反復法によって解け．ただし，$x_1=0$，$x_2=0$，$x_3=0$ からスタートし，各計算は3ケタ目を丸め，第3近似解まで求めよ．また，その解を「正確な解」と比較せよ．

9. $\begin{cases} 10x_1+\ \ x_2+\ 2x_3=3 \\ \ \ x_1+10x_2-\ \ x_3=\dfrac{3}{2} \\ 2x_1+\ \ x_2+10x_3=-9 \end{cases}$

10. $\begin{cases} 20x_1-\ \ x_2+\ \ x_3=20 \\ 2x_1+10x_2-\ \ x_3=11 \\ \ \ x_1+\ \ x_2-20x_3=-18 \end{cases}$

次の **11.**,**12.** の連立1次方程式をガウス・ザイデルの反復法によって解け．ただし，$x_1=0$，$x_2=0$，$x_3=0$ からスタートし，各計算は3ケタ目を丸め，第3近似解まで求めよ．また，その解を「正確な解」と比較せよ．

11. 問題9と同じ．

12. 問題10と同じ．

13. (a)～(e)のうちから，準対角行列を選べ．

(a) $\begin{bmatrix} 2 & 1 \\ -1 & 4 \end{bmatrix}$ (b) $\begin{bmatrix} 3 & -5 \\ 1 & 2 \end{bmatrix}$ (c) $\begin{bmatrix} 6 & 0 & 1 \\ 3 & 5 & 3 \\ 0 & 0 & 1 \end{bmatrix}$

(d) $\begin{bmatrix} 4 & 1 & 2 \\ 0 & 3 & 2 \\ 4 & 1 & -7 \end{bmatrix}$ (e) $\begin{bmatrix} 5 & 1 & 2 & 0 \\ 3 & -7 & 2 & 1 \\ 0 & 2 & 5 & 1 \\ 1 & 1 & 2 & -5 \end{bmatrix}$

14. 連立1次方程式

$$\begin{cases} x_1+3x_2=4 \\ x_1-\ x_2=0 \end{cases}$$

について，

(a) ヤコビの反復法をもちいて「近似解」を構成し，それが発散することを確認せよ．

(b) 係数行列は準対角行列か？

15. 連立1次方程式 (8.7) がただ1つの解を持つとすれば，必要ならば適当に1次方程式の順序を交換して，新しい係数行列を作り，そのすべての対角成分が0に等しくないようにできることを示せ．

8.3 近似固有値と乗べキ法

行列の固有値は，その固有方程式を解けば求めることができた．しかし，実際的な計算法とはとてもいえない．しかも，物理学などでは，絶対値が最大の固有値だけを求めればよいことが多い．この節では，絶対値が最大になる固有値の近似的な計算法とそれに対応する固有ベクトルの近似的な計算法について述べる．絶対値が最大でない固有値の近似的な計算法については，次の節を参照してほしい．

定義　正方行列 A の固有値のうちで，絶対値が他の固有値の絶対値よりも大きいものを，A の**主要固有値**とよび，これに対応する固有ベクトルを，A の**主要固有ベクトル**とよぶ．

≪例 5≫

4×4 行列 A の固有値を

$$\lambda_1=-4 \qquad \lambda_2=3 \qquad \lambda_3=-2 \qquad \lambda_4=2$$

とすると，A の主要固有値は $\lambda_1=-4$ である．

≪例 6≫

3×3 行列 A の固有値を

$$\lambda_1=7 \qquad \lambda_2=-7 \qquad \lambda_3=1$$

とすると，A には主要固有値が存在しない．

主要固有値を持った対角化可能な $n\times n$ 行列を A とする．このとき，$\boldsymbol{R}^n$ の任意の $\mathbf{0}$ でないベクトルを $\mathbf{x}_0$ とすると，十分大きな p に対して，ベクトル

$$A^p\ \mathbf{x}_0 \tag{8.14}$$

は A の主要固有ベクトルを十分良く近似していることがわかる．（証明は，節の終わりに「自由研究」として付けておく．）意味とアイデアをはっきりさせるために，まず例をあげておこう．

≪例 7≫

$$A=\begin{bmatrix} 3 & 2 \\ -1 & 0 \end{bmatrix}$$

の固有値は（すでに 6.1 節の例 2 で見たように），$\lambda_1=2$，$\lambda_2=1$ である．

したがって，A の主要固有値は $\lambda_1=2$ で，これに対応する固有空間は，

$$(2I-A)\mathbf{x}=\mathbf{0}$$

つまり

$$\begin{bmatrix} -1 & -2 \\ 1 & 2 \end{bmatrix}\begin{bmatrix} x_1 \\ x_2 \end{bmatrix}=\begin{bmatrix} 0 \\ 0 \end{bmatrix}$$

の解空間と一致している．ところで，この連立１次方程式を解くと，$x_1=-2t$，$x_2=t$ がえられ，したがって，$\lambda_1=2$ に対応する固有ベクトルは

$$\mathbf{x}=\begin{bmatrix} -2t \\ t \end{bmatrix} \tag{8.15}$$

（ただし$t \fallingdotseq 0$）の形のベクトル全体となることがわかる．

この結果をもちいて，(8.14) の利用法を説明しよう．まず，

$$\mathbf{x}_0=\begin{bmatrix} 1 \\ 1 \end{bmatrix}$$

とおいて，スタートする．$\mathbf{x}_0$ に A を順次かけて行くと

$$A\mathbf{x}_0=\begin{bmatrix} 3 & 2 \\ -1 & 0 \end{bmatrix}\begin{bmatrix} 1 \\ 1 \end{bmatrix}=\begin{bmatrix} 5 \\ -1 \end{bmatrix}$$

$$A^2\mathbf{x}_0=A(A\mathbf{x}_0)=\begin{bmatrix} 3 & 2 \\ -1 & 0 \end{bmatrix}\begin{bmatrix} 5 \\ -1 \end{bmatrix}=\begin{bmatrix} 13 \\ -5 \end{bmatrix}=5\begin{bmatrix} 2.6 \\ -1 \end{bmatrix}$$

$$A^3\mathbf{x}_0=A(A^2\mathbf{x}_0)=\begin{bmatrix} 3 & 2 \\ -1 & 0 \end{bmatrix}\begin{bmatrix} 13 \\ -5 \end{bmatrix}=\begin{bmatrix} 29 \\ -13 \end{bmatrix}\fallingdotseq 13\begin{bmatrix} 2.23 \\ -1 \end{bmatrix}$$

$$A^4\mathbf{x}_0=A(A^3\mathbf{x}_0)=\begin{bmatrix} 3 & 2 \\ -1 & 0 \end{bmatrix}\begin{bmatrix} 29 \\ -13 \end{bmatrix}=\begin{bmatrix} 61 \\ -29 \end{bmatrix}\fallingdotseq 29\begin{bmatrix} 2.10 \\ -1 \end{bmatrix}$$

$$A^5\mathbf{x}_0=A(A^4\mathbf{x}_0)=\begin{bmatrix} 3 & 2 \\ -1 & 0 \end{bmatrix}\begin{bmatrix} 61 \\ -29 \end{bmatrix}=\begin{bmatrix} 125 \\ -61 \end{bmatrix}\fallingdotseq 61\begin{bmatrix} 2.05 \\ -1 \end{bmatrix}$$

$$A^6\mathbf{x}_0=A(A^5\mathbf{x}_0)=\begin{bmatrix} 3 & 2 \\ -1 & 0 \end{bmatrix}\begin{bmatrix} 125 \\ -61 \end{bmatrix}=\begin{bmatrix} 253 \\ -125 \end{bmatrix}\fallingdotseq 125\begin{bmatrix} 2.02 \\ -1 \end{bmatrix}$$

$$A^7\mathbf{x}_0=A(A^6\mathbf{x}_0)=\begin{bmatrix} 3 & 2 \\ -1 & 0 \end{bmatrix}\begin{bmatrix} 253 \\ -125 \end{bmatrix}=\begin{bmatrix} 509 \\ -253 \end{bmatrix}\fallingdotseq 253\begin{bmatrix} 2.01 \\ -1 \end{bmatrix}$$

この計算結果から推定されるように，A をかければかけるほど，いくらでも

$$\begin{bmatrix} 2 \\ -1 \end{bmatrix}$$

のスカラー倍に接近して行く．ところで，このベクトルが，(8.15) で $t=-1$ とおいてえられる A の主要固有ベクトルであること，および主要固有ベクトルのスカラー倍（0 倍はのぞく）がまた主要固有ベクトルとなることに注意すれば，結局，$\mathbf{x}_0$ に左から A をかければかけるほど，えられるベクトルが主要固有ベクトルに「どんどん接近」して行くことがわかる．

次に，近似主要固有ベクトルがえられたとして，それからどのようにして，近似主要固有値を求めるかについて述べよう．一般に，A の固有値 λ に対応する固有ベクトルを $\mathbf{x}$ とすると

$$\frac{\langle \mathbf{x}, A\mathbf{x}\rangle}{\langle \mathbf{x}, \mathbf{x}\rangle}=\frac{\langle \mathbf{x}, \lambda\mathbf{x}\rangle}{\langle \mathbf{x}, \mathbf{x}\rangle}=\frac{\lambda\langle \mathbf{x}, \mathbf{x}\rangle}{\langle \mathbf{x}, \mathbf{x}\rangle}=\lambda$$

となることがわかる．（ここで $\langle\ ,\ \rangle$ はユークリッド内積を示すとする．）したがって，とくに，$\tilde{\mathbf{x}}$ を A の主要固有値 λ_1 に対応する固有ベクトルの近似ベクトルとすると，

$$\lambda_1 \fallingdotseq \frac{\langle \tilde{\mathbf{x}}, A\tilde{\mathbf{x}}\rangle}{\langle \tilde{\mathbf{x}}, \tilde{\mathbf{x}}\rangle} \tag{8.16}$$

と考えることができる．(8.16) の右辺の内積の比は**レイリー商***とよばれている．

≪例 8≫

上の例 7 で，近似主要固有ベクトル

$$\tilde{\mathbf{x}}=\begin{bmatrix} 509 \\ -253 \end{bmatrix}$$

がえられた．このとき

$$A\tilde{\mathbf{x}}=\begin{bmatrix} 3 & 2 \\ -1 & 0 \end{bmatrix}\begin{bmatrix} 509 \\ -253 \end{bmatrix}=\begin{bmatrix} 1021 \\ -509 \end{bmatrix}$$

となるので，これを (8.16) に代入して（近似主要固有値を $\tilde{\lambda}_1$ とかけば），

---

* J. W. S. レイリー (1842–1919) イギリスの物理学者．1904年に，アルゴンの発見に関連して，ノーベル賞を受賞した．研究分野は，音響学，波動論，光学，色彩論，電気力学，電磁気学，光の散乱論，粘性論，写真術など，広い範囲にわたっている．

$$\tilde{\lambda}_1=\frac{\langle\tilde{\mathbf{x}},A\tilde{\mathbf{x}}\rangle}{\langle\tilde{\mathbf{x}},\tilde{\mathbf{x}}\rangle}=\frac{509\times1021+(-253)\times(-509)}{509\times509+(-253)\times(-253)}\fallingdotseq 2.007$$

がえられる．確かにこの値は，真の主要固有値 $\lambda_1=2$ に非常に近い．

例7，例8で紹介した，近似的に主要固有値，主要固有ベクトルを求める方法は，**乗ベキ法**とよばれる．

例7を見てもわかるように，乗ベキ法を利用すると，非常に大きな成分を持ったベクトルが出てきて，扱いが困難になることがある．これをさけるために，「ケタ修正」を行なうと便利なこともある．例えば絶対値が最大になっている成分の逆数を，そのベクトルにかければよい．例7でいえば，

$$\begin{bmatrix}5\\-1\end{bmatrix}$$

となったときに，これに $\dfrac{1}{5}$ をかけて，「ケタ修正」して，

$$\frac{1}{5}\begin{bmatrix}5\\-1\end{bmatrix}=\begin{bmatrix}1\\-0.2\end{bmatrix}$$

とするわけである．これを**修正乗ベキ法**とよぶことにして，その方法を次にまとめておこう．

修正乗ベキ法による近似主要固有ベクトルの求め方

ステップ0

$\mathbf{0}$ でないベクトル $\mathbf{x}_0$ をとる．

ステップ1

$A\mathbf{x}_0$ を求めて，これを「ケタ修正」し，主要固有ベクトルの第1近似ベクトル $\mathbf{x}_1$ を作る．

ステップ2

$A\mathbf{x}_1$ を求めて，これを「ケタ修正」し，主要固有ベクトルの第2近似ベクトル $\mathbf{x}_2$ を作る．

…………

以下，これをくり返して，$\mathbf{x}_1,\mathbf{x}_2,\mathbf{x}_3,\cdots\cdots$ を作る．

≪例 9≫

例 7 の 2×2 行列 A について，A の主要固有ベクトル，主要固有値を修正乗ベキ法をもちいて，近似的に求めよ．

解：

$$\mathbf{x}_0=\begin{bmatrix}1\\1\end{bmatrix}$$

としてスタートする．$\mathbf{x}_0$ に（左から）A をかけて，「ケタ修正」して $\mathbf{x}_1$ を作ると，

$$A\mathbf{x}_0=\begin{bmatrix}3 & 2\\-1 & 0\end{bmatrix}\begin{bmatrix}1\\1\end{bmatrix}=\begin{bmatrix}5\\-1\end{bmatrix}\qquad \mathbf{x}_1=\frac{1}{5}\begin{bmatrix}5\\-1\end{bmatrix}=\begin{bmatrix}1\\-0.2\end{bmatrix}$$

$\mathbf{x}_1$ に A をかけて，「ケタ修正」して $\mathbf{x}_2$ を作ると，

$$A\mathbf{x}_1=\begin{bmatrix}3 & 2\\-1 & 0\end{bmatrix}\begin{bmatrix}1\\-0.2\end{bmatrix}=\begin{bmatrix}2.6\\-1\end{bmatrix}\qquad \mathbf{x}_2=\frac{1}{2.6}\begin{bmatrix}2.6\\-1\end{bmatrix}=\begin{bmatrix}1\\-0.385\end{bmatrix}$$

ここで，レイリー商を計算して，主要固有値の第 1 近似 $\lambda_1{}^{(1)}$ を求めると，

$$\lambda_1{}^{(1)}=\frac{\langle\mathbf{x}_1, A\mathbf{x}_1\rangle}{\langle\mathbf{x}_1, \mathbf{x}_1\rangle}=\frac{1\times2.6+(-0.2)\times(-1)}{1\times1+(-0.2)\times(-0.2)}=2.692$$

同じように，$\mathbf{x}_3$ を作ると，

$$A\mathbf{x}_2=\begin{bmatrix}3 & 2\\-1 & 0\end{bmatrix}\begin{bmatrix}1\\-0.385\end{bmatrix}=\begin{bmatrix}2.23\\-1\end{bmatrix}\qquad \mathbf{x}_3=\frac{1}{2.23}\begin{bmatrix}2.23\\-1\end{bmatrix}=\begin{bmatrix}1\\-0.448\end{bmatrix}$$

主要固有値の第 2 近似 $\lambda_1{}^{(2)}$ は，

$$\lambda_1{}^{(2)}=\frac{\langle\mathbf{x}_2, A\mathbf{x}_2\rangle}{\langle\mathbf{x}_2, \mathbf{x}_2\rangle}=\frac{1\times2.23+(-0.385)\times(-1)}{1\times1+(-0.385)\times(-0.385)}=2.278$$

また，

$$A\mathbf{x}_3=\begin{bmatrix}3 & 2\\-1 & 0\end{bmatrix}\begin{bmatrix}1\\-0.448\end{bmatrix}=\begin{bmatrix}2.104\\-1\end{bmatrix}$$

$$\mathbf{x}_4=\frac{1}{2.104}\begin{bmatrix}2.104\\-1\end{bmatrix}=\begin{bmatrix}1\\-0.475\end{bmatrix}$$

主要固有値の第 3 近似 $\lambda_1{}^{(3)}$ は，

$$\lambda_1{}^{(3)}=\frac{\langle\mathbf{x}_3, A\mathbf{x}_3\rangle}{\langle\mathbf{x}_3, \mathbf{x}_3\rangle}=\frac{1\times2.104+(-0.448)\times(-1)}{1\times1+(-0.448)\times(-0.448)}=2.125$$

このようにして，主要固有ベクトル，主要固有値を近似的に，その精度を上げつつ，求めて行くことができる．以上の結果，およびその先を計算してまとめたのが図8.3である．

第 i 近似	0	1	2	3	4	5	6	7
$\mathbf{x}_i$	$\begin{bmatrix}1\\1\end{bmatrix}$	$\begin{bmatrix}1\\-0.2\end{bmatrix}$	$\begin{bmatrix}1\\-0.385\end{bmatrix}$	$\begin{bmatrix}1\\-0.448\end{bmatrix}$	$\begin{bmatrix}1\\-0.475\end{bmatrix}$	$\begin{bmatrix}1\\-0.488\end{bmatrix}$	$\begin{bmatrix}1\\-0.494\end{bmatrix}$	$\begin{bmatrix}1\\-0.497\end{bmatrix}$
$A\mathbf{x}_i$	$\begin{bmatrix}5\\1\end{bmatrix}$	$\begin{bmatrix}2.6\\-1\end{bmatrix}$	$\begin{bmatrix}2.23\\-1\end{bmatrix}$	$\begin{bmatrix}2.104\\-1\end{bmatrix}$	$\begin{bmatrix}2.050\\-1\end{bmatrix}$	$\begin{bmatrix}2.024\\-1\end{bmatrix}$	$\begin{bmatrix}2.012\\-1\end{bmatrix}$	
$\lambda_1^{(i)}$		2.692	2.278	2.125	2.060	2.029	2.014	

図8.3　修正乗べキ法による近似

乗べキ法を何回利用したら，どの程度の近似値がえられるのかを決定するのはむずかしい．そこで，次のような広く利用されている誤差の評価法を紹介するだけにとどめよう．

一般に，ある数値 q の近似値として $\tilde{q}$ がえられたとするとき，その近似の**相対誤差**を

$$\left|\frac{q-\tilde{q}}{q}\right| \tag{8.17}$$

によって定義する．

≪例10≫

ある行列の真の固有値 $\lambda=5$ の近似値として $\tilde{\lambda}=5.1$ がえられたとき，その近似の相対誤差は，

$$\left|\frac{\lambda-\tilde{\lambda}}{\lambda}\right|=\left|\frac{5-5.1}{5}\right|=\left|-0.02\right|=0.02$$

つまり2％ということになる．

さて，小さな正数 ε を用意しておいて，近似主要固有値を乗べキ法によって順次計算し，その近似の相対誤差が ε よりも小さくなったところ，つまり

$$\left|\frac{\lambda_1-\lambda_1^{(i)}}{\lambda_1}\right|<\varepsilon$$

となったところで計算をストップできればうれしいのであるが，残念なことに，一般的には，真の主要固有値 λ_1 の値は不明とすべきである．（主要固有値が知りたくて $\lambda_1^{(i)}$ を計算しているのだから！）この困難をのぞくために，λ_1 のかわりに各 $\lambda_1^{(i)}$ を利用して，

$$\left|\frac{\lambda_1^{(i)}-\lambda_1^{(i-1)}}{\lambda_1^{(i)}}\right|<\varepsilon \tag{8.18}$$

となったところでストップすることにする．(8.18) の左辺は，**相対見積り誤差**とよばれる．

≪例11≫

例 9 と同じことをくり返したとすると，近似主要固有値の相対見積り誤差が 0.02 より小さくなるのは，何回目の近似段階においてか？

解：図 8.3 をみれば，

$$\lambda_1^{(1)}=2.692 \qquad \lambda_1^{(2)}=2.278 \qquad \lambda_1^{(3)}=2.125 \quad \cdots$$

となっていることがわかるので，それぞれの場合に順次相対見積り誤差を計算すると，

$$\left|\frac{\lambda_1^{(2)}-\lambda_1^{(1)}}{\lambda_1^{(2)}}\right|=\left|\frac{2.278-2.692}{2.278}\right|\fallingdotseq 0.182$$

$$\left|\frac{\lambda_1^{(3)}-\lambda_1^{(2)}}{\lambda_1^{(3)}}\right|=\left|\frac{2.125-2.278}{2.125}\right|\fallingdotseq 0.072$$

$$\vdots$$

以上の計算をふくめて，表にしておこう．（図 8.4 参照）これを見れば，第 5 近似の段階で，その相対見積り誤差が 0.02 を下まわることがわかる．

第 i 段階	2	3	4	5	6
$\lambda_1^{(i)}$	2.278	2.125	2.060	2.029	2.014
$\dfrac{\lambda_1^{(i)}-\lambda_1^{(i-1)}}{\lambda_1^{(i)}}$	0.182	0.072	0.032	0.015	0.007

図 8.4　相対見積り誤差

自由研究

主要固有値を持った対角化可能な $n\times n$ 行列 A に関して，乗ベキ法が適用できること

を証明しておこう.

A の主要固有値を λ_1, 他の $(n-1)$ 個の固有を $\lambda_2, \lambda_3, \cdots, \lambda_n$ とし, それらに対応する1次独立な n 個の固有ベクトルを $\mathbf{v}_1, \mathbf{v}_2, \cdots, \mathbf{v}_n$ とする. ($\mathbf{v}_1$ が主要固有ベクトルである.) また,

$$|\lambda_1|>|\lambda_2|\geqq|\lambda_3|\geqq\cdots\geqq|\lambda_n| \tag{8.19}$$

としておく.

4.5節の定理9(a)によると, 固有ベクトル $\mathbf{v}_1, \mathbf{v}_2, \cdots, \mathbf{v}_n$ は $\boldsymbol{R}^n$ の基底を作っている. したがって, $\boldsymbol{R}^n$ の任意のベクトル $\mathbf{x}_0$ は,

$$\mathbf{x}_0=k_1\mathbf{v}_1+k_2\mathbf{v}_2+\cdots+k_n\mathbf{v}_n \tag{8.20}$$

と書ける. (8.20) の両辺に A を (左から) かけて,

$$\begin{aligned} A\mathbf{x}_0 &= A(k_1\mathbf{v}_1+k_2\mathbf{v}_2+\cdots+k_n\mathbf{v}_n) \\ &= k_1(A\mathbf{v}_1)+k_2(A\mathbf{v}_2)+\cdots+k_n(A\mathbf{v}_n) \\ &= k_1\lambda_1\mathbf{v}_1+k_2\lambda_2\mathbf{v}_2+\cdots+k_n\lambda_n\mathbf{v}_n \end{aligned}$$

もう1度くりかえして,

$$\begin{aligned} A^2\mathbf{x}_0 &= A(k_1\lambda_1\mathbf{v}_1+k_2\lambda_2\mathbf{v}_2+\cdots+k_n\lambda_n\mathbf{v}_n) \\ &= k_1\lambda_1(A\mathbf{v}_1)+k_2\lambda_2(A\mathbf{v}_2)+\cdots+k_n\lambda_n(A\mathbf{v}_n) \\ &= k\lambda_1^2\mathbf{v}_1+k_2\lambda_2^2\mathbf{v}_2+\cdots+k_n\lambda_n^2\mathbf{v}_n \end{aligned}$$

同様にして, $\mathbf{x}_0$ に A を p 回かけると,

$$A^p\mathbf{x}_0=k_1\lambda_1^p\mathbf{v}_1+k_2\lambda_2^p\mathbf{v}_2+\cdots+k_n\lambda_n^p\mathbf{v}_n \tag{8.21}$$

$\lambda_1\neq0$ に注意して, (8.21) を書きなおすと,

$$A^p\mathbf{x}_0=\lambda_1^p\left(k_1\mathbf{v}_1+k_2\left(\frac{\lambda_2}{\lambda_1}\right)^p\mathbf{v}_2+\cdots+k_n\left(\frac{\lambda_n}{\lambda_1}\right)^p\mathbf{v}_n\right) \tag{8.22}$$

ところで, (8.19) から

$$\frac{\lambda_2}{\lambda_1}, \frac{\lambda_3}{\lambda_1}, \cdots, \frac{\lambda_n}{\lambda_1}$$

の絶対値は1より小さい. したがって p を十分大きくとれば,

$$\left(\frac{\lambda_2}{\lambda_1}\right)^p, \left(\frac{\lambda_3}{\lambda_1}\right)^p, \cdots, \left(\frac{\lambda_n}{\lambda_1}\right)^p$$

の値はいくらでも0に近くすることができる. したがって, (8.22) より, $p\to\infty$ とすると,

$$A^p\mathbf{x}_0\to\lambda_1^pk_1\mathbf{v}_1$$

となることがわかる.

ここで, $k_1\neq0$ とすれば, $\lambda_1^pk_1\mathbf{v}_1$ は, 主要固有ベクトル $\mathbf{v}_1$ のスカラー $(\neq0)$ 倍となり, したがって, それ自身, 主要固有ベクトルとなる. 以上によって, p を大きくすれば, $A^p\mathbf{x}_0$ がいくらでも主要固有ベクトルに近くなることがわかった. ■

注意 上の証明の終わりの部分で, $k_1\neq0$ と仮定したが, そうなるためには, $\mathbf{x}_0$ が任意でよいというのは正確ではないことがわかる. しかし, コンピュータをもちいて計算

する場合には，コンピュータの丸め誤差の影響で k_1 は 0 に近いだけで 0 にはならないという現象がおきる．したがって，実際上の不都合はまずない．これは，誤差が結果を正しくしてくれるという興味ある現象の一例である！

練習問題 8.3

1.　主要固有値を，もしあれば，求めよ．

(a) $\begin{bmatrix} -1 & 4 \\ 1 & -1 \end{bmatrix}$　(b) $\begin{bmatrix} 0 & 1 \\ 4 & 0 \end{bmatrix}$　(c) $\begin{bmatrix} 4 & 2 & 1 \\ 0 & -5 & 3 \\ 0 & 0 & 6 \end{bmatrix}$　(d) $\begin{bmatrix} 1 & -12 & 0 \\ 1 & 0 & 0 \\ 0 & 0 & 3 \end{bmatrix}$

2.　$A=\begin{bmatrix} 3 & 4 \\ 1 & 3 \end{bmatrix}$ として，

(a) A の主要固有ベクトルを，修正乗ベキ法によって求めよ．ただし，

$$\mathbf{x}_0=\begin{bmatrix} 1 \\ 1 \end{bmatrix}$$

としてスタートせよ．また，計算は 3 ケタ目を丸め，第 3 近似まで求めよ．

(b) (a) で求めた近似主要固有ベクトルについて，そのレイリー商を計算し，A の第 3 近似主要固有値を求めよ．

(c) A の真の主要固有値，主要固有ベクトルを求めよ．

(d) 第 3 近似の相対誤差を求めよ．

次の **3.**, **4.** の行列 A について，問題 1 の (a)〜(d) をくり返せ．

3.　$A=\begin{bmatrix} 5 & 4 \\ 3 & 4 \end{bmatrix}$　　**4.**　$A=\begin{bmatrix} -3 & 2 \\ 2 & 0 \end{bmatrix}$

5.　$A=\begin{bmatrix} 18 & 17 \\ 2 & 3 \end{bmatrix}$ として，

(a) A の主要固有値，主要固有ベクトルを，修正乗ベキ法によって求めよ，ただし，

$$\mathbf{x}_0=\begin{bmatrix} 1 \\ 1 \end{bmatrix}$$

としてスタートせよ．また，計算は 3 ケタ目を丸め，近似主要固有値の相対見積り誤差が 0.02 を下まわる段階まで求めよ．

(b) A の真の主要固有値，主要固有ベクトルを求めよ．

6.　$A=\begin{bmatrix} -5 & 5 \\ 6 & -4 \end{bmatrix}$

として，問題 5 の (a), (b) をくり返せ．

7.

$$A=\begin{bmatrix} 2 & 1 & 0 \\ 1 & 2 & 0 \\ 0 & 0 & 10 \end{bmatrix}$$

として，

(a) A の主要固有ベクトルを，修正乗ベキ法によって求めよ．ただし，

$$\mathbf{x}_0=\begin{bmatrix}1\\1\\1\end{bmatrix}$$

としてスタートせよ．また，計算は3ケタ目を丸め，第3近似まで求めよ．

(b) (a)で求めた近似主要固有ベクトルについて，そのレイリー商を計算し，A の第3近似主要固有値を求めよ．

(c) A の真の主要固有値，主要固有ベクトルを求めよ．

(d) 第3近似の相対誤差を求めよ．

8.4 対称行列の近似固有値と収縮法

この節では，主要固有値，主要固有ベクトル以外の固有値，固有ベクトルの近似法について，とくに対称行列の場合の議論をごく簡単に紹介する．

次の定理に関連して話を進めるが，その証明は省略する．

定理 1

A を $\lambda_1, \lambda_2, \cdots, \lambda_n$ を固有値とする $n\times n$ 対称行列とし，λ_1 に対応する固有ベクトル $\mathbf{v}_1$ を $\|\mathbf{v}_1\|=1$ となるように選んでおく．このとき，

(a) 行列 $B=A-\lambda_1\mathbf{v}_1\mathbf{v}_1{}^t$ の固有値は $0, \lambda_2, \cdots\cdots, \lambda_n$

(b) λ_i に対応する B の固有ベクトルを $\mathbf{v}$ とすると，$\mathbf{v}$ は A の λ_i に対応する固有ベクトルになる．

（ここで，$\mathbf{v}_1$ は $n\times 1$ 行列の形で書かれているとする．このとき，$\mathbf{v}_1\mathbf{v}_1{}^t$ は $n\times n$ 行列となる．）

≪例12≫

6.1節の例5ですでにみたように

$$A=\begin{bmatrix}3&-2&0\\-2&3&0\\0&0&5\end{bmatrix}$$

の固有値は $\lambda_1=5$，$\lambda_2=5$，$\lambda_3=1$ であって，

$$\mathbf{v}=\begin{bmatrix}-1\\1\\0\end{bmatrix}$$

は $\lambda_1=5$ に対応する固有ベクトル（の１つ）である．$\mathbf{v}$ を正規化して，

$$\mathbf{v}_1=\frac{1}{\sqrt{2}}\begin{bmatrix}-1\\1\\0\end{bmatrix}=\begin{bmatrix}-\frac{1}{\sqrt{2}}\\\frac{1}{\sqrt{2}}\\0\end{bmatrix}$$

を作れば，これが $\lambda_1=5$ に対応するノルムが１の固有ベクトルであることは明らか，したがって，定理１(a)の主張によると，

$$B=A-\lambda_1\mathbf{v}_1\mathbf{v}_1{}^t=\begin{bmatrix}3&-2&0\\-2&3&0\\0&0&5\end{bmatrix}-5\begin{bmatrix}-\frac{1}{\sqrt{2}}\\\frac{1}{\sqrt{2}}\\0\end{bmatrix}\begin{bmatrix}-\frac{1}{\sqrt{2}}&\frac{1}{\sqrt{2}}&0\end{bmatrix}$$

$$=\begin{bmatrix}3&-2&0\\-2&3&0\\0&0&5\end{bmatrix}-5\begin{bmatrix}\frac{1}{2}&-\frac{1}{2}&0\\-\frac{1}{2}&\frac{1}{2}&0\\0&0&0\end{bmatrix}$$

$$=\begin{bmatrix}\frac{1}{2}&\frac{1}{2}&0\\\frac{1}{2}&\frac{1}{2}&0\\0&0&5\end{bmatrix}$$

の固有値は，$\lambda=0,5,1$ でなければならない．これを確認するために，B の固有方程式を作ると

$$\det(\lambda I-B)=\det\left(\begin{bmatrix}\lambda-\frac{1}{2}&-\frac{1}{2}&0\\-\frac{1}{2}&\lambda-\frac{1}{2}&0\\0&0&\lambda-5\end{bmatrix}\right)$$

$$=(\lambda-5)\left(\left(\lambda-\frac{1}{2}\right)^2-\left(\frac{1}{2}\right)^2\right)$$

$$=\lambda(\lambda-5)(\lambda-1)=0$$

たしかに，B の固有値は $\lambda=0,5,1$ である．

$\lambda=5$ に対応する B の固有空間は，

$$(5I-B)\mathbf{x}=\mathbf{0}$$

つまり

$$\begin{bmatrix} \frac{9}{2} & -\frac{1}{2} & 0 \\ -\frac{1}{2} & \frac{9}{2} & 0 \\ 0 & 0 & 0 \end{bmatrix}\begin{bmatrix} x_1 \\ x_2 \\ x_3 \end{bmatrix}=\begin{bmatrix} 0 \\ 0 \\ 0 \end{bmatrix}$$

の解空間に等しいが，これを解くと $x_1=0$，$x_2=0$，$x_3=t$ (t は任意) となる．したがって，$\lambda=5$ に対応する B の固有ベクトルの全体は，

$$\mathbf{x}=\begin{bmatrix} 0 \\ 0 \\ t \end{bmatrix}=t\begin{bmatrix} 0 \\ 0 \\ 1 \end{bmatrix}$$

(ただし $t\neq 0$) の形のベクトルの全体に一致する．ところで，この形のベクトルが A の固有値 5 に対応する固有ベクトルでもあることは，

$$A\begin{bmatrix} 0 \\ 0 \\ t \end{bmatrix}=\begin{bmatrix} 3 & -2 & 0 \\ -2 & 3 & 0 \\ 0 & 0 & 5 \end{bmatrix}\begin{bmatrix} 0 \\ 0 \\ t \end{bmatrix}=\begin{bmatrix} 0 \\ 0 \\ 5t \end{bmatrix}=5\begin{bmatrix} 0 \\ 0 \\ t \end{bmatrix}$$

より明らかである．$\lambda=1$ に対応する固有ベクトルについても 同様のことがいえるので，定理 1 (b) が実験的に確認できたことになる．

定理 1 は，一定の条件を持った対称行列の場合に限定されるとはいえ，主要固有値, 主要固有ベクトル以外の一般な固有値, 固有ベクトルの近似計算を可能にしてくれる．それについて述べておこう．

A を $n\times n$ 対称行列とし，その固有値 $\lambda_1, \lambda_2, \lambda_3, \cdots, \lambda_n$ が，

$$|\lambda_1|>|\lambda_2|>|\lambda_3|\geqq|\lambda_4|\geqq\cdots\geqq|\lambda_n| \tag{8.23}$$

という条件を満たしているとする．また，主要固有値, 主要固有ベクトルは，すでに乗ベキ法によって求められているとする．このとき，その主要固有ベクトルを正規化したものを $\mathbf{v}_1$ とすると，定理 1 (a) によって，行列

$$B=A-\lambda_1\mathbf{v}_1\mathbf{v}_1{}^t$$

の固有値は，$0, \lambda_2, \lambda_3, \cdots, \lambda_n$ となる．ここで条件 (8.23) を見れば，

$$|\lambda_2| > |\lambda_3| \geqslant |\lambda_4| \geqslant \cdots \geqslant |\lambda_n| \geqslant 0$$

となっていることがわかるので，λ_2 は B の主要固有値ということになる．したがって，このBに対して，乗ベキ法を適用して主要固有値 λ_2 とそれに対応する主要固有ベクトルを近似的に求めることができる．このようにして，絶対値が２番目に大きい固有値，固有ベクトルを求める方法を，**収縮法**とよぶ．

残念なことには，収縮法には実際上の限界がある．$\lambda_1, \mathbf{v}_1$ ともに，近似的に求められているにすぎず，収縮法を利用する時点ですでに誤差が入り込んでいる．したがって，かりに $|\lambda_1| > |\lambda_2| > |\lambda_3| \geqslant \cdots \geqslant |\lambda_n|$ として，これをさらにもう一度利用して，$\lambda_3, \mathbf{v}_3$ を求めようなどとすれば，$\lambda_1, \lambda_2, \mathbf{v}_1, \mathbf{v}_2$ の持つ誤差が影響を与えることになって，結果の正確さが非常にあやしくならざるをえない．

また，$|\lambda_2/\lambda_1|$ が１に非常に近いとすると，乗ベキ法を適用したときの，近似値の収束性がかなりにぶくなってくるので，計算回数が増大することになる．（このあたりの困難をどう処理するか，さらにもっと一般に数値解析的な線型代数については，「訳者あとがき」にあげたテキストを参照されたい．）

練習問題 8.4

1. $A = \begin{bmatrix} 6 & 2 \\ 2 & 3 \end{bmatrix}$

について，

(a)　修正乗ベキ法をもちいて，A の主要固有ベクトルを近似的に求めよ．各計算は３ケタ目を丸め，第３近似まで求めよ．（$\mathbf{x}_0 = \begin{bmatrix} 1 \\ 1 \end{bmatrix}$ としてスタートせよ．）

(b)　(a) の結果とレイイリー商をもちいて，主要固有値の第３近似を求めよ．

(c)　乗ベキ法をもちいて，A の残りの固有値とそれに対応する固有ベクトルを近似的に求めよ．ただし，(a) で求めた主要固有ベクトルを $\mathbf{v}$，(b) で求めた主要固有値を λ_1 として，行列

$$B = A - \lambda_1 \mathbf{v}_1 \mathbf{v}_1^t$$

に乗ベキ法を適用せよ．（ここで $\mathbf{v}_1$ は $\mathbf{v}$ を正規化した主要固有ベクトルとする．）このとき，各計算は３ケタ目を丸め，第３近似まで求めよ．また乗ベキ法は

$$\mathbf{x}_0 = \begin{bmatrix} 1 \\ 1 \end{bmatrix}$$

としてスタートせよ．

(d) A の真の固有値，固有ベクトルを求め，上の結果と比較せよ．

2. $A=\begin{bmatrix} 10 & 4 \\ 4 & 4 \end{bmatrix}$

について，問題1の (a)〜(d) をくり返せ．

【練習問題の解答】

練習問題 1.1

1. (b), (d), (f)

2. (a) $x=\frac{7}{6}t+\frac{1}{2}$, $y=t$

(b) $x_1=-2s+\frac{7}{2}t+4$, $x_2=s$, $x_3=t$

(c) $x_1=\frac{4}{3}r-\frac{7}{3}s+\frac{8}{3}t-\frac{5}{3}$, $x_2=r$, $x_3=s$, $x_4=t$

(d) $v=\frac{1}{2}q-\frac{3}{2}r-\frac{1}{2}s+2t$, $w=q$, $x=r$, $y=s$, $z=t$

3. (a) $\begin{bmatrix}1 & -2 & 0\\ 3 & 4 & -1\\ 2 & -1 & 3\end{bmatrix}$ (b) $\begin{bmatrix}1 & 0 & 1 & 1\\ -1 & 2 & -1 & 3\end{bmatrix}$

(c) $\begin{bmatrix}1 & 0 & 1 & 0 & 0 & 1\\ 0 & 2 & -1 & 0 & 1 & 2\\ 0 & 0 & 2 & 1 & 0 & 3\end{bmatrix}$ (d) $\begin{bmatrix}1 & 0 & 1\\ 0 & 1 & 2\end{bmatrix}$

4. (a) $\begin{cases}x_1 \qquad - x_3=2\\ 2x_1+x_2+x_3=3\\ \qquad -x_2+2x_3=4\end{cases}$ (b) $\begin{cases}x_1 \qquad =0\\ \qquad x_2=0\\ x_1-x_2=1\end{cases}$

(c) $\begin{cases}x_1+2x_2+3x_3+4x_4=5\\ 5x_1+4x_2+3x_3+2x_4=1\end{cases}$ (d) $\begin{cases}x_1 \qquad\qquad =1\\ \quad x_2 \qquad =2\\ \qquad x_3 \quad =3\\ \qquad\quad x_4=4\end{cases}$

5. $k=6$ の場合，解集合は直線 $x-y=3$.

$k\neq 6$ の場合，解集合は空集合.

6. (a) 「3直線がどの2本も一致せずたがいに平行」，「2直線が一致して他の直線がそれに平行」，「2直線が平行で，他の直線がそれらに交わる」，「3直線がある3角形の3辺をふくむ」のうちのいずれか.

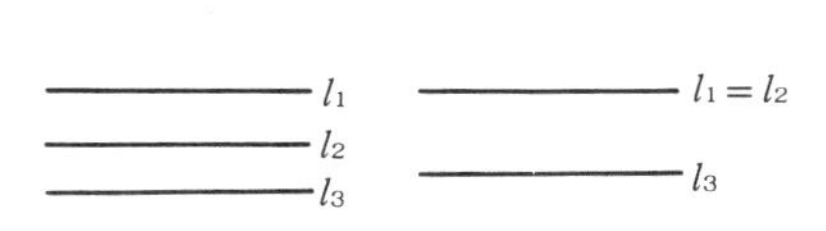

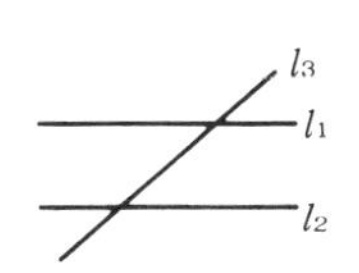

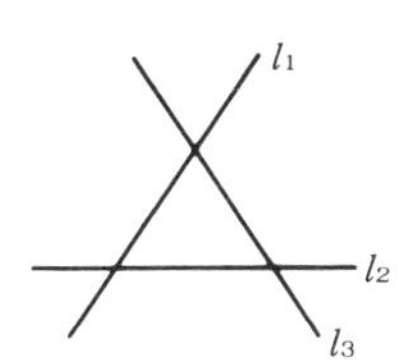

(b)　「3直線がただ1点のみで交わる」,「2直線が一致して，他の直線がそれに交わる」のうちのいずれか．

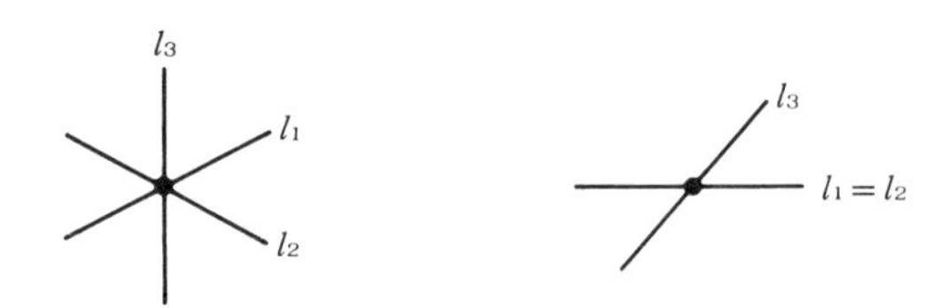

(c)　「3直線が一致する」

――――――― $l_1=l_2=l_3$

7.　上の(b),(c)の図をみれば明らかである．

8.　$(x,y)=(0,0)$ は必ず解になる．もし，これがただ1つの解だとすれば，3直線は原点のみで交わっていることになる．(ただし，3直線のうち2直線が一致している場合もある．)

9.　第1式の左辺と第2式の左辺の和は第3式の左辺に等しくなっていることから，もし解をもっていれば，これは右辺についても成立しなければならない．つまり $a+b=c$ となることは，与えられた連立1次方程式が解を持つための必要条件である．また，$a+b=c$ がなりたっているとすると，

$$x=b-t,\ y=a-b-t,\ z=t\ (t\text{は任意})$$

という解が確かに存在する．つまり，$a+b=c$ となることは，与えられた連立1次方程式が解を持つための十分条件でもある．

10.　$x_1+kx_2=c$ を解くと，$x_1=c-kt$，$x_2=t$ (tは任意) となるが，これは第2の式 $x_1+lx_2=d$ を満足しなければならない．代入すると，

$$c-kt+lt=d$$

つまり $c-d=(k-l)t$ がえられる．この式で $t=0$ とおいて，$c=d$．したがって $(k-l)t=0$ となり，ここで例えば $t=1$ とおけば $k=l$ が出る．

練習問題 1.2

1.　(d),(f)

2.　(b),(c),(f)

3.　(a)　$x_1=4$,　$x_2=3$,　$x_3=2$

　(b)　$x_1=2-3t$,　$x_2=4+t$,　$x_3=2-t$,　$x_4=t$

　(c)　$x_1=-1-5s-5t$,　$x_2=s$,　$x_3=1-3t$,　$x_4=2-4t$,　$x_5=t$

　(d)　不能 (解集合は空集合)

4.　(a)　$x_1=4$,　$x_2=3$,　$x_3=2$

(b) $x_1=2-3t,\quad x_2=4+t,\quad x_3=2-t,\quad x_4=t$

(c) $x_1=-1-5s-5t,\quad x_2=s,\quad x_3=1-3t,\quad x_4=2-4t,\quad x_5=t$

(d) 不能（解集合は空集合）

5. (a) $x_1=2,\quad x_2=1,\quad x_3=3$

(b) $x_1=-\frac{3}{7}t,\quad x_2=-\frac{4}{7}t,\quad x_3=t$

(c) $x_1=1,\quad x_2=2s,\quad x_3=s,\quad x_4=-3t,\quad x_5=t$

7. (a) 不能

(b) $x_1=-4,\quad x_2=2,\quad x_3=7$

(c) $x_1=3+2t,\quad x_2=t$

9. (a) $x_1=0,\quad x_2=-3t,\quad x_3=t$

11. (a) $x_1=\frac{2}{3}a-\frac{1}{9}b,\quad x_2=-\frac{1}{3}a+\frac{2}{9}b$

(b) $x_1=a-\frac{1}{3}c,\quad x_2=a-\frac{1}{2}b,\ x_3=-a+\frac{1}{2}b+\frac{1}{3}c$

12. $a=4$ の場合は直線（したがって無限集合），$a=-4$ の場合は空集合，$a\neq\pm4$ の場合は１点

14. 例えば，$\begin{bmatrix}1 & 0\\0 & 1\end{bmatrix}$ $\begin{bmatrix}1 & 3\\0 & 1\end{bmatrix}$ など

15. $\alpha=\frac{\pi}{2},\quad \beta=\pi\quad \gamma=0$

16. $\begin{bmatrix}1 & 0 & 0\\0 & 1 & 0\\0 & 0 & 1\end{bmatrix}$ $\begin{bmatrix}1 & 0 & *\\0 & 1 & *\\0 & 0 & 0\end{bmatrix}$ $\begin{bmatrix}1 & * & 0\\0 & 0 & 1\\0 & 0 & 0\end{bmatrix}$ $\begin{bmatrix}1 & * & *\\0 & 0 & 0\\0 & 0 & 0\end{bmatrix}$ $\begin{bmatrix}0 & 1 & 0\\0 & 0 & 1\\0 & 0 & 0\end{bmatrix}$ $\begin{bmatrix}0 & 1 & *\\0 & 0 & 0\\0 & 0 & 0\end{bmatrix}$

$\begin{bmatrix}0 & 0 & 1\\0 & 0 & 0\\0 & 0 & 0\end{bmatrix}$ $\begin{bmatrix}0 & 0 & 0\\0 & 0 & 0\\0 & 0 & 0\end{bmatrix}$ （ここで $*$ は任意の数）

練習問題 1.3

1. (a), (c), (d)

2. $x_1=0,\quad x_2=0,\quad x_3=0$

3. $x_1=-\frac{1}{4}s,\quad x_2=-\frac{1}{4}s-t,\quad x_3=s,\quad x_4=t$

4. $x_1=0,\quad x_2=0,\quad x_3=0,\quad x_4=0$

5. $x=\frac{t}{8},\quad y=\frac{5t}{16},\quad z=t$

6. $\lambda=4$ または $\lambda=2$

7. (a) 「３直線が原点のみで交わる」，「２直線が一致して，他の直線と原点のみで交わる」のいずれか．

(b)　「3直線が一致する」

練習問題 1.4

1. (a)　定義されない　(b)　4×2　(c)　定義されない　(d)　定義されない
(e)　5×5　(f)　5×2

3. $a=5$,　$b=-3$,　$c=4$,　$d=1$

4. (a) $\begin{bmatrix} 12 & -3 \\ -4 & 5 \\ 4 & 1 \end{bmatrix}$　(b) $\begin{bmatrix} 7 & 6 & 5 \\ -2 & 1 & 3 \\ 7 & 3 & 7 \end{bmatrix}$　(c) $\begin{bmatrix} -5 & 4 & -1 \\ 0 & -1 & -1 \\ -1 & 1 & 1 \end{bmatrix}$

(d) $\begin{bmatrix} 9 & 8 & 19 \\ -2 & 0 & 0 \\ 32 & 9 & 25 \end{bmatrix}$　(e) $\begin{bmatrix} 14 & 36 & 25 \\ 4 & -1 & 7 \\ 12 & 26 & 21 \end{bmatrix}$　(f) $\begin{bmatrix} -28 & 7 \\ 0 & -14 \end{bmatrix}$

5. (a)　定義されない　(b) $\begin{bmatrix} 42 & 108 & 75 \\ 12 & -3 & 21 \\ 36 & 78 & 63 \end{bmatrix}$　(c) $\begin{bmatrix} 3 & 45 & 9 \\ 11 & -11 & 17 \\ 7 & 17 & 13 \end{bmatrix}$

(d) $\begin{bmatrix} 3 & 45 & 9 \\ 11 & -11 & 17 \\ 7 & 17 & 13 \end{bmatrix}$　(e)　定義されない　(f) $\begin{bmatrix} 48 & 15 & 31 \\ 0 & 2 & 6 \\ 38 & 10 & 27 \end{bmatrix}$

6. (a) $[67 \quad 41 \quad 41]$　(b) $[63 \quad 67 \quad 57]$　(c) $\begin{bmatrix} 41 \\ 21 \\ 67 \end{bmatrix}$

(d) $\begin{bmatrix} 6 \\ 6 \\ 63 \end{bmatrix}$　(e) $[24 \quad 56 \quad 97]$　(f) $\begin{bmatrix} 76 \\ 98 \\ 97 \end{bmatrix}$

7. 182

9. $k\neq0$, $A\neq O$ とすると A には0でない成分 a_{ij} がある．このとき $ka_{ij}\neq0$ なので $kA\neq O$ となる．

練習問題 1.5

3. $A^{-1}=\begin{bmatrix} 2 & -1 \\ -5 & 3 \end{bmatrix}$　$B^{-1}=\begin{bmatrix} \frac{1}{5} & \frac{3}{20} \\ -\frac{1}{5} & \frac{1}{10} \end{bmatrix}$　$C^{-1}=\begin{bmatrix} \frac{1}{2} & 0 \\ 0 & \frac{1}{3} \end{bmatrix}$

5. 成立しない．例えば $A=\begin{bmatrix} 0 & 1 \\ 1 & 0 \end{bmatrix}$, $B=\begin{bmatrix} 0 & 0 \\ 1 & 0 \end{bmatrix}$ とすると $(AB)^2=\begin{bmatrix} 1 & 0 \\ 0 & 0 \end{bmatrix}\neq\begin{bmatrix} 0 & 0 \\ 0 & 0 \end{bmatrix}$ $=A^2B^2$

6. $\begin{bmatrix} -3 & 2 \\ \frac{5}{2} & -\frac{3}{2} \end{bmatrix}$　7. $\begin{bmatrix} 1 & \frac{2}{7} \\ \frac{4}{7} & \frac{1}{7} \end{bmatrix}$

8. $A^3=\begin{bmatrix} 1 & 0 \\ 26 & 27 \end{bmatrix}$　$A^{-3}=\begin{bmatrix} 1 & 0 \\ -\frac{26}{27} & \frac{1}{27} \end{bmatrix}$　$A^2-2A+I=\begin{bmatrix} 0 & 0 \\ 4 & 4 \end{bmatrix}$

9. $A^{-1}=\begin{bmatrix} \frac{1}{2} & -\frac{1}{2} & \frac{1}{2} \\ \frac{1}{2} & \frac{1}{2} & -\frac{1}{2} \\ -\frac{1}{2} & \frac{1}{2} & \frac{1}{2} \end{bmatrix}$　10. $\begin{bmatrix} \cos\theta & -\sin\theta \\ \sin\theta & \cos\theta \end{bmatrix}$

11. (c)　$(A+B)^2=A^2+AB+BA+B^2$

12. $A^{-1}=\begin{bmatrix} \frac{1}{a_{11}} & 0 & \cdots & 0 \\ 0 & \frac{1}{a_{22}} & \cdots & 0 \\ \vdots & \vdots & & \vdots \\ 0 & 0 & \cdots & \frac{1}{a_{nn}} \end{bmatrix}$

17. 一般に AO と OA のサイズがことなっていてもよい.

18. $\begin{bmatrix} \pm1 & 0 & 0 \\ 0 & \pm1 & 0 \\ 0 & 0 & \pm1 \end{bmatrix}$

練習問題 1.6

1. (a), (b), (d), (f), (g)

2. (a)　第1行を (−5) 倍して，第2行に加える.
   (b)　第1行と第3行を交換する.
   (c)　第2行を$\frac{1}{8}$倍する.

3. (a)　$E_1=\begin{bmatrix} 0 & 0 & 1 \\ 0 & 1 & 0 \\ 1 & 0 & 0 \end{bmatrix}$　(b)　$E_2=\begin{bmatrix} 0 & 0 & 1 \\ 0 & 1 & 0 \\ 1 & 0 & 0 \end{bmatrix}$
   (c)　$E_3=\begin{bmatrix} 1 & 0 & 0 \\ 0 & 1 & 0 \\ 2 & 0 & 1 \end{bmatrix}$　(d)　$E_4=\begin{bmatrix} 1 & 0 & 0 \\ 0 & 1 & 0 \\ -2 & 0 & 1 \end{bmatrix}$

4. もし存在したとすると，1回の基本変形によって，B から C を作れることになるがこれは不可能（2回必要）

5. (a)　$\begin{bmatrix} -5 & 2 \\ 3 & -1 \end{bmatrix}$　(b)　$\begin{bmatrix} -5 & -3 \\ -3 & -2 \end{bmatrix}$　(c)　可逆でない

6. (a) $\begin{bmatrix} \frac{3}{2} & -\frac{11}{10} & -\frac{6}{5} \\ -1 & 1 & 1 \\ -\frac{1}{2} & \frac{7}{10} & \frac{2}{5} \end{bmatrix}$ (b) 可逆でない (c) $\begin{bmatrix} \frac{1}{2} & -\frac{1}{2} & \frac{1}{2} \\ -\frac{1}{2} & \frac{1}{2} & \frac{1}{2} \\ \frac{1}{2} & \frac{1}{2} & -\frac{1}{2} \end{bmatrix}$

(d) $\begin{bmatrix} \frac{7}{2} & 0 & -3 \\ -1 & 1 & 0 \\ 0 & -1 & 1 \end{bmatrix}$ (e) $\begin{bmatrix} \frac{1}{2} & -\frac{1}{2} & \frac{1}{2} \\ 0 & 0 & 1 \\ \frac{1}{2} & \frac{1}{2} & -\frac{1}{2} \end{bmatrix}$ (f) $\begin{bmatrix} 1 & 0 & -2 \\ 3 & 1 & 2 \\ 1 & -1 & 0 \end{bmatrix}$

7. (a) $\begin{bmatrix} \frac{1}{2}\sqrt{2} & -\frac{1}{2}\sqrt{2} & 0 \\ \frac{1}{2}\sqrt{2} & \frac{1}{2}\sqrt{2} & 0 \\ 0 & 0 & 1 \end{bmatrix}$ (b) $\begin{bmatrix} 1 & 0 & 0 & 0 \\ -\frac{1}{2} & \frac{1}{2} & 0 & 0 \\ 0 & -\frac{1}{4} & \frac{1}{4} & 0 \\ 0 & 0 & -\frac{1}{8} & \frac{1}{8} \end{bmatrix}$

(c) 可逆でない

8.
$$A^{-1}=\begin{bmatrix} \cos\theta & -\sin\theta & 0 \\ \sin\theta & \cos\theta & 0 \\ 0 & 0 & 1 \end{bmatrix}$$

9. (a) $E_1=\begin{bmatrix} 1 & 0 \\ -3 & 1 \end{bmatrix}$, $E_2=\begin{bmatrix} 1 & 0 \\ 0 & \frac{1}{4} \end{bmatrix}$ (b) $A^{-1}=\begin{bmatrix} 1 & 0 \\ 0 & \frac{1}{4} \end{bmatrix}\begin{bmatrix} 1 & 0 \\ -3 & 1 \end{bmatrix}$

(c) $A=\begin{bmatrix} 1 & 0 \\ 3 & 1 \end{bmatrix}\begin{bmatrix} 1 & 0 \\ 0 & 4 \end{bmatrix}$

11.
$$A=\begin{bmatrix} 1 & 0 & 0 \\ -2 & 1 & 0 \\ 0 & 0 & 1 \end{bmatrix}\begin{bmatrix} 1 & 0 & 0 \\ 0 & 1 & 0 \\ 0 & 1 & 1 \end{bmatrix}\begin{bmatrix} 1 & 3 & 3 & 8 \\ 0 & 1 & 7 & 8 \\ 0 & 0 & 0 & 0 \end{bmatrix}$$

13. (a) $\begin{bmatrix} \frac{1}{k_1} & 0 & 0 & 0 \\ 0 & \frac{1}{k_2} & 0 & 0 \\ 0 & 0 & \frac{1}{k_3} & 0 \\ 0 & 0 & 0 & \frac{1}{k_4} \end{bmatrix}$ (b) $\begin{bmatrix} 0 & 0 & 0 & \frac{1}{k_4} \\ 0 & 0 & \frac{1}{k_3} & 0 \\ 0 & \frac{1}{k_2} & 0 & 0 \\ \frac{1}{k_1} & 0 & 0 & 0 \end{bmatrix}$

(c) $\begin{bmatrix} \frac{1}{k} & 0 & 0 & 0 \\ -\frac{1}{k^2} & \frac{1}{k} & 0 & 0 \\ \frac{1}{k^3} & -\frac{1}{k^2} & \frac{1}{k} & 0 \\ -\frac{1}{k^4} & \frac{1}{k^3} & -\frac{1}{k^2} & \frac{1}{k} \end{bmatrix}$

練習問題 1.7

1. $x_1=41, \quad x_2=-17$
2. $x_1=\frac{46}{27}, \quad x_2=-\frac{13}{27}$
3. $x_1=-7, \quad x_2=4, \quad x_3=-1$
4. $x_1=1, \quad x_2=-11, \quad x_3=16$
5. $x=1, \quad y=5, \quad z=-1$
6. $w=1, \quad x=-6, \quad y=10, \quad z=-7$
7. (a) $x_1=\frac{16}{3}, \quad x_2=-\frac{4}{3}, \quad x_3=-\frac{11}{3}$
   (b) $x_1=-\frac{5}{3}, \quad x_2=\frac{5}{3}, \quad x_3=\frac{10}{3}$
   (c) $x_1=3, \quad x_2=0, \quad x_3=-4$
   (d) $x_1=\frac{41}{42}, \quad x_2=-\frac{5}{6}, \quad x_3=\frac{25}{21}$
8. (a) $b_2=3b_1, \quad b_3=-2b_1$
   (b) $b_3=b_2-b_1, \quad b_4=2b_1-b_2$
9. (a) $X=\begin{bmatrix}0\\0\\0\end{bmatrix}$ (b) $X=\begin{bmatrix}4t\\ \frac{5}{2}t\\ t\end{bmatrix}$
10. (a) 可逆 (b) 可逆でない.

練習問題 2.1

1. (a) 5 (b) 7 (c) 10 (d) 0 (e) 4 (f) 5
2. (a) 奇 (b) 奇 (c) 偶 (d) 偶 (e) 偶 (f) 奇
3. 5 **4.** 0 **5.** 59 **6.** k^2-4k-5 **7.** 0
8. 425 **9.** 104 **10.** $-k^4-k^3+18k^2+9k-21$
11. (a) $\lambda=3, \quad \lambda=2$ (b) $\lambda=2, \quad \lambda=6$
14. 275
15. (a) 0でない項は $a_{15}a_{24}a_{33}a_{42}a_{51}=1\times2\times3\times4\times5=120$ のみで $(5,4,3,2,1)$ は偶順列なので 答は 120
    (b) 0でない項は，$a_{12}a_{24}a_{33}a_{45}a_{51}=4\times2\times3\times1\times5=120$ のみで，$(2,4,3,5,1)$ は奇順列なので 答は-120

練習問題 2.2

1. (a) 6 (b) -16 (c) 0 (d) 0
2. 21 **3.** -5 **4.** -36 **5.** 35 **6.** -128

7. -72 **8.** $\dfrac{1}{6}$ **9.** 0

10. (a) 5 (b) 10 (c) 5 (d) 10

11. 第1行を$(-a)$, $(-a^2)$倍してそれぞれ第2, 第3行に加えると, $\begin{vmatrix} 1 & 1 & 1 \\ 0 & b-a & c-a \\ 0 & b^2-a^2 & c^2-a^2 \end{vmatrix}$

さらに，ここで第2行を $(-b-a)$ 倍して，第3行に加えて

$$\begin{vmatrix} 1 & 1 & 1 \\ 0 & b-a & c-a \\ 0 & 0 & (c-a)(c-b) \end{vmatrix} = (b-a)(c-a)(c-b)$$

練習問題 2.3

1. (a) $\begin{bmatrix} 2 & -3 & 0 \\ 1 & 1 & 2 \end{bmatrix}$ (b) $\begin{bmatrix} 6 & -8 & 0 \\ 1 & 4 & 1 \\ 1 & 3 & 3 \end{bmatrix}$ (c) $\begin{bmatrix} 7 \\ 0 \\ 2 \end{bmatrix}$ (d) $\begin{bmatrix} a_{11} & a_{21} \\ a_{12} & a_{22} \\ a_{13} & a_{23} \end{bmatrix}$

4. (a) 可逆 (b) 可逆でない (c) 可逆でない (d) 可逆でない

5. (a) 135 (b) $\dfrac{8}{5}$ (c) $\dfrac{1}{40}$ (d) -5

6. $x=0$ とすると第1行と第3行が「比例」する．また $x=2$ とすると，第1行と第2行が「比例」する．

8. (a) $k=\dfrac{1}{2}(5+\sqrt{17})$, $k=\dfrac{1}{2}(5-\sqrt{17})$ (b) $k=-1$

9. 定理5 および 定理6の系から,

$$\det(A^{-1}BA)=\det(A^{-1})\det(BA)=\det(A^{-1})\det(B)\det(A)$$
$$=(\det A)^{-1}\det(A)\det(B)=\det(B)$$

練習問題 2.4

1. (a) $M_{11}=29$, $M_{12}=-11$, $M_{13}=-19$, $M_{21}=21$, $M_{22}=13$, $M_{23}=-19$, $M_{31}=27$, $M_{32}=-5$, $M_{33}=19$

(b) $C_{11}=29$, $C_{12}=11$, $C_{13}=-19$, $C_{21}=-21$, $C_{22}=13$, $C_{23}=19$, $C_{31}=27$, $C_{32}=5$, $C_{33}=19$

2. (a) $M_{13}=36$, $C_{13}=36$ (b) $M_{23}=24$, $C_{23}=-24$

(c) $M_{22}=-48$, $C_{22}=-48$ (d) $M_{21}=-108$, $C_{21}=108$ **3.** 152

4. (a) $\begin{bmatrix} 29 & -21 & 27 \\ 11 & 13 & 5 \\ -19 & 19 & 19 \end{bmatrix}$ (b) $\left(\dfrac{1}{152}\right)\begin{bmatrix} 29 & -21 & 27 \\ 11 & 13 & 5 \\ -19 & 19 & 19 \end{bmatrix}$

5. 48 **6.** -66 **7.** 0 **8.** $k^3-8k^2-10k+95$

9. -120 10. 0 11. $A^{-1}=\begin{bmatrix} -4 & 3 & 0 & -1 \\ 2 & -1 & 0 & 0 \\ -7 & 0 & -1 & 8 \\ 6 & 0 & 1 & -7 \end{bmatrix}$

12. $x_1=1,\quad x_2=2$ 13. $x=\dfrac{3}{11},\quad y=\dfrac{2}{11},\quad z=-\dfrac{1}{11}$ 14. $x=\dfrac{26}{21},$

$y=\dfrac{25}{21},\quad z=\dfrac{5}{7}$ 15. $x_1=-\dfrac{30}{11},\quad x_2=-\dfrac{38}{11},\quad x_3=-\dfrac{40}{11}$

16. $x_1=3,\quad x_2=5,\quad x_3=-1,\quad x_4=8$ 17. クラメルの公式は使えない．

18. $z=2$

20. 定理８の公式と転置余因子行列 $\tilde{A}$ の定義より明らか．

21. 定理９（クラメルの公式）で，各 j について $\det(A_j)$ が整数となることに注意すればよい．

練習問題 3.1

3. (a) $\overrightarrow{P_1P_2}=(-1,3)$ (b) $\overrightarrow{P_1P_2}=(-7,2)$ (c) $\overrightarrow{P_1P_2}=(2,-12,-11)$
(d) $\overrightarrow{P_1P_2}=(-8,7,4)$

4. 例えば $Q(9,5,1)$ とするときの $\overrightarrow{PQ}$

5. 例えば $P(0,4,-8)$ とするときの $\overrightarrow{PQ}$

6. (a) $(-2,0,4)$ (b) $(23,-15,4)$ (c) $(-1,-5,2)$
(d) $(-39,69,-12)$ (e) $(-30,-7,5)$ (f) $(0,-10,0)$

7. $\mathbf{x}=\left(-\dfrac{1}{2},\dfrac{5}{6},1\right)$

8. $c_1=1,\quad c_2=-2,\quad c_3=3$

10. $c_1=-t,\quad c_2=-t,\quad c_3=t$ （ここで t は任意）

11. (a) $\left(\dfrac{9}{2},-\dfrac{1}{2},-\dfrac{1}{2}\right)$ (b) $\left(\dfrac{23}{4},-\dfrac{9}{4},\dfrac{1}{4}\right)$

12. (a) $(x',y')=(5,8)$ (b) $(x,y)=(-1,3)$

練習問題 3.2

1. (a) 5 (b) $5\sqrt{2}$ (c) 3 (d) $\sqrt{3}$ (e) $\sqrt{129}$ (f) 9

2. (a) $\sqrt{13}$ (b) $5\sqrt{5}$ (c) $\sqrt{209}$ (d) $\sqrt{93}$

3. (a) $2\sqrt{3}$ (b) $\sqrt{14}+\sqrt{2}$ (c) $4\sqrt{14}$ (d) $2\sqrt{37}$
(e) $(1/\sqrt{6},1/\sqrt{6},-2/\sqrt{6})$ (f) 1

4. $k=\pm\dfrac{3}{\sqrt{21}}$

7. $(1/\sqrt{3},1/\sqrt{3},1/\sqrt{3})$

8. (x_0, y_0, z_0) を中心とする半径 1 の球
9. 「3 角形の 2 辺の長さの和は，他の 1 辺の長さより大きい」ことから明らか．

練習問題 3.3

1. (a) -10 (b) -3 (c) 0 (d) -20
2. (a) $-\dfrac{1}{\sqrt{5}}$ (b) $-\dfrac{3}{\sqrt{58}}$ (c) 0 (d) $-\dfrac{20}{3\sqrt{70}}$
3. (a) 鈍角 (b) 鋭角 (c) 鈍角 (d) 直角
4. (a) $\left(\dfrac{12}{13}, -\dfrac{8}{13}\right)$ (b) $(0, 0)$ (c) $\left(-\dfrac{80}{13}, 0, -\dfrac{16}{13}\right)$ (d) $\left(\dfrac{32}{89}, \dfrac{12}{89}, \dfrac{16}{89}\right)$
5. (a) $\left(\dfrac{14}{13}, \dfrac{21}{13}\right)$ (b) $(2, 6)$ (c) $\left(-\dfrac{11}{13}, 1, \dfrac{55}{13}\right)$ (d) $\left(-\dfrac{32}{89}, -\dfrac{12}{89}, \dfrac{73}{89}\right)$
7. $\pm\left(\dfrac{2}{\sqrt{13}}, \dfrac{3}{\sqrt{13}}\right)$
8. (a) 6 (b) 36 (c) $24\sqrt{5}$ (d) $24\sqrt{5}$
10. $\cos\theta_1 = 0$, $\cos\theta_2 = \dfrac{3}{\sqrt{10}}$, $\cos\theta_3 = \dfrac{1}{\sqrt{10}}$
13. $\mathbf{u}_1 = (1, 0, 0)$ $\mathbf{u}_2 = (0, 1, 0)$ $\mathbf{u}_3 = (0, 0, 1)$

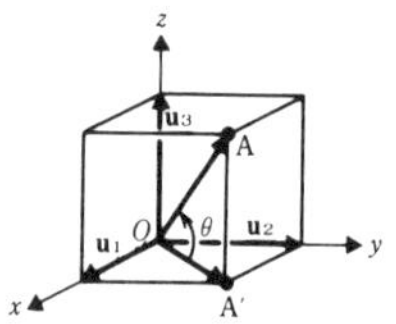

 とすると

 $\overrightarrow{OA} = \mathbf{u}_1 + \mathbf{u}_2 + \mathbf{u}_3$ $\overrightarrow{OA'} = \mathbf{u}_1 + \mathbf{u}_2$

 このとき求める角を $\theta = \angle AOA'$ とすると

 $$\cos\theta = \frac{\overrightarrow{OA} \cdot \overrightarrow{OA'}}{\|\overrightarrow{OA}\|\ \|\overrightarrow{OA'}\|} = \frac{\|\mathbf{u}_1\|^2 + \|\mathbf{u}_2\|^2}{\sqrt{3}\sqrt{2}} = \frac{2}{\sqrt{6}} \qquad \theta \fallingdotseq 35.3°$$
14. $\cos\beta = \dfrac{b}{\sqrt{a^2+b^2+c^2}}$, $\cos\gamma = \dfrac{c}{\sqrt{a^2+b^2+c^2}}$
15. $\mathbf{v}\cdot(k_1\mathbf{w}_1 + k_2\mathbf{w}_2) = \mathbf{v}\cdot(k_1\mathbf{w}_1) + \mathbf{v}\cdot(k_2\mathbf{w}_2) = k_1(\mathbf{v}\cdot\mathbf{w}_1) + k_2(\mathbf{v}\cdot\mathbf{w}_2) = 0$

練習問題 3.4

1. (a) $(-23, 7, -1)$ (b) $(-20, -67, -9)$ (c) $(-78, 52, -26)$
 (d) $(0, -56, -392)$ (e) $(24, 0, -16)$ (f) $(-12, -22, -8)$
2. (a) $(12, 30, -6)$ (b) $(-2, 0, 2)$
3. (a) $\dfrac{1}{2}\sqrt{374}$ (b) $9\sqrt{13}$
7. $\mathbf{x} = \left(\dfrac{1}{2} - \dfrac{1}{2}t, -\dfrac{1}{2} + \dfrac{3}{2}t, t\right)$，ここで t は任意
8. $\begin{vmatrix} u_1 & u_2 & u_3 \\ v_1 & v_2 & v_3 \\ w_1 & w_2 & w_3 \end{vmatrix} = u_1\begin{vmatrix} v_2 & v_3 \\ w_2 & w_3 \end{vmatrix} - u_2\begin{vmatrix} v_1 & v_3 \\ w_1 & w_3 \end{vmatrix} + u_3\begin{vmatrix} v_1 & v_2 \\ w_1 & w_2 \end{vmatrix} = \mathbf{u}\cdot(\mathbf{v}\times\mathbf{w})$

9. 227

10. (a) $\mathbf{u}=(0,1,0)$, $\mathbf{v}=(1,0,0)$ (b) $(-1,0,0)$ (c) $(0,0,-1)$

練習問題 3.5

1. (a) $(x-2)+4(y-6)+2(z-1)=0$ (b) $-(x+1)+7(y+1)+6(z-2)=0$
   (c) $z=0$ (d) $2x+3y+4z=0$

2. (a) $x+4y+2z-28=0$ (b) $-x+7y+6z-6=0$ (c) $z=0$
   (d) $2x+3y+4z=0$

3. (a) 例えば，$2(x-5)+3y+7z=0$，$2x+3(y-1)+7(z-1)=0$ など．
   (b) $x+3z=0$ 自身がすでに点・法点表示になっている．

4. (a) $2y-z-1=0$ (b) $x+9y-5z-16=0$

5. (a) $x=2+t$，$y=4+2t$，$z=6+5t$ (b) $x=-3+5t$，$y=2-7t$，$z=-4-3t$
   (c) $x=1$，$y=1$，$z=5+t$ (d) $x=t$，$y=t$，$z=t$

6. (a) $x-2=\dfrac{y-4}{2}=\dfrac{z-6}{5}$ (b) $\dfrac{x+3}{5}=\dfrac{y-2}{-7}=\dfrac{z+4}{-3}$

7. (a) 例えば $\begin{cases} x=6+t \\ y=-1+3t \\ z=5-9t \end{cases}$ $\begin{cases} x=7+t \\ y=2+3t \\ z=-4-9t \end{cases}$ など． (b) 例えば $\begin{cases} x=-t \\ y=-t \\ z=-t \end{cases}$

8. (a) $x=-\dfrac{11}{7}+\dfrac{23}{7}t$, $y=-\dfrac{12}{7}-\dfrac{1}{7}t$, $z=t$ (b) $x=\dfrac{5}{3}t$, $y=t$, $z=0$

9. (a) 例えば $x-2y-17=0$, $y+2z-5=0$ (b) 例えば $3x-5y=0$, $2y-z=0$

10. xy 平面：$z=0$； xz平面：$y=0$； yz 平面：$x=0$

12. $\left(-\dfrac{222}{7}, -\dfrac{64}{7}, \dfrac{78}{7}\right)$ 13. $5x-2y+z-30=0$ 15. $(-17,-1,1)$

16. $x-4y+4z+9=0$

練習問題 4.1

1. (a) $(-3,-4,-8,4)$ (b) $(53,34,49,20)$ (c) $(-1,2,7,-10)$
   (d) $(-99,-84,-150,30)$ (e) $(-63,-28,-21,-69)$ (f) $(2,6,15,-14)$

2. $\left(-\dfrac{7}{6}, -1, -\dfrac{3}{2}, -\dfrac{1}{3}\right)$ 3. $c_1=1$，$c_2=1$，$c_3=-1$，$c_4=1$

5. (a) 5 (b) $\sqrt{11}$ (c) $\sqrt{14}$ (d) $4\sqrt{3}$

6. (a) $\sqrt{73}$ (b) $\sqrt{14}+3\sqrt{7}$ (c) $4\sqrt{14}$ (d) $\sqrt{1801}$
   (e) $\left(\dfrac{2}{\sqrt{6}}, 0, \dfrac{1}{\sqrt{6}}, \dfrac{1}{\sqrt{6}}\right)$ (f) 1

8. $k=\pm\dfrac{3}{\sqrt{14}}$ 9. (a) -1 (b) -1 (c) 0 (d) 27

10. (a) $\left(\frac{2}{\sqrt{5}}, \frac{1}{\sqrt{5}}\right)$, $\left(-\frac{2}{\sqrt{5}}, -\frac{1}{\sqrt{5}}\right)$

11. (a) $\sqrt{10}$ (b) $3\sqrt{3}$ (c) $\sqrt{59}$ (d) 10

練習問題 4.2

1. 公理 8 が成り立たないので線型空間にはならない.
2. 公理 10 が成り立たないので線型空間にはならない.
3. 公理 9, 10 が成り立たないので線型空間にはならない.
4. 線型空間になっている.
5. 線型空間になっている.
6. 公理 5, 6 が成り立たないので線型空間にはならない.
7. 線型空間になっている.
8. 公理 7, 8 が成り立たないので線型空間にはならない.
9. 線型空間になっている.
10. 公理 1, 4, 5, 6 が成り立たないので線型空間にはならない.
11. 線型空間になっている.
12. 線型空間になっている.
13. 線型空間になっている.
14. 線型空間になっている.

20. $\mathbf{0}$ を $\mathbf{0}'$ を 2 つのゼロ・ベクトルとすると（定義から）$\mathbf{0}=\mathbf{0}+\mathbf{0}'=\mathbf{0}'$

練習問題 4.3

1. (a), (c)　2. (b), (c)　3. (a), (b), (d)　4. (b), (d), (e)　5. (a), (b), (d)

6. (a) $(5,9,5)=3\mathbf{u}-4\mathbf{v}+\mathbf{w}$ (b) $(2,0,6)=4\mathbf{u}-2\mathbf{w}$ (c) $(0,0,0)=0\mathbf{u}+0\mathbf{v}+0\mathbf{w}$
(d) $(2,2,3)=\frac{1}{2}\mathbf{u}-\frac{1}{2}\mathbf{v}+\frac{1}{2}\mathbf{w}$

7. (a) $5+9x+5x^2=3\mathbf{p}_1-4\mathbf{p}_2+\mathbf{p}_3$ (b) $2+6x^2=4\mathbf{p}_1-2\mathbf{p}_3$
(c) $0=0\mathbf{p}_1+0\mathbf{p}_2+0\mathbf{p}_3$ (d) $2+2x+3x^2=\frac{1}{2}\mathbf{p}_1-\frac{1}{2}\mathbf{p}_2+\frac{1}{2}\mathbf{p}_3$

8. (a), (c), (d)　9. (a), (d)

10. (a), (c)（$\cos 2x=\cos^2 x-\sin^2 x, 1=\cos^2 x+\sin^2 x$ に注意）

11. できない　12. (a), (b), (d)　13. $8x-7y+z=0$

14. $x=2t$, $y=7t$, $z=-t$ （ここで $-\infty<t<+\infty$）

練習問題 4.4

1. (a) $\mathbf{u}_2$ は $\mathbf{u}_1$ のスカラー倍（-3倍）になっている.
(b)（定理 6 により）3 個以上の $\boldsymbol{R}^2$ のベクトルは 1 次従属である.

(c) $\mathbf{p}_2$ は $\mathbf{p}_1$ のスカラー倍（3倍）になっている．

(d) B は A のスカラー倍（-1倍）になっている．（または $A+B=0$）

2. (d) （4個以上の $\boldsymbol{R}^3$ のベクトルは常に1次従属である．）

3. 解なし　　4. (d)　　5. (a), (d), (e), (f)

6. (a) 同一平面上にない　(b) 同一平面上にある

7. (a) 同一直線上にない　(b) 同一直線上にない　(c) 同一直線上にある

8. $\lambda=-\dfrac{1}{2}$，$\lambda=1$　　9. 例えば $\mathbf{v}_1=\mathbf{0}$ とすると，$1\cdot\mathbf{v}_1+0\mathbf{v}_2+\cdots+0\mathbf{v}_n=\mathbf{0}$ となる．

練習問題 4.5

1. (a) $\boldsymbol{R}^2$ の基底は2個のベクトルからなる．

(b) $\boldsymbol{R}^3$ の基底は，3個のベクトルからなる．

(c) P_2 の基底は，3個のベクトルからなる．

(d) $M_{2,2}$ の基底は，4個のベクトルからなる．

2. (a), (b)　　3. (a), (b)　　4. (c), (d)

6. (a) （$\mathbf{v}_3=\mathbf{v}_1-\mathbf{v}_2$ が成立する）．　(b) 例えば $\{\mathbf{v}_1, \mathbf{v}_2\}, \{\mathbf{v}_1, \mathbf{v}_3\}, \{\mathbf{v}_2, \mathbf{v}_3\}$ など

7. 基底なし，次元0　　8. 基底 $\left\{\left(-\dfrac{1}{4}, -\dfrac{1}{4}, 1, 0\right), \left(0, -1, 0, 1\right)\right\}$，次元2

9. 基底なし，次元0　　10. 基底$\{(3, 1, 0), (-1, 0, 1)\}$，次元2

11. 基底なし，次元0　　12. 基底なし，次元0

13. (a) $\left(\dfrac{2}{3}, 1, 0\right), \left(-\dfrac{5}{3}, 0, 1\right)$　(b) $(1, 1, 0), (0, 0, 1)$　(c) $(2, -1, 4)$

(d) $(1, 1, 0), (0, 1, 1)$

14. (a) 3次元　(b) 2次元　(c) 1次元　　15. 3次元

16. $k_1\mathbf{u}_1+k_2\mathbf{u}_2+k_3\mathbf{u}_3=\mathbf{0}$ とすると $k_1\mathbf{v}_1+k_2(\mathbf{v}_1+\mathbf{v}_2)+k_3(\mathbf{v}_1+\mathbf{v}_2+\mathbf{v}_3)=\mathbf{0}$
つまり $(k_1+k_2+k_3)\mathbf{v}_1+(k_2+k_3)\mathbf{v}_2+k_3\mathbf{v}_3=\mathbf{0}$ となり，$\{\mathbf{v}_1, \mathbf{v}_2, \mathbf{v}_3\}$ の1次独立性によって，$k_1=k_2=k_3=0$ をうる．また $\mathbf{v}_1, \mathbf{v}_2, \mathbf{v}_3$ の1次結合で表わされるベクトルは必ず $\mathbf{u}_1, \mathbf{u}_2, \mathbf{u}_3$ でも表わしうる．（$\mathbf{v}_1=\mathbf{u}_1, \mathbf{v}_2=\mathbf{u}_2-\mathbf{u}_1, \mathbf{v}_3=\mathbf{u}_3-\mathbf{u}_2$ を代入すればよい）

練習問題 4.6

1. $\mathbf{r}_1=(2, -1, 0, 1)$
$\mathbf{r}_2-(3, 5, 7, -1)$
$\mathbf{r}_3=(1, 4, 2, 7)$
$\mathbf{c}_1-\begin{bmatrix}2\\3\\1\end{bmatrix}$　$\mathbf{c}_2=\begin{bmatrix}-1\\5\\4\end{bmatrix}$　$\mathbf{c}_3=\begin{bmatrix}0\\7\\2\end{bmatrix}$　$\mathbf{c}_4=\begin{bmatrix}1\\-1\\7\end{bmatrix}$

2. (a) $(1, -3)$　(b) $\begin{bmatrix}1\\2\end{bmatrix}$　(c) 1

3. (a) $(1, 2, 0), (0, 0, 1)$　(b) $\begin{bmatrix}1\\2\\0\end{bmatrix}, \begin{bmatrix}0\\1\\-1\end{bmatrix}$　(c) 2

4. (a) $(1,0,1,2)$, $(0,1,1,0)$, $(0,0,0,1)$

(b) $\begin{bmatrix}1\\0\\0\end{bmatrix}, \begin{bmatrix}0\\1\\0\end{bmatrix}, \begin{bmatrix}0\\0\\1\end{bmatrix}$ (c) 3

5. (a) $(1,0,5,2,0)$, $(0,1,0,0,0)$, $(0,0,-3,0,1)$

(b) $\begin{bmatrix}0\\0\\1\\1\\2\end{bmatrix}, \begin{bmatrix}1\\0\\0\\1\\1\end{bmatrix}, \begin{bmatrix}0\\-1\\1\\0\\0\end{bmatrix}$ (c) 3

6. (a) $(1,1,-4,-3)$, $(0,1,-5,-2)$, $(0,0,1,-\frac{1}{2})$

(b) $(1,-1,2,0)$, $(0,1,0,0)$, $(0,0,1,-\frac{1}{6})$

(c) $(1,1,0,0)$, $(0,1,1,1)$, $(0,0,1,1)$, $(0,0,0,1)$

8. (a) 3 (b) mとnの小さい方

9. (a) $\mathbf{b}=\begin{bmatrix}1\\4\end{bmatrix}-\begin{bmatrix}3\\-6\end{bmatrix}$ となるのでふくまれる． (b) ふくまれない．

(c) $\mathbf{b}=\begin{bmatrix}1\\1\\-1\end{bmatrix}-\begin{bmatrix}-1\\1\\-1\end{bmatrix}$ となるのでふくまれる．

15. Aは可逆なので，Iに行同値．ところでIの行空間は$\boldsymbol{R}^n$，したがってAの行空間も$\boldsymbol{R}^n$となる．しかも，Aの行ベクトルはn個しかない．つまりAの行ベクトル全体は$\boldsymbol{R}^n$の基底となる．

練習問題 4.7

1. (a) -12 (b) 0 (c) 0 (d) 120

2. (a) -5 (b) 0 (c) 3 (d) 52

3. (a) 16 (b) 56

4. (a) -6 (b) 0

6. (a) 内積ではない（公理4が成立しない） (b) 内積ではない（公理2, 3が成立しない）

(c) 内積である (d) 内積ではない（公理4が成立しない）

16. (a) $-\frac{28}{15}$ (b) 0

17. (a) 0 (b) 1 (c) $\frac{2}{\pi}\log 2$

$$\int_0^1 \tan\frac{4}{\pi}x\,dx=\int_0^1\frac{\sin\frac{\pi}{4}x}{\cos\frac{\pi}{4}x}\,dx=-\frac{4}{\pi}\Big[\log(\cos\frac{\pi}{4}x)\Big]_0^1=-\frac{4}{\pi}\log\Big(\frac{1}{\sqrt{2}}\Big)$$

$$=-\frac{4}{\pi}(\log 1-\log\sqrt{2})=\frac{2}{\pi}\log 2$$

練習問題 4.8

1. (a) $\sqrt{21}$ (b) $\sqrt{206}$ (c) $\sqrt{2}$ (d) 0
2. (a) $\sqrt{10}$ (b) $\sqrt{85}$ (c) 1 (d) 0
3. (a) $\sqrt{6}$ (b) 5 4. (a) $\sqrt{90}$ (b) 0 5. (a) $\sqrt{45}$ (b) 0
6. (a) $\sqrt{18}$ (b) 0 7. $\sqrt{18}$ 8. (a) $\sqrt{98}$ (b) 0
9. (a) $\frac{-1}{\sqrt{2}}$ (b) $\frac{-3}{\sqrt{73}}$ (c) 0 (d) $\frac{-20}{9\sqrt{10}}$ (e) $\frac{-1}{\sqrt{2}}$ (f) $\frac{2}{\sqrt{55}}$
10. (a) 0 (b) 0 11. (a) $\frac{19}{10\sqrt{7}}$ (b) 0
12. (a) $k=-3$ (b) $k=-2,\ k=-3$ 14. (a), (b), (c)
15. $\pm\frac{1}{\sqrt{3249}}(-34, 44, -6, 11)$
19. $\|\mathbf{u}+\mathbf{v}\|^2=\|\mathbf{u}\|^2+2\langle\mathbf{u},\mathbf{v}\rangle+\|\mathbf{v}\|^2$ と $\|\mathbf{u}-\mathbf{v}\|^2=\|\mathbf{u}\|^2-2\langle\mathbf{u},\mathbf{v}\rangle+\|\mathbf{v}\|^2$ とを加える.

練習問題 4.9

1. (b) 2. (b), (d) 3. (a) 4. (a)
7. (a) $\left(\frac{1}{\sqrt{10}}, -\frac{3}{\sqrt{10}}\right), \left(\frac{3}{\sqrt{10}}, \frac{1}{\sqrt{10}}\right)$ (b) $(1, 0),\ (0, -1)$
8. (a) $\left(\frac{1}{\sqrt{3}}, \frac{1}{\sqrt{3}}, \frac{1}{\sqrt{3}}\right), \left(-\frac{1}{\sqrt{2}}, \frac{1}{\sqrt{2}}, 0\right), \left(\frac{1}{\sqrt{6}}, \frac{1}{\sqrt{6}}, -\frac{2}{\sqrt{6}}\right)$

(b) $(1, 0, 0), \left(0, \frac{7}{\sqrt{53}}, -\frac{2}{\sqrt{53}}\right), \left(0, \frac{30}{\sqrt{11925}}, \frac{105}{\sqrt{11925}}\right)$

9. $\left(0, \frac{2}{\sqrt{5}}, \frac{1}{\sqrt{5}}, 0\right), \left(\frac{5}{\sqrt{30}}, -\frac{1}{\sqrt{30}}, \frac{2}{\sqrt{30}}, 0\right), \left(\frac{1}{\sqrt{10}}, \frac{1}{\sqrt{10}}, -\frac{2}{\sqrt{10}}, -\frac{2}{\sqrt{10}}\right),$
$\left(\frac{1}{\sqrt{15}}, \frac{1}{\sqrt{15}}, -\frac{2}{\sqrt{15}}, \frac{3}{\sqrt{15}}\right)$ 10. $\left(0, \frac{1}{\sqrt{5}}, \frac{2}{\sqrt{5}}\right), \left(-\frac{\sqrt{5}}{\sqrt{6}}, -\frac{2}{\sqrt{30}}, \frac{1}{\sqrt{30}}\right)$
11. $\left(\frac{1}{\sqrt{6}}, \frac{1}{\sqrt{6}}, \frac{1}{\sqrt{6}}\right), \left(\frac{1}{\sqrt{6}}, \frac{1}{\sqrt{6}}, -\frac{1}{\sqrt{6}}\right), \left(\frac{2}{\sqrt{6}}, -\frac{1}{\sqrt{6}}, 0\right)$
12. $\mathbf{w}_1=\left(-\frac{4}{5}, 2, \frac{3}{5}\right),\ \mathbf{w}_2=\left(\frac{9}{5}, 0, \frac{12}{5}\right)$ 13. $\mathbf{w}_1=\left(\frac{39}{42}, \frac{93}{42}, \frac{120}{42}\right),$
$\mathbf{w}_2=\left(\frac{3}{42}, -\frac{9}{42}, \frac{6}{42}\right)$ 14. $\mathbf{w}_1=\left(-\frac{5}{4}, -\frac{1}{4}, \frac{5}{4}, \frac{9}{4}\right),\ \mathbf{w}_2=\left(\frac{1}{4}, \frac{9}{4}, \frac{19}{4}, -\frac{9}{4}\right)$
22. $Q\left(-\frac{8}{7}, -\frac{5}{7}, \frac{25}{7}\right)$; $\frac{3}{7}\sqrt{35}$ 23. $Q\left(-\frac{8}{7}, \frac{4}{7}, -\frac{16}{7}\right)$

練習問題 4.10

1. (a) $(\mathbf{w})_S=(3, -7),\quad [\mathbf{w}]_S=\begin{bmatrix} 3 \\ -7 \end{bmatrix}$ (b) $(\mathbf{w})_S=\left(\frac{5}{28}, \frac{3}{14}\right),\quad [\mathbf{w}]_S=\begin{bmatrix} \frac{5}{28} \\ \frac{3}{14} \end{bmatrix}$

(c) $(\mathbf{w})_S=\left(a, \frac{b-a}{2}\right)$, $[\mathbf{w}]_S=\begin{bmatrix} a \\ \frac{b-a}{2} \end{bmatrix}$

2. (a) $(\mathbf{v})_S=(3, -2, 1)$, $[\mathbf{v}]_S=\begin{bmatrix} 3 \\ -2 \\ 1 \end{bmatrix}$ (b) $(\mathbf{v})_S=(-2, 0, 1)$, $[\mathbf{v}]_S=\begin{bmatrix} -2 \\ 0 \\ 1 \end{bmatrix}$

3. (a) $(\mathbf{p})_S=(4, -3, 1)$, $[\mathbf{p}]_S=\begin{bmatrix} 4 \\ -3 \\ 1 \end{bmatrix}$ (b) $(\mathbf{p})_S=(0, 2, -1)$, $[\mathbf{p}]_S=\begin{bmatrix} 0 \\ 2 \\ -1 \end{bmatrix}$

4. $(A)_S=(-1, 1, -1, 3)$, $[A]_S=\begin{bmatrix} -1 \\ 1 \\ -1 \\ 3 \end{bmatrix}$

5. (a) $(\mathbf{w})_S=(-2\sqrt{2}, 5\sqrt{2})$, $[\mathbf{w}]_S=\begin{bmatrix} -2\sqrt{2} \\ 5\sqrt{2} \end{bmatrix}$ (b) $(\mathbf{w})_S=(0, -2, 1)$, $[\mathbf{w}]_S=\begin{bmatrix} 0 \\ -2 \\ 1 \end{bmatrix}$

6. (a) $\mathbf{w}=(16, 10, 12)$ (b) $\mathbf{p}=3+4x^2$ (c) $B=\begin{bmatrix} 15 & -1 \\ 6 & 3 \end{bmatrix}$

7. (a) $\|\mathbf{u}\|=\sqrt{2}$, $d(\mathbf{u}, \mathbf{v})=\sqrt{13}$, $<\mathbf{u}, \mathbf{v}>=3$

8. (a) $\begin{bmatrix} \frac{4}{11} & \frac{3}{11} \\ -\frac{1}{11} & \frac{2}{11} \end{bmatrix}$ (b) $\begin{bmatrix} -\frac{3}{11} \\ -\frac{3}{11} \end{bmatrix}$ (d) $\begin{bmatrix} 2 & -3 \\ 1 & 4 \end{bmatrix}$

9. (a) $\begin{bmatrix} 0 & -\frac{5}{2} \\ -2 & -\frac{13}{2} \end{bmatrix}$ (b) $\begin{bmatrix} -4 \\ -7 \end{bmatrix}$ (d) $\begin{bmatrix} \frac{13}{10} & -\frac{1}{2} \\ -\frac{2}{5} & 0 \end{bmatrix}$

10. (a) $\begin{bmatrix} \frac{3}{4} & \frac{3}{4} & \frac{1}{12} \\ -\frac{3}{4} & -\frac{17}{12} & -\frac{17}{12} \\ 0 & \frac{2}{3} & \frac{2}{3} \end{bmatrix}$ (b) $\begin{bmatrix} \frac{19}{12} \\ -\frac{43}{12} \\ \frac{4}{3} \end{bmatrix}$

11. (a) $\begin{bmatrix} 3 & 2 & \frac{5}{2} \\ -2 & -3 & -\frac{1}{2} \\ 5 & 1 & 6 \end{bmatrix}$ (b) $\begin{bmatrix} -\frac{7}{2} \\ \frac{23}{2} \\ 6 \end{bmatrix}$

12. (a) $\begin{bmatrix} \frac{3}{4} & \frac{7}{2} \\ \frac{3}{2} & 1 \end{bmatrix}$ (b) $\begin{bmatrix} -\frac{11}{4} \\ \frac{1}{2} \end{bmatrix}$ (d) $\begin{bmatrix} -\frac{2}{9} & \frac{7}{9} \\ \frac{1}{3} & -\frac{1}{6} \end{bmatrix}$

13. (a) $\mathbf{f}_1=\frac{1}{2}\mathbf{g}_1-\frac{1}{6}\mathbf{g}_2$, $\mathbf{f}_2=\frac{1}{3}\mathbf{g}_2$ より (b) $\begin{bmatrix} \frac{1}{2} & 0 \\ -\frac{1}{6} & \frac{1}{3} \end{bmatrix}$ (c) $\begin{bmatrix} 1 \\ -2 \end{bmatrix}$ (e) $\begin{bmatrix} 2 & 0 \\ 1 & 3 \end{bmatrix}$

14. (a) $(4\sqrt{2}, -2\sqrt{2})$ (b) $(-3.5\sqrt{2}, 1.5\sqrt{2})$

15. (a) $(-1+3\sqrt{3}, 3+\sqrt{3})$ (b) $(2.5-\sqrt{3}, 2.5\sqrt{3}+1)$

16. (a) $(0.5\sqrt{2}, 1.5\sqrt{2}, 5)$ (b) $(-2.5\sqrt{2}, 3.5\sqrt{2}, -3)$

17. (a) $(-0.5-2.5\sqrt{3}, 2, 2.5-0.5\sqrt{3})$ (b) $(0.5-1.5\sqrt{3}, 6, -1.5-0.5\sqrt{3})$

18. (a) $(-1, 1.5\sqrt{2}, -3.5\sqrt{2})$ (b) $(1, -1.5\sqrt{2}, 4.5\sqrt{2})$

19. (a), (b), (d), (e)

20. (a) $\begin{bmatrix} 1 & 0 \\ 0 & 1 \end{bmatrix}$ (b) $\begin{bmatrix} \frac{1}{\sqrt{2}} & \frac{1}{\sqrt{2}} \\ -\frac{1}{\sqrt{2}} & \frac{1}{\sqrt{2}} \end{bmatrix}$ (d) $\begin{bmatrix} -\frac{1}{\sqrt{2}} & 0 & \frac{1}{\sqrt{2}} \\ \frac{1}{\sqrt{6}} & -\frac{2}{\sqrt{6}} & \frac{1}{\sqrt{6}} \\ \frac{1}{\sqrt{3}} & \frac{1}{\sqrt{3}} & \frac{1}{\sqrt{3}} \end{bmatrix}$

(e) $\begin{bmatrix} \frac{1}{2} & \frac{1}{2} & \frac{1}{2} & \frac{1}{2} \\ \frac{1}{2} & -\frac{5}{6} & \frac{1}{6} & \frac{1}{6} \\ \frac{1}{2} & \frac{1}{6} & \frac{1}{6} & -\frac{5}{6} \\ \frac{1}{2} & \frac{1}{6} & -\frac{5}{6} & \frac{1}{6} \end{bmatrix}$

22. (a) $\begin{bmatrix} \cos\theta & \sin\theta \\ -\sin\theta & \cos\theta \end{bmatrix}$ (b) $\begin{bmatrix} \cos\theta & \sin\theta & 0 \\ -\sin\theta & \cos\theta & 0 \\ 0 & 0 & 1 \end{bmatrix}$

23. (a) $\left(-\frac{2}{5}, -\frac{11}{5}\right)$ (b) $\left(-\frac{4}{5}, -\frac{22}{5}\right)$ (c) $\left(-\frac{11}{5}, \frac{52}{5}\right)$ (d) $(0, 0)$

25. (a), (c)

27. (a) $\left(\frac{12}{5}, -\frac{9}{5}, -7\right)$ (b) $(2, 1, 6)$ (c) $\left(-\frac{42}{5}, \frac{19}{5}, -3\right)$ (d) $(0, 0, 0)$

29. (b)

31. (a) $A=\begin{bmatrix} \cos\theta & 0 & -\sin\theta \\ 0 & 1 & 0 \\ \sin\theta & 0 & \cos\theta \end{bmatrix}$ (b) $A=\begin{bmatrix} 1 & 0 & 0 \\ 0 & \cos\theta & \sin\theta \\ 0 & -\sin\theta & \cos\theta \end{bmatrix}$

32. $\begin{bmatrix} \frac{\sqrt{2}}{4} & \frac{\sqrt{6}}{4} & -\frac{\sqrt{2}}{2} \\ -\frac{\sqrt{3}}{2} & \frac{1}{2} & 0 \\ \frac{\sqrt{2}}{4} & \frac{\sqrt{6}}{4} & \frac{\sqrt{2}}{2} \end{bmatrix}$

33. $AA^t=I$ とすれば $A^tA=I$ となること，および $A^{tt}=A$ より明らか.

練習問題 5.1

1. 1次変換
2. 1次変換ではない $(F(2,0)=(4,0)\neq(2,0)=2(1,0)=2F(1,0))$
3. 1次変換　　4. 1次変換
5. 1次変換ではない $(F(0,2)=(0,3)\neq(0,4)=2(0,2)=2F(0,1))$
6. 1次変換　　7. 1次変換
8. 1次変換ではない $(F(8,0)=(2,0)\neq(8,0)=8(1,0)=8F(1,0))$
9. 1次変換　　10. 1次変換
11. 1次変換ではない $(F(2,0,0)=(1,1)\neq(2,2)=2F(1,0,0))$
12. 1次変換　　13. 1次変換
14. 1次変換ではない $\left(F\left(\begin{bmatrix}2&0\\0&2\end{bmatrix}\right)=4\neq2=2F\left(\begin{bmatrix}1&0\\0&1\end{bmatrix}\right)\right)$
15. 1次変換
16. 1次変換ではない $\left(F\left(\begin{bmatrix}2&0\\0&0\end{bmatrix}\right)=4\neq2=2F\left(\begin{bmatrix}1&0\\0&0\end{bmatrix}\right)\right)$
17. 1次変換　　18. 1次変換　　19. 1次変換
20. 1次変換ではない $(F(2)=3\neq4=2F(1)$　　21. $F(x,y)=(-x,y)$
23. (a) $\begin{bmatrix}1&3&4\\1&0&-7\end{bmatrix}$　(b) $\begin{bmatrix}42\\-55\end{bmatrix}$　(c) $\begin{bmatrix}x+3y+4z\\x-7z\end{bmatrix}$
24. (a) $(2,0,-1)$　(b) $T(x,y,z)=(x,0,z)$
25. (a) $T(3,8,4)=(-2,3,-1)$

 (b) $T(x,y,z)=\dfrac{1}{3}(2x-y-z,\ -x+2y-z,\ -x-y+2z)$

26. (a) $T(-1,2)=\left(-\dfrac{3}{\sqrt{2}},\dfrac{1}{\sqrt{2}}\right)$; $T(x,y)=\left(\dfrac{x}{\sqrt{2}}-\dfrac{y}{\sqrt{2}},\dfrac{x}{\sqrt{2}}+\dfrac{y}{\sqrt{2}}\right)$

 (b) $T(-1,2)=(1,-2)$; $T(x,y)=(-x,-y)$

 (c) $T(-1,2)=\left(-\dfrac{\sqrt{3}}{2}-1,\sqrt{3}-\dfrac{1}{2}\right)$; $T(x,y)=\left(\dfrac{\sqrt{3}}{2}x-\dfrac{1}{2}y,\dfrac{1}{2}x+\dfrac{\sqrt{3}}{2}y\right)$

 (d) $T(-1,\ 2)=\left(-\dfrac{1}{2}+\sqrt{3},\dfrac{\sqrt{3}}{2}+1\right)$; $T(x,y)=\left(\dfrac{1}{2}x+\dfrac{\sqrt{3}}{2}y,-\dfrac{\sqrt{3}}{2}x+\dfrac{1}{2}y\right)$

練習問題 5.2

1. (a), (c)　　2. (a)　　3. (a), (b), (c)　　4. (a)　　5. (b)　　6. (a)
7. $\mathrm{Ker}(T)=\{\mathbf{0}\}$; $\mathrm{Im}(T)=V$　　8. 階数1，核次元1　　9. 階数3，核次元0
10. (a) 階数 n，核次元 0　(b) 階数 0，核次元 n　(c) 階数 n，核次元 0
11. $T(x,y,z)=(30x-10y-3z,\ -9x+3y+z)$, $T(1,1,1)=(17,-5)$
12. $T(2-2x+3x^2)=8+8x-7x^2$
13. (a) T の核次元は2　(b) T の核次元は4　(c) T の核次元は3　(d) T の核次元は1

14. T の核次元は 0， 階数は 6

15. (a) 次元＝核次元＝3

(b) 解けない（任意の $\mathbf{b}$ に対して $A\mathbf{x}=\mathbf{b}$ が解けるとすると， $\mathrm{Im}(T)=\boldsymbol{R}^5$ でなければならない．ところが， $\mathrm{rank}(T)=\mathrm{Im}(T)$ の次元＝4．ここで T は A で定まる1次変換とする．）

16. (a) $\begin{bmatrix}1\\5\\7\end{bmatrix}$ $\begin{bmatrix}0\\1\\1\end{bmatrix}$ (b) $\begin{bmatrix}-\frac{14}{11}\\\frac{19}{11}\\1\end{bmatrix}$ (c) 階数 2，核次元 1

17. (a) $\begin{bmatrix}1\\2\\0\end{bmatrix}$ (b) $\begin{bmatrix}\frac{1}{2}\\0\\1\end{bmatrix}$ $\begin{bmatrix}0\\1\\0\end{bmatrix}$ (c) 階数 1，核次元 2

18. (a) $\begin{bmatrix}1\\\frac{1}{4}\end{bmatrix}$ $\begin{bmatrix}0\\1\end{bmatrix}$ (b) $\begin{bmatrix}-1\\-1\\1\\0\end{bmatrix}$ $\begin{bmatrix}-\frac{4}{7}\\\frac{2}{7}\\0\\1\end{bmatrix}$ (c) 階数 2，核次元 2

19. (a) $\begin{bmatrix}1\\3\\-1\\2\end{bmatrix}$ $\begin{bmatrix}0\\1\\-\frac{2}{7}\\\frac{5}{14}\end{bmatrix}$ $\begin{bmatrix}0\\0\\0\\1\end{bmatrix}$ (b) $\begin{bmatrix}-1\\-1\\1\\0\\0\end{bmatrix}$ $\begin{bmatrix}-1\\-2\\0\\0\\1\end{bmatrix}$ (c) 階数 3，核次元 2

22. (a) $14x-8y-5z=0$ (b) $x=-t,\ y=-t,\ z=t \quad -\infty<t<+\infty$

26. $\mathrm{Ker}(D)$ は 定数項のみの多項式全体からなる．

27. $\mathrm{Ker}(J)$ は kx の形の 多項式全体からなる． $\left(\int_{-1}^{1}(a_0+a_1x)\,dx=\left[a_0x+\frac{a_1}{2}x^2\right]_{-1}^{1}\right.$ $\left.=2a_0\right.$ より．）

練習問題 5.3

1. (a) $\begin{bmatrix}2&-1\\1&1\end{bmatrix}$ (b) $\begin{bmatrix}1&0\\0&1\end{bmatrix}$ (c) $\begin{bmatrix}1&2&1\\1&5&0\\0&0&1\end{bmatrix}$ (d) $\begin{bmatrix}4&0&0\\0&7&0\\0&0&-8\end{bmatrix}$

2. (a) $\begin{bmatrix}0&1\\-1&0\\1&3\\1&-1\end{bmatrix}$ (b) $\begin{bmatrix}7&2&-1&1\\0&1&1&0\\-1&0&0&0\end{bmatrix}$ (c) $\begin{bmatrix}0&0&0\\0&0&0\\0&0&0\\0&0&0\\0&0&0\end{bmatrix}$ (d) $\begin{bmatrix}0&0&0&1\\1&0&0&0\\0&0&1&0\\0&1&0&0\\1&0&-1&0\end{bmatrix}$

3. (a) $\begin{bmatrix} 1 & 0 \\ 0 & -1 \end{bmatrix}$ (b) $\begin{bmatrix} 0 & 1 \\ 1 & 0 \end{bmatrix}$ (c) $\begin{bmatrix} -1 & 0 \\ 0 & -1 \end{bmatrix}$ (d) $\begin{bmatrix} 1 & 0 \\ 0 & 0 \end{bmatrix}$

4. (a) $(2, -1)$ (b) $(1, 2)$ (c) $(-2, -1)$ (d) $(2, 0)$

5. (a) $\begin{bmatrix} 1 & 0 & 0 \\ 0 & 1 & 0 \\ 0 & 0 & -1 \end{bmatrix}$ (b) $\begin{bmatrix} 1 & 0 & 0 \\ 0 & -1 & 0 \\ 0 & 0 & 1 \end{bmatrix}$ (c) $\begin{bmatrix} -1 & 0 & 0 \\ 0 & 1 & 0 \\ 0 & 0 & 1 \end{bmatrix}$

6. (a) $(1, 1, -1)$ (b) $(1, -1, 1)$ (c) $(-1, 1, 1)$

7. (a) $\begin{bmatrix} 0 & -1 & 0 \\ 1 & 0 & 0 \\ 0 & 0 & 1 \end{bmatrix}$ (b) $\begin{bmatrix} 1 & 0 & 0 \\ 0 & 0 & -1 \\ 0 & 1 & 0 \end{bmatrix}$ (c) $\begin{bmatrix} 0 & 0 & 1 \\ 0 & 1 & 0 \\ -1 & 0 & 0 \end{bmatrix}$

8. $\begin{bmatrix} 1 & 1 & 0 \\ 0 & -2 & -3 \end{bmatrix}$ **9.** (a) $\begin{bmatrix} 0 & 0 \\ -\frac{1}{2} & 1 \\ \frac{8}{3} & \frac{4}{3} \end{bmatrix}$ (b) $\begin{bmatrix} 14 \\ -8 \\ 0 \end{bmatrix}$

10. (a) $\begin{bmatrix} 1 & -\frac{3}{2} & \frac{1}{2} \\ -1 & \frac{1}{2} & \frac{1}{2} \\ 0 & \frac{1}{2} & -\frac{1}{2} \end{bmatrix}$ (b) $\begin{bmatrix} 2 \\ -2 \\ 2 \end{bmatrix}$ **11.** (a) $\begin{bmatrix} 0 & 0 & 0 \\ 0 & 0 & 0 \\ 1 & 1 & 4 \\ 0 & 2 & 5 \\ 1 & 3 & 1 \end{bmatrix}$ (b) $-3x^2+5x^3-2x^4$

12. (a) $[T(\mathbf{v}_1)]_B=\begin{bmatrix} 1 \\ -2 \end{bmatrix}$, $[T(\mathbf{v}_2)]_B=\begin{bmatrix} 3 \\ 5 \end{bmatrix}$

(b) $T(\mathbf{v}_1)=\begin{bmatrix} 3 \\ -5 \end{bmatrix}$, $T(\mathbf{v}_2)=\begin{bmatrix} -2 \\ 29 \end{bmatrix}$ (c) $\begin{bmatrix} \frac{19}{7} \\ -\frac{83}{7} \end{bmatrix}$

13. (a) $[T(\mathbf{v}_1)]_{B'}=\begin{bmatrix} 3 \\ 1 \\ -3 \end{bmatrix}$, $[T(\mathbf{v}_2)]_{B'}=\begin{bmatrix} -2 \\ 6 \\ 0 \end{bmatrix}$, $[T(\mathbf{v}_3)]_{B'}=\begin{bmatrix} 1 \\ 2 \\ 7 \end{bmatrix}$, $[T(\mathbf{v}_4)]_{B'}=\begin{bmatrix} 0 \\ 1 \\ 1 \end{bmatrix}$

(b) $T(\mathbf{v}_1)=\begin{bmatrix} 11 \\ 5 \\ 22 \end{bmatrix}$, $T(\mathbf{v}_2)=\begin{bmatrix} -42 \\ 32 \\ -10 \end{bmatrix}$, $T(\mathbf{v}_3)=\begin{bmatrix} -56 \\ 87 \\ 17 \end{bmatrix}$, $T(\mathbf{v}_4)=\begin{bmatrix} -13 \\ 17 \\ 2 \end{bmatrix}$ (c) $\begin{bmatrix} -31 \\ 37 \\ 12 \end{bmatrix}$

14. (a) $[T(\mathbf{p}_1)]_B=\begin{bmatrix} 1 \\ 2 \\ 6 \end{bmatrix}$, $[T(\mathbf{p}_2)]_B=\begin{bmatrix} 3 \\ 0 \\ -2 \end{bmatrix}$, $[T(\mathbf{p}_3)]_B=\begin{bmatrix} -1 \\ 5 \\ 4 \end{bmatrix}$

(b) $T(\mathbf{p}_1)=16+51x+19x^2$, $T(\mathbf{p}_2)=-6-5x+5x^2$, $T(\mathbf{p}_3)=7+40x+15x^2$

(c) $T(1+x^2)=22+56x+14x^2$

18. (a) $\begin{bmatrix} 0 & 1 & 0 \\ 0 & 0 & 2 \\ 0 & 0 & 0 \end{bmatrix}$ (b) $\begin{bmatrix} 0 & -\frac{3}{2} & \frac{23}{6} \\ 0 & 0 & -\frac{16}{3} \\ 0 & 0 & 0 \end{bmatrix}$ (c) $-6+48x$

19. (a) $\begin{bmatrix}0&0&0\\0&0&-1\\0&1&0\end{bmatrix}$ (b) $\begin{bmatrix}0&0&0\\0&1&0\\0&0&2\end{bmatrix}$ (c) $\begin{bmatrix}2&1&0\\0&2&2\\0&0&2\end{bmatrix}$

練習問題 5.4

1. $[T]_B=\begin{bmatrix}1&-2\\0&-1\end{bmatrix}$, $[T]_{B'}=\begin{bmatrix}-\frac{3}{11}&-\frac{56}{11}\\-\frac{2}{11}&\frac{3}{11}\end{bmatrix}$

2. $[T]_B=\begin{bmatrix}\frac{4}{5}&\frac{61}{10}\\\frac{18}{5}&-\frac{19}{5}\end{bmatrix}$, $[T]_{B'}=\begin{bmatrix}-\frac{31}{2}&\frac{9}{2}\\-\frac{75}{2}&\frac{25}{2}\end{bmatrix}$

3. $[T]_B=\begin{bmatrix}\frac{1}{\sqrt{2}}&-\frac{1}{\sqrt{2}}\\\frac{1}{\sqrt{2}}&\frac{1}{\sqrt{2}}\end{bmatrix}$, $[T]_{B'}=\begin{bmatrix}\frac{13}{11\sqrt{2}}&-\frac{25}{11\sqrt{2}}\\\frac{5}{11\sqrt{2}}&\frac{9}{11\sqrt{2}}\end{bmatrix}$

4. $[T]_B=\begin{bmatrix}1&2&-1\\0&-1&0\\1&0&7\end{bmatrix}$, $[T]_{B'}=\begin{bmatrix}1&4&3\\-1&-2&-9\\1&1&8\end{bmatrix}$

5. $[T]_B=\begin{bmatrix}1&0&0\\0&1&0\\0&0&0\end{bmatrix}$, $[T]_{B'}=\begin{bmatrix}1&0&0\\0&1&1\\0&0&0\end{bmatrix}$ **6.** $[T]_B=\begin{bmatrix}5&0\\0&5\end{bmatrix}$, $[T]_{B'}=\begin{bmatrix}5&0\\0&5\end{bmatrix}$

7. $[T]_B=\begin{bmatrix}\frac{2}{3}&-\frac{2}{9}\\\frac{1}{2}&\frac{4}{3}\end{bmatrix}$, $[T]_{B'}=\begin{bmatrix}1&1\\0&1\end{bmatrix}$

8. $B=P^{-1}AP$ とすると，$\det(B)=\det(P^{-1}AP)=\det(P^{-1})\det(A)\det(P)$
$=(\det(P))^{-1}\det(A)\det(P)=\det(A)$

10. $B=P^{-1}AP$ とすると，$B^2=(P^{-1}AP)(P^{-1}AP)=(P^{-1}A)(PP^{-1})(AP)$
$=(P^{-1}A)I(AP)=P^{-1}(AA)P=P^{-1}A^2P$

同様にして，$B^k=\underbrace{(P^{-1}AP)\cdots\cdots(P^{-1}AP)}_{k\text{コ}}=P^{-1}A^kP$

練習問題 6.1

1. (a) $\lambda^2-2\lambda-3=0$ (b) $\lambda^2-8\lambda+16=0$ (c) $\lambda^2-12=0$
(d) $\lambda^2+3=0$ (e) $\lambda^2=0$ (f) $\lambda^2-2\lambda+1=0$

2. (a) $\lambda=3$，$\lambda=-1$ (b) $\lambda=4$ (c) $\lambda=\sqrt{12}$，$\lambda=-\sqrt{12}$
(d) 実固有値なし (e) $\lambda=0$ (f) $\lambda=1$

3. (a) $\lambda=3$ に対応する固有空間の基底 $\begin{bmatrix} \frac{1}{2} \\ 1 \end{bmatrix}$

$\lambda=-1$ に対応する固有空間の基底 $\begin{bmatrix} 0 \\ 1 \end{bmatrix}$

(b) $\lambda=4$ に対応する固有空間の基底 $\begin{bmatrix} \frac{3}{2} \\ 1 \end{bmatrix}$

(c) $\lambda=\sqrt{12}$ に対応する固有空間の基底 $\begin{bmatrix} \frac{3}{\sqrt{12}} \\ 1 \end{bmatrix}$

$\lambda=-\sqrt{12}$ に対応する固有空間の基底 $\begin{bmatrix} -\frac{3}{\sqrt{12}} \\ 1 \end{bmatrix}$

(d) 固有空間は存在しない　(e) $\lambda=0$ に対応する固有空間の基底 $\begin{bmatrix} 1 \\ 0 \end{bmatrix} \begin{bmatrix} 0 \\ 1 \end{bmatrix}$

(f) $\lambda=1$ に対応する固有空間の基底 $\begin{bmatrix} 1 \\ 0 \end{bmatrix} \begin{bmatrix} 0 \\ 1 \end{bmatrix}$

5. (a) $\lambda^3-6\lambda^2+11\lambda-6=0$　(b) $\lambda^3-2\lambda=0$　(c) $\lambda^3+8\lambda^2+\lambda+8=0$

(d) $\lambda^3-\lambda^2-\lambda-2=0$　(e) $\lambda^3-6\lambda^2+12\lambda-8=0$　(f) $\lambda^3-2\lambda^2-15\lambda+36=0$

6. (a) $\lambda=1$，$\lambda=2$，$\lambda=3$　(b) $\lambda=0$，$\lambda=\sqrt{2}$，$\lambda=-\sqrt{2}$　(c) $\lambda=-8$

(d) $\lambda=2$　(e) $\lambda=2$　(f) $\lambda=-4$，$\lambda=3$

7. (a) $\lambda=1$：基底 $\begin{bmatrix} 0 \\ 1 \\ 0 \end{bmatrix}$，　$\lambda=2$：基底 $\begin{bmatrix} -\frac{1}{2} \\ 1 \\ 1 \end{bmatrix}$，　$\lambda=3$：基底 $\begin{bmatrix} -1 \\ 1 \\ 1 \end{bmatrix}$

(b) $\lambda=0$：基底 $\begin{bmatrix} \frac{5}{3} \\ \frac{1}{3} \\ 1 \end{bmatrix}$ $\lambda=\sqrt{2}$：基底 $\begin{bmatrix} \frac{1}{7}(15+5\sqrt{2}) \\ \frac{1}{7}(-1+2\sqrt{2}) \\ 1 \end{bmatrix}$ $\lambda=-\sqrt{2}$：基底 $\begin{bmatrix} \frac{1}{7}(15-5\sqrt{2}) \\ \frac{1}{7}(-1-2\sqrt{2}) \\ 1 \end{bmatrix}$

(c) $\lambda=-8$：基底 $\begin{bmatrix} -\frac{1}{6} \\ -\frac{1}{6} \\ 1 \end{bmatrix}$　(d) $\lambda=2$：基底 $\begin{bmatrix} \frac{1}{3} \\ \frac{1}{3} \\ 1 \end{bmatrix}$

(e) $\lambda=2$：基底 $\begin{bmatrix} -\frac{1}{3} \\ -\frac{1}{3} \\ 1 \end{bmatrix}$　(f) $\lambda=-4$：基底 $\begin{bmatrix} -2 \\ \frac{8}{3} \\ 1 \end{bmatrix}$，$\lambda=3$：基底 $\begin{bmatrix} 5 \\ -2 \\ 1 \end{bmatrix}$

8. (a) $(\lambda-1)^2(\lambda+2)(\lambda+1)=0$　(b) $(\lambda-4)^2(\lambda^2+3)=0$

9. (a) $\lambda=1,\ \lambda=-2,\ \lambda=-1$　　(b) $\lambda=4$

10. (a) $\lambda=1$：基底 $\begin{bmatrix}0\\0\\0\\1\end{bmatrix},\ \begin{bmatrix}2\\3\\1\\0\end{bmatrix}$，$\lambda=-2$：基底 $\begin{bmatrix}-1\\0\\1\\0\end{bmatrix}$，$\lambda=-1$：基底 $\begin{bmatrix}-2\\1\\1\\0\end{bmatrix}$

(b) $\lambda=4$：基底 $\begin{bmatrix}\frac{3}{2}\\1\\0\\0\end{bmatrix}$

11. (a) $\lambda=-4,\ \lambda=3$

(b) $\lambda=-4$ に対応する固有空間の基底は $-2+\frac{8}{3}x+x^2$

$\lambda=3$ に対応する固有空間の基底は $5-2x+x^2$

12. (a) $\lambda=1,\ \lambda=-2,\ \lambda=-1$

(b) $\lambda=1$ に対応する固有空間の基底は $\begin{bmatrix}0&0\\0&1\end{bmatrix},\ \begin{bmatrix}2&3\\1&0\end{bmatrix}$

$\lambda=-2$ に対応する固有空間の基底は $\begin{bmatrix}-1&0\\1&0\end{bmatrix}$

$\lambda=-1$ に対応する固有空間の基底は $\begin{bmatrix}-2&1\\1&0\end{bmatrix}$

18. $1,\ -1,\ -2^9,\ 2^9$　　19. $T(\mathbf{v})=\lambda\mathbf{v}$ と $(\lambda I-T)(\mathbf{v})=\mathbf{0}$ とは同値

練習問題 6.2

5. $P=\begin{bmatrix}\frac{4}{5}&\frac{3}{4}\\1&1\end{bmatrix}$　$P^{-1}AP=\begin{bmatrix}1&0\\0&2\end{bmatrix}$　　6. $P=\begin{bmatrix}\frac{1}{3}&0\\1&1\end{bmatrix}$　$P^{-1}AP=\begin{bmatrix}1&0\\0&-1\end{bmatrix}$

7. $P=\begin{bmatrix}0&1&0\\1&0&1\\-1&0&1\end{bmatrix}$　$P^{-1}AP=\begin{bmatrix}0&0&0\\0&1&0\\0&0&2\end{bmatrix}$　　8. $P=\begin{bmatrix}-2&0&1\\0&1&0\\1&0&0\end{bmatrix}$　$P^{-1}AP=\begin{bmatrix}3&0&0\\0&3&0\\0&0&2\end{bmatrix}$

9. 対角化できない．　　10. $P=\begin{bmatrix}1&2&1\\1&3&3\\1&3&4\end{bmatrix}$　$P^{-1}AP=\begin{bmatrix}1&0&0\\0&2&0\\0&0&3\end{bmatrix}$

11. 対角化できない．　　12. $P=\begin{bmatrix}-\frac{1}{3}&0&0\\0&1&0\\1&0&1\end{bmatrix}$　$P^{-1}AP=\begin{bmatrix}0&0&0\\0&0&0\\0&0&1\end{bmatrix}$

13. 対角化できない．

14. $P=\begin{bmatrix}1&1&0&0\\0&1&1&0\\0&0&1&1\\0&0&0&1\end{bmatrix}$ $P^{-1}AP=\begin{bmatrix}-2&0&0&0\\0&-2&0&0\\0&0&3&0\\0&0&0&3\end{bmatrix}$

15. $\begin{bmatrix}2\\1\end{bmatrix}$ $\begin{bmatrix}1\\-1\end{bmatrix}$ 16. $\begin{bmatrix}1\\1\\-1\end{bmatrix}$ $\begin{bmatrix}1\\0\\1\end{bmatrix}$ $\begin{bmatrix}1\\1\\0\end{bmatrix}$

17. $\mathbf{p}_1=\frac{1}{3}+x$, $\mathbf{p}_2=x$ 19. $\begin{bmatrix}1&0\\-1023&1024\end{bmatrix}$

練習問題 6.3 1. (a) $\lambda=0$（1次元） $\lambda=2$（1次元）

(b) $\lambda=-1$（1次元） $\lambda=-\frac{7}{25}$（1次元） $\lambda=\frac{31}{25}$（1次元）

(c) $\lambda=3$（1次元）$\lambda=0$（2次元） (d) $\lambda=0$（1次元） $\lambda=6$（2次元）

(e) $\lambda=0$（3次元）$\lambda=8$（1次元） (f) $\lambda=-2$（3次元） $\lambda=4$（1次元）

2. $P=\begin{bmatrix}\frac{1}{\sqrt{2}}&-\frac{1}{\sqrt{2}}\\\frac{1}{\sqrt{2}}&\frac{1}{\sqrt{2}}\end{bmatrix}$ $P^{-1}AP=\begin{bmatrix}4&0\\0&2\end{bmatrix}$ 3. $P=\begin{bmatrix}\frac{\sqrt{3}}{2}&-\frac{1}{2}\\\frac{1}{2}&\frac{\sqrt{3}}{2}\end{bmatrix}$ $P^{-1}AP=\begin{bmatrix}8&0\\0&-4\end{bmatrix}$

4. $P=\begin{bmatrix}\frac{3}{5}&-\frac{4}{5}\\\frac{4}{5}&\frac{3}{5}\end{bmatrix}$ $P^{-1}AP=\begin{bmatrix}25&0\\0&-25\end{bmatrix}$

5. $P=\begin{bmatrix}-\frac{4}{5}&0&\frac{3}{5}\\0&1&0\\\frac{3}{5}&0&\frac{4}{5}\end{bmatrix}$ $P^{-1}AP=\begin{bmatrix}25&0&0\\0&-3&0\\0&0&-50\end{bmatrix}$

6. $P=\begin{bmatrix}\frac{1}{\sqrt{2}}&\frac{1}{\sqrt{2}}&0\\\frac{1}{\sqrt{2}}&-\frac{1}{\sqrt{2}}&0\\0&0&1\end{bmatrix}$ 7. $P=\begin{bmatrix}\frac{1}{\sqrt{3}}&\frac{1}{\sqrt{6}}&\frac{1}{\sqrt{2}}\\\frac{1}{\sqrt{3}}&-\frac{2}{\sqrt{6}}&0\\\frac{1}{\sqrt{3}}&\frac{1}{\sqrt{6}}&-\frac{1}{\sqrt{2}}\end{bmatrix}$

8. $P=\begin{bmatrix}0&0&\frac{1}{\sqrt{2}}&\frac{1}{\sqrt{2}}\\0&0&\frac{1}{\sqrt{2}}&-\frac{1}{\sqrt{2}}\\1&0&0&0\\0&1&0&0\end{bmatrix}$ 9. $P=\begin{bmatrix}\frac{1}{\sqrt{5}}&0&-\frac{2}{\sqrt{5}}&0\\\frac{2}{\sqrt{5}}&0&\frac{1}{\sqrt{5}}&0\\0&\frac{1}{\sqrt{5}}&0&-\frac{2}{\sqrt{5}}\\0&\frac{2}{\sqrt{5}}&0&\frac{1}{\sqrt{5}}\end{bmatrix}$

10. $\det(\lambda I-A)=(\lambda-a-b)(\lambda-a+b)$ より A の固有値は $\lambda_1=a+b$, $\lambda_2=a-b$

また，λ_1 に対応する固有ベクトルは $\begin{bmatrix} 1 \\ 1 \end{bmatrix}$ λ_2 に対応する固有ベクトルは $\begin{bmatrix} 1 \\ -1 \end{bmatrix}$

これらを正規化して，$P=\begin{bmatrix} \frac{1}{\sqrt{2}} & \frac{1}{\sqrt{2}} \\ \frac{1}{\sqrt{2}} & -\frac{1}{\sqrt{2}} \end{bmatrix}$ をうる．

このとき $P^tAP=\begin{bmatrix} a+b & 0 \\ 0 & a-b \end{bmatrix}$

練習問題 7.1

1. (a) $y_1=c_1e^{5x}-2c_2e^{-x}$, $y_2=c_1e^{5x}+c_2e^{-x}$ (b) $y_1=0$, $y_2=0$
2. (a) $y_1=c_1e^{7x}-3c_2e^{-x}$, $y_2=2c_1e^{7x}+2c_2e^{-x}$ (b) $y_1=-\frac{1}{40}e^{7x}+\frac{81}{40}e^{-x}$, $y_2=-\frac{1}{20}e^{7x}-\frac{27}{20}e^{-x}$
3. (a) $y_1=-c_2e^{2x}+c_3e^{3x}$, $y_2=c_1e^{x}+2c_2e^{2x}-c_3e^{3x}$, $y_3=2c_2e^{2x}-c_3e^{3x}$ (b) $y_1=e^{2x}-2e^{3x}$, $y_2=e^{x}-2e^{2x}+2e^{3x}$, $y_3=-2e^{2x}+2e^{3x}$
4. $y_1=(c_1+c_2)e^{2x}+c_3e^{8x}$, $y_2=-c_2e^{2x}+c_3e^{8x}$, $y_3=-c_1e^{2x}+c_3e^{8x}$
5. $y=c_1e^{3x}+c_2e^{-2x}$
6. $y=c_1e^{x}+c_2e^{2x}+c_3e^{3x}$
7. （ヒントより）
   $(y(x)e^{-ax})'=y'(x)e^{-ax}-ay(x)e^{-ax}=(y'(x)-ay(x))e^{-ax}=0$
   つまり $y(x)e^{-ax}=$定数$=c$（とおく） したがって，$y(x)=ce^{ax}$

練習問題 7.2

1. (a) $1+\pi-2\sin x-\sin 2x$
   (b) $1+\pi-2\left(\sin x+\frac{\sin 2x}{2}+\frac{\sin 3x}{3}+\cdots+\frac{\sin nx}{n}\right)$
2. (a) $\frac{4}{3}\pi^2+4\cos x+\cos 2x+\frac{4}{9}\cos 3x-4\pi\sin x-2\pi\sin 2x-\frac{4}{3}\pi\sin 3x$
   (b) $\frac{4}{3}\pi^2+4\sum_{k=1}^{n}\left(\frac{\cos kx}{k^2}-\frac{\pi\sin kx}{k}\right)$
3. (a) $-\frac{1}{2}+\frac{1}{e-1}e^{x}$ (b) $\frac{1}{12}-\frac{3-e}{2(e-1)}$
4. (a) $(4e-10)+(18-6e)x$ (b) $\frac{1}{2}(3-e)(7e-19)$

5. (a) $\frac{3}{\pi}x$ (b)

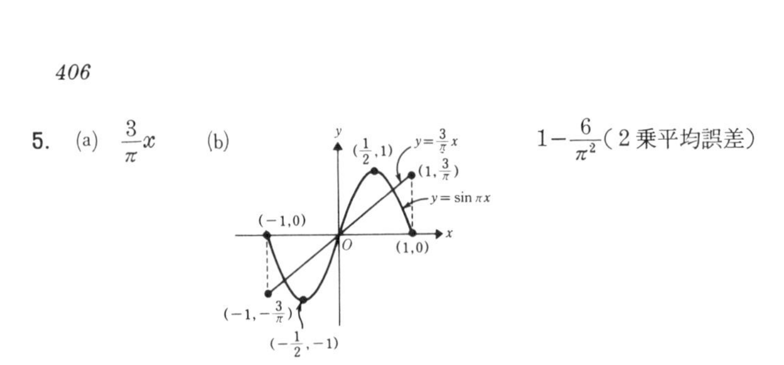

$1-\frac{6}{\pi^2}$（2 乗平均誤差）

8. $2\sum_{k=1}^{\infty}\frac{\sin kx}{k}$（この級数は $(0,2\pi)$ 上で　$f(x)=\pi-x$ に一致する.）

練習問題 7.3

1. (a) $2x^2-3xy+4y^2$ (b) x^2-xy (c) $5xy$ (d) $4x^2-2y^2$ (e) y^2

2. (a) $\begin{bmatrix} 2 & -\frac{3}{2} \\ -\frac{3}{2} & 4 \end{bmatrix}$ (b) $\begin{bmatrix} 1 & -\frac{1}{2} \\ -\frac{1}{2} & 0 \end{bmatrix}$ (c) $\begin{bmatrix} 0 & \frac{5}{2} \\ \frac{5}{2} & 0 \end{bmatrix}$

(d) $\begin{bmatrix} 4 & 0 \\ 0 & -2 \end{bmatrix}$ (e) $\begin{bmatrix} 0 & 0 \\ 0 & 1 \end{bmatrix}$

3. (a) $[x \quad y]\begin{bmatrix} 2 & -\frac{3}{2} \\ -\frac{3}{2} & 4 \end{bmatrix}\begin{bmatrix} x \\ y \end{bmatrix}+[-7 \quad 2]\begin{bmatrix} x \\ y \end{bmatrix}+7=0$

(b) $[x \quad y]\begin{bmatrix} 1 & -\frac{1}{2} \\ -\frac{1}{2} & 0 \end{bmatrix}\begin{bmatrix} x \\ y \end{bmatrix}+[5 \quad 8]\begin{bmatrix} x \\ y \end{bmatrix}-3=0$

(c) $[x \quad y]\begin{bmatrix} 0 & \frac{5}{2} \\ \frac{5}{2} & 0 \end{bmatrix}\begin{bmatrix} x \\ y \end{bmatrix}-8=0$ (d) $[x \quad y]\begin{bmatrix} 4 & 0 \\ 0 & -2 \end{bmatrix}\begin{bmatrix} x \\ y \end{bmatrix}-7=0$

(e) $[x \quad y]\begin{bmatrix} 0 & 0 \\ 0 & 1 \end{bmatrix}\begin{bmatrix} x \\ y \end{bmatrix}+[7 \quad -8]\begin{bmatrix} x \\ y \end{bmatrix}-5=0$

4. (a) 楕円 (b) 楕円 (c) 双曲線 (d) 双曲線 (e) 円 (f) 放物線
(g) 放物線 (h) 放物線 (i) 放物線 (j) 円

5. (a) $9x'^2+4y'^2=36$　楕円 (b) $x'^2-16y'^2=16$　双曲線
(c) $y'^2=8x'$　放物線 (d) $x'^2+y'^2=16$　円 (e) $18y'^2-12x'^2=419$　双曲線
(f) $y'=-\frac{1}{7}x'^2$　放物線

6. (a) $2x'^2-3y'^2=8$　双曲線 (b) $2\sqrt{2}x'^2-7x'+9y'=0$　放物線
(c) $7x'^2+3y'^2=9$　楕円 (d) $4x'^2-y'^2=3$　双曲線

7. $x''^2+2y''^2=6$　楕円　　8. $13y''^2-4x''^2=81$　双曲線

9. $2x''^2-3y''^2=24$　双曲線　　10. $6x''^2+11y''^2=66$　楕円

11. $4y''^2-x''^2=0$　2直線　　12. $\sqrt{29}\,y'^2-3x'=0$　放物線

13. (a)　2直線 $y=x$，$y=-x$　　(b)　虚2次曲線（グラフは存在しない）

(c)　グラフは原点のみ　　(d)　直線 $y=x$

(e)　2直線 $3x+2y-3=0$，$3x+2y+3=0$（左辺$=(3x+2y-3)(3x+2y+3)$より）

(f)　点$(1,2)$（左辺$=(x-1)^2+(y-2)^2$ より）

練習問題 7.4

1. (a)　$x^2+2y^2-z^2+4xy-5yz$　　(b)　$3x^2+7z^2+2xy-3xz+4yz$

(c)　$xy+xz+yz$　　(d)　$x^2+y^2-z^2$　　(e)　$3z^2+3xy$　　(f)　$2z^2+2xz+y^2$

2. (a) $\begin{bmatrix}1 & 2 & 0\\ 2 & 2 & -\frac{5}{2}\\ 0 & -\frac{5}{2} & -1\end{bmatrix}$　(b) $\begin{bmatrix}3 & 1 & -\frac{3}{2}\\ 1 & 0 & 2\\ -\frac{3}{2} & 2 & 7\end{bmatrix}$　(c) $\begin{bmatrix}0 & \frac{1}{2} & \frac{1}{2}\\ \frac{1}{2} & 0 & \frac{1}{2}\\ \frac{1}{2} & \frac{1}{2} & 0\end{bmatrix}$

(d) $\begin{bmatrix}1 & 0 & 0\\ 0 & 1 & 0\\ 0 & 0 & -1\end{bmatrix}$　(e) $\begin{bmatrix}0 & 0 & \frac{3}{2}\\ 0 & 0 & 0\\ \frac{3}{2} & 0 & 3\end{bmatrix}$　(f) $\begin{bmatrix}0 & 0 & 1\\ 0 & 1 & 0\\ 1 & 0 & 2\end{bmatrix}$

3. (a) $[x\ \ y\ \ z]\begin{bmatrix}1 & 2 & 0\\ 2 & 2 & -\frac{5}{2}\\ 0 & -\frac{5}{2} & -1\end{bmatrix}\begin{bmatrix}x\\ y\\ z\end{bmatrix}+[7\ \ 0\ \ 2]\begin{bmatrix}x\\ y\\ z\end{bmatrix}-3=0$

(b) $[x\ \ y\ \ z]\begin{bmatrix}3 & 1 & -\frac{3}{2}\\ 1 & 0 & 2\\ -\frac{3}{2} & 2 & 7\end{bmatrix}\begin{bmatrix}x\\ y\\ z\end{bmatrix}+[-3\ \ 0\ \ 0]\begin{bmatrix}x\\ y\\ z\end{bmatrix}-4=0$

(c) $[x\ \ y\ \ z]\begin{bmatrix}0 & \frac{1}{2} & \frac{1}{2}\\ \frac{1}{2} & 0 & \frac{1}{2}\\ \frac{1}{2} & \frac{1}{2} & 0\end{bmatrix}\begin{bmatrix}x\\ y\\ z\end{bmatrix}-1=0$

(d) $[x\ \ y\ \ z]\begin{bmatrix}1 & 0 & 0\\ 0 & 1 & 0\\ 0 & 0 & -1\end{bmatrix}\begin{bmatrix}x\\ y\\ z\end{bmatrix}-7=0$

(e) $[x \quad y \quad z]\begin{bmatrix} 0 & 0 & \frac{3}{2} \\ 0 & 0 & 0 \\ \frac{3}{2} & 0 & 3 \end{bmatrix}\begin{bmatrix} x \\ y \\ z \end{bmatrix}+[0 \quad -14 \quad 0]\begin{bmatrix} x \\ y \\ z \end{bmatrix}+9=0$

(f) $[x \quad y \quad z]\begin{bmatrix} 0 & 0 & 1 \\ 0 & 1 & 0 \\ 1 & 0 & 2 \end{bmatrix}\begin{bmatrix} x \\ y \\ z \end{bmatrix}+[2 \quad -1 \quad 3]\begin{bmatrix} x \\ y \\ z \end{bmatrix}=0$

4. (a) 楕円面　(b) 1葉双曲面　(c) 2葉双曲面　(d) 楕円錐
(e) 楕円放物面　(f) 双曲放物面　(g) 球
5. (a) $9x'^2+36y'^2+4z'^2=36$ 楕円面　(b) $6x'^2+3y'^2-2z'^2=18$ 1葉双曲面
(c) $3x'^2-3y'^2-z'^2=3$ 2葉双曲面　(d) $4x'^2+9y'^2-z'^2=0$ 楕円錐
(e) $x'^2+16y'^2-16z'=32$ 放物楕円面　(f) $7x'^2-3y'^2+z'=0$ 双曲放物面
(g) $x'^2+y'^2+z'^2=25$ 球
6. (a) $25x'^2-3y'^2-50z'^2-150=0$ 2葉双曲面　(b) $2x'^2+2y'^2+8z'^2-5=0$ 楕円面
(c) $9x'^2+4y'^2-36z=0$ 楕円放物面　(d) $x'^2-y'^2+z'=0$ 双曲放物面
7. $2x''^2-y''^2-z''^2=\frac{9}{2}$ 2葉双曲面　8. $x''^2+y''^2+2z''^2=4$ 楕円面
9. $x''^2-y''^2+z''=0$ 双曲放物面　10. $6x''^2+3y''^2-8\sqrt{2}z''=0$ 楕円放物面

練習問題 8.1

1. (a) 0.28×10^1　(b) 0.3452×10^4　(c) 0.3879×10^{-5}
(d) -0.135×10^0　(e) 0.17921×10^2　(f) 0.863×10^{-1}
2. (a) 0.280×10^1　(b) 0.345×10^4　(c) 0.388×10^{-5}
(d) -0.135×10^0　(e) 0.179×10^2　(f) -0.863×10^{-1}
3. (a) 0.28×10^1　(b) 0.35×10^4　(c) 0.39×10^{-5}
(d) -0.14×10^0　(e) 0.18×10^2　(f) -0.86×10^{-1}
4. $x_1=-3,\quad x_2=7$　5. $x_1=\frac{13}{8},\quad x_2=\frac{7}{4},\quad x_3=\frac{21}{8}$
6. $x_1=1,\quad x_2=2,\quad x_3=3$　7. $x_1=0,\quad x_2=0,\quad x_3=1,\quad x_4=-1$
8. $x_1=0.997,\quad x_2=1.00$　9. $x_1=-2,\quad x_2=0,\quad x_3=1$
10. $x_1=0,\quad x_2=1$ （単なるガウスの消去法）; $x_1=1,\quad x_2=1$ （枢軸選択法）;
$x_1=\frac{10000}{9999},\quad x_2=\frac{9998}{9999}$ （正確な解）
したがって，明らかに枢軸選択法の方がすぐれている．

練習問題 8.2

1. $x_1\fallingdotseq2.81,\quad x_2\fallingdotseq0.94$ ；正確には，$x_1=3,\quad x_2=1$

2. $x_1 \fallingdotseq 0.954$, $x_2 \fallingdotseq -1.90$; 正確には, $x_1=1$, $x_2=-2$
3. $x_1 \fallingdotseq -2.99$, $x_2 \fallingdotseq -0.998$; 正確には, $x_1=-3$, $x_2=-1$
4. $x_1 \fallingdotseq 0.00$, $x_2 \fallingdotseq 1.98$; 正確には, $x_1=0$, $x_2=2$
5. $x_1 \fallingdotseq 3.03$, $x_2 \fallingdotseq 1.02$; 正確には, $x_1=3$, $x_2=1$
6. $x_1 \fallingdotseq 1.01$, $x_2 \fallingdotseq -2.00$; 正確には, $x_1=1$, $x_2=-2$
7. $x_1 \fallingdotseq -3.00$, $x_2 \fallingdotseq -1.00$; 正確には, $x_1=-3$, $x_2=-1$
8. $x_1 \fallingdotseq 0.005$, $x_2 \fallingdotseq 2.00$; 正確には, $x_1=0$, $x_2=2$
9. $x_1 \fallingdotseq 0.492$, $x_2 \fallingdotseq 0.006$, $x_3 \fallingdotseq -0.996$; 正確には, $x_1=\frac{1}{2}$, $x_2=0$, $x_3=-1$
10. $x_1 \fallingdotseq 1.00$, $x_2 \fallingdotseq 0.998$, $x_3 \fallingdotseq 1.00$; 正確には, $x_1=1$, $x_2=1$, $x_3=1$
11. $x_1 \fallingdotseq 0.499$, $x_2 \fallingdotseq 0.0004$, $x_3 \fallingdotseq -1.00$; 正確には, $x_1=\frac{1}{2}$, $x_2=0$, $x_3=-1$
12. $x_1 \fallingdotseq 1.00$, $x_2 \fallingdotseq 1.00$, $x_3 \fallingdotseq 1.00$; 正確には, $x_1=1$, $x_2=1$, $x_3=1$
13. (a), (d), (e)

練習問題 8.3

1. (a) $\lambda=-3$ (b) なし (c) $\lambda=6$ (d) $\lambda=3$
2. (a) $\begin{bmatrix}1.00\\0.503\end{bmatrix}$ (b) 5.02 (c) 主要固有値は5，主要固有ベクトルは $\begin{bmatrix}1\\\frac{1}{2}\end{bmatrix}$
   (d) 0.4 %
3. (a) $\begin{bmatrix}1.00\\0.750\end{bmatrix}$ (b) 8.01 (c) 主要固有値は8，主要固有ベクトルは $\begin{bmatrix}1\\\frac{3}{4}\end{bmatrix}$
   (d) 0.125 %
4. (a) $\begin{bmatrix}1.00\\-0.560\end{bmatrix}$ (b) -4.00 (c) 主要固有値は-4，主要固有ベクトルは $\begin{bmatrix}1\\-\frac{1}{2}\end{bmatrix}$
   (d) 0 %
5. (a) 20.1, $\begin{bmatrix}1\\0.119\end{bmatrix}$ (b) 20, $\begin{bmatrix}1\\\frac{2}{17}\end{bmatrix}$
6. (a) -9.95, $\begin{bmatrix}-0.978\\1\end{bmatrix}$ (b) -10, $\begin{bmatrix}-1\\1\end{bmatrix}$
7. (a) $\begin{bmatrix}0.027\\0.027\\1\end{bmatrix}$ (b) 10.0 (c) 10, $\begin{bmatrix}0\\0\\1\end{bmatrix}$ (d) 0 %

練習問題 8.4

1. (a) $\begin{bmatrix} 1 \\ 0.511 \end{bmatrix}$ (b) 7.00 (c) 2.00 $\begin{bmatrix} -0.510 \\ 1 \end{bmatrix}$ (d) 7, 2 ; $\begin{bmatrix} 1 \\ \frac{1}{2} \end{bmatrix}$ $\begin{bmatrix} -\frac{1}{2} \\ 1 \end{bmatrix}$

2. (a) $\begin{bmatrix} 1 \\ 0.503 \end{bmatrix}$ (b) 12.0 (c) 2.02 $\begin{bmatrix} -0.532 \\ 1 \end{bmatrix}$ (d) 12, 2 ; $\begin{bmatrix} 1 \\ \frac{1}{2} \end{bmatrix}$ $\begin{bmatrix} -\frac{1}{2} \\ 1 \end{bmatrix}$

訳者あとがき

19世紀やそれ以前の数学が，天文学や物理学と深い結びつきを持ちつつ発展したことは，今日の数学が，社会科学や生物学といった分野とどう結びつきつつあるかを思い浮べるとき，より一層興味深い事実として認識されてくるにちがいない．本書において整理され，より理解を早くするべく配列されている題材の多くは，すでに100年以上も昔に，数理天文学や数理物理学とのかかわりの中から，「線型性」という抽象的な，しかし明確な統一的視点を打ち出しつつ形成されてきたものである．(おもしろいことに，ニュートン，オイラー以来ヨーロッパ地方で生み出された数学の多くが，天体力学の問題と密接な関連を持っていることが，例えば[4]を見ればはっきりするだろう．)　連立1次方程式の解の表記との関連で出現したとされる行列式の概念は，一般的な消去法，座標変換，多重積分の変数変換，惑星の運動の研究からくる連立微分方程式，2次形式の簡約，など多くの問題とかかわる中でより強靱なものへと作りあげられていった．このことは，本書の内容が間接的にではあるが，語ってくれている所である．

本書において，最も重要なものとみなされている固有値問題なども，2次曲面の標準型に関する研究の中で，オイラーがすでに提起しつつあったとはいえ，本質的にはやはり，ラグランジュが行なった惑星軌道とその摂動の研究に関連して，連立1階常微分方程式を扱う中から出現したいわゆる永年方程式(固有方程式の別名)の研究やラプラスによるその継承，さらにはコーシーによるこれらの総合化によって形成発展させられたものである．ガウスが最小2乗法を確立したのも，当時発見されたばかりの小惑星ケレスの軌道計算がことのおこりであった．ガウスはまた，複素数を幾何学的に表示したことでも知られているが，この方面の発展の1つとしてハミルトンによる4元数論，グラスマンによる「外延論」を経由しつつやがていわゆるベクトル解析へと進むコースがある．このコースもまた線型代数と深く結びついている．このコースの延長線上に，多様体を線型性とのかかわりで認識しようとするコホモロジー論などが発生するが，このときにも，ポアンカレの天体力学(3体問題の定性的研究)からの強いインパクトが存在していたことは興味深い所であろう．

本書においては，初心者を混乱させないために，無限次元線型空間やその間の1次変換，したがって無限行列については，表面化させないままで，あつかわれている．とはいえ，フーリエ級数の問題が無限次元線型空間における近似問題となっていることは容易に推察しうる所である．フーリエの研究自体は，熱方程式の研究からスタートしているものの，月の運動の研究で有名なヒルの仕事とのかかわりで無限行列が登場する．本書にも，連続関数の作る線型空間（これは無限次元であるが）に定積分をもちいて内積を入れてこれを内積空間として考察するための簡単な準備が行なわれているが，この方面は後にヒルベルト空間論として知られるようになる巨大な分野へと連なっていく．無限次元線型空間における固有値問題などについては，[2]が参考になるだろう．本書において述べられているような公理主義的な線型空間の理論は，19世紀的数学を整理する努力の1つの成果として，誕生したものである．ヒルベルトに始まり，ブルバキへと連らなる数学の流れとは独立した形で，天文学とのかかわり以外，数学それ自体という形はとらないままで，静かに流れてきた分野として，後に数値解析とよばれる分野が存在していたことは，第2次世界大戦以前にはほとんど関心を持たれることがなかった．しかし，第2次大戦時に必要となった大量の数値計算，および戦後の電子計算機の普及発達を契機として，この情況は変貌する．本書においては，数値解析とよばれている広大な新しい分野のほんのさわりの部分が，あくまで線型代数とのかかわりの中で，軽く紹介されているにすぎないが，より進んだテキストを学ぶためのよい刺激となってくれるのではないかと思われる．

本書において，その証明が省略されている定理および第8章のさらに厳密な展開については，原著者もすすめているように，[3]，[5]が適しているように思う．日本語のものとしては，[6]，[7]などがあるが，いずれのテキストでも数値解析方面の題材は無視されている．線型代数の応用については，「はじめに」でもあげられているが，[1]が読みやすい．（現代数学社から日本語訳の刊行が予定されている．）なお，最近[8]が出版されたが，新しいタイプの「テキスト」として紹介しておきたい．

[1] Anton-Rorres, "Applications of Linear Algebra", John Wiley & Sons, 1977

[2] クーラン・ヒルベルト「数理物理学の方法」東京図書 1959–68

[3] Faddeev-Faddeeva, "Computational Methods of Linear Algeba", Freeman & Co., 1963

[4] Hagiwara, "Celestial Mechanics", MIT Press / Japan Society for the promotion of Science, 1970—1976

[5] Noble, "Applied Linear Algebra", Prentice-Hall, Inc., 1969

[6] 斉藤正彦「線型代数入門」東京大学出版会 1966

[7] 佐武一郎「線型代数学」裳華房 1958（初版）

[8] ストラング「線形代数とその応用」産業図書 1978

最後に，解答編等の飜訳作成および，校正に際してお世話になった弥永健一氏，弥永光代さん，現代数学社の古宮氏，そして妻の京子，さらに表紙を画いてくれた弟の山下徹に感謝します．

1978年9月　　　　訳者

記号リスト

さくいん

INDEX

あ

か

さ

た

な

は

ま

や

ら

訳者紹介：

山下純一（やました・じゅんいち）

1948年大阪市生まれ．大手前高校，東京工業大学，名古屋大学大学院を経て作家．

主な著書：

- 『ガロアへのレクイエム』現代数学社 1986年
- 『数学史物語』東京図書 1988年
- 『アーベルとガロアの森』日本評論社 1996年
- 『数学への旅』現代数学社 1996年
- 『グロタンディーク：数学を超えて』日本評論社 2003年
- 『数学は燃えているか』現代数学社 2011年
- 『数学思想の未来史 グロタンディーク巡礼』現代数学社 2015年

主な翻訳書：

- 『数学のアイデア：甦るガウス』東京図書 1978年
- 『数学史 1700－1900（I，III）』（共訳）岩波書店 1985年
- 『ガロアの神話』現代数学社 1990年
- 『メビウスの遺産』現代数学社 1995年
- 『数学：パターンの科学』日経サイエンス社 1995年
- 『興奮する数学』岩波書店 2004年
- 『アーベルの証明』日本評論社 2005年岩波書店

新装版 アントンのやさしい線型代数

1979年4月20日 初 版 1刷発行
2020年1月24日 新装版 1刷発行
2023年3月10日 〃 2刷発行

著 者 H．アントン
訳 者 山下純一
発行者 富田 淳
発行所 株式会社 現代数学社
〒606-8425 京都市左京区鹿ヶ谷西寺ノ前町1
TEL 075（751）0727 FAX 075（744）0906
https://www.gensu.co.jp/

装 幀 中西真一（株式会社 CANVAS）
印刷・製本 山代印刷株式会社

ISBN978-4-7687-0525-4